U0014029

實戰智慧館 **432** 李仁芳 策劃

台灣經營之神
王永慶的管理聖經

黃德海 著

【實戰智慧館】
出版緣起

王榮文

在此時此地推出【實戰智慧館】，基於下列兩個重要理由：其一，台灣社會經濟發展已到達了面對現實強烈競爭時，迫切渴求實際指導知識的階段，以尋求贏的策略；其二，我們的商業活動，也已從國內競爭的基礎擴大到國際競爭的新領域，數十年來，歷經大大小小商戰，積存了點點滴滴的實戰經驗，也確實到了整理彙編的時刻，把這些智慧留下來，以求未來面對更嚴酷的挑戰時，能有所憑藉與突破。

我們特別強調「實戰」，因為我們認為唯有在面對競爭對手強而有力的挑戰與壓力之下，為了求生、求勝而擬定的種種決策和執行過程，最值得我們珍惜。經驗來自每一場硬仗，所有的勝利成果，都是靠著參與者小心翼翼、步步為營而得到的。我們現在與未來最需要的是腳踏實地的「行動家」，而不是缺乏實際商場作戰經驗、徒憑理想的「空想家」。

我們重視「智慧」。「智慧」是衝破難局、克敵致勝的關鍵所在。在實戰中，若缺乏智慧的導引，只恃暴虎馮河之勇，與莽夫有什麼不一樣？翻開行銷史上赫赫戰役，都是以智取勝，才能建立起榮耀的殿堂。孫子兵法云：「兵者，詭道也。」意思也明指在競爭場上，智慧的重要性與不可取代性。

【實戰智慧館】的基本精神就是提供實戰經驗，啟發經營智慧。每本書都以人人可以懂的文字語言，綜述整理，為未來建立「中國式管理」，鋪設牢固的基礎。

遠流出版公司【實戰智慧館】將繼續選擇優良讀物呈獻給國人。一方面請專人蒐集歐、美、日最新有關這類書籍譯介出版；另一方面，約聘專家學者對國人累積的經驗智慧，作深入的整編與研究。我們希望這兩條源流並行不悖，前者汲取先進國家的智慧，作為他山之石；後者則是強固我們經營根本的唯一門徑。今天不做，明天會後悔的事，就必須立即去做。臺灣經濟的前途，或亦繫於有心人士，一起來參與譯介或撰述，集涓滴成洪流，為明日臺灣的繁榮共同奮鬥。

　　這套叢書的前 53 種，我們請到周浩正先生主持，他為叢書開拓了可觀的視野，奠定了扎實的基礎；從第 54 種起，由蘇拾平先生主編，由於他有在傳播媒體工作的經驗，更豐實了叢書的內容；自第 116 種起，由鄭書慧先生接手主編，他個人在實務工作上有豐富的操作經驗；自第 139 種起，由政大科管所教授李仁芳博士擔任策劃，希望借重他在學界、企業界及出版界的長期工作心得，能為叢書的未來，繼續開創「前瞻」、「深廣」與「務實」的遠景。

策劃者的話

李仁芳

企業人一向是社經變局的敏銳嗅覺者,更是最踏實的務實主義者。

90 年代,意識形態的對抗雖然過去,產業戰爭時代卻正方興未艾。

90 年代的世界是霸權顛覆、典範轉移的年代:政治上蘇聯解體;經濟上,通用汽車(GM)、IBM 虧損累累,昔日帝國威勢不再,風華盡失。

90 年代的台灣是價值重估、資源重分配的年代:政治上,當年的嫡系一夕之間變偏房;經濟上,「大陸中國」即將成為「海洋台灣」勃興「鉅型跨國工業公司」(Giant Multinational Industrial Corporations)的關鍵槓桿因素。「大陸因子」正在改變企業集團掌控資源能力的排序——五年之內,台灣大企業的排名勢將出現嶄新次序。

企業人(追求筆直上昇精神的企業人!)如何在亂世(政治)與亂市(經濟)中求生?外在環境一片驚濤駭浪,如果未能抓準新世界的砥柱南針,在舊世界獲利最多者,在新世界將受傷最大。亂世浮生中,如果能堅守正確的安身立命之道,在舊世界身處權勢邊陲弱勢者,在新世界將掌控權勢舞台新中央。

【實戰智慧館】所提出的視野與觀點,綜合來看,盼望可以讓台灣、香港、大陸,乃至全球華人經濟圈的企業人,能夠在亂世中智珠在握、回歸基本,不致目眩神迷,在企業生涯與個人前程規劃中,亂了章法。

40 年篳路藍縷,800 億美元出口創匯的產業台灣(Corporate Taiwan)經驗,需要從產業史的角度記錄、分析,讓台灣產業有史為鑑,以通古今

之變，俾能鑑往知來。

【實戰智慧館】將註記環境今昔之變，詮釋組織興衰之理。加緊台灣產業史、企業史的紀錄與分析工作。從本土產業、企業發展經驗中，提煉台灣自己的組織語彙與管理思想典範。切實協助台灣產業能有史為鑑，知興亡、知得失，並進而提升台灣乃至華人經濟圈的生產力。

我們深深確信，植根於本土經驗的經營實戰智慧是絕對無可替代的。另一方面，我們也要留心蒐集、篩選歐美日等產業先進國家，與全球產業競局的著名商戰戰役，與領軍作戰企業執行首長深具啟發性的動人事蹟，加上本叢書譯介出版，俾益我們的企業人汲取其實戰智慧，作為自我攻錯的他山之石。

追求筆直上昇精神的企業人！無論在舊世界中，地位與勝負如何，在舊典範大滅絕、新秩序大勃興的 90 年代，【實戰智慧館】會是你個人前程與事業生涯規劃中極具座標參考作用的羅盤，也將是每個企業人往 21 世紀新世界的探險旅程中，協助你抓準航向，亂中求勝的正確新地圖。

【策劃者簡介】

李仁芳教授，1951 年生於台灣台北。曾任行政院文建會政務副主委、經濟部創意生活產業計畫召集人、兆豐第一創業投資股份有限公司董事、政大科管所所長、輔仁大學管理學研究所所長、企管系系主任；現為政治大學科管智財研究所教授，專長領域為創意產業經營與創新管理、組織理論，著有《創意心靈》、《管理心靈》、《7-ELEVEN 縱橫台灣》等專書；並擔任台灣創意設計中心董事、立達國際電子股份有限公司董事、行政院國發基金創業投資審議委員、中華民國科技管理學會院士等社會服務職務。

推薦序 1
一個台塑子弟的台塑管理智慧饗宴邀約

林聰明（南華大學校長）

　　我是台塑子弟——明志工專第二屆畢業生！畢業後，工業管理科鄭武經主任鼓勵我留校當助理助教，讓我一畢業就有「頭路」，這對當初基於「免費住宿、工讀津貼、成績優異獎學金」等誘因而選擇離鄉背井的我，是何等的滿足！連作夢都覺得奢侈的是，蒙當時校長陳履安博士、台塑董事長王永慶先生的厚愛、提攜，讓我這位來自雲林偏鄉的窮困人家小孩，有機會成為第一位負笈他鄉的明志工專學生，攻讀東新墨西哥大學企管研究所、南卡羅來納州克萊門森大學（Clemson University）工業管理博士班。在美國進修期間，最重要的經濟支柱是王董事長創先例首肯，願意讓我留職半薪；取得學位後，我便前往波多黎各的台塑子公司任職，之後回到台塑總管理處接受王永慶董事長的另一段啟蒙，以報答董事長的知遇、提拔之恩。

　　但後來我並未留在台塑集團內任職，很多人好奇台塑栽培的子弟怎麼不為台塑所用？其實有段鮮為人知的故事。1979 年，台北市政府現址的國防部軍汽車修復基地規劃遷移，時任這項龐雜計畫的主持人台灣工業技術學院（後來改名為台灣科技大學）院長毛高文博士請託王董事長割愛釋才。董事長一句話：「好！如果國家要用人的話，我就讓他去為國效力。」惟董事長對於我的離開久久難以釋懷，曾感慨地說：「連一個林聰明都留不住！」為了成就國家社稷的大格局，台塑企業培育的人才是可以割捨的，「台塑的」可以昇華為「國家的」，董事長的胸襟何其廣闊、情操何

其令人敬佩！

坊間有關王董事長成功典範的書籍汗牛充棟，而我有幸能夠隨侍學習、忝蒙教誨，習得王董事長的經營管理、處世哲學、態度智慧等，謹以如下領悟與各位讀者分享。

首先是管理務求合理化。「管理不分中國式、日本式、美國式，都必須合理化！」王董事長這平淡無奇的一句話，卻是造就台塑「將偉大的願景轉化為具體行動」的原動力。看似毫無奧妙，但可貴之處就在於原則被落實在整個企業的營業、生產、財務、人事、資材、工程等環節的分析、設計過程中，讓造成成本提高的「魔鬼」從此自集團內銷聲匿跡，讓「台塑管理沒有最好，只有更好」成為內部文化、視為當然；此外，自 1966 年即引進電腦管理的「創新」作為、「基於效益分享的激勵機制」及「親兄弟明算帳」的「創心」分配原則，成為關係企業得以成功、團結的妙方。

其次為正派經營。「要修養被尊敬的人格，需經過長時間的被信任，但人格破產只需要做錯一件事。」這是引領數十年來台塑企業「正派經營」的原則，王董事長遵守企業倫理與守法精神，不投機炒地皮，不搞官商勾結營私，不以不正當手段吞併公私企業，秉持「國家利益至上」的理念與情操，王永慶董事長能得到「台灣經營之神」的美譽，有相當程度係植基於他數十年堅持「正派」的處世哲學。

最後是勤勞樸實、富而不奢。王董事長「生而窮但志不窮」的人生態度被民眾視為「最能代表台灣人勤奮踏實的精神」，於造就台塑王國後仍秉持著勤儉態度。例如，生前每天做毛巾操使用的毛巾已有數處破洞；把肥皂用到透光薄片，還將數片黏在一起繼續用；最昂貴的貼身奢侈品是一

戴 20 餘年的 8 萬元基本款勞力士錶；創立長庚醫院致力改善國內醫療；辦理教育事業作育英才。王董事長積極從事慈善活動，乃其「勤勞樸實」精神的延續、擴散、昇華，此等態度、精神、智慧，讓「經營之神」金字招牌更具內涵。

適逢《台灣經營之神王永慶的管理聖經》一書付梓前有幸捧讀，撩起我這「台塑子弟」滿滿感懷；本書內有台塑管理道地的「色、香、味」，是「台塑管理智慧」的饗宴，歡迎各位讀者「入席」細膩品嘗，另藉此贅序數言，除虔敬祝禱王董事長九泉英靈外，也祈願這套【實戰智慧館】叢書與「台灣經營之神」榮耀源遠流長。

推薦序 2
台灣企業的管理典範

劉祖華（明志科技大學校長）

　　台塑企業從高雄占地 10 公頃、日產 4 噸 PVC 廠開始，隨著全球產業變化和力爭上游的眼光與毅力，經過一甲子發展，至今創造了擁有 10 萬員工，營業額超過 2 兆元的全球第 7 大化學企業；台塑企業不只是台灣最大民營企業，在華人世界中也獨樹一格，更在全世界自由競爭型大企業中占有一席之地，絕對是「One of a kind」的典範。台塑企業在這 60 年來歷經了 5 個發展階段，始能發展成傲人典範：

　　一、從 1954 年成立台灣塑膠公司、1958 年成立南亞塑膠公司、1965 年成立台灣化學纖維公司，到 1967 年三大公司營業額 14 億元。（1963 年捐資創建明志工專，現為明志科技大學，企業草創不到十年即能捐巨資興學培育人才，能力實屬不凡。）

　　二、1968 年到 1981 年以追求合理化之目標，成立總管理處（專業幕僚單位）統一制訂管理規章制度，奠定了台塑企業經營發展的基礎。本階段重要措施有：推動標準成本、目標管理、績效獎金、專案改善，以及利潤中心制度。並分別於 1978 年、1980 年投資美國台塑、南亞公司。到了 1981 年時，三大 公司營業額已達 800 餘億元。（1976 年捐資成立長庚醫院。）

　　三、1982 年到 1992 年則以生產自動化與管理電腦化，來因應全球化競爭與體質改善，是台塑現代化的十年。本階段除了持續投資海外，同時

間也跨入印刷電路板等相關科技產業；1992 年，全企業營業額達 1 千 7 百餘億元。(1987 年捐資設立醫學院，現為長庚大學，1991 年捐資設立護專，現為長庚科技大學。)

四、1993 年到 2003 年以產業垂直整合和管理 e 化追求永續經營，這個階段是台塑破繭而出的十年。除了 1994 年六輕動工建設外，也陸續成立台塑勝高、南亞科技、台塑大金、南亞光電等跨產業公司，並赴中國大陸及東南亞投資設廠。致力深耕六大管理機能的融合，精進將關係企業做有機體的治理，達到環環相扣的無礙境界。最終，王永慶先生以「會計一日結算作業」作為台塑企業管理總結其大成的代表。這樣不斷精進 2003 年全企業營業額一舉攀高到達 8 千 8 百餘億元。

五、2004 年至今，則以追求能源效益、強化環保、建立工安衛企業文化為主軸，並加強對外投資，例如：在美國擴建石化與塑膠廠、於中國大陸進行垂直整合布局、同時跨足鋼鐵業投資越南河靜煉鋼廠。2014 年營業額已達 2 兆 5 千億元。

作者黃德海教授經過大規模調研與長期在台駐點考察，訪談相關企業主管與政商學官人士，出版了第一本有關台塑集團的暢銷著作《篳路藍縷：王永慶開創石化產業王國之路》，當時他得以當面向創辦人請益。此後，黃教授更一舉成為海峽兩岸頗具權威的台塑企業研究專家，而本書《台灣經營之神王永慶的管理聖經》有此長久的根基為基礎，內容洋洋灑灑 43 餘萬字，更顯出「管理聖經」四字的重量。

以總管理處為代表的關係企業治理，輔以「合理化、切身感」的企業文化形塑，讓成本極小化的能力成為企業 DNA，在社會責任的承擔上，迥然有別於利潤極大化的經營風格。同時在企業現代化的進路上，從組織

變革到各項制度的電腦化、數位化、和全面 e 化與知識管理，皆能與時俱進掌握先機，能夠相互進行協同運作。這些精妙的管理機制在創辦人運籌帷幄之下，皆有其「不必然如此，卻為何形成」的道理，十分精彩。

作者在精神面、制度面、理念面和實務面，都有精湛的解析和引經據典情理並重的論述，本書其實是在介紹台塑關係企業的各項特色經營管理制度。一個組織的存在價值貴在於企業文化。然而台塑企業的「勤勞樸實、實事求是、追根究柢、止於至善」創辦人理念已內化成為台塑文化，這樣的企業文化到底是什麼制度在支撐？讀者們可以參考本書精彩的論述，在黃德海教授的完美詮釋之下，高效能企業的經營之道已躍然紙上。

第 1 章　理論綜述：關係企業治理　　51

台塑的「核心關係圈」

從企業關係到關係企業

台灣關係企業的特殊歷史背景

自上而下設計：關係企業 vs. 企業集團

「關係結構」：所有權與經營權

兄弟關係＋責權利原則

從差序格局轉向團體格局

第 2 章　塑造市場：新東公司的精彩篇章　　81

從台塑、南亞到新東

慧眼獨具的「計畫性解散」

「隱含著外人難以覺察的祕密」的訂單

結構跟隨策略：管理制度化

瘦鵝理論：戴明思想的影響

從全面品質管制到全面管理

全面管理徹底系統化、制度化

第 3 章　十年管理大變革：建立正式管理系統　　113

總管理處：混淆的角色與功能

注重管理基礎建設：新東經驗總結

引言

創新・創心 [1]

　　管理合理化工作必須由企業各層級配合推動，並在日常工作中由上一級人員訓練下一級人員，指出錯誤所在並教導正確方法。如此日積月累才能提升人員素質和管理能力，共同致力奠定堅實的合理化基礎。這種基礎奠定和人員能力提升並非一朝一夕之功，而是必須長久持之以恆，才能逐漸累積實力，終致達於良好水準。就企業經營而言，管理合理化乃是創造企業營運績效的根源，而利潤則是營運績效的結果。

　　換言之，管理合理化是「因」，而利潤則是「果」，何者重要不言而喻。但由於利潤是為有形實體，而經由管理合理化以強化獲利潛能的過程卻沒有具體形跡可循，而且必須長期持續追求才能見效，所以往往導致企業在經營上只重視利潤的追求，卻忽略了合理化的工作。恰似一心一意只想著收穫，卻忘了耕耘，其結果必定如同緣木求魚一般，終不可得。這也是因為沒有實事求是追根究柢 [2]，因而未能建立正確經營理念所致。

　　以上這段話既是台塑集團已故創辦人王永慶 [3] 在探討企業管理的本質時所提出的個人見解，同時也是他經營台塑集團五十多年累積，具有代表性的心得體會之一。在他看來，企業家在奠定管理基礎階段，應格外重視企業教練工作，企業經營所追求者，應著眼於達成社會需要的滿足。管理基礎好的企業必定有著鐵一般的嚴密規則。此一辛苦工作醞釀著管理智慧的開發，並使經營者藉此智慧可持續追求到良好的營運績效。

　　上述過程基本上和農夫辛勤耕耘沒有兩樣，表明企業家的工作重心在於創造公司價值而不是經營利潤。王永慶說，農耕是全年無休的辛苦行業，必須配合天時，運用地利，以本身的經驗與觀察，立即做出因應才能避免先前投入的大量心

血化為烏有，爾後加上人為的努力才能求取收穫。換句話說，耕耘必須依靠自身努力，達成耕作的必備條件，才有收穫可言。收穫之多寡，自然和耕耘的運作智慧及努力成正比，正所謂「一分耕耘，一分收穫」。

過去的選擇決定了今天可能的選擇

一般企業家看問題是「站在過去，安排今天」，或是「站在今天，安排未來」，但王永慶卻堅持「站在未來，安排今天」[4]。作為創辦人，他始終是站在企業自上而下設計（top-down design）此一最高層次來尋求所有管理問題的根本解決之道的。台塑集團的成長歷程表明，他的這些設計理念、思想和方法決定了日後企業管理系統的演變方向，他看問題的方式也構成他決策前瞻力的基礎。在他一生無數次的決策中，最重要的一次莫過於他在企業創立後不久便決定發動的一場持續十年之久的「管理大變革」。

儘管此一決策是單一且不連續性決策，卻影響了台塑集團日後幾十年的命運。此次管理大變革集中展現了王永慶的經營管理才能。他因為先於其他競爭者在企業內提出發展策略，進而發動管理變革，從而使企業擁有了追趕西方先進生產方式所必需的先發優勢。這場變革為台塑集團奠定了日後近五十年穩定、快速

1　本節內容名為引言，實際上是對本書內容的全面總結：系統梳理了王永慶對企業管理理論與實踐領域內的重要貢獻，諸如產業垂直整合、直線幕僚組織、作業整理法、單元成本分析法，以及基於效益分享的激勵機制等等，其中的任何一項都是他「創新‧創心」精神的具體寫照。

2　這是王永慶的一個小智慧：他刻意把「底」換成「柢」，亦即「樹根」，意在強調「造成高成本的魔鬼統統藏在細節當中」。他要求全體員工在成本管理工作中應追本溯源，以「追根究柢」的工作態度，深入剖析引致成本和費用上升的根源，進而尋求到合理的解決辦法。

3　王永慶於 1917 年 1 月 18 日生於台北縣的一戶茶農家庭。15 歲時南下嘉義縣以賣米為生。1954 年創立台塑集團。2008 年 10 月 15 日，王永慶在他的美國家中溘然長逝，享壽 92 歲。

4　引用並參考了萬通實業集團馮侖董事長的觀點。他說：「想問題有三種方式，第一種是站在過去看今天，只有回憶力，只有埋怨、回憶，然後自滿，這是一個比較容易犯錯誤的思維方式；第二種是以現在判斷現在，也就是說用從別人那裡看到的東西來判斷我今天做得對不對，這個也不是前瞻，而只是一個橫向比較和判斷；能夠構成前瞻力的一定是站在未來安排今天，亦即站在未來的某個時點，看到未來那個時候發生的所有變化和可能發生的變化以及必然發生的變化，然後決定我們今天哪些事情要做，哪些事情不做，著眼未來，發現規律，並按照規律去安排自己的事情。」

與健康成長所需的層級結構及管理制度。之後，台塑集團的管理系統再也沒有發生過類似高等級的重大改組，企業發展從此一日千里，畢其功於一役。甚至在今天看來，他的這些決策仍舊像當初那樣直指未來。以下為王永慶的企業決策整理：

憑藉其經營才能為企業尋找到一個「外部經濟」（external economy）[5]：洞察到石化工業演進的規模經濟、範圍經濟、成本優勢和社會潛力，以及透過向產業鏈上游垂直整合的長期決策，持續為企業成長開拓出所需的外部市場空間。他先是採取「計畫性解散」方式向前整合以鞏固下游客戶，接著又退出下游，有選擇地向後整合以確保安全獲取企業所需的上游原料，並堅持把「大量生產」和「大量銷售」當作台塑集團實現自身未來發展願景的一個基本生產方式。

憑藉其管理才能為企業創造出一個「內部經濟」（internal economy）[6]：洞察出在台灣經濟高速成長階段強化企業管理基礎建設的必要性，並及時提出發展策略，推動企業組織結構發生變革。他先是組建了一支願潛心於企業管理合理化的專業管理幕僚團隊，接著又對該團隊實施改組，使其沿直線生產體系一側向下延伸，形成另一條直線幕僚體系，並委託該體系負責整合企業資源，推動企業責任經營制度建設，由此締造了一個無與倫比的「雙直線並列型」組織結構及其管理系統，進而支撐企業實現穩定、快速與健康成長。

為企業做出一個有效的交接班制度安排：成功突破「企業成長與個人壽命有限」之間這一障礙。在王永慶看來，能夠推動人類合作的制度才是好的制度。他始終把這一感悟視為優化關係企業公司治理結構的前提，把「親兄弟，明算帳」當作治理企業的基本原則，從而推動企業的交接班工作邁上制度化管理軌道，實現「從人治到法治」的根本性轉變。他希望他的繼承者也能像他一樣「具備尋求外部經濟和內部經濟的能力」，並在優化現有策略、結構、制度、流程及其他管理能力的基礎上，繼續捏沙成團，帶領台塑集團成長為一家規模更大且效率更高的經濟組織。

　　台塑集團的成長是一個堅持的過程。既不像人們聽到的那樣有趣，也不存在所謂的「王氏獨家管理祕笈」。一如 1950 年代台灣的其他傑出創業家一樣，王永慶的內心始終充滿對石化工業「孩童般的美好願景」。只不過隨時間推移，他的上述商業才能方才逐漸顯露。從台塑集團創立之初起，他就堅持將他的願景轉化為一點一滴的具體行動，哪怕市場有風險，哪怕管理層意見不一，哪怕股東反對和退出。他的堅持使他的跟隨者不僅願意相信他的願景，同時還自覺把該願景也當成自己的奮鬥目標。他的成功可歸結為一句話：「堅持把尋常的事情做得超乎尋常的好。」[7]

　　「人們過去做出的選擇決定了他們今天或未來可能的選擇。」[8]以今天的眼光看，王永慶更多部分是屬於「願景型」領導者，同時也正是他所描繪的願景支撐了今日台塑集團的現實。在日常經營活動中他始終堅信，管理就是以身作則，故此他總是能夠看到別人難以看到的某種願景，捕捉到別人難以捕捉到的某種機會，以及做出別人難以做出的某種決策。哪怕是一件小事，他也能琢磨出它的美好前景，並不厭其煩地將其中的管理道理，連續用生動、靈活和具體的語言演繹給部屬聽，使每一名管理者都為之嚮往和努力。顯然，他的決策能夠穿透人心、引起共鳴並激發熱情，是台塑集團始終能維持人才濟濟的基石。

　　王永慶過去的選擇決定了今日台塑集團的命運。可能使用「企業績效路徑依賴模型」[9]來解釋這場管理變革的意義更為恰當。在這些模型中，管理變革雖說

5　近代英國最著名的經濟學家、新古典學派的創始人馬歇爾（Alfred Marshall）在討論企業成長問題時提出的一個關鍵概念。他認為，所謂外部經濟是指企業成長要有足夠的外部市場空間（外部經濟的發達程度）；內部經濟是指企業內部的制度和治理（資源、組織和效率），能夠為企業帶來較高的經濟效益。企業要想成長為大規模的經濟組織，需要內部經濟和外部經濟同時兼備，才是企業成長的源泉。進一步的資料請參見《經濟學原理》，Alfred Marshall 著，湖南文藝出版社，2012 年 1 月。

6　同 5。

7　引用了《追求卓越》一書的相關觀點，Tom Peters and Robert J. Waterman（2009）著，中信出版社。

8　美國經濟學家在討論制度變遷的路徑依賴問題時說過的一句名言。進一步的觀點請參見 Douglass C. North（1994），《經濟史中的結構與變遷》，上海人民出版社。

9　進一步的內容請參見美國管理學者傑伊・巴尼（Jay Barney）的經典論文：Firm Resources and Sustained Competitive Advantage, *Journal of Management*, 1991, Vol.17, No.1, 99-120.

是一個偶然的歷史事件，對企業管理行為的必然性卻有著決定性影響和作用——企業績效既有賴於台塑集團在那個年代偶然切入石化工業，同時也有賴於企業家選擇強化管理基礎建設這一歷史路徑。研究表明，王永慶所謂的「管理基礎建設的核心」是指企業管理制度建設。此一路徑選擇註定要使台塑集團步入規模經濟與範圍經濟的不歸路。幸運的是，沿著此一既定路徑，台塑集團的日常營運逐步進入良性循環軌道，並一直鎖定在效率狀態之下。也就是說，適應這一管理制度而產生的企業組織抓住了制度框架所提供的獲利機會，並在以後的發展中不斷得到自我強化[10]。

管理六字精髓：制度、表單、電腦

整體而言，台塑集團管理系統的關鍵特徵可用「1＋1＋4」概括。其中，前兩個「1」分別指關係企業的公司治理結構及其發展策略；4 指的則是「雙直線並列型」的組織結構、直線幕僚團隊、電腦化和基於效益分享的激勵機制。對這一關鍵特徵的一個更為簡要的概括是「1＋2」，其中 1 是指發展策略，2 分別指組織結構和幕僚團隊。此三項關鍵特徵可視為王永慶據以搭建台塑集團管理架構的三大支柱。至於電腦化和基於效益分享的激勵機制，則是那場管理變革衍生的副產品。事實表明，台塑集團之所以能在日後的市場競爭中持續成功，恐怕主要還是有賴於其管理系統在長期內不折不扣地執行了上述各個關鍵特徵的核心功能。

如果再精簡一些，台塑集團的管理經驗可用六個字概括：「制度、表單、電腦」。王永慶總結說，只要用好這三件東西，你就可以管好你的企業。很多集團企業雖有一流的管理制度，卻沒有一流的管理水準，原因就在於這些企業的管理活動僅停留於紙上談兵，既忽略了「如何把管理納入制度化軌道，並將制度條文進一步編寫為可流動的表單」，同時也忽略了「如何再把流動的表單全面電腦

化」。這樣的企業既談不上建立了管理流程，也談不上透過流程提升了組織效率。什麼是管理流程，王永慶解釋，表單及其流動的路線或軌跡就是管理流程。於是根據他的思路，幕僚總結出台塑集團管理系統設計的基本「原則」[11]：「管理制度化」、「制度表單化」和「表單電腦化」。

過去是靠個人的力量賺錢，現在則要靠組織的力量賺錢。「制度化」、「表單化」和「電腦化」三位一體，顯然是指把依靠制度、表單和電腦進行管理視為全企業的一種通行做法——「化」的本意是指如何在全企業掀起一場管理「通變」，促使制度、表單和電腦這三者之間實現有機結合，從而一方面可為經營層迅速而準確地做出決策提供依據，另一方面也可為管理層有序而耐心地發掘各種管理異常奠定基礎。

台塑集團主要從事石化產品的生產與銷售，產業特性決定了「基於標準化作業的異常管理」必定成為整個管理系統的核心功能。特別是隨著事業部制和利潤中心制度的推行，標準成本法和「作業整理法」也相繼在企業內全面實施。此後，「制度」、「表單」和「電腦」進一步成為台塑集團實現異常管理的三大基石。它們始終是專業管理幕僚據以發現異常、分析異常、改善異常的一套正式管理工具，並在日常工作中系統地發揮著這樣一些管理機能：「管理見諸異常，異常見諸差異，差異見諸報表，報表產生行動」。

「其身正，不令而行」。每一件異常管理都是一次重要創新。顯而易見，台塑集團管理系統的關鍵特徵代表著台塑集團的核心能力。此能力已使台塑集團與世界其他地區大型集團企業之間的差異愈來愈明顯，並且利用這一差異，我們可以充分評價王永慶在識別、培養和使用企業核心能力方面的管理才能。從理論視角看，台塑集團具備了構成這一核心能力所必需的，同時也是最重要的三項可資

---

10 進一步的觀點請參見美國經濟學家諾斯的不朽之作：DouglassC.North（1994），《經濟史中的結構與變遷》，上海人民出版社。
11 也可視為台塑集團的管理特色。

本化資源：企業家資源、組織資源和人力資源。對此三項資源的學術探討構成了本書分析框架的一個基本假設前提：只要企業家能準確組合企業自身資源，就可以為企業找到最優的產品與市場活動[12]：

● 台塑集團對外的正式名稱為台塑關係企業。「關係」二字是一個「很中國」的辭彙。從字面看，關係泛指聯繫，其涵義雖碰巧與中國人所謂人情關係中的關係二字相重疊，但實際上關係二字的涵義卻遠不止於此。在關係企業，關係更多的是指由情感和利益聯繫構成的一個綜合體。單就情感聯繫而言，關係企業內各公司、各單位，甚至於個人之間，通常皆以「兄弟」相稱，外界也傾向於使用兄弟關係這一指標，來判斷關係企業群體間情感聯繫的緊密程度。

另就利益聯繫而言，關係企業通常按照約定的「責權利原則」來對兄弟關係做出恰當的制度性安排，其精神實質是指：只講兄弟關係而放棄責權利原則，或者只講責權利原則而不顧及兄弟關係，都不是關係企業的正常成長之路。王永慶對此一公司治理理念的歷史選擇，最終造就了台塑關係企業獨特的公司治理結構——兄弟關係＋責權利原則。通俗一些講，叫做「親兄弟，明算帳」。

● 一如大部分關係企業的企業家，王永慶也十分重視統籌管理。就在「十年管理大變革」開始後不久，他果斷改組了企業的總部組織並將之定位為幕僚單位——總管理處。不容忽視的是，總管理處在台塑企業的集團化進程中始終扮演著關鍵角色：一是許多共同性事務集中管理，不但可以減少重複用人的浪費，而且共通性事務由專精人員負責辦理，效率及品質也能提升；二是制度設計、推動執行和跟催工作交由專業管理幕僚擔任，總部組織能夠協助經營者對全集團實施統一指揮、協調和控制，使經營者較易掌握集團內各公司的營運狀況。

1966 年 7 月，王永慶在台塑集團經營研究委員會的第一次全體會議上明確提出企業發展策略，並將之簡要概括為 12 個字：嚴密組織、分層負責、科學管理。那時期的企業文件表明，王永慶的靈感和泰勒（Frederick Taylor）及其科學

管理（Scientific Management）思想幾乎不謀而合。他說，隨著產銷規模日益擴大，台塑集團單靠人力已無法管理，經營者此時須從科學管理出發，注重發揮組織力量，建立嚴密的管理制度，培養專業管理幕僚，規劃幕僚單位應有的管理機能，著力提倡責任經營觀念。於是，一場全方位的企業組織變革就此拉開序幕。

發展策略一經提出，台塑集團的組織結構隨即發生改變。王永慶先是下令將原有的總部辦事機構改名為總管理處，接著又成立總管理處總經理室──一批專業管理幕僚應運而生。本書把「啟用專業管理幕僚並將之與共同事務幕僚截然區分」這一史實，視為王永慶推動幕僚角色發生的第一次功能裂變。此次裂變為台塑集團建立了一支專業管理幕僚團隊，並主要依靠該團隊來承擔企業管理制度建設及推動執行的重責大任，逐步引導企業形態從自然成長向管理密集演變。

半年多以後，王永慶又發動第二次功能裂變，促使幕僚角色實現從「制度幕僚」轉向「管理幕僚」。自此，台塑集團的幕僚團隊開始沿直線生產體系一側向下延伸，形成另一條「直線幕僚體系」，並由該體系負責向直線生產體系提供制度性與事務性兩個層面上的「管理共用服務」[13]。研究表明，「雙直線並列」這一組織形態在世界其他國家或地區的集團企業中十分罕見，它填補了企業組織結構理論中的一項空白，使幕僚人員從「幕後」現身「台前」，並以成建制、成體系等方式進入企業從事專業化管理變成現實。

● 現代台塑集團的組織結構符合勞動分工原則，主要呈現直線生產與直線幕僚兩大體系並列等特點。其中，直線生產體系高度分權，是一支專業化產銷及產銷管理團隊；直線幕僚體系高度集權，是一支高效率的管理共用服務團隊。此一結構有別於變革前的直線職能制，為王永慶自上而下在全企業沿兩個體系連續

---

12 進一步的論述請參見：Birger Wernerfelt（2008），〈企業資源觀〉，《管理學基礎文獻選讀》，浙江大學出版社，頁238。

13 台塑集團雖未明確使用過「共用」這一概念，但其實質卻與當下西方許多大集團企業正在推行的「管理共用服務」在很大程度上一脈相承。進一步的資料可參見：Bryan Bergeron（2004），《共用服務精要》，中國人民大學出版社。

劃分事業部、利潤中心、成本（費用）中心，以及推動目標管理、預算管理、績效評核與獎勵等一系列專業性管理制度，包括以「勤勞樸實」為核心的企業文化在內，均提供了堅實的組織和制度保證。

在具體實踐中，王永慶把台塑集團實現穩定、快速與健康成長的希望完全寄託於上述兩條直線之間的分工合作。為此，他不斷強化企業的管理制度建設，並希望透過制度建設提升兩條直線之間分工合作的效率和水準。他把中華文化中關於「責任」一詞的特殊涵義融入各項專業性管理制度，並統稱為「責任經營制」。這套制度從根本上優化了台塑集團作為關係企業的公司治理結構及其內控體系，並使該結構和體系逐步呈現出「親兄弟與明算帳並存」等倫理特點。

在關係企業架構下，把「兄弟關係」與「責權利原則」真正統一起來，成為推動企業長期成長的一種機制安排，是王永慶畢其一生所取得的一項重要管理成果。作為關係企業的企業家，王永慶在公司治理中始終扮演著雙重角色：一是「關係企業家」；二是「原則企業家」。其中，前者是指他是一位擅長處理「兄弟關係」的藝術家；後者是指他是一位擅長建立「算帳原則」的科學家。

本書對其「雙重角色」的經濟學解釋是：關係企業間的交往與交易不僅因為「兄弟關係」存在而交易成本極低，而且各關係企業由此獲取商業好處的空間也十分巨大，非常有利於早期關係企業的誕生和崛起。但是事後如何在兄弟之間分配上述商業好處，關係企業卻也像一般企業那樣充滿討價和還價——如何在兄弟之間約定一個完美的好處分配原則，於是成了決定關係企業能否長期運作成功的關鍵。

換句話說，正是由於上述商業好處無法在事前完美地分配，或者說做出妥善安排，關係企業的企業家這才用心建立起一整套「責權利原則」，以便約束兄弟的事後討價與還價行為。顯然，「兄弟關係」與「責權利原則」之間的統一，可視為「對伴隨兄弟事前努力而產生的商業好處進行事後合理分配的一整套安排機制的總和」。

● 總管理處既是中樞性總部組織，又是自治性內部管理機構，主要通過制度統一建設與事務集中處理等方式，並按市場化原則，為各子公司持續提供高等級及高密度管理共用服務，從而把各子公司牢牢聚合在一起。其中，共同事務幕僚是全企業所有事務性管理共用服務的提供者，專責各項共通性事務的日常管理，並致力於依託企業強大的電腦化系統對各項產銷事務實施統一、標準、快速和集中處理；專業管理幕僚則是全企業更高等級的制度性管理共用服務的提供者，專責各關係企業的公司治理，統籌全企業資源，致力於各項管理制度及其流程建設，包括設計、制定、推動、跟催、督導、審核、稽核、電腦化、內部控制、專案分析與改善等工作。

在王永慶看來，「既懂兄弟關係又懂算帳原則」的幕僚才是合格的幕僚。與直線生產體系一樣，他們也是企業價值的創造者，甚至是最重要的價值創造者。幾十年來，總管理處（尤其是總管理處總經理室）就一直扮演著這樣一個「人才蓄水池」的關鍵角色。這批幕僚在總管理處工作一段時間之後，即可派往各產銷單位擔任中高級主管職務。近十年來，總管理處的總人數始終保持在1千5百人左右，約占員工總數的1.5%。其中，專業管理幕僚約有210人，共同事務幕僚約有1千2百人。

對全集團而言，總管理處幕僚均屬專精人士，大多遴選自各基層單位。這批人的專業性活動逐步抬高了全企業的管理底線，是台塑集團完全能夠靠得住，且能夠隨時準備打硬仗、打勝仗的一支職業經理人隊伍。台塑集團幾十年來之所以久盛不墜，很大程度上要歸功於這批專精幕僚提供的各種管理共用服務。另外僅就「管理共用服務」[14]這一概念來看，台塑集團的經驗和做法，至少領先相關理論研究二十多年。

---

14 所謂管理共用服務，是指幕僚單位作為一個「經營實體」向集團內部客戶提供「集中式管理服務」，並按服務的數量、品質和價格獲取自己的經濟收入。進一步的資料可參見：Barbara Quinn（2001），《公司的金礦──共用式服務》，雲南大學出版社。

● 電腦化也是「十年管理大變革」的重要成果之一。如前所述,其特色不在於硬體系統,而在於立足自我開發的一整套能夠把企業管理實務與電腦操作融為一體的軟體系統:1982 年,台塑集團各主要子公司分別實現 ERP 及「線上作業」;1989 年,全集團 ERP 實現全面整合;2000 年,全集團實現「管理 e 化」及「一日結算」。作為一家超大型石化類製造業企業,台塑集團在致力於管理基礎建設的同時,也能夠自 1960 年代中開始啟用電腦作業,並立足於自行開發電腦系統用於企業管理,應該說此一經驗在世界其他大型集團企業成長案例中並不多見。

台塑集團的電腦化因為歷史悠久,功能齊備,再加上做得扎實,因而從根本上改變了台塑集團參與全球市場競爭的商務模式及其內部管理方式。諸如「就源一次輸入」、「六大管理機能間環環相扣」、「會計資料間相互勾稽」,以及「異常管理」等特點,在台灣幾乎是婦孺皆知,尤其是「一日結算」,則更是台塑集團實現管理制度電腦化的顯著標誌。進入新世紀之後,王永慶又下令將上述電腦化內容概稱為「管理 e 化」,引導企業借助世界先進的電子、資訊、網路及通信手段,更進一步整合企業內外部資源,以提高其生產力。

在早中期階段,台塑集團電腦化系統的基本特點[15] 是「單迴路學習」,只是鼓勵管理者和員工執行企業政策,實現企業目標;而等到電腦化水準全面升級之後,該系統又轉而優化為「雙迴路學習」,不僅可及時檢測和糾正組織失誤,同時更加注重對組織的基本規範、政策和目標的修改和提升。此一「內省式」組織學習過程是台塑集團管理「創新‧創心」機制的核心內容,這些成果的取得,也預示著台塑集團的管理系統已完全轉型升級至知識化管理階段。

● 1986 年,台塑集團放棄推行多年的「職位制」,代之以「職位分類制」。2000 年之後,王永慶又在職位分類制的基礎上,適時添加了「職位職等制」等內容。從此,由他一手宣導的「基於效益分享的激勵機制」更加深入人心。他認為,職位分類制是一種有效的人力資本投資,它放開了企業的內部利益結構,調

動了幹部員工的工作積極性，使得企業在長期內都可持續獲得遞增式回報。王永慶不斷為石化工業這種以流程化、標準化和精細化為特點的工作方式添加富有吸引力的管理學概念及涵義。他堅信，台塑集團管理制度的基礎建設工作已具備長期視野，基本要義是指把個人價值觀與企業價值觀有效統一起來，並在忠誠與激勵之間建立緊密聯繫。

「意欲合乎理，務必創其心。」「分享」二字是理解台塑集團長期獲取卓越經營績效的關鍵。以今天的眼光看，分享是對勞資雙方利益相互性的一種積極確認。在一個可控範圍內，只要員工在職位上達到工作目標要求，就可按照不同的職位職等與企業分享在目標達成過程中所實現的責任效益。大多數台塑人已經意識到，他們個人在目標達成過程中普遍經歷了一個從「你們」到「我們」的心理轉換[16]。他們在企業中擁有多條「晉點、晉等或晉升」通道，獲得收入的方式也已與企業的多個經營指數緊密相連。結果是，員工的這一心理認知不但在長期內影響著他們自身的心智及行為，同時這一心智和行為更是企業在市場領域內持續獲得競爭優勢的原動力。

管理基礎建設，實踐超前性商業模式

「高產出管理」[17]。以高效方式大量產銷石化原料，是王永慶用以設計和評估管理系統運行效率的基本標準。他強調，凡是有利於實現高產出目標的管理事

---

15 進一步觀點請參見：Chris Argyris & Donald Schon（2004），《組織學習 II：理論、方法與實踐》，中國人民大學出版社。

16 在訪談中，我深深感受到這樣的文化氛圍：在台塑集團內部，人們（特別是幕僚團隊）的確普遍實現了從「你們」到「我們」的心理轉換。在一開始，台塑集團內部圍繞在這一問題曾有過長期而深入的討論，這一點對直線生產和直線幕僚兩大體系之間的融合，以及透過融合來進一步貫徹落實王永慶的切身感哲學，都具有重要的推動作用。

17 這是英特爾公司創始人葛洛夫（Andrew S. Grove）的英文書名「High Output Management」。意思是，做企業要以高產出為導向，企業的管理系統，包括生產線、組織結構、人力資源等因素在內，都應以高產出為核心。凡是不利於實現這一目標的管理項目，企業應加以縮減和摒棄。進一步的內容請參見：Andrew S. Grove（2005），《葛洛夫給經理人的第一課》，台北：遠流。（原著出版於 1994 年）

項，企業都應不遺餘力地強調和推廣。早在 1960 年代初，台塑集團的營業額不過兩三億元，企業此時生存的根基十分脆弱。為擺脫經營困境，王永慶力排眾議，決意為企業建立一套嶄新的，能夠適應大量生產與大量銷售生產方式的現代企業管理系統，旨在激勵幹部員工努力實現企業的經營目標。這場變革始於 1966 年，止於 1975 年，前後持續整整十年，期間所經歷的艱難困苦，用王永慶的話說，完全可用「九死一生」形容。

唯有做正確的事，才有可能為企業帶來成功的希望。從 1954 年創業至 1966 年發動管理變革，王永慶從一位「不知塑膠為何物」的小企業主，一躍成為一家初具規模的石化類集團企業掌門人。他發動管理變革的動機，主要還是源自於他對石化工業的發展願景及其產銷規律的深刻感悟和適時把握。他在自己的書中曾多次斷言，石化原料已是第四種可改變並主宰人類命運的物質[18]。這是上天賜給台塑集團的一份厚禮。台塑集團今後在這一領域將大有可為，並且企業規模無論擴張到多大也不為過。

管理變革問題非常複雜，幾乎沒有規律可言。此一假說至少在某種程度上表明，要想梳理並發現王永慶的自上而下設計理念和思想十分困難，當然要學習和模仿則更是難上加難。王永慶在那個時代舉辦企業的狂熱願景，以及他關於企業策略與結構的偉大構想，都是台塑集團日後獲取市場競爭優勢的不竭源泉。隨著研究的不斷深入，本書從台塑集團多年維持的績效為出發點向回倒推，赫然發現王永慶的策略思路、組織設計與企業內外部環境之間，的確存在著緊密耦合現象，甚至在許多方面還達到了精確匹配的程度。

根據台塑集團在變革前暴露的「種種管理難題」，王永慶迅速捕捉到「大量策略資訊的重要性」。也就是說，他先是把上述策略、結構與效率這三個變數當作一個組合，然後逐步摸索出如何使這些組合發揮作用的一整套標準答案。他認為，如果管理階層能夠理解並找到影響上述變數之間相互匹配的「某些關鍵因素」，組織設計問題就容易處理了。顯然在後續搭建管理系統的過程中，他的專

業管理幕僚團隊一直堅持著這樣一個經濟學邏輯，並努力使之成為上述三個變數間相互緊密耦合成功的決定性因素：注重老闆所選擇的各種變數之間匹配的互補性而不是替代性[19]。

上述變數之間的互補性能夠帶來綜效（synergy），亦即整體可大於部分之和。王永慶認為，在績效目標最大化的前提下，如果選擇其中的一個變數並予以實施，比如提出發展策略，那麼該項工作一定要更加有利於另一個變數，例如推動組織結構變革的選擇和實施。或者說，發展策略的提出可為組織設計工作帶來更大的收益（互補性），而不是損失（替代性）。「用更數學的語言來表述就是，所選擇的一個變數的收益增量或邊際收益，會隨著選擇的另一個互補性變數水準的提高而增加……事實上，如果變數之間存在互補性，單獨改變其中一個變數則很有可能導致企業績效惡化。」[20]

那個時代有遠見的企業家，大部分都成功了。他們之所以有遠見，完全是因為他們看到了某種更好的、具有超前性的商業模式並不遺餘力地實現它。台塑集團的成功正是王永慶一連串冒險而睿智的自上而下設計及其決策積累的結果。他認為他為企業設計的未來願景要始終優於它的過去和現在。他曾高興地描述過台塑集團五十多年的演變歷程及成果：一個偶然的事件催生了一家企業[21]；一個單個的企業整合成了一個產業；一個單個的產業徹底改變了台灣的石化事業；最後，台塑集團發展成為台灣所有集團企業的典範。

縱觀歐美許多全球馳名的大企業，儘管所從事的產業很有前途，但頂多也就稱雄一個世紀，甚或不到一個世紀就會走向衰退。究其原因，王永慶解釋，主要

---

18 其他三種物質是指石器、銅器和鐵器。在王永慶的著作中，他對四種物質與企業發展前途之間的關係有獨到的認識和見解。這在一定程度上也可解釋他為什麼一生堅持從事石化工業的動機和目的。

19 參考了羅伯特（John Glover Roberts Jr.）在討論企業發展戰略、組織設計和商業環境之間匹配等問題時提出的兩個重要概念：互補性和替代性。進一步的資料請參見：John Glover Roberts Jr.（2012），《現代企業：基於績效與增長的組織設計》，中國人民大學出版社，頁 22。

20 同 13。

21 指 1954 年，王永慶偶然地接受了一筆美援，因而創立了台塑集團。

與這些大企業早期疏於管理基礎建設密切相關。景氣好的時候,市場需求旺盛,企業家忙於追加投資,致使企業的規模迅猛擴張,因為此時只要產品生產得出來就賣得出去。於是企業家誤以為是自己經營得好,因而忽略了企業的管理基礎建設;景氣不好的時候,市場需求一落千丈,企業經營陷於停滯,產品庫存增加,人才大量流失。此時企業家不僅不知反省,反而認為是市場的錯。這實在太可笑了,這樣的人充其量是投機家,不是企業家。世界上沒有永遠的企業,只有永遠的市場;沒有永遠的財富,只有永遠的管理。

人走得太快,靈魂就跟不上。[22] 王永慶一生對企業管理基礎建設的重視程度,應該說是許多與他同時代的企業家想做而沒有做到,或者說想做而沒有完全做到的。事實證明,過去在台灣經濟高速成長的背景下,台塑集團的規模愈是快速擴張,王永慶愈是不遺餘力地推動企業的管理基礎建設。例如電腦化:自1966 年租用第一台 IBM 電腦用於企業管理那一刻起,王永慶就始終堅信「電腦是個好東西」。他的這一堅持促使台塑集團終於在 1982 年自行完成各子公司的ERP [23] 系統開發,企業的各項日常管理作業由此全面實現「上線操作」。甚至到後來 ERP 廣泛興起之後,王永慶聞訊派人外出考察,結果卻發現台塑集團的製造資訊系統與外界流行的 ERP 其實並無不同。

依照西方企業的經驗,一個國家或地區的經濟成長在「由高速向低速切換」時對企業成長影響巨大。王永慶在台灣經濟高速成長階段就注重強化企業的管理基礎建設,這無疑增強了企業的經營體質,使企業的獲利能力不僅可立基於規模擴張,同時更立基於內部勞動生產率的提升。於是當台灣經濟在 1990 年代初中期進入低速成長階段後,許多集團企業的成長日漸乏力,接連陷於經營困境。而反觀此時的台塑集團,如圖 1 所示,在台灣經濟高速成長階段就保持了較快的成長速度,並且當台灣經濟步入低速成長階段後,台塑集團的擴張步伐不僅沒有放慢,反而還迎來一輪又一輪的穩定、快速和健康成長。

注重管理基礎建設終於為台塑集團帶來豐厚的長期回報。如表 1 所示,在王

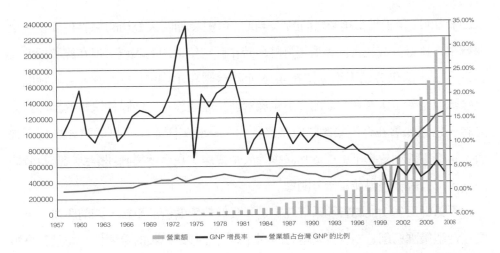

圖例：■營業額　—GNP 增長率　—營業額占台灣 GNP 的比例

圖 1 台塑集團經歷了台灣經濟高速與低迷增長兩個階段：1954~2008

表 1 台塑集團四大公司每股盈餘與股東報酬率的變化：2002~2008

年份	每股盈餘（元新台幣）					股東報酬率（％）				
	台塑公司	南亞公司	台化公司	台塑化公司	平均	台塑公司	南亞公司	台化公司	台塑化公司	平均
2002	1.78	1.81	1.99	1.29	1.72	10.59	10.32	11.75	9.25	10.48
2003	2.99	2.25	3.20	2.13	2.64	16.21	11.94	17.17	14.07	14.85
2004	6.54	5.70	7.47	5.70	6.35	29.88	26.55	33.43	31.52	30.35
2005	5.98	5.24	7.00	6.40	6.16	23.22	21.38	26.97	29.41	25.25
2006	5.40	6.23	5.71	4.81	5.54	18.01	21.43	17.99	20.79	19.56
2007	7.81	7.52	8.38	7.31	7.76	21.64	22.01	20.54	29.25	23.36
2008	3.22	1.20	1.07	1.59	1.77	9.18	3.65	2.79	6.72	5.59
平均	4.82	4.28	4.97	4.18	4.56	18.39	16.75	18.66	20.14	18.49

22 美國印第安人俚語。
23 一開始並不叫 ERP，而是一種類似於 MIS（製造資訊系統）的電腦控制系統。

永慶於 2008 年去世當年及之前的六年間，台塑集團四大公司的每股盈餘和股東報酬率，雖低於其在台灣經濟起飛階段時在個別年份內的表現，但在經濟低速成長的今天，卻仍分別平均保持在 4.56 元新台幣和 18.49% 的水準。毫無疑問，這些數據是對王永慶在早期即注重企業管理基礎建設這一前瞻性決策的全部歷史見證。它意味著在台塑集團的成長歷程中，一般集團企業常見的諸如規模不經濟、官僚主義、效率不彰或低利潤率等大企業病，在台塑集團卻得到較為有效的控制，或者說表現得並不十分明顯。

不具備反省功能的管理系統註定是一套低效率的管理系統。如前所述，王永慶在台塑集團初創時期就清楚地意識到企業管理基礎建設的重要性，並且為實現此一目標，他傾注後半生的全部心血。台塑集團所謂的「穩定、快速和健康成長」，對世界各國或地區的集團企業均具有特殊的示範和參考意義。它的涵義是說，台塑集團不僅連續數十年名列台灣地區規模最大的集團企業，獲利能力也始終名列前茅，其成長軌跡徹底打破了「最大的企業不是最賺錢的企業」的管理學魔咒。

切身感哲學：大企業家的將心比心

王永慶出身貧寒，早年曾做過多種小生意，因而對小商販的生意經熟記於心。他回憶，小時候常聽見賣魚丸湯的小商販，從很遠的地方一路叫賣過來。雖說很少有人光顧，可小商販還是一樣沿街叫賣，既不辭辛苦，更沒有埋怨。即便有人粗魯地喊到：「魚丸湯，過來！」他們仍然迅速回答說：「來了！來了！」其聲音在夜間聽起來十分柔和可愛。試想，如果客戶對我們的營業人員粗聲粗氣地說：「你馬上來！」我們也會覺得客戶沒禮貌。可是小商販就不會，為什麼？因為他沿街叫賣了大半天，好不容易才有人光顧，當然要高興了。

再看看那些魚販和菜販：他們每天早上兩點半就要起床，不管多麼疲倦，都

要準時趕到中央批發市場。這是一天最重要的時刻：他們不僅出手要快，價格要低，還要批到好東西，不然一天可要白忙活了。就這樣，他們從清晨一直忙碌到中午，實在是非常辛苦。東西賣完之後回到家裡，下午還得再做另一份工作，以便貼補家用。到了晚上，一家人圍在一起算帳，今天是賺了還是虧了，目的有沒有達到，明天怎麼辦，去哪一條街道叫賣，賣哪一樣蔬菜，怎樣才能賣得出去，如此這般，均須好好做一番規劃才行。

「服眾在於正己」，這就是做生意的基本道理！管理者的素質決定了組織本身的素質[24]。經過 10 年管理變革，台塑集團的個性日益凸顯，而此一個性就是王永慶積極宣導的企業文化。在台灣經濟起飛的年代裡，王永慶不斷用小商販的「生意之道」勸導身邊的每一名幹部員工。他說，古人說得好：「事功曰勞，治功曰力」。中國人辦企業，不僅要「衡情」，更要「論理」，即便是成本控制工作，也脫離不了「衡情論理」的過程。做小商販是如此，做大企業亦是如此。假如每個人做事都能有小商販的心懷，那我們的工作不知會有何等的成功！對於管理──以求「道」為喻，則庶幾可近！

管理止於人心。王永慶生前不斷告誡他的管理團隊，不要以為台塑集團規模大了，規章制度健全了，管理流程理順了，水準提高了，我們就可以鬆一口氣。恰恰相反，如果仔細觀察我們的某一項業務，它有可能或肯定已被其他集團企業超越了。再看看海峽對岸正在崛起的一大批大陸民營企業，就什麼都明白了：台塑集團一定要放下台灣老大的架子和心態，唯有繼續像小商販那樣刻苦和靈活，才有可能順利邁向另一個 50 年的成功與輝煌。

隨著正式管理系統的建立，台塑集團的企業文化也逐漸確立，並被王永慶簡要概括為「勤勞樸實」四個字。在今天看來，把這四個字濃縮為企業文化雖然是再也樸素不過的一種做法，但這四個字對台塑集團幹部和員工的思想及其行為的

24　Stephen P. Robbins & Mary Coulter（2004），《管理學》，中國人民大學。

影響程度，卻令外人難以想像：它強調「將心比心式的自我管理」，要求全體幹部員工在工作中應時常「求證於各自的心靈」，因而是台塑集團核心價值觀的最佳代名詞。

台塑集團絕不可自我迷戀自己的成功。王永慶舉例，要想使人生過得幸福快樂，大致有兩種辦法，一是追求享受，二是認真努力，你選哪個？在他看來，凡是能夠做到「先苦後甜」的幹部一定是一位合格的幹部，因為對管理者來說，做正確的事比正確地做事更重要。王永慶說：「經營者要懂管理，管理不外人情，人情便是道理，懂得道理，再加以實踐力行，相信沒有不成功的。」從人情出發，王永慶最終把他的全部管理哲學都總結為一個普通的道理——切身感，此一道理至今仍是台塑集團的最高管理法則。

● 勤勞：不是指在工作中一味講究流血流汗，而是指如何勤於運用腦力智慧去應對困難和挑戰。王永慶所謂「勤勞」的管理學意義是指：作為管理者，善於使用員工的大腦遠比使用雙手更有意義。企業經營不好，絕不是員工不努力，完全是老闆管理不善造成的。

● 樸實：不是指穿衣吃飯樸實無華，或者說有錢捨不得花。簡樸的生活習性固然重要，但更重要的是管理要抱持實事求是的態度。在台塑集團的經營實踐中，幹部員工吃苦而不以為吃苦，耐勞而不以為耐勞，其高效率皆源自於員工的「精神意志由內而外的激發」。

● 勤勞樸實：這絕不是一句掛在嘴邊用於標榜的口號，而是指如何以勤勞樸實的態度，針對任何問題都追根究柢，實事求是，點滴具納，並能做到止於至善。

態度決定命運。員工的日常言行代表了他對工作的基本態度，所以不關注員工態度變化的管理者不是一名稱職的管理者。王永慶甚至引用美國企業界在培訓員工時常講的一句很著名的話來闡釋「態度」一詞的重要性：「人與人之間的差

別是很小的，但這種很小的差別卻造成了人與人之間很大的差別。這種很小的差別就是態度。」台塑集團早期在成本控制領域的基本做法僅是關注異常點，他評價說，這相當於一所學校只是把關注的重點放在不及格的學生身上，而沒有注意到不及格學生學習態度的變化。顯然，僅僅關注異常點是一種被動的管理方法，因為它只是解決了「為什麼會出現異常點」，而沒有解決「如何才能預防出現異常點」。管理者如果只是被動地「關注」異常點，恐怕異常點會愈「關注」愈多。當然，異常點積累愈多愈難以解決，愈難解決則管理成本愈高。試問，為什麼我們不能改被動地關注異常點為主動地關注員工的基本工作態度？

當今台塑集團的企業文化雖已擴展為 16 個字：勤勞樸實，止於至善，永續經營，奉獻社會；但究其根本，「勤勞樸實」仍是此一企業文化的核心。對於為什麼如此排列，王永慶解釋，企業文化的形成，可以說是經由經營理念長期孕育而成。而台塑企業的經營理念，歸納起來，就是以「勤勞樸實」的態度追求一切管理事務的合理化，並且以「止於至善」作為最終的努力目標。由於客觀環境變動不居，事實上任何管理事務是永遠達不到「至善」之境的，但是全體員工永無休止的追求，卻是構成推動企業不斷提升經營績效及競爭條件的原動力，企業遂得以不斷發展，達到永續經營之目的，同時基於「取之於社會，用之於社會」之宗旨，持續奉獻社會。

降低成本之路：全員成本管理

理念是一種生產力。如果要問台塑集團管理系統的看家本領是什麼，恐怕十位台塑人中有九位都會毫不猶豫地回答「低成本」。的確如此，成本管理是台塑集團管理系統的核心子系統。相較於中國大陸，台灣企業對成本控制可能更加敏感和嫻熟，因為台灣自古地少人稠，市場狹小，資源匱乏，加上又是外向型經濟，所以許多企業不得不從降低成本做起。台塑集團也不例外，王永慶從一開始

就把低成本視為企業活下去的一件不可或缺的依靠。

在那個時代，台塑集團的上游供應商是公營的中國石油公司，下游客戶大都是早年從旗下新東公司拓展[25]出去的三次加工商。每逢市場波動，台塑集團的上游原料供應常受制於中油，此時王永慶既無法也不能把漲價後的成本轉嫁給下游客戶，為了活下去，他不得不把低成本視為企業的生命線。石化原料生產講究流程化和標準化，故成本控制的潛力多來自於內部管理需要，它既反映企業投入與產出之間的對比關係，同時又是一家企業生產經營效率的綜合體現，因而王永慶格外重視成本管理及其控制體系建設。

經過幾十年的苦心經營，台塑集團不僅建立了一整套合理有效的成本管控制度和流程，同時也在管理方法上有許多重大創新或創造。王永慶對成本管控問題的思考主要集中在兩方面：一是引入標準成本法來控制生產成本（直接材料、直接人工和變動製造費用）；二是使用作業整理法來控制非生產成本（固定製造費用和管銷財研等期間費用）。兩項措施的效果疊加，基本上覆蓋了企業成本控制的各方面，形成了所謂「全員成本管理」的一整套做法。

尤其是作業整理法，大致起源於 1960 年代初新東公司的品質控制作業，後經進一步改進和優化，逐步演變為以作業分析為核心，且主要用於控制非生產成本的一個正式管理系統。這一點是王永慶在成本管理領域的重大創新和創造，其工作原理與 1988 年美國人[26]提出的作業成本計算法（ABC 法）基本一致，亦即都把作業視為一種基本分析單位，用於檢討和優化人的管理行為，從而為企業持續尋求到所需的最優生產條件。但如果從實際應用的先後順序看，王永慶的「作業整理法」在時間上卻比「作業成本計算法」早了二十多年。

成本合理化的本質就是創新和創造。王永慶的貢獻遠不止作業整理法，他甚至還拓展了標準成本法的某些內容：傳統標準成本法主要強調標準成本的制定、標準成本與實際成本比較，以及成本差異的計算和會計處理，但王永慶卻十分重視後端的差異改善環節。為此，他在傳統單位成本分析的基礎上提出了「單元成

本分析法」這個概念。

　　一開始，單元成本分析法廣泛用於企業管理的各個領域：小到一顆螺絲釘，大到一部機器，只要成本或費用出現異常，管理人員就可從其單位成本出發，層層向下追蹤，直至找到引致成本異常發生的最根本原因及其改善辦法為止。再到後來，也就是標準成本法和作業整理法全面用於成本控制，且成本差異的揭示徹底系統化之後，單元成本分析法才納入正式成本管理系統，專責成本差異分析和改善，成為台塑集團長期開源節流，降本增效的一把利器。

　　早在推行標準成本法之初，王永慶便開始在企業內引入責任中心制度並設立責任會計（管理會計）單位，把全企業所有生產及非生產部門統統按照一定規則劃分為若干個利潤中心和成本（費用）中心。就劃分的細緻程度而言，台塑集團一點也不亞於德國企業[27]。至2008年，台塑集團共計劃分有利潤中心3,088個，成本中心1萬7千多個。王永慶評價，如此劃分的最大好處是清楚界定了每個單位甚至每個人的可控責任，並按可控責任再行評核工作績效。個人的責任劃分清楚，自然工作目標也就劃分清楚，此時老闆如果願意再與員工分享因善盡責任而完成或增加的效益，這樣的企業一定會成為一家有發展後勁的企業。

　　成本降低一塊錢等於賺進一塊錢。以今天的眼光看，台塑集團在成本管理領

25　新東公司的創立和解散過程是一則神奇的以「供給創造需求」為主題的創業故事：王永慶早年為解決原料銷售困境，不得不自行創辦塑膠三次加工廠——新東公司。幾年後，新東便發展成為一家世界最大的塑膠製品廠，產品遠銷海內外，但此時的王永慶卻決定解散新東，幫助幾百名青年管理幹部各自去創業，從而在一夜之間為台灣創造了一個龐大的塑膠下游加工市場，這批業者後來一直是台塑集團的下游客戶，長期使用台塑集團生產的石化原料，是台塑集團經營成功的根基之一。

26　作業成本計算法（activity-based costing，簡稱 ABC 法）是由平衡記分卡創始人、美國平衡記分卡協會主席、哈佛大學教授卡普蘭（Robert S. Kaplan）等人，於 1988 年提出的一種將間接成本和輔助資源更準確地分配到作業、生產過程、產品、服務及顧客中的成本計算方法。作業成本計算法能夠比傳統成本計算法提供更準確的關於經營行為和生產過程以及產品、服務和顧客方面的成本資訊。它通過將工廠的資源費用同使用這些資源的經營行為和生產過程相聯繫，而把作業作為生產成本行為分析中的主要因素。

27　管理會計大師 Robert S. Kaplan and Robin Cooper 曾這樣描述：「通常德國公司要比其他國家的公司有更多的成本中心。例如，一家中等規模生產電器開關的製造公司（年銷售額 1.5 億美元）只有三道不同的製造工序，卻有100 個成本中心，其中 15 個是直接生產成本中心，85 個是間接責任中心。更大規模的其他公司（如西門子）則有 1 千至 2 千個成本中心。」進一步的論述請參見：Robert S. Kaplan & Robin Cooper（2006），《成本與效益》，中國人民大學出版社，頁 30。

域的成功經驗主要源自於幕僚團隊的全盤規劃能力、整合能力以及電腦平台的支援能力。一般企業在降低成本的過程中，並沒有認真考慮成本控制方法的應用環境，只是為降低成本而降低成本，忽略了成本控制流程的管理效能，因而無法做到真正意義上的「全員成本管理」，用王永慶的話說叫做「沒有充分發揮並依靠組織的力量去控制成本」。

驚人的基層執行力

王永慶的管理風格使台塑集團的全體幹部員工在承擔工作責任的同時也得到了工作自由。整體上，台塑集團是一個分權化組織，並經由目標管理制度的推行，賦予幹部員工相應的權力和自由。在績效評核與獎勵制度不變的前提下，如果每個人的目標都得到認可，員工會為達成目標而努力工作，願意承擔責任並進行自我管理；如果目標沒有按計畫完成，員工會願意自我檢討，發現問題並解決問題，直至目標達成為止；如果員工在可控責任範圍內達成目標，企業就信守財務承諾，與員工分享因此而取得或增加的效益。

老子曰：「非以其無私邪，故能成其私。」一般的人性都是希望「得到」而吝於「給與」，其實在大多數情況下，如果你能先做到「給與」，一定也會「得到」。王永慶完美地做到這一點，他常以古人的話強調「先給與才會有得到」的道理。他說，古人說眾人皆知「取」之謂「取」，但大多不知「與」之謂「取」。經營企業若只作單向思考，一味要從客戶方面「求取」自己的利益，將無法得到最大利益；只有懂得雙向思考，適度給「與」顧客利益，助其順利發展，使彼此的業務都能持續擴充，才能真正「求取」到自己的最大利益。

以上雖說是王永慶對公司與客戶間的微妙關係所闡述出的一些基本道理，但其實也在無形中成為台塑集團維繫與幹部員工之間關係的一劑良藥。觀察表明，王永慶的管理風格與著名管理學家麥葛瑞格（Douglas McGregor）在研究「Y

理論」時得出的結論十分相似[28]：

● 鼓勵多方積極參與企業管理。

● 對人的尊嚴、價值和成長給予高度關注。

● 在個人目標和組織目標之間進行權衡和決策，建立積極的上下級關係。

● 既不採取高壓政策、妥協逃避，也不搞虛假擁護、討價還價，而是在公開、坦誠、消除分歧的原則下進行管理。

● 相信人是會自我成長的。當人處於相互信賴、及時回饋的人際關係中，其成長也將得到進一步的深化。

「人同此心，心同此理」。對照上述結論，王永慶顯然是「Y理論」的奉行者。他的管理風格無疑具有兩個理論側重點：一是「融合原則」[29]，主要是指個人目標與組織目標的融合，強調企業經營要兼顧組織和個人需要。如果組織和個人可共同協作，找到雙方的契合點，融合之後的解決方案就可同時滿足雙方的共同需要；二是「依存關係」[30]，主要是指在分權體制下，沒有依存關係存在也就沒有管理控制。管理控制之所以能夠發揮作用，必定是由於組織一方在某種程度上依存於另一方，且依存的性質和程度是決定控制方法是否有效的關鍵性因素。

融合原則與依存關係的結合，是幫助企業獲得員工忠誠與歸屬感的關鍵。在台塑集團，直線生產體系與直線幕僚體系之間早年曾爆發的矛盾與衝突，不僅可說人盡皆知，也是王永慶如何應用融合原則或依存關係來解決此一矛盾的最佳例證：除制度建設功能以外，直線幕僚體系還擔負著繁重的經營改善任務。這點對一個以低成本營運為重心的集團企業來說極為重要，因為它需要兩條「直線」之間的緊密配合才能畢盡其功。但這些來自總部的高級幕僚在深入生產一線後，並沒有及時協助基層單位處理各種管理異常，反而經常把發現的問題直接報告給最

---

28 Douglas McGregor（2008），《企業的人性面》，中國人民大學出版社，頁6。
29 Douglas McGregor（2008），《企業的人性面》，中國人民大學出版社，頁6。
30 同29，〈主編的話〉，頁7。

高層。於是等到資訊再回饋給生產一線的主管時，常常伴隨而來的是最高層的質疑和責罰，結果是生產一線主管認為這些高級幕僚「打了自己的小報告並被老闆盯上了」，於是也就毫不客氣地稱呼這些幕僚是「紅衛兵」。

上述矛盾和衝突自然引起王永慶的高度警覺。如果生產一線主管發起反擊，勢必傷害到剛剛搭建不久的組織結構；如果他們不願反擊，勢必在報告中隱瞞工作異常。這不僅不利於解決問題，反而會使異常問題變得益發嚴重。對此，王永慶採取的措施是「雙管齊下」：一方面改變對幕僚人員的績效評核方式，並在作業整理的基礎上，先把幕僚體系也劃分為利潤中心和費用中心，再進一步推行「計件式」績效評核辦法，分別用其協助直線生產體系處理問題的件數、時效和品質等指標，來計算前者的津貼和獎金，使得矛盾雙方都可從「融合與依存」中獲得好處，而不是在「對立與衝突」中使任何一方受到傷害。

另一方面，王永慶提高了召開「午餐匯報會」[31]的頻率。他一步一步地教導與會的高級幹部，要求幕僚不要一發現問題就上報，而是要按照改進後的程序首先及時把資訊傳遞給生產一線主管。幾個回合下來，大部分問題不僅能得到及時解決，而且生產一線的主管也開始認為幕僚不是來找麻煩，而是幫助自己提高績效的。也就是說，生產一線主管從幕僚人員的幫助中獲得巨大的經濟利益；幕僚也從給生產一線所提供的幫助中找到自己的飯碗。

現在，各幕僚單位每月都要制定工作計畫，主動填報下一目標期內要幫助基層單位解決多少實際問題。有時候，基層單位發現某項制度需要修訂，或者某項作業程序需要改進，甚至包括一些技術難題等，都會主動上報並尋求幕僚單位的幫助。他們不再害怕「家醜外揚」，而是積極地從正面角度看待管理改善問題。更重要的是，某些基層單位可能會因為市場原因陷於虧損或目標無法連續實現等不利境地，此時幕僚人員的作用就更大了。他們會聯合各方專家，組成經營分析與專案改善小組[32]，真正蹲下身來，利用其管理、預測與診斷優勢，協助基層單位扭虧為盈[33]。結果是，不僅產銷部門是為企業直接創造利潤的主力軍，幕

僚單位也具備了為企業創造價值的功能。在台塑集團已號稱邁入知識化管理階段的今天，恐怕後者在價值創造領域的貢獻一點也不亞於前者，甚至有過之而無不及。

台塑人熟稔透過融合與依存來實現個人目標的優越性。直線生產體系與直線幕僚體系之間的專業化分工與合作已成為台塑集團執行力強的主要原因。其中的道理非常簡單：直線生產體系擁有技術知識，主要承擔產銷任務；直線幕僚體系擁有管理知識，主要提供管理服務。兩者之間的分工已劃分得一清二楚，其合作模式是「生產部門需要什麼服務，幕僚單位就提供什麼服務」，並且後者主要根據為前者所提供服務的數量、時效和品質獲得自己的經濟收入。

換句話說，更深層次的融合與依存是指員工知識的融合與依存。顯然在台塑集團，直線幕僚體系的管理知識，在其所提供的「每一種服務」以及所處理的「每一個異常管理案件」上，將會「直接重疊」在直線生產體系既有的技術知識之上，並給整個產銷系統注入管理活力。毫無疑問，兩套知識體系「重疊」所產生的執行力量不僅遠大於一般企業中的單套知識體系，還會產生一加一大於二的溢出效應。

管理就是激勵：培養知識員工

如前所述，王永慶把他的全部管理哲學總結為一個普通的道理——切身感，

---

31 王永慶主持的午餐匯報會可不是一時心血來潮的產物。恰恰相反，王永慶差不多開了一輩子的午餐匯報會。此一會議形式對於貫徹他的經營理念和管理思想起到了基礎性的，然而也是關鍵性的推動作用。甚至他 90 多歲高齡時，仍然堅持每日召開午餐匯報會。

32 比如總管理處總經理室就設有專門的經營分析機能小組，總人數大約保持在 30 人左右。他們主要從事長、短期經營分析工作。其中，短期分析側重於分析各單位所發生的經營管理異常；長期分析則側重利用短期資料對企業經營體質進行系統診斷，包括市場預測、客戶管理、企業管理制度設修訂、未來管理標準調整趨勢，以及績效提升狀況檢討等等。除總管理處以外，各公司、事業部及工廠也都設有相應層級的經營分析單位和人員。

33 自推動管理大變革以來，類似專案改善活動在台塑集團每年都會完成上千件之多，每年因此獲得的收益可占總收益的大部分，比如三大子公司在 1985 年的直接分析改善效益就高達 75 億元。換句話說，台塑集團每年所賺取的一大部分利潤額並非完全來自產量，而是來自於專案改善，也就是「管理財」。

此一「道理」至今仍是台塑集團的最高管理法則。企業雖說是個利潤最大化組織，管理卻不能從利潤做起。在他看來，切身感是「因」，利潤是「果」。許多企業領導人正是因為搞混了這個因果關係，在經營上只顧強調利潤，卻忽略了培養員工的切身感。恰似一個人一心一意只想著收穫，卻忘了耕耘，結果註定如緣木求魚，終究不會得到企業管理的真諦。

切身感也可視為台塑集團的核心價值觀。只要全體台塑人都堅信這一價值觀，台塑集團在市場競爭中就不怕摔倒，或者說摔倒了照樣能夠爬起來。然而要想深入理解切身感的真正涵義，則要從「瘦鵝理論」[34] 說起。王永慶早年有一段時間曾以養鵝為生，他發現，那一時期台灣鄉下農民散養的鵝普遍都很瘦小，於是他改變了傳統的飼料配方和飼養方式。不久，鵝的生長速度果然明顯加快。此一經歷使他悟出一個基本道理：鵝之所以瘦的原因不在鵝本身，而在於飼養者的理念和方法不當。同樣的，企業經營得不好不是因為員工不努力，而是管理不善造成的。他的這一感悟對於早期台塑集團的制度設計和文化建設均產生了深遠影響。

切身感是指一個人對利益攸關之事所做出的有意識反應。也就是說，切身感是深藏於幹部員工內心深處的，同時又是融情感與理智為一體的一套複雜的「行事邏輯」。王永慶認為，一家企業的管理制度如果設計合理，久而久之就會達成這樣一種境界：「員工為企業工作就像為自己工作一樣努力」。他認為，切身感不是指一般性的物質激勵，而是指更高層次的「心靈溝通」，它不僅是判斷企業家管理效率強不強的準繩，也是度量企業家管理水準高不高的標竿。如果你的管理過程講究合理化，員工必定會「心往一處想，勁往一處使」；而且你做得愈是合理，員工的「有意識反應」就愈是強烈。再到後來，王永慶乾脆下定義說，企業管理無所謂西方式的，也無所謂東方式的，這個世界上只有一種管理——切身感管理。

切身感人人都有，關鍵看管理者能否引起「有意識反應」。根據一個人的外

部表現直接對他的行為進行激勵，效果一般較差；但如果從切身感的角度直接撞擊他的心靈——「創心」[35]，效果可能就非常好。王永慶的這一做法樸素厚道，特別容易使員工理解和接受。幾十年來，他既不在思想上低估員工的能動精神，也不在實踐中把人性及其潛能完全理想化，而是始終樸樸地遵從著關於如何培養員工切身感的常識性判斷。事實表明，他的經驗中存在一個明顯的倫理觀假設：人的自然屬性及其潛能沒有盡頭。如果企業的管理方法夠科學，目標夠合理，員工就願意承擔責任，並願意為達成目標而努力。

用「管理就是激勵」這句話概括王永慶的全部經驗一點也不為過。早在1960 年代中，他就開始在企業內大力推行目標管理制度，不僅鼓勵員工參與管理，而且支持員工自我管理。接著，他又依據目標管理的基本精神設計全企業的激勵機制。他沒有採用西方企業的「利潤分享」模式，而是把激勵重點放在「效益分享」上。他認為，員工的努力會推高企業的經營指數，其間的效益差額應由企業和員工按一定比例分享。所謂「經營指數」並非單純指利潤指標，而是指衡量目標達成狀況的一系列管理指標。也就是說，企業與員工分享的不是事後經由會計人員計算出的利潤，而是事前為了確保實現利潤等指標，並在去除了不可控風險之後所編製出的產銷「預算」。

目標達成狀況愈好，企業與員工分享的額度愈高。台塑集團激勵機制的宗旨就是「要讓優秀的人都能發揮自己的才能並過上如意的生活」。在王永慶看來，所謂「指數化」包含三部分：一是員工在可控責任範圍內各自制定工作目標；二

---

34 在第二次世界大戰期間，由於糧食嚴重缺乏，台灣常採取散養方式養鵝。看到這種情況，王永慶想，如果能夠找到飼料，養鵝的問題就可以解決。他注意到，當時農民在收穫高麗菜以後，一般都將菜根和粗葉棄留在田地，任其自然腐爛。於是王永慶便雇工收購這些菜根和粗葉，一方面購買稻殼、碎米和死米，粉碎之後再混合作為飼料；另一方面他又從各家農戶收購未成年的瘦鵝。這些瘦鵝確實是餓極了，一看到有食物就拚命吞食，直到喉嚨都塞滿了飼料才肯停止。幾個小時以後，這些瘦鵝喉嚨裡的食物消失了，於是又再大吃一頓，如此周而復始，從不間斷。三個月之後，這些瘦鵝轉眼間變成一隻隻肥壯的大鵝，體重猛增了二、三倍。此一故事表明，王永慶連養鵝的思路和手法都高人一籌。

35 在《篳路藍縷：王永慶開創石化產業王國之路》一書中，我第一次用「創心」一詞來概括王永慶的管理經驗。進一步的觀點請參見：黃德海（2007），《篳路藍縷：王永慶開創石化產業王國之路》，清華大學出版社。

是企業依據工作目標達成情況實施績效評核；三是幕僚人員應盡可能將各種評核指標數位化、金額化。以管理改善工作為例：台塑集團每年都要完成數以千計的各種管理改善案件，內容涉及產銷管理等各方面。針對每一件改善案，王永慶都要求幕僚人員認真估算出勞資雙方的貢獻度，並承諾按貢獻度大小分享改善效益。例如產量、品質、收率、工安，以及個人作業檢核，甚至連主管評價等內容在內，均依據「（個人或單位）所負責任之大小及權重」給予「準確估算並金額化」。

企業每接到一份訂單，員工即可在生產過程開始前就清楚了解到「自己能夠拿到多少錢」。這種「先算後幹」的做法已堅持了幾十年，使企業能「相對準確地估算出員工的貢獻度」，從而有效激發幹部員工的工作積極性。所謂估算，一方面是指科學計算，另一方面是指勞資協商。然而不論是計算還是協商，前提都應是格外注意剔除「不可控風險」。例如在上述管理改善案例中，如果純粹是因改善而提高產量，改善者（幹部員工）在一段時間內（比如6個月或更長時間）將享受到因此帶來的經濟效益（包括增量部分），期限過後企業則提高標準產量；如果純粹是因設備更新提高產量，在產銷會報告後就要立即提高標準產量。

1986年，王永慶重啟擱置已久的職位分類制改革，進一步在制度層面上完善了他所宣導的「基於效益分享的激勵機制」。更為重要的是，王永慶把他一生的主要精力都放在類似上述各個管理環節的不斷改進和優化上，用他的話說叫做：「由點到線，由線到面，點點滴滴追求各項管理事務的合理化。」話雖如此，實際做起來卻還是有許多意想不到的艱難和困苦。但無論如何，多年注重推動管理改善及內部組織學習的結果，已使台塑集團逐漸發展成為一家以知識員工為主體的現代集團企業。

所謂知識員工是指能利用知識和資訊為企業帶來資本增值的一個產業工人群體[36]：他們的個人素質高，工作自主性強，創造力旺盛，並且具有實現自我價值的強烈願望。隨產品更加多樣，產業更加整合，規模更加擴大，以及製造過程

更加精細，未來台塑集團幹部員工的知識化程度仍會加強，並因此產生新的管理需要，比如高階管理人員如何進一步增強凝聚力、勞動過程如何進一步跟催、勞動成果如何進一步衡量等等。這一切無疑表明，在邁向百年企業的征途上，「切身感」仍將是台塑集團企業文化及其管理理念的核心。

管理在於創新，創新在於創心。本書願用「創心」這一單一概念來概括王永慶的全部經營哲學，並用「創心管理」來總結他的全部管理經驗和智慧。巧合的是，「心」的第一個英文大寫字母是「H」，加上「H」又酷似台塑集團管理架構中垂直並列的直線生產體系和直線幕僚體系，以及兩者之間業已存在的相互融合與依存關係。本書嘗試將「創心管理」所蘊含的思想觀點簡稱為「H理論」，其涵義是指：在現代企業管理中，遵循人性本善的道理固然重要，但更重要的是企業家應持續透過「創心」盡可能地激發出幹部員工的「心中之善」，從而謀求到企業的長期成長和效益的持續增加。

---

36 參考了杜拉克（Peter Drucker）在論述知識員工時的一些觀點。進一步的論述請參見：Peter Drucker（2009），
　　《21世紀的管理挑戰》，機械工業出版社。

台塑集團簡介

台塑集團對外行文的正式名稱為台塑關係企業[1]，旗下子公司一百多家，其中規模最大、實力最強的有四家，人稱「台塑四寶」：台灣塑膠公司、南亞塑膠公司、台灣化學纖維公司和台塑石化公司（以下分別簡稱為台塑公司、南亞公司、台化公司和台塑化公司）。四家均為公開上市公司，相互之間除交叉持股外，還以多層次方式獨立或集體轉投資其他子公司，投資足跡遍布美國、中國大陸及越南等國或地區。

如圖 1 所示，台塑四寶中的第一家公司台塑公司創立於 1954 年，早期主要以產銷 PVC 粉為主營業務。接著為解銷售困境，創辦人[2] 王永慶又分別於 1958 和 1965 年相繼成立南亞公司和台化公司。其中，南亞主要將台塑公司生產的 PVC 粉原料再加工成塑膠皮和塑膠布；台化在一開始專注於以木漿為原料生產纖維紡織產品[3]，逐步涉足紡紗、織布及染整加工等領域。一直到 1990 年代中，台化放棄原有做法，開始擴大經營範圍，成功轉型為一家涵蓋泛用塑膠及工程塑膠等產品在內的大型石化原料生產商。

1963 年，為進一步緩解南亞公司塑膠皮和塑膠布等產品的銷售困境，王永慶成立了另一家下游公司新東公司，主要從事日用塑膠製品的深層加工。至此，台塑、南亞和新東三公司集塑膠原料與二、三次加工環節於一體，基本上實現了石化產業中下游的前向整合。再加上台化公司及其他關係企業，台塑集團已初步具備一家集團企業應有的規模及形態。

四年之後的 1968 年，王永慶思慮再三，決定力排眾議，果斷解散新東公司，並鼓勵該公司超過 400 名青年幹部各自另立門戶，分別從事塑膠三次加工業。於是，台灣竟在一夜之間出現數百家塑膠加工廠，集體演繹了一則「企業塑造市場」的精彩創業故事。此時的王永慶則高調對外宣布，台塑集團從此調整發

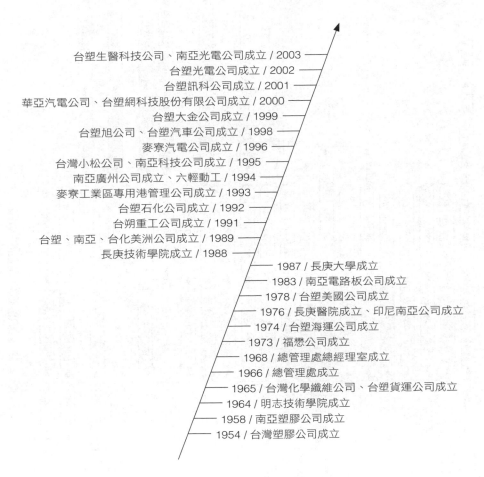

台塑生醫科技公司、南亞光電公司成立 / 2003
台塑光電公司成立 / 2002
台塑訊科公司成立 / 2001
華亞汽電公司、台塑網科技股份有限公司成立 / 2000
台塑大金公司成立 / 1999
台塑旭公司、台塑汽車公司成立 / 1998
麥寮汽電公司成立 / 1996
台灣小松公司、南亞科技公司成立 / 1995
南亞廣州公司成立、六輕動工 / 1994
麥寮工業區專用港管理公司成立 / 1993
台塑石化公司成立 / 1992
台朔重工公司成立 / 1991
台塑、南亞、台化美洲公司成立 / 1989
長庚技術學院成立 / 1988

1987 / 長庚大學成立
1983 / 南亞電路板公司成立
1978 / 台塑美國公司成立
1976 / 長庚醫院成立、印尼南亞公司成立
1974 / 台塑海運公司成立
1973 / 福懋公司成立
1968 / 總管理處總經理室成立
1966 / 總管理處成立
1965 / 台灣化學纖維公司、台塑貨運公司成立
1964 / 明志技術學院成立
1958 / 南亞塑膠公司成立
1954 / 台灣塑膠公司成立

圖 1 台塑集團沿革

1　有關關係企業的定義和性質，本書將在後續章節中詳述。另為敘述方便，本書統一使用「台塑集團」這一名稱。
2　在 2006 年 5 月各公司召開董事會期間，王永慶把權力正式移交給第二代經營者，而他本人則被尊稱為企業創辦人，直至 2008 年去世。
3　台化公司早期主要使用台灣地區漫山遍野的枝梢殘材作為生產人造纖維的基本原料，並進一步再加工製造成尼龍等日用紡織品，是那一時期台灣地區規模最大的紡織企業。

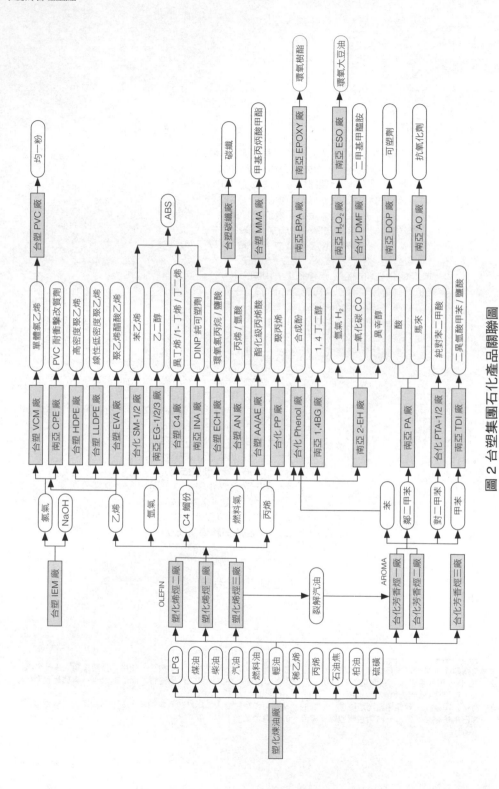

圖 2 台塑集團石化產品關聯圖

展方向，徹底退出塑膠三次加工業，專注於產銷石化中游原料，並努力向更上游的煉油和乙烯等環節整合[4]。

二十多年後，台塑集團向上游煉油和乙烯等環節整合的夢想變為現實。隨台灣經濟全面自由化，以及部分特許產業陸續對民營企業開放，王永慶抓住時機於1992年又成立了台塑化公司，主要從事煉油和乙烯等石化上游原料的生產與銷售。如圖2所示，此一舉措標誌著台塑集團在台灣島內終於實現了石化產業上中下游的垂直整合[5]。自此，台塑四寶沿石化產業鏈一字排開[6]，不斷以轉投資方式拓展各自的業務領域，並以台塑關係企業名義躋身於世界級石化大廠之列。

2008年10月15日，王永慶在他的美國家中不幸於睡夢中辭世，加上當年美國又爆發一場蔓延全球的「次貸危機」，但值得慶幸的是，台塑集團並沒有因此受到多大影響，仍一如既往地保持著穩定、快速和健康成長。至2012年，台塑集團旗下的子公司已遍布台灣、美國、中國大陸和越南等地，全集團當年資產總額約為2.99兆元新台幣，營收總額約為2.19兆元，稅前利潤總額為2,466億，雇用員工總數為99,332人。令人驚嘆的是，台塑集團在2012年的營收總額已占當年台灣GNP的七分之一強，主要財務指標也已連續30多年在台灣地區集團企業排名中名列前茅。

除石化工業外，台塑集團還跨足紡織原料、電子材料、機械、資訊、鋼鐵、陸運、海運、生醫及生技等領域。旗下另設有三所大學[7]和一所大型醫學中心長庚醫院。特別是長庚醫院，更是本書作者[8]新近寫作並出版的另一則具有完整、

---

4 在台灣，一般把煉油和乙烯等產品的生產過程稱為上游，聚乙烯、聚氯乙烯等產品稱為中游，塑膠三次加工業稱為下游；在中國大陸，則把石油勘探和開採稱為上游，煉油和乙烯等產品稱為中游，其餘則為下游。

5 有關台塑集團在台灣實現產業整合的完整故事，請參見《篳路藍縷：王永慶開創石化產業王國之路》（簡體版），黃德海著，清華大學出版社，2007年4月。

6 台塑化公司主要生產油品和乙烯等上游原料。自台塑化量產後，其他三家公司遂成為該公司的下游公司，並與前者一起，實現了石化產業鏈的上中下游垂直整合。

7 主要指明志科技大學、長庚大學和長庚科技大學。

8 經過幾年的努力，我與博士後王冬一起已完成了對長庚醫院的初步調研，並已出版相關研究成果。進一步的資料請參見王冬、黃德海著（2014）《掛號、看診、拿藥背後的祕密》，台北：遠流。

系統及標竿意義的非營利性事業的企業式經營案例。1976 年，王永慶兄弟捐鉅資創立財團法人長庚醫院，為提升該院的管理效率及品質，王永慶及時導入台塑集團的管理經驗，不僅使長庚醫院自此邁入世界著名醫學中心行列，享有「平民化醫院」的美譽，同時也從政策和制度層面推動了台灣醫療事業的大發展。至 2010 年，長庚醫院在國內外共計設有 8 所分院，擁有床位數上萬張，另還附設有慢病醫院、養生文化村和護理之家 9 等機構，全面跨足疾病預防、健康養生與養老等事業。

1979 年，台塑集團將投資的視野從台灣進一步拓展至美國，並在美國多個州投資輕油裂解及塑膠加工業。十多年之後的 1990 年代初，台塑集團搭上中國大陸改革開放的快車，積極在中國大陸展開投資布局，先由塑膠二次加工業切入，進而於 2001 年在浙江省寧波市設立石化原料生產專區，構建了另一條上中游自給自足的一貫化生產體系。除寧波外，台塑集團目前在廣州、廈門、南通和昆山等地還設有十餘座生產基地。

台塑集團早在幾十年前就曾在印尼投資設廠。2001 年，王永慶又將投資的視野拓展至越南。他生前認為，一個國家或地區要發展成為先進經濟體，必定要有充足而優質的鋼鐵工業作為基礎，因此投資鋼鐵業一直是他念茲在茲的心願之一。經多年評估，他益趨看好越南的鋼鐵市場及東盟關稅區等競爭優勢，決定在已先期投資設立的紡織、纖維及塑膠加工等產業的基礎上，再投入鉅資在越南北部抽沙填海，興建一座大型現代化煉鋼廠。

9　近十幾年來，長庚醫院又著眼於國內高齡化問題，不僅投鉅資設立老年養生文化村，還針對失去自理能力的老年人設立護理之家。

第 *1* 章

理論綜述：
關係企業治理

台塑的「核心關係圈」

現代台灣的關係企業普遍創立於第二次世界大戰後的十多年時間內。在美國的援助下，遷台不久的國民黨當局開始積極制定產業發展策略，採取多項政策措施扶植民營企業發展：一方面在製造業領域擴大參與國際分工，引進並學習先進經濟體的技術與經驗；另一方面努力拓展外銷市場空間，走上一條以出口導向為主軸的工業化發展道路。

隨著政策與市場的逐步開放，一批企業家——特別是出生在日據時代後期的——抓住機遇創立並著手經營自己的企業。特殊的成長背景，使這批企業家在骨子裡就有著一股強烈的使命感，擁有與「成就需要」相關的個性特徵和工作倫理。作為第一代創業者，他們不顧一切地直接切入某個產業或行業，各自迅速打拚出一片新天地，並由此成為現代台灣工業最早的創辦者或奠基者。

在台灣，企業集團也叫關係企業[1]。例如台塑企業，既可稱之為台塑集團，也可稱之為台塑關係企業。觀察這些企業發布的重要法律文書，以及對外正式交易或交往中使用的名稱，通常還是採用關係企業的居多。從字面看，關係泛指連結，其涵義雖碰巧與中國人所謂人情關係中的「關係」二字重疊，實際上關係的涵義卻遠不止於此。

在關係企業，「關係」指的大多是由情感和利益連結構成的一個綜合體。就情感而言，關係企業內各公司、各單位，甚至個人之間，通常皆以「兄弟」相稱，外界也傾向於使用「兄弟關係」這一指標，來判斷關係企業群體間情感連結的緊密程度。就利益連結而言，關係企業通常按照約定的「責權利原則」對兄弟關係做出恰當的制度性安排，因為此一原則時常會提醒「各位兄弟」注意：只講兄弟關係而放棄責權利原則，或者只講責權利原則而不顧及兄弟關係，顯然都不是關係企業的正常成長之路。

關係企業的經營者均重視統籌管理，他們一般傾向於設立總部並將之定位為幕僚單位，其目的有二：一是許多共同性事務集中管理，不但可以減少重複用人的浪費，而且共通性事務由專精人員負責辦理，可提升效率及品質；另一方面，總部能協助經營者統一指揮、協調和控制全集團，使經營者較易掌握集團內各公司的營運狀況。在早期，總部的名稱五花八門：對外有稱作總管理處的，如台塑集團；有稱作聯誼會的，如國泰集團；還有稱作聯合服務處的，如台南紡織關係企業等等。至於總部使用何種名稱，以及應具有什麼樣的功能，各關係企業並沒有固定套路，完全視各企業之業務發展策略的需要而定[2]。

不容忽視的是，關係企業在台灣民營企業集團化進程中始終扮演著關鍵角色。隨著企業規模和子公司數量增加，台灣企業集團逐步呈現出管理密集形態，需要一個幕僚組織協助決策層完成策略規劃或計畫任務，不過因為不同企業的做法差異很大，總部的重要性和作用有程度高低的不同。政治大學企業管理研究所於 1980 年 1 月所做的調查顯示，台灣關係企業設立總管理處的情形有愈來愈普遍的趨勢[3]，其中當以台塑關係企業設立總管理處的歷史最悠久，結構最健全[4]。

如學者所言，台塑集團成功的原因之一是擁有一個真正意義上的總部。用台塑集團自己的話講[5]：「一個企業成功與否，取決於經營者明確而堅定的信念。台塑企業深信企業道德、公司治理與企業競爭力是互補的，並不存在矛盾與衝突。為實現此一經營理念，台塑集團成立了企業總管理處，並在各公司成立了總經理室。其主要功能，就是依經營理念與實務作業，建立起完善可行的各類制度、作業細則與作業標準，讓公司治理透明化，讓員工有清楚的責任、目標與正

---

1 根據中華徵信所的定義：在台灣，只有達到一定規模和家數的關係企業才可稱之為集團企業。該所最早一期研究成果《台灣地區集團企業研究》中，曾規定他們選擇樣本企業的標準是銷售額超過 1 億元新台幣，且子企業家數超過 3 家。依照該定義，從規模上看，關係企業可以大到年營業額超過上兆新台幣，如台塑集團；也可以小至一家小作坊。
2 洪貴參（1999），《關係企業法理論與實踐》，元照出版公司，頁 82。
3 政治大學企管研究所研究報告（1980），《台灣關係企業經營現況與管理之探討》，頁 22。
4 洪貴參（1999），《關係企業法理論與實踐》，元照出版公司，頁 83。
5 《台塑關係企業社會責任報告 2008》，台塑集團網頁，頁 2。

軌可遵循；同時透過人員訓練、嚴格執行、稽核與不斷改善，來確保企業內各公司各單位的管理模式、工作品質與競爭力都能達到企業要求的一定水準。」

關係企業與企業集團在結構上有著顯著差異：首先是關係企業的總部相當於西方企業的母公司，區別在於關係企業不是法人，也不辦理工商登記，創始人通常既是關係企業的董事長，又是旗下各公司的董事長。其中，前者由各關係企業擁戴產生，後者則由各公司董事會選舉產生。既然關係企業董事長一職並不是通過選舉產生，表明其任職的基礎不是選票而是「擁戴」，或者說是「關係」更為準確。

其次，不論企業總部有無身兼其他職能，都有一個共同點：它們都擁有辦公場所和層級結構，同時雇用大批工作人員開展多項具體業務。

另從業務性質或管理功能看，總管理處也未進行過工商登記。有些企業視其為內部管理機構，有些視之為各子公司間的聯誼性組織[6]。關係企業旗下各子公司雖是獨立法人，許多還是公開上市上櫃公司，卻總是透過總管理處連結在一起，對外以關係企業自居，在許多方面以及在不同程度上均接受總管理處的管理與控制服務，並處處依照「關係法則」交往與合作。台塑集團的總管理處即屬於第二種形式，它被定位於企業內部的最高幕僚管理機構，雇請工作人員有上千名，且管理功能涵蓋了一個企業集團總部的所有業務領域。

以創始人為主形成的「核心關係圈」，是理解關係企業公司治理結構的關鍵。所謂「核心關係圈」是指以創始人為主形成的一群股東——一名或幾名聯手出資的自然人和法人，他們手上持有的股票相加，往往使其處於控股或絕對控股地位，他們不僅創辦企業並決定企業的發展方向，也參與或主導企業的日常經營管理活動。

如表 1-1 所示，作為總部存在的關係企業本身並不持有各公司股票。關係企業對各子公司的控制主要是透過管理手段而不是控股手段。王永慶兄弟既是各子公司的個人大股東，又是實際經營管理者。由於四大公司相互之間交叉持股，各

表 1-1 台塑四大公司前 10 大股東及相互交叉持股情況：2008

	台塑公司		南亞公司		台化公司		台塑化公司	
	億股	%	億股	%	億股	%	億股	%
王永慶	1.66	2.91	4.17	5.46	3.73	6.75		
王永在	2.28	3.99	3.91	5.13	3.48	6.30		
台塑公司			7.53	9.87	1.88	3.39	27.11	29.31
南亞公司	2.65	4.63			1.33	2.40	22.05	23.84
台化公司	4.40	7.65	3.98	5.21			23.03	24.90
台塑化公司	1.18	2.07	1.73	2.26				
長庚醫院	4.05	7.07	6.39	8.38	10.27	18.58	4.25	4.60
長庚大學			3.04	3.99				
福懋興業							3.55	3.83
萬順國際	1.75	3.05	1.83	2.39	2.10	3.80		
秦氏國際	2.38	4.16	1.42	1.86	3.51	6.35		
滙豐銀行託管美林證券	3.58	6.26	0.92	1.20				
滙豐銀行託管包爾能源							0.47	0.51
滙豐銀行託管亞太光電							0.46	0.48
渣打託管千禧創投							0.64	0.69
渣打託管創世資本					0.65	1.18	0.53	0.57
聯合電力發展公司					0.90	1.63		
國家金融安定基金	0.79	1.38			0.69	1.25	0.47	0.50
合計	24.72	43.17	34.92	45.75	28.54	51.63	82.56	89.23

自的法人代表都是王永慶，再加上長庚醫院、福懋興業和長庚大學等關係企業所持有四大公司的股票，遂使得整個關係企業的控制權牢牢掌控在以王永慶為首的核心關係圈手中。

換句話說，與總管理處的管理控制不同的是，王永慶及以他為首形成的核心關係圈，對台塑集團各關係企業的控制具有雙重性——既有管理控制又有股權控

6　還有一些老牌的關係企業將總管理處直接稱為聯誼機構，如台南幫和國泰關係企業等。

制。這一點與西方企業中普遍存在的「兩權分離」迥然不同，關係企業的核心關係圈集各種角色於一身，他們既是出資者、所有者，又是經營者、管理者，不僅有權主導關係企業與外界、總管理處與各公司，以及各公司間以關係為基礎展開的所有交往和交易，同時有權選擇不同連結模式或交往與交易規則，從而決定了關係企業的興衰與存亡。

從企業關係到關係企業

關係企業在台灣雖已存在了四分之三個世紀，但國內外學術界對其概念和定義至今仍無一致看法。學者認為，台灣關係企業是指基於特殊關係結合而成的一個企業體或企業群（group）[7]；關係企業是從企業關係演變而來的，凡有業務交易關係及投資關係的企業，皆可稱之為關係企業[8]。關係企業存在某種特殊而持久的關係，企業家透過這種關係影響各子公司的經營方式和決策標準，這種由關係結合而成的企業就是關係企業[9]。也有學者認為，若干個在法律上獨立，在性質上並無必然連帶關係的企業單位，由於主要投資人或所有人均來自同一家族（包括血親和姻親），並結合成一個整體，即謂之關係企業[10]。

既然學者所下的定義始終圍繞著如何理解「關係」進行，看來探討關係企業成長的出發點就可能不是資本、技術或勞動，恐怕一切奧妙皆在「關係」二字之中。儘管關係二字的本意是指物質組織的「紋理結構」，但它可從經驗角度概括關係企業的關鍵特徵。觀察表明，關係泛指人們在商業組織及其相互合作中的情感和利益連結[11]。這一點不僅是關係企業的主要特徵，也是理解關係企業的重點和難處所在。

這實際上等於是給理論界出了一道學術難題：「關係」是個很中國的辭彙。既然它泛指經濟合作中的情感和利益連結，即意味著人們之間發展關係的目的是既為情又為利。如果人們在合作中做不到「情利雙收」，或者有情無利或者有利

無情，就凸顯不出關係企業的特色。因而在討論關係企業的概念和定義時，學者就不得不學會如何「衡情論理」。

有趣的是，論及情感時涉及利益，或論及利益時涉及感情，人們之間的連結則很有可能說不清道不明。好在中華文化的歷史演變，已使得人們對情和利以及如何處理兩者之間的連結有了某種共識或認同。當然，正是人們之間的共識或認同，以及長期遵循此一共識或認同來處理各種情感和利益連結所形成的某種規則和結構，真正主導了關係企業這種特定企業形式的公司治理結構。於是隨時間推移，上述規則和結構已使得關係企業在許多關鍵特徵上，與西方的企業集團愈來愈不一樣。

甚至到今天，早期創立的這批關係企業仍舊是現代台灣工商業的主力廠商，它們普遍經歷了一個從小到大、從弱到強的漫長成長過程。期間，有些關係企業因經營有方而繁榮至今，有些則因為種種困難中途重整、分裂或消亡。但可以肯定的是，作為一種有效率的經濟組織，關係企業是支撐台灣經濟長期成長的主導性力量。正如一些台灣學者[12] 總結的，「出口導向」完全是一種「利潤追求式」的經濟活動。當「投機或壟斷生意都被公營事業占據」時，「民營企業家（尤其是本省人企業家）也就只能拚、創、鑽、學，在外銷市場上與人競爭，以掙得一席之地，從而造就了一批本事高強、鬥志昂揚的企業家。」

1954 至 81 年間，台灣工商企業的數量成長了 4 倍（從 12 萬 8 千家增加至 51 萬 5 千家），所增加的多是民營企業，並且從 1958 年起，民營企業的產值就已經超過公營企業。資料表明，關係企業是台灣經濟發展綜合實力的標誌。與台

7　中華徵信所，《台灣地區集團企業研究》，各年；陳希沼（1976），《台灣地區集團企業之研究》，台灣銀行季刊，27 卷第 3 期，頁 62；洪貴參（1999），《關係企業法理論與實務》，元照出版公司，頁 43-46。
8　陳定國（1979），〈關係企業與集團企業之管理〉，《經濟日報》，第二版。
9　許士軍（1973），〈集團企業的管理與其社會經濟意義〉，《管理通訊》，第 9 卷第 5 期，頁 1-2。
10　王作榮（1980），〈對關係企業應有的態度〉，《生力雜誌》，第 11 卷第 132 期，頁 4-6。
11　既是本書作者的主要研究心得，同時也參照了中華徵信所關於關係企業的有關定義。
12　鄭伯壎（1995），〈差序格局與華人組織行為〉，《本土心理學研究》，第 3 期。

灣經濟成長的軌跡一樣，關係企業在 1950 至 60 年代也一直處於起飛階段。儘管其中一部分關係企業發展較快，但本書仍可用「自然成長」來概括其在這一段時間內的全部表現。這一點從台灣政府的立法進程也看得出來──有關關係企業的規制工作在此期間一直是空白，甚至連學術討論也沒有。

至 1970 年代，特別是國民黨當局推行重化工業發展策略之後，以台塑集團為代表的原來那一批發展較快的關係企業，經過二十多年的資本累積，開始逐步大型化和集團化，主要表現在「垂直整合」和「水平整合」兩個維度上的產業深度切入，以及大量生產、大量銷售和較強管理能力的養成。中華徵信所 1972 年出版的第一輯《台灣企業集團研究》中的資料顯示，僅前 100 大企業集團的產值就已占當年台灣 GNP 的 32.32%。也許是為了與此一時期關係企業的實力增強相匹配，中華徵信所甚至還給收錄的 100 家企業集團起了個嶄新的名稱：關係企業集團。

仔細觀察前 100 大企業集團在 1970 年代的整體表現不難發現，關係企業的集團化進程在此期間似乎停滯不前，主要表現在企業規模沒有明顯增加，並且此一現象一直延續到 1980 年代前半期。西方著名學者福山（Francis Fukuyama）[13] 甚至這樣評價：相較於西方、日本和韓國，台灣的經濟發展不是通過企業規模的擴大，而是通過企業數量的增加實現的。

他說：「以台灣為例，1971 年從事製造業的企業有 44,054 家，其中 68% 是小企業，23% 是員工在 50 人以上的中型企業。1966 至 76 年間，這樣的企業數量增加了 150%。而從人工數量看，單一企業的平均規模只增長了 29%……1983 年，台灣最大的私營公司台塑企業的銷售收入是 16 億美元，員工人數為 31,211 人，但同期韓國的現代集團和三星公司的銷售額卻高達 80 億美元和 59 億美元，員工人數分別是 137,000 人和 97,384 人。1976 年，台灣企業的平均規模只有韓國企業的一半。」

福山最後得出結論：台灣是一個以家族企業為主的低信任度社會，這一點是

造成企業規模無法擴張、無法創造出大型現代工業企業的根本原因。福山的著作
《誠信》發表於 1995 年，其中的一些論點雖令人質疑，但他從家族企業制度的
視角，卻解釋了為什麼關係企業在 1970 至 80 年代出現成長停滯的原因。當然，
如果他的書發表得晚一些，相信他至少會改寫其中的某些觀點：因為正是在這短
短的十多年時間裡，人們注意到，企業是原來的企業，人還是原來的人，但是關
係企業的產銷規模卻發生了跳躍式擴張。人們不禁會問，既然台灣是個低信任度
社會，為什麼還會誕生像台塑集團這樣的巨型企業？如果不是福山的觀察角度出
現偏差，觀察範圍過於狹隘，一定是關係企業的成長另有原因。

至 2008 年，這批關係企業規模擴張的程度就更強烈了：當年共有 35 家「兩
岸四地」的大型企業入選富比士世界 500 大（Forbes 500），其中台灣有 6 家。
除了中國石油公司，其他 5 家全部是民營關係企業，且有 4 家是製造業。另在
未入選的關係企業中，還有約 20 家企業的年營業額超過 50 億美元。至於本書
將詳細剖析的台塑集團，2008 年的總營業額更是超過 2.1 兆新台幣[14]，雇用員
工總數超過 9 萬人，旗下的主要子公司之一台塑石化股份有限公司（台塑化），
更是以年營收 213 億美元在世界 500 大中名列第 395 名。

關係企業在 1970 年代前後出現成長停滯的原因，一方面和國內外投資環境
改變、市場開放度低，以及當局政策保守密切相關；另一方面也和關係企業自身
的制度化進程有緊密聯繫。在此期間，不少關係企業——特別是一些規模較大
的——在公司治理和經營管理方面暴露出種種成長瓶頸問題，集中表現為「情感
或利益關係鏈的斷裂」。

實務表明，不論情感還是利益，其中任何一個發生斷裂都會影響到關係企業
的成長進程。在此期間層出不窮的「財務困境」、「營運不佳」、「分家、分裂或

---

13 Francis Fukuyama（2001），《信任：社會美德與創造經濟繁榮》（Trust: the social virtues and the creation of prosperity），海南出版社，頁 70-71。台灣正體譯本《誠信》立緒出版。
14 按當年匯率計算。

分割」等事件[15]，導致產官學界圍繞關係企業展開長時間的討論和爭鳴，其中當然也包括對關係企業的立法遲遲不能完成在內[16]。可以這樣評價此一時期產官學界得出的有關結論：儘管關係企業自身仍存在若干弊病，社會各界也一直有不同評論，但整個台灣社會對關係企業弊病的存在以及法律方面的規制空白，仍舊採取容忍和默許的態度。

進入 1990 年代，當局政策調整和市場自由化給關係企業規模的大幅擴張帶來歷史性機遇，台灣的民營企業由此真正呈現出「大中小共生」的繁榮局面。台灣一些著名學者的研究成果表明[17]，台灣「前 100 大的營業額占 GNP 的比例，由 1970 及 1980 年代的 30% 上下，上升為 1994 年的 41%、1996 年的 43% 和 1998 年的 54%。」[18] 也就是說，1987 年之後，隨著「黨禁」和「報禁」在一夜之間開放，台灣經濟開始步入自由化發展階段。諸如銀行、電信等 38 種特許業務全部向民間開放，其中也包括台塑集團夢寐以求的煉油和乙烯項目在內，使得前 100 大企業集團的發展前景一片光明，多家關係企業由此成長為東亞地區乃至世界著名的企業集團。

更為重要的是，至 1997 年，延宕多年的有關關係企業的立法進程總算也畫上一個圓滿的句號：台灣當局在已有的《公司法》中增添了〈關係企業專章〉，從而為關係企業持續規範運作奠定了法律基礎。關係企業作為一種具有地區特色的經濟組織形式，愈來愈得到台灣社會的認可和支持。

台灣關係企業的特殊歷史背景

在台灣，關係企業誕生在前，而立法在後。台灣社會對如何規制關係企業的呼聲由來已久，但因為各方意見不一，有關立法的研修和審議時斷時續：先是學術界對關係企業的形成機制和運作方式進行深入研究；然後是 1976 年連續爆發兩起關係企業弊案[19]之後，政府成立了專案小組並參照德國在 1965 年頒布的

《股份公司法》，草擬了〈關係企業立法草案〉；最後幾經反覆，並於 1997 年在修訂《公司法》時增訂了〈關係企業專章〉。至此，台灣社會才算是正式有了針對關係企業的法規條文。

有法律學者認為 [20]：「有關關係企業的立法精神基本上汲取了美國法院處理關係企業問題所建立的三原則：

一、揭穿公司面紗原則，即法人人格的否認。

二、深石原則（deep rock doctrine），即子公司資本不足，且為母公司之利益而不按正常方式經營業務者，於子公司支付不能、破產或重整時，母公司對子公司之債權應次於其他債權人受償。

三、控制股東之忠實和注意原則，即以德國《股份公司法》有關事實上的關係企業的規範為主要內容。以上三者構成了台灣現行《公司法》的規範架構。」

15　此一時期中華徵信所收錄過的集團企業共計有 238 家，其中有 27 家分割，123 家因種種原因退出前 100 大，只有 88 家未發生類似問題，由此可見關係企業的成長過程有多麼艱難曲折。據中華徵信所記載，因為第一代創辦人去世等原因導致「分家、分裂或分割」的關係企業有太平洋企業集團、蕭氏兄弟集團、永豐集團和國泰企業集團等等；因為財務困境導致衰敗或解體的有國泰塑膠集團、興來集團、六和紡織集團、國豐實業集團、聯福麵粉集團等等；因為營運不佳導致改組、分裂或其他各種變動方式者有國泰信託集團、華僑信託集團、環隆集團、華成集團、合順昌集團等等。進一步的參考資料可參見：中華徵信所，《台灣地區集團企業研究》，1992/1993 年版。

16　有關關係企業的立法過程是另一則有趣的歷史故事，本書將在下一節中論及。

17　參見瞿宛文（2003），〈全球化下的台灣經濟〉，《台灣社會研究叢刊 11》；陳添枝（1999），〈1980 年代以來台灣的貿易自由化〉，《1980 年代以來台灣經濟發展經驗論文集》，中華經濟研究院；朱雲鵬（1999），〈1980 年代以來自由化政策的探討：遲延、躍進與學習機制的演化〉，《1980 年代以來台灣經濟發展經驗論文集》，中華經濟研究院；薛琦（1998），〈轉型中的台灣電信產業：建立亞太營運中心及加入世界貿易組織〉演講稿。

18　關係企業成長不僅表現在營業額的增加，同時也表現在子公司數量、雇用員工人數，以及核心公司涉足的行業數量的增加等等。參見瞿宛文（2003），〈全球化下的台灣經濟〉，台灣社會研究雜誌社，頁 55-65。

19　一件是台山發關係企業非法融資案。據報導，台山發關係企業旗下台山發食品公司總經理陳金鑽，為解決流動資金問題，涉嫌勾串物資局駐廠管理員馮家駒，非法提運，盜賣該公司抵押給銀行、由物資局擔保和監管的價值近 1 億元的水果罐頭及馬口鐵空罐，不僅給物資局造成重大損失，同時也使整個台山發關係企業陷入危機。台山發實業公司董事長陳松榮對外發表聲明，表示該公司將謀求長期財務及營業結構改善，包括招募新資金投入、閒置資產清理及企管人才網羅，以改變目前家族式營運結構，走向現代化經營。後經法院審理，有 7 名被告犯貪污罪被判處重刑（1976.11.10，《聯合報》第 3 版）。
　　另一件是啟達關係企業非法貸款案。據報導，啟達關係企業是一家僅有 4 家子公司的中小企業，旗下啟達實業公司採用偽造抵押物證據、以重複貸款等非法方式，僅以 2 億元資本額就向 6 家銀行申請並獲得 17 億元貸款。事發後，啟達關係企業陷入全面財務危機，瀕於破產。分析家認為，以甲企業個體的資金來發展乙企業的方式締造關係企業體，通常是一個非常危險的舉措，是台灣企業家情感化的通病。此一事件係因啟達關係企業財務制度存在巨大漏洞、負責人權力太集中、缺少分層授權和內部控制制度所致。該案後移交司法部門處理（1976.03.19，《聯合報》第 2 版）。

20　洪貴參（1999），《關係企業法理論與實踐》，元照出版公司，頁 317-319。

儘管有了相關法規條文，但台灣在 1998 年「東南亞金融風暴」期間，仍有多達數十家關係企業出現問題，主要表現為公司「擴張太快、企業主短視急功近利、借殼上市、做假帳製造上市行情、違法吸金冒貸護盤套牢、相互投資交叉持股、虛增資本、董事兼充、內線交易利益輸送、掏空公司資金、轉投資虧空等。」[21] 這些弊案反映了兩方面的問題：一是如何規範企業集團的經營行為是一個超級大難題，不僅是台灣，也是世界性的難題；二是消除弊案，或把弊案發生的機率降低到最低程度，僅靠立法不足以完成，還要依靠企業家的人格特質及其選擇和不斷強化的企業內部的關係、制度及結構。

除立法層面以外，學術界也對關係企業形成的其他法律和經濟背景進行廣泛探討和研究[22]。有學者認為，關係企業的興起與台灣缺乏反托拉斯法和實行〈獎勵投資條例〉及其多次修訂密切相關。因為反托拉斯法的缺失，使得企業能夠自由選擇最有利的組合方式結合在一起並向大型化發展；〈獎勵投資條例〉中的稅捐減免部分，如「新投資創業之生產事業可享受五年免稅」等條款，降低了企業在既有規模框架下增加產能的偏好，轉而採取另行成立新公司的方式並傾向於數量化擴充。

台灣公司法雖然規定企業可以採用變更原登記營業範圍來擴大業務範圍，但關係企業發現，變更營業範圍的手續通常十分繁雜，且不易獲得當局批准，遂更傾向於採用另行成立新公司的辦法來解決。也有學者從企業投、融資的角度探討關係企業興起的原因，認為在投、融資方面，當企業遇到新的投資機會時，通常會相互背書向銀行獲得貸款。此時，關係企業的負責人會發現，通過多家子公司分別向銀行融資的力度和金額不僅高於單家企業，而且不需要求助他人。當然，在利潤留存或自有資金不足時，關係企業必定會向外尋求新的資金來源。而當內外部資金結合之後，企業負責人往往選擇在關係企業框架下另行成立新公司來圖謀進一步的擴張。

另有學者則從企業經營管理層面探討企業結合在一起的動因，認為從管理和

競爭的層面看，企業成長至一定規模後，採用多部門獨立經營的方式有利於發現和培養高階管理人才，有利於溝通和協調，包括實際業務中的資金調度和周轉在內。此外，企業家為應對環境變化，特別是為了分散市場投資風險採取多元化發展策略，從而也在客觀上為設立更多的子公司提供了條件。

中華徵信所於 1978 年出版的《台灣企業集團研究》一書的總論部分刊登了陳定國教授的文章，認為關係企業在當時不宜採取正式單一法人方式經營。該文實際上從多個角度探討了企業家為什麼願意以「非正式」途徑設立關係企業的原因。首先，如果企業家選擇了「多事業部組織之單一法人之巨型企業」的途徑，那麼常會「因融資擔保不易，累進稅率較高，保留盈餘受嚴格限制，稅捐人員特別監視，以及社會大眾要求較多等」影響到企業的日常經營。

其次，如果企業家選擇了「控股公司」的途徑，那麼控股公司只能通過董事會（股權代表）發揮作用，而無法向附屬公司直接派遣經營管理人員，再加上台灣公司法規定「企業轉投資金額不得超過資本額的三分之一」，所以企業常因無法設立更多附屬公司而影響自身成長。第三，如果企業家選擇了「母子公司」，也有可能會遇到像設立「控股公司」一樣的困難和問題。

陳定國教授建議，在當時的環境下，「真正可以發揮經營管理效率，又可避免融資和稅法等不利限制的唯一途徑是設立關係企業（Group Company）。」因為在關係企業架構下，各成員企業皆以公司法人形式存在。這樣做可使企業的主要關係不在於法人之間之股本投資，而在於主要股東之私人投資。法人投資和私人投資受公司法的限制程度不同，前者不能創造太多的附屬公司或子公司，同時每一轉投資行為皆需入帳，皆須編製合併報表；而後者卻可以創造出很多成員公司，不僅投資活動不必入帳，不必編製合併報表，企業也可靈活經營，真正享受

---

21 同 20。
22 進一步資料請參考陳國鐘、洪貴參等人的相關著作。洪貴參（1999），《關係企業法理論與實踐》，元照出版公司；陳國鐘（1981），《台塑關係企業的成長奧祕之一》，永慶出版社。

規模經濟帶來的諸多好處。

五十多年後的今天，許多企業仍沿循著關係企業的公司治理結構。有些企業，特別是台塑關係企業，正是在此一治理結構下成長為一家世界級企業集團的。當然，一個企業的成長總是和其所處的社會環境與條件密切相關。比如日本的財團，美國的控股公司、複合企業、歐洲的辛迪加和卡特爾等等，都是社會環境演變的綜合產物。台灣的關係企業也不例外，既有其成長的特殊歷史背景，也有其成長的特殊歷史條件。

關係企業的總部至今仍以「超法律」[23]形式存在，儘管所有權與經營權之間的分離並不明顯，企業家卻總是能透過其自上而下設計與操作才能，使各關係企業之間能夠形成「利害與共，同屬一體」[24]的關係，並一一化解成長過程中可能出現的各種危機和困難。

自上而下設計：關係企業 vs. 企業集團

沒有直接證據顯示，關係企業的組織形態是模仿日本企業集團組織形態的產物。但如果以台塑集團的所有權性質和管理控制結構作為參照樣本，那麼關係企業與日本的企業集團之間在許多方面仍顯得十分相似。

如表 1-2 所示，除涉足的產業領域和總部及其功能有所差別，台塑集團與日本企業集團之間最大的不同點在於，後者一般皆以銀行、保險公司等金融機構為核心，主要通過為各相關企業提供投融資便利謀求成長和壯大；台塑集團則不同，它必須通過其他途徑解決資金問題。這一方面和台灣的法律限制企業辦銀行或銀行辦企業有關，同時也和王永慶本人的企業倫理觀有密切關係。

幾十年來，台塑集團並未涉足金融業或其他投機性事業，而是恪守「把資源全部投入具有生產性收益的項目中」[25]這一原則，從而「走出了一條中華民族自己的工業化道路」[26]。其中對投資項目所需資金，做法與美國的老牌大企業非

常相似：大部分是自有資金或保留盈餘；其次是銀行借貸或在海內外發行企業債；較小部分則是通過證券市場完成的股權融資[27]。

表 1-2 關係企業與企業集團之間的比較：以台塑集團為例

序號	日本的企業集團[28]	台塑關係企業
1	集團內各企業環形持股，即多向交叉持股，不同於西方的兩家公司之間雙向射線式持股。	前十大股東的持股結構主要由王永慶兄弟個人持股與各關係企業間交叉持股組成。
2	集團代表所屬企業進行共同投資。	許多大型投資項目由集團出面代表相關子公司共同進行談判、融資或出資，但各子公司間的責任和利益卻劃分得非常明確。
3	集團由社長會領導。所謂社長會，實質上是指法人大股東的代表會。	集團層面設有行政委員會（又稱七人決策小組），但委員會成員（其中四人分別是四大公司的董事長）皆擔任四大公司中的一個或多個法人代表，並交叉擔任常務董事或董事。
4	集團以大都市銀行為核心，銀行的社長往往是社長會中的實權人物。	集團旗下未設有銀行等金融機構。
5	綜合商社通過在集團內外開展購銷活動，成為集團的另一個中樞。	集團層面設有總管理處，是整個集團的經營管理中樞，負責集中處理財務、採購、營建等共同性事務。至於銷售業務，則將權力下放至各子公司或事業部。 總管理處下設有總經理室，主要負責整個企業的制度建設以及執行效果的跟催、稽核等工作。此一機構實際上是各關係企業間實現制度化連結的神經中樞。
6	以銀行、綜合商社為核心，以重工業、輕工業等第二產業為主力，向第一、第三產業廣泛大規模擴張。	以四大公司為核心，先是實現石化上中下游垂直整合；其次是向電子原物料、紡織、機械、生物科技、物流、資訊等相關領域擴張。

---

23 中華徵信所（1996／1997），《台灣地區集團企業研究》，頁 43。

24 同 23。

25 作為製造業企業，能否堅持把資源全部投入具有生產性收益的項目中，是衡量一家大型集團企業是否具有現代性和創新性的重要標準，進一步的論述請參見：Elizabethann O'Sullivan（2007）《公司治理百年：美國和德國公司的治理演變》，人民郵電出版社。

26 在本課題組第一階段調研成果《篳路藍縷：王永慶開創石化產業王國之路》一書的發行儀式及多次研討活動中，大陸國資委原主任李榮融先生曾用這句話評價過台塑集團的成長歷程。

27 據調查統計，在 1927 至 77 年間，美國非金融類公司的資金中約有 80% 源於保留利潤，另有各約 10% 源於債務發行和淨股票發行。進一步論述請參見：Ciccolo, J. H., Jr., and Baum, C. F.（1985），"Changes in the Balance Sheet of the US Manufacturing Sector, 1926-1977", in B. Friedman（ed.），*Corporate Capital Structures in the United States*, Chicago: University of Chicago Press, P.81-109.

28 奧村宏（1976），《日本的六大企業集團》，鑽石社，頁 20-23。

關係企業的各子公司樂於結合為一個整體，原因顯然不是為了追求對單一產品或單一市場的控制，而是對由某個產業及其相關市場構成的全商業領域的控制。這種為了實現共同目的，通過交叉持股，設立共同事務部門，統一制定遊戲規則，統一財務稽核，統一協調投融資和交易關係，乃至董監事兼任等方式結合而成的企業群體，正是關係企業的基本運行模式。

當然除了追求市場擴展，各子公司還樂於結合為整體的另一個原因是追求綜效。問題是，在不同的關係企業中，各子公司因為企業家的策略思考以及總部的控制能力強弱不同，相互之間連結的緊密程度也有所不同。由此導致的必然結果是：在連結鬆散的關係企業中，企業家追求到的只是各子公司的個體利益，而無法得到更大的整體效果；相反的，在連結緊密的關係企業中，企業家追求到的就不僅是各子公司的個體利益，同時也包括更多的綜效（或規模經濟）。

台塑集團的成長符合後一種情況，其總部──總管理處──扮演著「嚴密的管理系統」[29] 的角色，由其完成的協調活動通常會給整個關係企業帶來 1 + 1 > 2 的實質性利益。一般情況下，關係企業的「資本所有者即企業經營者」，此一治理現象更加強了各子公司間的相互連結。觀察表明，台灣的關係企業，即便是一些大型關係企業，也都沒有大幅出現西方意義上的「兩權分離」現象，並且企業規模愈小，「兩權不分離」就表現得愈是明顯。

各子公司間相互連結的緊密程度，並不完全取決於企業家的個人意志，而是取決於他為企業設計並建立了一個什麼樣的關係與結構。如上所及，可能是以下幾個方面的需要，使關係企業的各子公司願意結合在一起，並最終形成自己的關係與結構[30]：

● 關係企業大多起源於一個人、一個家族、一群股東或一家核心公司，相互間的情感連結和心理認同非常重要。

● 為追求經濟利益，關係企業更傾向於集中決策，共同制定發展策略與成

長目標。

　　● 關係企業間大多存在上下游關係或橫向業務聯繫，彼此需要制定製程標準和產銷規範，維持關聯交易中的價格穩定和公平合理。

　　● 為參與市場競爭，關係企業皆成立有某種形式的總部。後者常以中立姿態向各子公司提供管理共用服務，從而將各子公司結合為一個有機整體。

　　儘管大多數關係企業從家族企業起步，但它仍是台灣老一代企業家追尋現代化企業組織形式的結果之一。現代台灣工業需要特定類型的企業形式，以便滿足企業家理性追求經濟利潤的需要。作為一種新的組織形式，關係企業不斷累積資本，革新技術，再造組織，並優化管理制度，逐步為台灣產業的成功奠定基礎。這一現象又引起學術界的高度關注，學者一邊總結台灣經濟高速成長的經驗，一邊又把討論的焦點開始集中在關係企業上。

　　不幸的是，學術界此時對關係企業的負面評價遠遠高於正面。在持負面觀點的學者中，福山的著作仍然影響巨大。如前所述，它的主要觀點集中在信任度高低區分及其對企業組織形態的影響等因素上。但本書認為，福山觀察到的僅僅是宏觀統計資料，他並不了解某些像台塑集團這樣的大企業成長的真實情況。換句話說，這可能和福山觀察台灣企業成長的時間跨度太短以及過多關注中小企業有關。事實是至 1983 年，限制台塑集團規模擴張的主要因素並非其治理結構和經營體制，亦即與台塑集團是不是家族企業無關，而更多的是與當時的「政府政策」[31] 有關。

　　台塑集團的案例表明，企業的集團化進程，或者說企業集團的規模擴張，與

29 中華徵信所在編輯《台灣地區集團企業研究》一書時，常以台塑集團的總管理處為例，說明其管理系統的嚴密程度及其在連結各關係企業的過程中的樞紐作用。
30 參見中華徵信所，《台灣地區集團企業研究》，各年。
31 參見黃德海（2007），《篳路藍縷：王永慶開創石化產業王國之路》，清華大學出版社。

家族企業制度之間並無顯著的直接關聯。已故台塑集團創辦人王永慶，早在1973 年就向台灣當局申請自建輕油裂解廠，並在以後的歲月中多次申請，但多次均被中油斷然拒絕。無奈之下，台塑集團只有專心生產中游石化原料。又五年之後，當第二次世界石油危機橫掃西方各國之際，王永慶成功率領台塑集團大舉投資美國，使企業的經營規模迅速邁上一個新里程碑，並由此步入世界石化大廠之列。

幾十年來，台塑集團一直是台灣最大的企業集團，其成長歷程雖是個案，但其歷史演變在一定程度上再次說明：作為華人社會的一部分，台灣社會並不完全是信任度低的社會；作為台灣最大的關係企業，影響台塑集團實現規模擴張的主要障礙也不是華人的家族制度，或與此有關的其他因素，而是充滿權力鬥爭的政府政策，以及似乎永遠難以擺平的政企關係。

「關係結構」：所有權與經營權

「關係」和「結構」是台灣關係企業成長過程中兩個具有歷史意義的關鍵詞，它們既總結了關係企業的特點，也概括了關係企業的特性。經由關係連結而成的結構，是關係企業的外在表現形式；經由結構劃分而成的，用於規範各種關係的責權利原則，則是關係企業的內在運行機理。

歷史事實表明，關係企業成長很大程度上取決於企業家是否能夠及時根據關係來調整其結構，或根據結構以理順其關係。本書用「關係結構」這一複合概念來概括「關係」和「結構」之間的連結，亦即：關係是指人們為完成合作及交易所建立的一種結構化連結；結構則是指人們賴以完成合作及交易的一張關係網絡。其中，關係愈強則結構愈緊密，結構愈緊密則關係愈強。

表面上看，總管理處雖超然於各子公司之上，但它至少表明各子公司已經由總管理處連結為一個有機整體。事實上，總管理處就是各子公司間相互連結的樞

紐，或者說是中樞性內部控制機構更恰當，只不過因為不同關係企業的發展策略和成長方式不同，自然以總管理處為核心形成的關係結構也各不相同，其中有的緊密，有的鬆散。

　　一般來說，關係結構愈緊密，總管理處的控制性就愈強，各子公司對總部的依賴性大於其獨立性；反之關係結構愈鬆散，總管理處的控制性就愈弱，各子公司對總部的獨立性大於其依賴性。在後一種情況下，總管理處本質上就非常類似一個嚴格限制會員數量卻無強制性紀律約束的「商業俱樂部」。

　　在過去十年中，「對東亞經濟奇蹟的研究表明，缺乏對經濟倫理與文化維度的研究，就不能很好地理解其經濟成長和企業組織的邏輯。」[32] 同樣的，如果說台灣是東亞經濟奇蹟的集中代表之一，對關係企業中關係結構的理論研究就應該從探討其經濟倫理與企業文化入手。

　　早期那批關係企業的創始人，遵循民族文化中的一些經濟倫理創立企業，並把一些基本的、樸素的道德選擇當作關係企業組織生存的邏輯。調查表明，諸如「勤勞樸實」、「誠實守信」之類的倫理規範，的確被這些創始人當作調節其關係結構時所做出的道德選擇。事實證明，恪守這些道德選擇對企業組織成長至關重要。

　　在對上百位關係企業創辦人及其高階管理人員的訪談中，我發現建立情感和利益連結的倫理基礎是信任。在公司治理的層面上，信任主要指「按規矩辦事」，亦即「恪守道德選擇」，大多數關係企業均接受「在各子公司間，以及各關係企業與外界之間的拓展性交易中，的確存在著較高的信任度」這一觀點。受訪者普遍認為，建立上述信任基礎，意味著關係企業針對各子公司及其與外界之間的交往與交易建立了某種特定的治理機制。

　　也就是說，在關係企業架構下，各子公司間既要保持情感連結，更要「恪守

---

32 李新春（2002），〈信任、忠誠與家族主義困境〉，《管理世界》，第 6 期。

道德選擇」，因為各關係企業間愈是相互信任，人們從更高頻率、更多數量以及更有效率的交往與交易中獲取的好處就愈大；好處愈大，人們也就愈是願意按「關係規則」辦事。在今天看來，這一點已幾乎成了關係企業發展過程中的一種連鎖效應。它意味著在關係一定的前提下，評價一家關係企業結構穩定性的指標，可能要看其是否建立了清晰且用於約束各種關係的「算帳原則」。

更深層次的訪談結果表明，大多數關係企業已經或正經歷著從「私人信任」到「社會信任」的演變。也可以這樣下定義，關係企業是人們為追求商業利潤和情感連結而聚集在一起的一種特殊的企業組織形式。人們通過企業組織履行責任、行使權力並獲取利益，如此交織而成的是一種「非個人化的、理性的信任治理結構」[33]。

這一點正是台灣走向工業社會，以及其大部分工業企業由此實現集團化成長的一個重要倫理標誌。換句話說，儘管戰後台灣關係企業多是在家族企業的背景上成長起來的，然而在國內外新的政治與經濟變革的雙重作用下，早期的一些關係企業並沒有完全選擇「避免與那些和自己沒有私人關係的個人和企業進行交易」，而是「熱中於和非親非故者建立私人關係網」，並因此而「顯示出高超的技巧」[34]。

幸運的是，一些關係企業雖特別注重人際關係網絡，在做生意的過程中卻沒有過分依賴此一網絡，從而節省了巨大的時間、精力和經濟成本，並因為不缺少類似關係網而成功地與國內外已有的企業展開競爭與合作。按照中國人的習慣，關係企業傾向於將透過商業組織形成的情感連結比喻為「兄弟關係」，因為如此比喻不僅是為了尋求並保持彼此都需要的「家庭式忠誠」，更重要的是強調雙方在交易與合作中應自動具有善盡各自責任、權利和義務的自覺性。

我的調查還發現，僅僅有家庭式忠誠還不夠，因為在經濟利益的誘惑或成長過程中遇到的危機面前，這種「忠誠」根本不堪一擊，不論原有關係網絡的結構是否具有血緣連結。如果據此推測王永慶的動機，那麼他設計關係企業公司治理

結構的目的，就是希望「兄弟關係能成為主導企業價值創造活動的主體，而不僅僅是為了維持一個關係網絡」。

　　台灣產官學界至今仍沿用歐美企業「兩權分離」的經營模式來分析關係企業，有人甚至把「核心關係圈既是所有者又是經營者」這一現象，簡單地歸結為關係企業的公司治理結構不健全，以及是難以實現永續經營的根源等。但今天看來，此一觀點並沒有反映出關係企業演變的真實情況。事實上，從誕生的那一刻起，關係企業就是台灣政治、經濟與文化綜合作用的產物。企業家完全是在當時當地的社會背景下，按照企業的現實需要，編織出自己的「關係」與「結構」。

　　他們當中一些有遠見的企業家，在企業草創期就已經意識到家族制企業存在的各種弊端，並嘗試用各種方法調整企業的發展策略與結構，通過引入外部力量或關係[35]，例如外部投資者和專業經理人等，以便能在核心關係圈內保持權力平衡，並維持其經營活力。

　　但鑑於台灣經濟社會的演進水準以及企業的實際情況，引入外部力量和關係非常困難，至少在短期內是如此，因為外部力量和關係的進入意向，雖說與企業的獲利能力成正相關，但在某些情況下卻與企業家的個人考量和策略思考負相關。這一點也許是關係企業「兩權分離」的進程顯得非常緩慢的主要原因。或者說，主導關係企業發展的核心關係圈，可能根本就沒有像美國企業那樣，試圖在一開始就願意徹底分開所有權與經營權。

　　在企業經營初期或陷入低谷的情況下，外部力量或關係進入的意願最低。例如，王永慶在 1956 年前後就持有台塑公司約 70% 的股權，如此高比例持股並不是他本人刻意所為，而是台塑在當時因為原料賣不出去陷入絕境，使得其他幾位

---

33 Whyte, Martin King, 1996, "the Chinese Family and Economic Development: Obstacle or Engine?" *Economic Development and Cultural Change*, Vol.45, pp.1-30.

34 同 33。

35 為籌集發展資金並規範企業經營行為，台塑集團早期創立的三大公司台塑公司、南亞公司和台化公司的股票分別於 1964、1967 和 1984 年公開上市交易。特別是前兩家公司，是台灣地區最早掛牌上市的一批股份公司之一。

股東認為前途無望萌生退意，為了維持多年的和諧關係，王永慶迫不得已割讓板橋、松山兩座磚廠及十多甲土地和他們交換台塑公司的股份，然後大家圓滿分手。幾十年後，王永慶在回憶這一段往事時說：「為了企業能生存下去，我當時也想出售自己的股份，但是誰要？」

這些史實說明，企業家並不一定是「去家族化」的主要阻力。他們在複雜的經營過程中，只是巧妙地順勢而為，不但就此成功保持住對企業的控制權，同時也因為親自經營企業才使之度過重重危機。關係企業的治理經驗證明，「兩權分離」不一定是靈丹妙藥，「兩權不分離」也不一定包治百病。在中華文化的大背景下，關係企業能否實現永續經營的關鍵，主要還是看企業家能否在保持「兄弟關係」的同時，是否能同時建立起一套相應的「責權利原則」。

兄弟關係＋責權利原則

在較易觀察的層面上，「關係」差不多成了關係企業文化的代名詞。在關係企業，即使是早期階段，關係各方之間的連結就已經多元化和複雜化。隨企業規模擴張，更多的新關係開始進入企業。此時為統領各種關係，企業家提出一些核心價值觀，用以規範關係各方的思維及其行為方式，以便使相互之間的情感連結能朝著有利於實現企業共同目標的方向發展。

在解決某些具體的經營管理問題時，企業家更是不斷重複強調並使用這些核心價值觀，試圖以之影響關係各方的行為方式。久而久之，關係各方發現，遵循這些核心價值觀有利可圖且前景可期，於是各方之間的情感和利益連結開始具有某種統一和穩定的風格與特點，亦即：在善盡兄弟情誼以及分配商業利益方面，絕對不容許有任何「產權不清」和「搭便車」的行為存在。

在台灣，關係企業文化的形成過程大致如此。在草創時期，企業在經營方面表現為自然成長，企業家的主要任務是初步構建其責權利原則，亦即：以創始人

為核心，按照某些經共同商議的責權利原則，不斷「清洗」或「擴充」其核心關係圈；或者由創始人提出某些核心價值觀，並按某些經共同商議的責權利原則來約束「被擴充」或「被清洗」的新關係。例如：對旗下新設立的公司及其新聘任的經營人才，核心關係圈首先看中的是新成員及應聘者的價值觀是否與企業的核心價值觀相吻合；其次是「你是否能堅持已接受的核心價值觀並按事先商議好的原則」以履行自己的職責。

另外，對已進入的新成員或新關係，企業創始人及其核心關係圈通常會身體力行，言傳身教，做出實踐核心價值觀及其責權利原則的表率。特別是後一種情況，正是二次大戰後台灣第一批關係企業創始人真實生活的寫照：他們普遍學歷不高，但天資聰慧，勤奮好學，加上刻苦耐勞等人格特質，其經歷基本上可視為台灣關係企業早期演變歷史的一個縮影。

中華文化，特別是儒家文化，與企業家的領導統御能力、治理結構、管理制度、組織結構與行為，乃至產銷過程之間均存在密切關聯[36]。企業文化一經形成，會給關係各方帶來影響。但因為非正式性，關係企業的文化在約束新關係以及新關係與原有關係之間的連結上總是脆弱的。我發現，只有把大家認可的核心價值觀落實到一套大家都認同的責權利原則上，企業文化才能對關係各方的言行發揮約束功能。這實際上等於回答了關係企業治理究竟是一門科學還是一門藝術的問題。

可以用這樣一句話概括關係企業公司治理結構的基本特點：「兄弟關係＋責權利原則」，通俗一點說，就是「親兄弟，明算帳」。此一特點是對關係企業家經營能力的真正考驗，因為在如何擺平「親兄弟」與「明算帳」之間的關係上，企業家總是在多個兩難境地中相機抉擇：有時候做到親兄弟非常容易，但做到明

---

36 Silin 於 1976 年在哈佛大學完成的博士論文，可能是最早系統研究這一方面問題的學術成果。參見 Silin, R. F., *Leadership and Values: The Organization of Large-scale Taiwan Enterprise*, MA: Harvard University Press, 1976.

算帳卻非常困難;有時候情況卻截然相反,做到明算帳非常容易,但做到親兄弟則非常困難,尤其是做到「永遠能夠明算帳的親兄弟」則是難上加難。

照此推論,關係企業的企業家職能可劃分為兩部分:一是「關係企業家」,二是「原則企業家」。前者是指如何處理兄弟關係的「藝術家」,後者是指如何制定算帳原則的「科學家」。在關係企業的管理實踐中,雖然兄弟關係對企業成長影響極大,但在具體的日常管理活動中卻不一定比算帳原則更重要,因為在正常情況下,企業家不可能僅憑藉兄弟關係治理企業,更重要的則在於如何依照算帳原則管理各種關係,亦即:不論關係新舊與否,統統予以規範化處理。

在關係企業架構下,把兄弟關係與責權利原則真正統一起來,使其成為推動企業長期成長的一種機制安排,是王永慶一生為之奮鬥的根本目標。外界常評價說,王永慶成功的基本經驗是他對人性有超常的認識和把握,但這其實是一種模糊說法,較為精準的理解是,他的一些想法和做法順應了核心關係圈渴望獲得兄弟情義與商業財富的天性,並把「親兄弟,明算帳」當作滿足此一天性的一條倫理準則。這樣做的效果,正所謂:「今夫水,搏而躍之,可使過顙;激而行之,可使在山。」

出於企業家的本能及責任感,王永慶為落實「親兄弟,明算帳」這一機制,採取了多項推動措施:首先是早在 1960 年代初,他就結合個人經歷提出強化兄弟關係的一個基本道理:切身感。按他的理解,切身感是指「像為自己工作那樣為台塑集團工作」。這話聽來十分樸素,清楚傳達出的倫理意涵卻使台塑集團的企業文化帶有某些強勢特徵。在他看來,除「兄弟」以外,還有誰能做到「就像是為自己工作那樣為台塑集團工作」?顯然,切身感一詞已經超出一般人所能理解的普通倫理或道理,反倒像是總結出台塑集團治理結構的基本運行原理。

其次是為了建立責權利原則,他於 1966 年明確提出台塑集團的發展策略:嚴密組織、分層負責和科學管理,並於隨後十年中在企業內掀起一場管理大變革,從而逐一落實他的策略思考。這段故事很好地驗證了一個管理學原理:企業

家的策略選擇決定了企業組織形態演變的結果[37]。

研究表明，此一發展策略可視為王永慶賴以透過責權利原則擺平各種關係的一種整體性思維，它標誌著台塑集團由此具備了現代正式企業組織的關鍵特徵，其作用不僅在於使原有的兄弟關係具有連續性，同時也使新的兄弟關係加盟後有了方向感。更有趣的是，原有的企業文化不僅沒有因為此一發展策略被削弱，反而因為更多策略目標的成功實現，或者說企業績效的更加快速提升，而變得更為強勢。

從差序格局轉向團體格局

草創時期，企業的責權利原則僅包含簡單的制度安排，期間企業家個人是一位完整的企業家，他自己承擔風險，自己經營企業並獲取相應的收益。但隨私人（家族）企業向股份制企業轉變，外部關係開始進入，原有的簡單關係變得日趨複雜，從而給企業家個人及其已建立的責權利原則帶來巨大的管理壓力，使其不得不考慮如何兼顧眾多關係者的情感與利益，因為關係企業畢竟不完全像是一個以情感交往為主的家庭，而是一個充滿各種利益連結、道道地地的經濟組織。

由私人（家族）企業向股份制企業轉變給關係企業帶來最明顯的變化，主要體現在各種關係的大調整上。企業在草創時期的關係已不再像以往那樣簡單和高度集中，而是在一定程度上實現了費孝通[38]意義上的，由「差序格局」向「團體格局」的轉變上。從轉變的結果看，關係企業中的一些主要公司轉變為股份制

---

37 參見 Chandler, Jr., A. D., *Strategy and Structure: Chapters in the History of the Industrial Enterprise*, the MIT Press, Cambridge, Massachusetts, and London, England.
38 費孝通先生認為：中國鄉土社會的基層結構，是一種差序格局，也就是「一根根私人連結所構成的網路」；他形容，在差序格局中，將以個人為中心，社會關係逐漸向外伸展，就如同向水面丟一塊石頭，所激起的一波波漣漪一樣。反之，西方社會則是團體格局，像是捆成一挑、再成一紮、進而一捆的木柴，意即團體內外界限分明，權利、義務清清楚楚。參見費孝通先生的兩本著作：《江村經濟》，上海世紀出版集團，上海人民出版社，2007 年；《鄉土中國》，北京大學出版社，1998 年。

（有些公開上市，有些沒有）公司，並以之為核心不斷轉投資，從而形成多個新的、次一級的關係企業群體。

目前據可觀察到的關係企業的基本情況是，原有的差序格局雖然發生轉變，卻不夠徹底；原有的團體格局雖已形成，卻不夠完整。也就是說，台灣關係企業的公司治理結構仍處在演變過程中。儘管很難就此下定義說，關係企業正在朝向歐美日企業集團的治理模式演變，但至少有一點是確定無疑的：「兄弟關係＋責權利原則」此一模式（如果可稱為一種模式）仍在不斷強化中，主要集中體現在以下兩個層面：

一是仍保留了差序格局。早期以創始人為主形成的核心關係圈仍發揮著主導性作用，亦即透過股票有對主要子公司的絕對控制權。核心關係圈的地位和尊嚴不容半點含糊，儘管大家都是「親兄弟」，但各種關係之間的互動絕不能超越此一底線。從這個意義上說，核心關係圈相當於關係企業的一筆「專用性資產」，對關係企業實現更高程度的縱向一體化和橫向多元化均具有決定性影響和作用。

二是在新的次一級關係群體中實現了團體格局。在這些群體中，人與人、單位與單位之間，「好像是一捆柴，幾根成一把，幾把成一紮，幾紮成一捆，其條理十分清楚」。如此格局能夠形成的原因是，關係企業的組織結構依照創始人及其核心關係圈制定的策略思考發生了變革。新的組織更有利於貫徹企業的核心價值觀，制定組織目標，並按照效率原則行事。組織內的各種關係，不論大小和形式，不論個人或群體，一律圍繞組織目標承擔各自的責任、行使各自的權力，並獲取各自的利益。

組織變革也是各種關係的規範化過程，並且規範化（王永慶稱為制度化）是關係企業存在的基礎。組織變革期也稱為各種關係的蛻變期，時常會有一些關係或主要關係在企業內形成小團體，造成其他關係之間連結的阻礙。更極端的例子則是某些關係人會要求脫離組織，從而危及創始人及其核心關係圈的地位。通

常，企業家個人會及時修正遊戲規則，使其指向更具合理性和包容性。或者說，在修正遊戲規則的同時，還對已有的責權利原則進行調整，使其更具客觀性和操作性，以便釋放出足夠的張力，來承載或應對可能發生的情感或利益連結紊亂。

企業的規模愈大，關係企業家對各種關係進行有效約束的壓力就愈大。有些企業家因為抓住了不同產業領域的技術規律，及時制訂了相應的發展策略，再加上堅持徹底變革組織結構，因而充分發揮了各種關係的綜效，使得企業歷經半個多世紀而不衰；有些則因為這樣或那樣的原因，導致某些重要關係失去約束，企業發展不僅沒有形成經營合力，反而與既有的策略思考背道而馳，使得辛苦創立的事業半途而廢。

在台灣，真正能做到第一種境界的企業家鳳毛麟角；至於第二種情況，差不多年年都有，甚至有時還整批爆發。歷史資料表明[39]，引領台灣關係企業做大做強的關鍵因素，不一定完全是企業家本人，而是他是否在早期就為企業成長量身訂做一個發展策略，以及此一發展策略能否引發企業組織結構產生變革，並把變革的成果當成支撐企業長期成長的根本動力。

除了將問題和盤托出，我們無法用國外現有的經濟管理理論解釋關係企業中的企業家是如何管理各種關係的。但是一些中國大陸的經濟學家在企業家理論方面進行的開拓性研究工作，卻給本書的寫作帶來靈感。本書同意[40]「企業家是作為一個責權利的統一體而存在的」這一觀點。

在這些學者眼中，企業家已被抽象化為敢於「承擔經營風險，從事經營管理，獲取經營收入的人格代表」，其中「承擔經營風險是一種責任」，「從事經營管理是一種權力」，「獲取經營收入則是一種利益」。換句話說，儘管人們對什麼是關係企業還沒有達成共識，但至少對評價關係企業中的企業家管理各種重

---

39 參見歷年出版的《台灣地區集團企業研究》，中華徵信所。
40 張維迎（1993），《企業理論與中國企業改革》，北京大學出版社，頁 2-3。

要關係，已經有了一定的思考和認識。毫無疑問，只要企業家能夠建立起適合自己企業需要的責權利原則，那麼擺平兄弟關係似乎就有了說服力的依據。

在兄弟關係一定的條件下，責權利原則是決定關係企業長期成長的關鍵因素。如前所述，責權利原則僅僅是指專為兄弟關係而創設的一種制度安排及工作流程。但在關係企業中，責權利原則實際上是指企業的一套管理控制系統；或者反過來說，關係企業的管理控制系統，正是其責權利原則的具體化。

今天看來，管理控制系統對關係企業的成長意義十分重大，因為該系統與以創始人為主形成的核心關係圈的投資決策之間密切相關。也就是說，相較於歐美日等國的企業集團，關係企業管理控制系統的差異主要體現在核心關係圈準備設立什麼樣的公司，該公司計畫從事什麼樣的產業，以及這樣的公司如何管理等。設計的理念不同，從事的產業不同，自然關係企業的組織形式會有所不同，當然管理系統也不相同。

大多數台灣的關係企業，在成長過程中均選擇股票公開上市的方式容納新關係進入。為保持企業家性質的統一和持續，關係企業的公司治理結構並沒有發生（至少沒有完全發生）像歐美日企業集團那樣的「兩權分離」，人們至今仍無法準確定義關係企業中的企業家到底是所有者還是經營者，兩者都是？或都不是。

在歐美日企業集團中，外部關係進入企業，例如新股東和支薪經理人等，給企業的公司治理結構帶來的最大變化，是所有權與經營權的分離。但是在台灣，兩權分離理論並不足以解釋關係企業的成長，因為從成長歷史超過 50 年的關係企業發展現狀看，核心關係圈目前仍不完全是純粹西方企業集團意義上的股東：他們一邊承擔經營風險，一邊從事經營管理，另一邊再獲取經營收入。在不同的關係企業中，核心關係圈扮演的角色各不相同，其中大多數是「三位一體」同時存在；少數是最後一種，只享受股票紅利，但不實際參與企業運營。

關係企業也不能單純視為「唯責權利原則至上」的一種企業組織，而是一個在責權利原則中浸滿兄弟情感的混合體。也許這正是台灣關係企業演變的顯著特

點：因為兄弟情感的存在，關係企業不可能出現美國企業意義上的責權利原則，並最終導致兩權分離。然而對一家關係企業的成長來講，能夠在兄弟關係的基礎上建立起適合自己企業需要的責權利原則就足夠了。台塑集團成長的案例表明，創始人王永慶正是憑藉著此一高超的管理藝術和思維，把關係企業的公司治理結構推向一個新的高度。

在台塑集團近 60 年的成長歷程中，以王永慶為首的核心關係圈先是抓住機遇創辦了自己的企業，並按照兄弟關係這一核心倫理觀，大量接納外部關係進入企業；其次是依照產業特性提出發展策略並推動組織變革，完成了對各種關係的規範化建設，使企業實現了由差序格局向團體格局的轉變；最後是在轉變的基礎上，創建了適合企業需要的，可長期保持兄弟關係的責權利原則：責任經營制。

在實踐中，王永慶把「既講關係，又講原則」的這一套做法冠名為「責任經營制」。他的基本思路是：企業當中的任何人，上自他本人，下至普通員工，均可在這一制度下盡情承擔各自的責任，履行各自的權力，並享受各自應得的情感與商業利益。台塑集團過去幾十年穩定與快速發展的事實證明，王永慶所建立的責任經營制，使他能夠有效管理各種關係。當然，通過有效管理各種關係，他的責任經營制在經營實踐中業已表現出難以估量的經濟性。

為保持責任經營制的純潔性及其運行效率，王永慶對所有關係均提出同一種要求：任何試圖進入企業的新關係，不論大小和強弱，不論個人或單位，均務必符合企業已有的責權利原則。否則，就停留在外邊好了！

第 *2* 章

塑造市場：
新東公司的精彩篇章

從台塑、南亞到新東

1950 年代初，隨著韓戰爆發，台灣開始在軍事和經濟領域大量接受美國援助。在一個偶然的機會，王永慶利用美援的 78 萬美元，聯合趙廷箴[1]、何義[2]等人，從政府手中接過 PVC 粉生產專案，並以此為依託共同於 1954 年投資設立了福懋塑膠工業股份有限公司（簡稱福懋公司）。

用王永慶的話說，早期的經營過程可謂「艱辛困苦，九死一生」。兩年後台塑公司成立的 1956 年，員工人數已擴增至 200 人，註冊資本為 1 千 2 百萬元，主要採用電石法生產 PVC 粉，設計日產能為 4 噸。然而王永慶沒想到的是，雖然上游原料的供應暫時沒有太大問題，PVC 粉的生產技術也較為簡單，但台塑生產的產品卻連一噸也賣不出去，當然談不上有任何銷售收入。

台塑公司在一開始時的產量很低，成本居高不下，價格自然沒有競爭力。台灣當時雖已有兩三家塑膠加工廠，卻因為產量低，產品種類少，使用的 PVC 粉又皆自日本進口，加上這些工廠對台塑的產品既不了解，也沒有多少信心，遂使台塑剛一投產就陷入困境。更令王永慶想不到的是，在台塑尚未投產之前，原來的三家加工廠就已經從日本進口了可供使用半年以上的 PVC 粉，使得王永慶每日站在存貨堆積如山的庫房門前，引頸思索著各種脫困之法。

通過走訪和調查，王永慶發現，當時台灣的塑膠加工市場每天的總需求量不過區區 2 噸左右，因此想度過難關，台塑公司要麼關門歇業，要麼孤注一擲，把現有產量擴增至每日 8 噸，以便攤薄成本，從而使自己的產品具有一定的價格競爭力。

王永慶果斷地選擇增資擴產這條路。拿定主意後，他不顧其他股東反對，毅然決定擴大台塑公司的產能。結果正如股東擔心的，擴產之後的 PVC 粉照樣賣不出去，情急之下，王永慶不得不決定成立南亞塑膠加工廠股份有限公司（簡稱

南亞公司），試圖採用台塑生產的 PVC 粉再二次加工成塑膠皮和塑膠布等產品。

南亞公司尚未投產，股東就已經吵成一團。因為經營理念不合，此時又有股東宣佈退股，理由是台塑公司應該著重開拓 PVC 粉出口，而不是向下游二、三次加工業拓展。不得已之下，王永慶只好又用兩座磚廠和十多甲土地換取被股東退掉的一部分台塑股票。

大約半年後，隨之而來的新問題使王永慶再度陷入前所未有的經營困境：南亞公司雖然順利投產，但生產的塑膠皮和塑膠布又該賣給誰？一時間，南亞的產品也像台塑公司一樣堆積如山。王永慶發現，他此刻面臨的問題可能更為嚴峻，因為過去是台塑一家陷入困境，現在則成了兩家。儘管之後不久有一位名叫卡林（Carlin）的美國人，與他一起在台灣合作成立一家小型塑膠加工廠，通過生產吹氣玩具暫時解了南亞的燃眉之急，可區區一家小加工廠根本消化不了台塑和南亞兩公司擴產後的原料供應。

吹氣玩具工廠的負責人卡林，是王永慶在香港碰巧認識的一名猶太裔美籍商人。王永慶說服他把位於日本神戶的工廠全部遷移來台，並於 1959 年成立了卡林塑膠製品廠股份有限公司（簡稱卡林公司）。卡林親自帶領一群由王永慶從南亞公司派來的技術人員，大家共同全力以赴，勤奮不休，經過短短兩三個月時間便陸續推出一系列新產品，並全部外銷美國等海外市場。由於產品符合市場需求，故前來訂貨的美國貿易商絡繹不絕，卡林工廠遂成為台灣塑膠三次加工業的先驅，幫助王永慶暫時度過難關。

王永慶一邊經營卡林公司，一邊再次耐心說服留下來的幾位股東與他一起投資成立新東塑膠加工股份有限公司（簡稱新東公司）。這一招果然奏效，因為新東公司的加工能力遠在卡林公司之上，不僅一舉解決了台塑和南亞兩公司的原料積壓問題，同時王永慶這次做出的垂直整合決策，也使台塑和南亞的經營狀況在

1　王永慶早年經營木材生意時的商業夥伴，曾一起出資創立福懋公司，後賣出股份並退出。
2　原永豐集團創始人。

短期內迅速改觀。

新東公司投產後，台塑集團的整體經營狀況煥然一新。台塑公司當時用以生產 PVC 粉的主要原料是電石，為確保台塑和南亞兩公司的原料供應，王永慶遂於 1960 年在宜蘭縣投資並接管了冬山電石廠，設計產能為月產 2 千噸。更為上游的原料問題解決之後，台塑和南亞的 PVC 粉、塑膠皮和塑膠布等產品的產量得到了二次提升。至 1963 年，台塑 PVC 粉的日產能由原來的 8 噸擴增到 25 噸，接著再擴充至 70 噸。

企業經營就是如此，一步走贏則步步贏。通過垂直整合，台塑集團一舉擺脫經營困境：台塑公司生產的 PVC 粉，透過南亞和新東兩公司與日用消費品市場緊密連結——台塑的產出成了南亞的投入；南亞的產出又成了新東的投入。

反過來看，新東公司的加工能力和銷售前景直接促使南亞公司的產能不斷擴充，而南亞又進一步向上倒逼台塑公司，台塑反過來又使更上游的冬山電石廠不斷擴充電石產量。於是兩年以後的 1965 年，王永慶再次將冬山電石廠的月產能擴充至 4 千噸，1968 年更擴充到月產 8 千 5 百噸的水準。

此一時期，台塑、南亞和新東三家公司的生產設備大多自美國和日本進口，性能雖然十分優良，但由於工人操作不熟練，加上技術人員缺乏，許多機器設備故障不斷，總是難以達到生產要求。無奈之下，王永慶不得不親自帶領管理團隊和技術人員日夜努力。經過多日的辛苦，新東總算能夠生產出合格的產品。至新東投產後的第一年 1963 年，台塑和南亞兩公司的營業額就已經分別高達 2.6 億和 2.19 億新台幣。

新東公司於 1963 年 1 月 5 日正式開工生產，註冊資本為新台幣 450 萬元，是當時台灣地區最大的塑膠三次加工商。儘管無論在技術、產量和產品花色等方面尚比不上香港地區的同類加工企業，但在該公司投產三個月後，接到的訂單數量卻大大出乎預料。

此時的王永慶抓住時機，一口氣再增資 6 百萬元，並把新東公司正式命名為

新東塑膠製品廠股份有限公司，主要生產雨衣、嬰兒褲、桌巾、床罩、皮包和各種鞋類等消費性產品。在當時，新東一無自己的專有商標，二無自己的獨特技術，但面對世界市場對塑膠加工品的龐大需求，新東完全憑藉著外商訂單壯大了自己。其經營模式可簡單歸結為：外商提供規格和數量，新東則照單自行加工和製造。

1966 年年底，王永慶聘請日本田邊企業診斷所的幾位專家來新東公司做了一次特別經營診斷。日本專家的結論是：王永慶的管理方法使新東的經營非常成功。該公司當年的資本額是 2 千 6 百萬元，外銷總額是 2.4 億元（約合 6 百萬美元），盈餘恰好也是 2 千 6 百萬元。也就是說，新東當年的利潤等於是賺回了另一家新東公司，投資報酬率之高令日本人驚歎不已。

短短四年內，新東公司以其價廉物美的產品不斷拓展國際市場。當時世界各大知名貿易商或進口商，如銷售雨衣的 Almar、銷售皮包的 Sirco、銷售窗簾的 Venetinire、Winworths、Sears 和 WAL-Mart 等美洲和澳洲顧客，紛紛將訂單自日本轉向台灣。

至 1967 年，新東公司的總投資額已累計至 5 千萬元，資產總額更高達 1.5 億元。表面上看，新東之所以能有如此經營成果，完全是因為台灣人工低廉，企業採取大量生產方式，將產品大量銷往美國等海外市場所致。但實際上，新東在當時就已率先採用「團隊」方式組織生產，每年皆定有利潤目標，公司主管若未能完成任務則「甘願受罰」，加上王永慶又以「高額分紅」相許，於是大大激勵了幹部和員工的積極性。

各生產團隊士氣高昂，虛心學習日、美等國企業的先進管理經驗，類似品質管制（QC）、績效管理（PM）和提案改善（IE）等一些新的經驗和做法，都是由新東公司在此一時期率先引進並推廣的。

然而當年 8 月，王永慶卻萌生關閉新東公司的念頭。這是個大膽且有策略前瞻性的決定。按道理說，一般企業家的做法一定是在企業產品最暢銷時選擇新建

更多的工廠，追加更多的生產線，以便繼續擴大三次加工業的規模，因為這樣做投資既少見效又快；王永慶卻反其道而行，偏要在新東的經營規模和品質均達到一個階段性高峰時突然將其關閉。

王永慶此次的經營決策引發了投資者和股東更大的不解和抱怨，甚至有人在股東大會上當面指責他的想法既不合邏輯也不可思議。根據留存不多的企業歷史資料分析，王永慶本人的遠見和抱負、國內同行業的競爭，尤其是新東公司的快速發展對台塑和南亞兩公司形成的「倒逼」態勢，是促使他下定決心解散新東的主要原因。

儘管那一時期新東公司在經營管理上面臨著諸多困難，比如其他同樣使用南亞公司塑膠皮和塑膠布的下游客戶，就一直抱怨新東搶走了他們的市場等等，但實際上這些都不是關鍵理由。不久，憑藉著商人天生的敏銳和判斷，王永慶開始要在他的事業早期親自導演一齣「企業塑造市場」的經營神話。

慧眼獨具的「計畫性解散」

世界石化產業在 1950 年代中已進入現代化發展時期，為降低交易成本，歐美日等國石化企業在此期間，一方面採取「煉化一體」的經營模式向上游整合，另一方面則將中下游加工環節向人工價格低廉地區轉移。

歐美日等國企業調整發展策略，改變成長方式，積極對外擴張，再加上廣泛應用電子電腦技術等一系列經營行為，既拉長了石化產業的產品鏈，使石化工業顯露出廣闊的發展前景，同時也十分有利於像台灣這樣人工價格低廉地區的中下游企業開展各項基本原料的進一步加工，以促進當地的民眾就業、經濟繁榮與社會發展。

至 1967 年，已屆知天命之年的王永慶注意到石化工業的這一發展態勢。在他早年的多份講稿中，王永慶曾多次斷言，石化原料乃「經濟之母」，將在國民

經濟的各個領域替代鋼、鐵、鋁等五金材質，成為最具基礎性的一種工業生產原料。他深刻認識到，在以乙烯為代表的石化產業內部，原物料的生產具有均質性和專用性，生產技術講究流程化且連續化。台塑集團必須引進並使用高階的大型原料加工設備，沿產業鏈各環節實行統一管理，並透過電腦來協助人力綜合利用各種資源，迅速提升產業組織效率，從而實現企業的規模化經營。

原料生產有其自身規律，王永慶說，當今國內勞動力數量充沛，工資低廉，下游廠商對中間原料的需求與日俱增，加上當局鼓勵企業外銷，所以台塑集團的首要任務便是如何穩定並逐步擴大台塑和南亞兩公司的原料供給。在王永慶的思路中，供給的涵義是指單一產品量的增加和多個產品種類的增加，而這實際上正是台塑集團後來走上多元化發展道路的主要方式。

為應對世界石化大廠日益激烈的競爭態勢，王永慶要求台塑和南亞兩公司務必確保對下游加工企業的原料供給。也就是說，兩公司既要確保自身上游原料供應無虞，又要確保低成本生產並足量供應下游加工客戶。所以說，台塑集團經由生產 PVC 粉切入石化工業，今後發展的方向乃是向上游整合，專注於生產乙烯及各種有機原料、合成材料等等。

如果台塑集團的原料產品能做到物美價廉，王永慶在股東大會上有耐心又信心滿滿地向股東打包票，各位「兄弟」由此獲得的經濟效益將不僅極為可觀，企業未來的發展願景也不可估量。在談到企業未來的經營規模時，他總結說，依照世界石化市場的發展態勢，台塑集團的規模不論做到多大也都不為過。

向上游整合既是台塑集團賴以持續成長的利潤成長點，也是未來發展進而實現永續經營的一個長期目標，這是 2000 年之前最令王永慶耗費心力的一件事[3]。儘管台塑集團在 1960 年代前半期的生產和銷售都沒問題，但隱藏於產銷業務背

---

3 有關王永慶帶領台塑集團如何突破台灣地區公營的中國石油公司獨家壟斷局面，並最終實現上中下游垂直整合的故事，我在《篳路藍縷：王永慶開創石化產業王國之路》一書曾有過詳盡描述，清華大學出版社，2007 年。

後的各種管理問題卻日漸凸顯。用王永慶的話說，在台灣經濟起飛的大背景下，企業賺取利潤雖然一點也不費勁，「好像大風吹來一般」，但台塑集團卻也相應潛藏著「一夜之間會垮掉」的生死危機。

首先是台灣石化工業的上游原料早先是依賴進口，現在則開始受制於中油公司。事實上，中油的原料供應不僅數量時常短缺，價格也不穩定，如此台塑集團恐長期受制於人，一旦發生斷料或大幅漲價等情事，台塑和南亞兩公司就會夾在上下游之間，要麼承受因此引致的經營虧損，要麼因為失去下游客戶而倒閉。

其次，除積極解決原料不足等問題，國內石化產業的中游領域開始有新廠商加入競爭行列。在這種情況下，僅僅依靠單純的規模擴張肯定行不通，王永慶面臨著如何將企業的管理水準往上推一階的艱巨任務。從西方石化大廠的發展規律看，如何應對市場競爭，很大程度上取決於能否建立一個適合自身需要的協調和控制系統，以便為企業的長期發展奠定管理基礎。

1966 年，台灣一些規模較大的民營集團企業，例如國泰、華夏、大洋和義芳等，紛紛跨足石化產業，有的甚至還聯合外資直接從生產 PVC 粉切入。競爭者的舉動加劇了各方對台灣石化中游原料市場的爭奪，當時直接引發競爭的最重要的原因，就是新東公司的快速擴張與獲利能力帶來的示範效應——愈來愈多的下游廠商開始進入塑膠三次加工領域，他們對原料的需求引起一些新的中游廠商跟隨而至。

王永慶猛然發現，過去市場上的主要廠商只有台塑和南亞兩家公司，現在卻增加到好幾家。看來同台競爭的趨勢已不可避免，台塑和南亞兩公司今後的獲利空間肯定會被壓縮或分割。面對市場突如其來的變化，王永慶說，更多廠商的加入在短期內對台塑和南亞並沒有多大影響，但台塑集團此時要認清形勢：唯有比別人產量更大、價格更低、品質更好，才是台塑集團的最終生存之道。

話雖如此，實際情況卻不容樂觀。1966 年，國泰、華夏和大洋等企業的 PVC 粉產能，雖說總日產量只有 20 噸，與台塑公司的 110 噸尚有很大差距，但

上述三家公司在投產後的第二年卻又紛紛增資擴廠，一下子使得台塑和南亞原來面臨的競爭態勢變得十分嚴峻。

台塑集團今後的路該如何走？問題的嚴重性使王永慶陷入沉思：如果台塑公司的產量能夠持續擴充且售價下降，南亞公司的問題就好辦多了；如果南亞的問題解決了，新東公司的產品也就有足夠的競爭力。如此看來，台塑集團三家公司的命運已經連為一體，唇齒相依。王永慶發現，從新東接收到的訂單數量看，台塑的供應能力雖說是完成訂單的最終決定因素，但關鍵還要看新東的加工能力到底有多大。也就是說，如果此時能再多設立幾家新東，整個台塑集團的這一盤棋就更加下活了。

新東公司接到的訂單表明，台塑公司的產能擴張不存在問題，因為該公司只有一半左右的 PVC 粉被南亞公司消化了，其餘部分皆裝船外銷至香港和日本。憑藉過去近十年的建廠經驗，僅台塑一家就足以和其他新加入的企業再抗衡十年，所以問題的關鍵不在中游，而在下游：不是新東的規模夠大，而是類似新東加工規模的廠商數量太少。如果在短時間內能夠再造幾家新東，台塑和南亞的原料供給將出現二次倍增現象。想到這裡，王永慶拿定主意，決定立即解散新東公司。

王永慶把他的做法稱之為「計畫性解散」。他思考此一方案的邏輯是，新東公司經營成功的一個重要原因，是培養起一支具有相當競爭力的產銷團隊。如果此時解散該公司，讓此一團隊的所有骨幹人員各自出去創業，每人都成立一家下游加工廠，必能激發出台灣石化工業中下游發展的整體性力量，其間隱含的「產業爆炸性擴張」的意義絕不可小覷。

另外，將這些創業者推向市場之後，獨立設廠的運作方式必能對其產生切身利害作用，因為他們必須獨立經營，自負盈虧。這批廠商的數量一開始肯定有限，但日後必定由少變多，由小變大，由大變強，並因為全部使用南亞公司的塑膠皮和塑膠布，而與台塑集團的命運緊緊連結在一起。

果然在新東公司解散後不到一年，國內從事塑膠三次加工的廠商數量就增加了數十家，兩三年後更是擴充到數百家，每家工廠的規模也都隨著業務拓展而不斷擴充，一個嶄新的、充滿生機和活力的下游塑膠加工市場就此悄然形成。幾年之後，由這批台灣廠商生產的各種質優價廉的日用塑膠製品開始暢銷全世界，並為「台灣製造」這一品牌的建立做出巨大貢獻。

原新東公司留下來的資產於 1967 年 8 月正式併入南亞公司，並整體打包上市。如果對比南亞在此前後各 10 年的營業額變化，顯然解散新東公司是一個分水嶺：在此之前的 10 年中，南亞的營業額從 3 百萬增加到 13.1 億元；在此之後的 10 年中，這一數字從 13.1 億一路猛增至 1979 年的 179 億元。此時南亞已有能力以單一公司名義名列台灣地區最大民營企業之首。

南亞公司的發展態勢已然如此，更何況上游的台塑公司。上述數字說明，王永慶解散新東公司的確是件經營壯舉。新東解散之後，幾乎所有的台灣石化下游三次加工廠都由台塑和南亞提供原料。也就是說，當時台灣石化產業下游三次加工企業中的絕大部分都是台塑集團的客戶，這種唇齒相依的淵源關係一直延續至今，數量已發展到數萬家，成為台塑集團發展壯大的一大根基。

看到如雨後春筍般興起的下游三次加工廠，王永慶這才長長地鬆了一口氣。他無限感慨地回憶：「台塑企業的經營根基這才漸漸穩定，逐步脫離了下游市場動盪不安的險境！」

「隱含著外人難以覺察的祕密」的訂單

解散新東公司的結果顯示，王永慶的觀察、判斷和決策不僅正確無誤，而且具有超強的前瞻性：台塑公司 PVC 粉的日產能在短短幾年內便從 110 噸迅猛提升至超過 6 百噸，將競爭對手逐一遠遠拋在身後。然而王永慶回憶說，影響他決策的關鍵卻不是競爭對手的崛起，而是新東接到的一張張訂單中「隱含著外人難

以覺察的祕密」。

他說，儘管西方國家對石化工業的投資趨勢發生改變，重心逐步退出下游加工業，並通過向中上游整合實現產業升級，特別是集中人力、資金和技術興建一大批煉化一體的大型石化工業園區，以獲取更高的壟斷利潤，但從這些國家對石化工業最終產品的總體消費情況分析，需求規模和多樣性不僅沒有減少，反而一直在快速增加。這一點引起王永慶的高度重視，他認為，正是世界石化產業分工的大趨勢，最終觸發了「計畫性解散」新東公司的策略。

王永慶耐心地向圍繞解散新東公司一事吵作一團的股東解釋，當初創立新東的目的完全是為了開拓市場，但現在從塑膠三次加工業的產品特性來看，要滿足市場的多樣化需求，台塑集團不可能僅依賴新東一家，必須讓更多的廠商參與，群策群力，發揮各自智慧，開發出各式各樣能夠滿足西方國家消費者需要、同時能引領時代潮流的新產品。也就是說，解散新東的目的和當初創立時一樣，都是為了開拓市場。

事實也正是如此。在台灣，當時除了新東公司，其他塑膠三次加工廠商不是規模太小，就是產品樣式落後且品質低劣，因此僅僅依靠新東一家根本無法在短期內迅速培育出一個合適的下游企業群。很明顯的，沒有這樣一個企業群，台灣就不可能發展出具有經濟規模的石化工業，台塑集團也不可能依此成長為一家大型原料生產商。如此看來，台塑集團已別無選擇，唯有迅速解散新東，才可為台塑集團創造出更大的生存與發展空間。

王永慶成立並解散新東公司的事實證明，當初培養並獨立出來的那一批創業者在後續的二十多年間，不僅是台灣石化中下游加工市場的主體性力量，也是台塑集團於 1986 年成功突破中油壟斷，進而獨立完成民營石化工業上中下游垂直整合的根本保證。在王永慶看來，如上節內容所述，以當時台灣的市場條件，塑膠三次加工業成功的關鍵，在於能否尋找到足夠的外銷市場，唯有產品能外銷，國內中上游企業的生產營運才能賴以為繼。

在早期，相較於來自龐大外銷市場的訂單，新東公司的產能雖不敷市場所需，但南亞公司的塑膠皮和塑膠布卻始終面臨如何進一步拓展市場的難題[4]，因為僅僅一家新東根本滿足不了上述兩公司規模擴張的需要。更重要的是，新東在營運四年之後，已經培養出一大批經營管理人才。王永慶此時的真實想法是：解散新東並由自己提供必要的條件，讓這些青年幹部各自獨立門戶，分頭經營三次加工事業，相信會打開一片更大的市場。

當然，以新東公司當時的實力，自行成立數百家加工廠亦非難事。用王永慶的話說：「正可謂一切操之在我，不但推動速度快，而且一切條件俱備，很容易在一念之下自行擴展，一舉囊括下游市場。」但既然當初設立新東的目的在於開拓外銷市場，那麼當它成立四年後，實際上在王永慶看來，已經完成了階段性任務。換句話說，既然目的是開拓市場，為什麼不選擇一種最有效的途徑？

此時若再讓新東公司延續下去，必然限縮到石化工業的整體發展：台塑集團一家掙了些小錢，卻阻礙了一個龐大下游市場的出現。雖然大家當時普遍認為有必要擴充下游加工廠商的陣容，以便群策群力，強化產品開發及市場擴展能力，但如果新東繼續存在，顯然無法鼓勵新東的幹部「以創業方式」加入此行業，因為大家可能會顧及以後中下游之間彼此業務互相牽連，甚至產生不合理的競爭關係，反而影響新加入者的意願，並使中下游共謀發展的目標無法順利實現。

事實上，王永慶進一步解釋，由於即將從新東公司獨立出來的創業者本身已具有經營企業的成熟經驗，所以競爭意識一般都會比較強烈。相較於當初在台塑集團旗下工作，如果讓他們獨立擁有一家公司，經營心態必會發生明顯變化。

王永慶如此思考自有他的道理。他認為，這些獨立創業者因為必須獨自承擔經營成敗的風險，所以最具「切身感」[5]；而過去「為人打工者」則是受託負責經營，在心態上無法產生足夠的切身感。現代工業文明發展的歷史證明，任何人在切身感的驅策下，凡事必拚命為之。若是基於職責所在，頂多只是善盡本份，謀求做好工作而已，兩者之間有天壤之別。

　　解散新東公司並專注於石化中上游原料生產，為台塑集團維繫住一個穩固而且廣大的下游客戶群，用王永慶的話說叫做「新東公司為台灣三次加工業播下了種子」。解散新東的特殊性在於，它既是王永慶對台灣石化工業中下游大規模生產設施及其與更上游企業之間相互連結發展的一種積極投資行為，更是一種真正具備創造性的理念革新。

　　台塑集團今後要做的就是繼續扶植下游加工業者，也就是不斷協助建立數量更多且集中使用台塑集團所產石化原料的衛星工廠。後來在台灣塑膠三次加工業中規模做到很大的北華、達新、新大豐等多家公司，就是得益於這些理念而設立、壯大的。

　　整個台灣石化工業此後幾十年的發展歷程，也從另一個側面證明了王永慶解散新東公司的策略規劃能力。自 1957 年起，台塑公司一直使用台灣鹼廠（台鹼）生產的氯氣和台灣肥料公司（台肥）生產的電石經加工後合成 PVC 粉。六年後，也就是新東公司成立當年，台塑公司 PVC 粉的日產量便由起初時的 4 噸擴增至 65 噸，並引起蔣氏父子和台灣當局的高度重視。換句話說，台塑集團的快速發展對台灣當局在 1960 年代中後期開始制定重化工業發展策略，也產生不可估量的政治和商業影響。

　　1965 年，新東公司的經營漸入佳境，加上其他廠商此時也在申請加入生產 PVC 粉的行列，遂使台灣當局看準了在台灣興建大型石化專案的機會和希望，並將發展石化工業列入「第四期經濟建設四年計畫」。當年，公營的中油便聯合一家美國公司計畫在台灣南部興建一座低密度聚乙烯（LDPE）工廠。第二年，

4　在解決了 PVC 粉的銷路後，台塑公司的規模不斷擴充。1965 年相繼在宜蘭冬山和高雄前鎮建立電石廠和鹼氯廠，意在擴增 PVC 粉生產所需原料。同年 3 月，台塑公司股票公開上市。除生產 PVC 粉外，台塑也開始向多元化方向邁進，於 1967 年在北投關渡設立纖維工廠，兩年後又併購了志和纖維公司，並更名為台塑公司三峽廠。另隨工廠數量增多，王永慶於 1968 年在台塑內設立機械事業部，後該事業部又獨立為台朔重工公司，成功邁入石化裝備製造領域。

5　切身感是王永慶治理台塑集團的一個關鍵詞，也是其管理經驗的精華。本書將在後續章節中著重討論這一概念，此處僅涉及切身感的基本涵義及其起源。

美國進出口銀行也答應提供 5 百萬美元貸款用於興建輕油裂解廠。

經過兩年多的建設，台灣第一輕油裂解廠（簡稱一輕）於 1968 年正式投產，年產乙烯 5.4 萬噸。應該說，一輕投產，既標誌著台灣經濟由此正式邁入重化工業時代，同時也標誌著台灣公民營企業在後續二十年中，圍繞壟斷與反壟斷所展開的拉鋸戰正式宣告開始。

一輕的建設也意味著中油在台灣石化上游工業中的壟斷地位初步確立。王永慶解散新東公司之舉，使台灣石化中下游民營加工企業的數量和規模出現爆發性成長。中下游的爆發性成長，反過來又促使台塑公司及其他 PVC 廠商逐步放棄電石法，改採乙烯為基本原料生產 PVC 粉。這些企業對乙烯等原料的巨大需求，又進一步促使台灣當局於 1971 年開始著手興建「二輕」。幾乎同時，蔣經國提出了「十大經濟建設計畫」，台灣經濟遂呈現出「促進投資」和「結構轉型」並行的新特點，這些政策措施更加奠定石化工業在台灣重化工業發展策略中的龍頭地位。

如果說台灣民營石化工業在 1950 年代初起步是美援政策支持的結果，那麼整個台灣石化工業在一輕興建之前所呈現出的基本特點是：民營加工企業自發成長進而引發政策干預，並吸引公營企業進入；之後則是公營企業在政策配合下進一步壟斷上游，並為其自身發展積極採取支援中下游發展的策略。期間，王永慶成立並解散新東公司，對整個台灣石化工業在早期就實現上中下游垂直整合與產業擴張，起到關鍵性的指引作用。

至 1980 年代末，這一批下游客戶群的數量已擴增至三、四萬家。在此，本書把王永慶刻意建立的這一下游客戶群稱之為台塑集團的一個「下層結構」。甚至到今天，此一結構仍自成一體，且數量還在不斷成長中，其意義集中表現在：如此龐大的一個下游客戶群，足以使台塑集團乃至整個台灣的石化工業企業，均有機會和能力在未來開展更大規模的生產過程並追求更大範圍內的市場開拓。

王永慶把「原材料經濟」從台灣的工業經濟中凸顯出來，引發台灣經濟結構

的深刻變化。儘管從事的是基礎性工業，台塑集團卻始終占據著台灣經濟發展的制高點，不論規模還是競爭能力均如此。由王永慶一手導演的「計畫性解散新東公司」這齣好戲，在整體上造就了一個反新古典經濟理論的「錢德勒模型」：不是市場塑造了企業組織，而是企業組織塑造了市場[6]。

結構跟隨策略：管理制度化

從 1954 到 1963 年，王永慶用了整整 10 年時間實現了台灣民營石化產業[7]的中下游垂直整合。此一過程雖然在一開始是不得已而為之，但隨新東公司在 1968 年的「計畫性解散」，王永慶轉而帶領台塑集團全力以赴向上游整合[8]，並使企業在整體上主動進入一個策略性擴張的新階段。台塑集團的發展歷程迄今已有 60 年，其中 1968 年之前是前向整合，之後則再也沒有回頭，一直努力向上游（後向整合）發展。

從產業特性看，台塑、南亞和新東這三家公司沿塑膠產業鏈依次串聯，形成了上下游關係。但從產品特性看，台塑和新東的生產方式截然不同：台塑因為是原料生產商，經營模式上講究大量生產和大量銷售，體現在生產方式上則是追求標準化和自動化；相形之下，新東因為產品眾多以及勞動密集等特點，經營理念講究物美價廉，體現在管理方式上則是追求準時生產、品質管制和成本控制。南

6　Alfred D. Chandler, Jr.（2002），《戰略與結構：美國工商企業成長的若干篇章》，雲南人民出版社，頁12。

7　嚴格來說，此時把台塑集團劃歸石化工業企業並不合適，它在此一時期仍是一家以電石為主要原料的化工企業。1971 年，台塑公司開始採用乙烯生產 PVC 粉。至此，台塑集團才算正式跨入石化領域。為敘述方便，本書仍採用石化工業企業的劃分方法。

8　1965 年 3 月，為追求多元化經營，王永慶成立台灣化學纖維股份有限公司（台化），利用台灣山區中的枝梢殘材生產螺縈棉等紡織原料和產品。至此，台塑集團旗下共計有三大公司：台塑、南亞和台化。在以後幾十年的發展歷程中，台塑集團的絕大部分生產和非生產事業，皆以王永慶兄弟為首，分別或全部透過三大公司，再聯合其他法人股東或自然人股東一起轉投資形成的。例如，1992 年 4 月，三大公司歷經多年努力，終於聯合成立台塑石化股份有限公司（台塑化），三大公司總計持有台塑化股票超過 80%。1990 年代之後，台化因為國內產業結構調整以及投資環境的改變，成功轉型至石化產業。鑑於台化在 1990 年代之前以紡織業為主，與石化產業之間在特性上有很大差別，為分析方便，本書討論的重點基本以台塑和南亞為主。

亞公司由於處於台塑和新東之間，自然在經營模式和生產方式上兼具兩者特點。

　　三家公司沿塑膠產業鏈依次串聯，是日後造成管理層承受巨大管理壓力的主要原因。王永慶經分析後認為，管理壓力大致源於兩方面：首先是各公司生產方式之間存在巨大差異，企業有必要根據不同的生產方式搭建起一個新的和針對性強的管理系統。但直到 1966 年上半年，台塑集團仍沒有正式建立起自己的管理系統，僅有「台塑關係企業聯合辦事處」，一如其名，只是個關係企業聯合辦事處，根本談不上發揮什麼管理職能，即便有，也難以一下子涵蓋三種生產方式。

　　另一個管理壓力來自三家公司各自產能的交替擴張。1966 年，新東公司的快速發展相繼對台塑和南亞兩公司的產能擴張帶來壓力；另一方面，台塑和南亞的產能擴張又會進一步拉動新東的製造能力。三家公司各自產能間的交替擴張，猶如一個加速流動的體內血液循環系統，給王永慶和經營團隊帶來的管理壓力愈來愈大。尤其是新東，其產品直接面對消費者，品項超過上百種，不要說生產管理工作怎麼做，甚至連及時處理每天的大量客戶投訴都成了一大問題。

　　為確保上述系統不會因資源加速流動而紊亂，王永慶趕緊於 1966 年 6 月和 7 月分別成立總管理處和經營研究委員會，試圖透過這兩個機構化解企業可能面臨的困難和風險。因為正是在這一年，王永慶真正感受到中下游間的業務往來，以及各公司產能間的交替擴張所帶來的管理壓力。至於 1968 年，則是台塑集團成長歷史中具里程碑意義的一年，因為從當年起，台塑集團的發展重心不僅開始向計畫性解散新東公司、退出下游加工業及積極向上游整合的方向轉變，更重要的是，王永慶為加強對各分子公司的規劃和控制，終於在當年 5 月下令成立「總管理處經營管理部」──台塑集團出現了歷史上的第一支專業幕僚管理團隊。

　　成立經營管理部標誌著台塑集團由此建立起自己的正式管理系統。從台塑集團後續幾十年的發展過程看，此一建立管理系統的決定，可能與王永慶選擇向上游整合同樣重要。這也是製造業企業所面臨的一個共同性難題：真正考驗企業家管理才能的，是能否建立起一個適合企業自身發展需要的管理系統，以及這個系

統是否持續具備強有力的規劃和控制能力。

解散新東公司就是個好例證：建立並確保管理系統正常運行的是經營管理部這群專業管理幕僚，他們協助王永慶及時做出各種正確決策，並使王永慶相信，只要管理系統能發揮作用，台塑集團就不會發生「方位感缺失」等問題。當然，管理系統僅僅具備規劃和控制能力是遠遠不夠的，王永慶希望它同時兼備並發揮出其他管理機能，比如分析和改善功能等等。

新東公司的故事清楚地說明王永慶選擇 1966 年成立總管理處的重要性。新東於 1963 年 5 月投產，當時集團各公司的管理尚無體系可言，基本上是各自為政。在沒有專業管理幕僚協助的情況下，新東的生產組織活動完全是傳統式的，不僅產量達不到規模經濟，甚至連品質也沒有保證。許多產品早上運出廠，下午就被客戶退了回來。

更可笑的是，由於吹氣技術根本達不到要求，故頭一天生產出的玩具，第二天早上一看發現氣全部跑光了，於是不得不再重新加工一次。諸如此類問題，令王永慶大傷腦筋。他發現，提升新東公司的管理水準可要比當初解決台塑公司的原料問題困難得多。

至 1966 年上半年，因為企業規模擴張所帶來的管理問題已到難以容忍的地步。例如為控制各項經費支出，各公司於當年 1 月便開始實施預算管理，但幾個月過去了，各公司編製的預算報表基本上是為了預算而預算，所使用的資料也差不多都是概估的、靜態的和剛性的，不僅格式參差不齊，甚至連內容也是五花八門。因為沒有與目標管理（MBO）、成本管理或品質管制等制度相結合，各單位編製的預算基本上不具有管理機能，當然談不上控制績效。

面對這種情況，王永慶經再三思考[9]，決定一方面成立經營研究委員會，負

9　本書將在後續章節中專門討論台塑集團的委員會制度以及總管理處的職能和作用。在此提出兩個組織機構，目的在於探討王永慶為什麼決定成立這兩個機構，以及為兩年後的大規模制度建設做了哪些準備工作。

責「制定經營管理制度並逐步推動達成」；另一方面則把原設於台北市的台塑關係企業聯合辦事處升格為台塑關係企業總管理處，試圖以此為架構建立全企業的管理系統。從權力等級的角度看，經營研究委員會是決策團隊，總管理處則是其內設的執行或辦事機構。

特別需要指出的是，在經營研究委員會的第一次全體會議上，王永慶不僅發表長篇演講，對該委員會的責任、權力和職能進行說明，更重要的是，他概述了台塑集團的發展策略：「嚴密組織」和「分層負責」，並著重強調要建立企業的管理制度，認真領會「科學管理」的基本精神。王永慶的此次演講可視為台塑集團從「自然成長」邁向「專業管理」的分水嶺。

王永慶的策略思考一經提出，台塑集團的組織結構隨即開始發生明顯變化：一方面在直線生產部門，各公司開始推行事業部制，並嘗試制定設立利潤中心和成本中心的相關計畫和實施方案；另一方面在非生產部門，總管理處各行政部門的職能不斷調整和加強，經「兩次功能裂變」[10] 之後，開始逐步演變為專業管理幕僚單位，並發揮出愈來愈強的規劃、控制和監督作用。

經過 1966 至 1968 年間兩年多的努力之後，總管理處各行政部門相繼成立，管理系統的各項職能也開始逐步完善。應該說，此一時期行政部門的管理職能雖然一直在加強，但在整體上仍停留於「執行或辦事機構」，並不是真正意義上的專業管理幕僚團隊。1968 年元旦剛過，總管理處組織結構的調整變得更加頻繁和劇烈。在最繁忙時，有些部門是這個月成立下個月又被裁撤，即使連最高層級的經營研究委員會也一改再改。大約半年之後的 5 月 12 日，王永慶下令抽調專門人力成立「總管理處經營管理部」，此時的台塑集團才可說是真正擁有自己的專業管理幕僚團隊。

從學術的角度來看，改革過程表面上表現為部門裁撤以及人事調整，充滿混亂、爭吵和擱置的危險性，實際上卻是演繹一齣「結構跟隨策略」[11] 的好戲。觀察表明，結構跟隨策略所引發的深層次制度安排，尤其是建立專業管理幕僚團

隊，決定了台塑集團日後幾十年的演變軌跡和政策路線。甚至到了 1975 年前後，王永慶發現台塑集團的各個功能性委員會弊端叢生，索性全部裁撤，並將其職能全部交由專業管理幕僚打理。至此，專業管理幕僚團隊的地位和作用就更加凸顯。

王永慶對台塑集團管理系統實施變革的時間主要集中在 1966 至 1975 年間，前後歷時近十年。其中，1966 年以成立經營研究委員會和總管理處為標誌，1975 年以裁撤經營決策委員會為標誌。本書將這場變革統稱為「十年管理大變革」（簡稱管理大變革或管理變革），用以說明王永慶是如何通過管理變革，逐步為台塑關係企業搭建起一個嶄新的管理系統，並透過該系統逐步推動完善其「兄弟關係＋責權利原則」此一公司治理結構。

用王永慶的話說，台塑集團此時無論生產還是管理，開始邁入制度化軌道。他激動地回憶：「企業規模愈大，管理就愈困難。如果沒有嚴密組織和分層負責的管理制度作為規範一切人事財物運用的準繩，並據以徹底執行，企業的前途將十分危險，因為企業在小規模經營階段，其組織小，單位少，人少，事少，比較容易做好經營管理。但是發展到一定程度，企業的規模大了，人多事雜，此時單靠人力管理是遠遠不夠的，還必須靠制度規章的力量管理，靠組織的力量推動，以彌補人力的不足。」

瘦鵝理論：戴明思想的影響

從商人對事物的洞察力觀察，不難理解王永慶為什麼會在企業創立後不久，即開始注重企業的管理基礎建設。自 1963 年起，為迅速提升管理效率，王永慶

10　本書將在以後章節中，詳細描述「兩次功能裂變」給幕僚團隊帶來的巨大變化和影響。

11　參見 Alfred D. Chandler, Jr.（2002），《戰略與結構：美國工商企業成長的若干篇章》，雲南人民出版社。在該書的序言中，著名學者路風先生詳細而深入地剖析「結構跟隨戰略」這一命題對理解集團企業成長的重要性。

差不多把新東公司當成各種管理方法的實驗場。在他的個人演講集和著作中，寫過以及提過的那些已經在西方廣為流行的管理手段或方法就不下十餘種。

王永慶的觀察視野上自 1870 年代，下至 1960 年代，橫跨約一個世紀。特別是二次大戰以後，西方企業管理理論與實踐進入大發展時期，期間湧現的各種管理手段五花八門，令人眼花繚亂，比如統計品質管制、Pareto 圖表、腦力激盪、戴明（William Deming）品管圈（QCC）理論、零缺點理論、PERT 分析法和魚骨圖等等，全部率先在新東公司得到很好的應用。對一位只有小學畢業的大企業掌門人來說，王永慶在知天命之年仍能如此博覽群書，著實難能可貴。

新東公司在存續期間的歷史教訓和成功經驗，為王永慶後來提出台塑集團的發展策略、推動組織變革，並在新東公司解散後緊接著展開全方位的制度建設奠定了理念和思想基礎。研究表明，王永慶在 1963 至 1968 年間在新東推行的管理措施，雖然形式上是簡單的，體系上是零碎的，卻因為深受科學管理等思想的啟發和影響，效果上倒是十分有效的。

新東公司解散後，上述許多方法不僅沒有隨之放棄，反而在新的管理系統中發揚光大，甚至某些方面還有重大創新。比如：經營責任制、分課盈虧、作業整理法、單元成本分析法等等，就是此一時期大力推行管理改革措施的產物。以今日的眼光看，這些做法都具有一定的原創性，不僅是台塑集團貫徹落實王永慶策略思考的具體工具，也是企業長期提升管理效率的一把把利器。

王永慶的經驗證明：一家企業的管理系統愈是有效，該企業就愈有能力維持長期成長。由戴明等人[12] 提出、並由日本企業強力宣導的全面品質管制（TQC）等做法，得到王永慶的高度重視。他認為在這些方法中，有些可間接改良，取其精華，有些可直接引進，甚至全盤照搬。例如像魚骨圖和 PERT 分析法等，至今仍被台塑集團廣泛用於成本分析、管理改善和專案管理等領域。

戴明思想[13] 對台塑集團的影響可歸結為一句話：如何才能學會「以最經濟的手段製造出市場最有用的產品」。王永慶注意到，戴明思想在日本企業中的應

用，主要表現在通過統計技術分析生產過程中的變異問題。戴明認為，品質散布於生產系統的所有層面，並且在導致品質問題的責任中，有 85% 以上是管理不善造成的。

更為重要的是，品質和生產力之間存在緊密連結，亦即：提高品質就能減少浪費，因為你不需要重工（rework），加上提高品質也要求生產部門縮短整備時間，因此可借此提高機器和材料的使用效率，還可做到及時交貨，在下游客戶群中建立商譽等等。總之，提高品質就等於提高生產力，如此企業才能以更佳的品質和更低的價格攫取更多的市場機會。

戴明的觀點令王永慶興奮不已，因為戴明實際上是用數字和圖表方式證明了他的「瘦鵝理論」。早在 20 多年前，王永慶在鄉下養鵝時就曾發現，多數農戶採用散養方式養出的鵝又瘦又小。於是他決定更換配方，改用菜農丟棄的高麗菜葉和碎米、稻殼等做成混合飼料，每日定時定量飼養。他說，那些鵝簡直是餓壞了，看到飼料後就拚命吃，一兩個月之後就長得又肥又大。

養鵝的經歷使王永慶領悟到：鵝之所以瘦的原因不在鵝本身，完全是飼養者的飼養方法不當所致。同樣的，產品品質不好不是員工不努力，完全是企業的管理水準低下造成的。

在王永慶上千萬字的演講集中，人們更感興趣的是他如何白手致富的祕訣，卻很少注意到他在養鵝過程中的大量感悟和心得。今天看來，王永慶經營台塑集團的風格就是這樣養成的：不論做什麼，一定要做好；不但要做好，還要迅速感悟並總結出其中的道理。在當時的台灣，提起養鵝，幾乎沒有人不懂；但如果是指採用「流水線」批量生產，恐怕就不會有太多人能夠想到或做到了。

---

12 實際上，戴明的許多觀點，例如統計品質管制和品管圈理論等，並不是戴明本人首次提出的，而是另一位美國研究者休哈特（W. A. Shewhart）博士的研究成果。戴明的貢獻是致力於將這些成果在日本企業中推行，並使其大獲成功。

13 有關戴明思想的討論，請參見《戴明論品質管制》一書相關章節中的具體內容。

通過走訪，王永慶敏銳地意識到，鵝的養殖儘管在開始時不會有太大的市場規模，但台灣人對鵝肉的需求卻是持續的、穩定的，這一方面給養殖者提供了生產標準化的時空背景，也給其通過標準化進一步實現規模擴張帶來了機會。正所謂「高產出管理」[14]，雖然養鵝的經歷很短，持續了大約幾年時間，數量也不是很多，但王永慶卻由此感悟出「集約化養殖」的本質——標準化是實現物美價廉的一條捷徑。

在往後的歲月中，瘦鵝理論毫無保留地用於石化原料生產過程中的多個環節，成為台塑集團擴大再生產、投資美國，乃至於提高管理水準和生產能力的一個主要工作原理。僅就提高生產能力一項內容看，就包含如何經營管理好一家現代工廠的四個基本步驟：

一、穩定原料來源：收購菜農丟棄的菜葉，並添加碎米和稻殼製作成混和飼料；

二、選擇生產方式：改散養式為集約式養殖；

三、控制生產過程：採用定時定量的標準化方法餵養；

四、實現低成本製造：以物美價廉求生存。

王永慶認為，他的瘦鵝理論雖說有些「土得掉渣」，但相較於戴明的管理思想，道理上根本就是一回事，完全可在石化工業中加以應用和推廣。他對企業內的主管解釋，新東公司雇用大量湧入城市的農民工，其中80%以上是女工。這些女工雖然年輕，有熱情，但工作經驗與企業的要求相差甚遠，加上生產管理人員的數量嚴重不足，既缺乏有效的管理手段，現有的生產加工設備也相對落後，由此可以想像，新東公司初期的管理水準處於一個什麼樣的狀態。

在王永慶的腦海裡，新進的年輕員工就像一隻隻瘦鵝，如果能加以點撥和誘導，一定會創造出驚人的業績來。如圖 2-1 所示，為了灌輸他的觀念，王永慶甚

至命人把戴明宣導的「因為品質改進可促使企業生產力發生連鎖反應」的過程改編成一張「示意圖」[15]，一一張貼在各廠長的辦公室，供全體管理人員參考。

從圖 2-1 中可以看出，王永慶略微修正了戴明的觀點。他強調的關鍵點包含目標、過程、方法、目的和宗旨等一系列因素，尤其更加強調降低成本對原料生產商的重要性。養鵝的經歷雖說十分樸素，在理論上不如戴明思想那樣有系統和完整，但這對一名僅僅小學畢業，並依靠賣米、燒磚和養鵝一路走過來的「鄉下小商人」來說，已是難能可貴。

尤其是在那個時代的台灣，摸著石頭過河幾乎成了戰後第一批關係企業掌門人的普遍做法。王永慶通過養鵝這項工作摸索出石化原料生產過程中的一些基本規律，這在今天的企業家看來既可笑又不可思議，但王永慶摸索出的一些經驗，

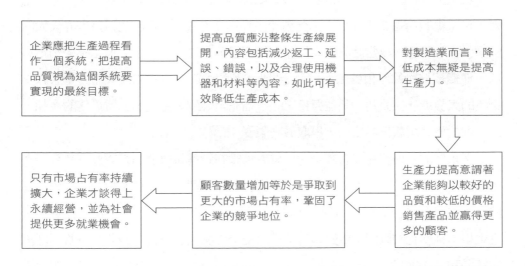

圖 2-1 戴明的品質－生產力連鎖反應過程示意圖

---

14 參見 Andrew S. Grove（2005），《葛洛夫給經理人的第一課》，台北：遠流。（原著出版於 1994 年）
15 原圖已無處可尋，本圖係根據訪談紀錄、戴明的有關論述，以及散見於王永慶講話集中的一些片段整理繪製而成。

卻正如英特爾（Intel）創辦人葛洛夫（Andrew S. Grove）所言：「根據顧客的需求，在預定的時間，以可接受的品質和盡可能低的成本，製造和交送產品。」[16]當然，專家的觀點恰恰印證了王永慶的瘦鵝理論中最為關鍵的一條原則：用低成本生產出高品質的產品──以物美價廉求生存。

從全面品質管制到全面管理

結合王永慶早年的演講稿，以及台塑集團管理系統後來發生的一系列變化，可以大致得出這樣一個判斷：儘管重視這些方法，但他更願意思考影響這些方法形成的內在的管理道理。

至 1966 年底，不到三年時間，新東公司的資本額和營業額就雙雙超過 4 億元，員工總數超過 2 千 5 百人，外銷總額高達 2.4 億，而且已號稱是世界最大的塑膠三次加工廠。以當時的生產條件，新東已經做得相當好了，但王永慶仍不滿意，他繼續鼓勵幹部和員工：「我們要動我們的腦筋，盡我們最大的力量來謀求企業的大發展，使公司的利益與員工的幸福完全一致，生產出品質最佳的產品，以合理的價格稱霸世界市場，爭取最高榮譽。」

王永慶的話既實在又有感染力。日本專家在考察新東公司後認為，該公司在短期內能迅速提升管理水準的經驗主要表現在兩方面：一是員工對經營問題至為熱心；二是員工對於研究發展（R&D）更是不遺餘力。日本人把新東經營狀況發生根本性變化的原因主要歸結為：王永慶全面貫徹並執行了戴明品質管制理論的精神和方法。

但事實上，王永慶並沒有拘泥於「為品質而品質」，而是注重把品質管制與績效獎勵密切結合。他當時先把各生產課原有的品質檢查人員集中起來並成立品管課，專門負責品質管制工作，又把績效評核與獎勵管理的一部分權力下放給這些品管人員，由他們決定該給生產部門發放多少品管績效獎金。

　　這一招在當時果然十分靈驗。品管人員集中之後，因為直接受廠長的統一指揮，加上本身責任明確，並以技術幕僚身分自居，所以往往能夠深入生產現場，通過實地調查發現並解決問題。王永慶當時想，如果能夠在生產和銷售等部門也採用類似方法，一手成立專門機構，另一手再雇請若干專業幕僚參與管理，效果豈不是更好。

　　過去是品管課一個單位在獨立貫徹他的品管思想，他們按照計畫、執行、檢查和行動循環（Plan-Do-Check-Action cycle, PDCA）一步一步地做，但如果能進一步擴大到所有職能部門，讓每個人都領會品管思想的實質，參與日常品質管制工作，即可迅速在全廠形成「全面管理」的局面。

　　就品管活動的管理意義看，王永慶和戴明之間的差別就主要集中在對「品質」二字的不同理解。後者強調的完整概念是「全面品質管制」，而前者則去掉「品質」二字，將之改為「全面管理」。一開始幕僚還以為是搞錯了，但王永慶卻解釋說沒有錯。他認為全面管理顯然應該包含全面品質管制，因為他不希望品管課的幕僚囿於「品質」二字，而應從全面品質管制出發，更加強調並注重如何發揮全面品質管制制度的全部管理功能。

　　這正是王永慶高明之處。他從事管理工作的出發點常常是問題導向的，不僅切合企業實務，而且一針見血。從早期一些不多見且十分珍貴的歷史資料看，王永慶此時在台塑和南亞兩公司，除借鑑了新東公司的全面品質管制經驗，還開始嘗試推行目標管理和提案改善等。

　　以提案改善一項業務為例，如表 2-1 所示，儘管其中具體的文字記錄並不多，但表中資料說明，此時新東公司的「全面管理」已具有相當水準，其中僅 1968 年一年時間，新東員工的合理化提案件數就已高達 1,372 件，所取得的直接經濟效益接近 230 萬元。

16　Andrew S. Grove（2005），《葛洛夫給經理人的第一課》，台北：遠流。（原著出版於 1994 年）

表 2-1 新東公司的改善提案及其效果 *

年度	提案件數	節省資金
1967	988	1,252,416
1968	1,372	2,295,562
1969	462	1,056,804

註：1967 年 8 月新東公司宣布解散，資產劃歸南亞公司。因此上表中 1968 和 1969 年的資料實際上是指南亞公司新東事業部的改善提案及其結果的總和。

　　在新東公司存續的最後一年 1967 年，儘管全面管理的思路尚未定型，但為推行自己的想法，王永慶決定於當年 3 月在該公司擴大並深化品管圈活動，試圖以該活動為中心，全面提升新東的管理水準。正是在他的堅持之下，新東的全面品質管制活動超出其應有的範疇，並向全面管理演變，諸如「獨立採算」和「作業整理」等管理方法，就是此一時期陸續提出的。這些管理方法不僅對新東管理水準的提升做出巨大貢獻，對日後台塑集團實現管理合理化的推動作用更是難以估量。

　　全面管理是新東公司經歷了近兩年的摸索和實踐後才提出的。新東在當時推動的全面管理是從「全盤性品管計畫」開始的，內容特別強調將品質管制與績效獎勵掛鉤。比如王永慶發現，品管課在對原物料的檢收標準中仍保留有 5% 的不良率缺口，像雨衣、嬰兒褲和窗簾等產品，雖然採用生產線作業，並增設製程員加強製程效率抽查，但部分產品的殘次品率仍舊高達 10%。於是，他下令對該公司進行整改。

　　當幕僚將針對全盤性品管計畫的調查結果製成統計表上報後，王永慶很不滿意。他認為，上報的統計報表缺乏分析，無異於搞了一次「統計式品質管制（SQC）調查」，企業根本無法藉此達到增進效率的目的。也就是說，管理者的思路應該是全方位的，必須深入領會戴明等人的思想實質，綜合並靈活運用西方的各種管理方法，切不可機械式地一條道走到黑。

到當年 7 月，王永慶宣布將新東公司的品管圈活動擴大為全面品質管制。為此，新東不僅出版了品質管制特刊，繪製了上百幅漫畫，同時各生產課還配合品管圈運動，開展另一項「長期品管教育訓練計畫」。為配合該計畫，人事課還在 10 月份的新進人員訓練中，特別增加兩小時講授品管基礎知識和方法。另為深入開展品管圈運動，新東還專門設立一筆品管競賽獎勵金，利用晚會等形式高唱品質改善歌曲，並播放美日等國企業拍攝的提案改善影片等。一時之間，新東的品管工作開展得有聲有色。

又一個月之後，王永慶再次下令把已有的品質管制和提案改善的相關經驗和做法一併納入品管圈運動，以便把早期簡單的品質管制活動進一步擴展為全面品質管制。緊接著，他又命令品管課幕僚依據全面品質管制的基本精神和要求，設計並訂立了「製造課平均出廠品質界限（AOQL）計畫」，要求各製造課應自主檢查各自的品管工作，分別設立了最高和最低兩個品質管制標準。

如果各批次產品經檢驗後符合品管標準，意味著該批次產品平均出廠品質處於受控狀態，否則就要按品質異常案件上報並處理。在當時，平均出廠品質界限實際上也是各製造課訂立的「品管改善績效目標計畫」中級別最高的一部分，目的在於要求各製造課應先將產品不良率控制在 5% 以下，如果能夠保持一段時間不反彈，就可進一步實施平均出廠品質界限計畫。

1967 年可視為王永慶在新東公司推行全面品質管制制度的準備年，他本人在其中扮演著雙重角色：老闆兼教練。所謂老闆，是指他要主導並強力推行全面管理工作；所謂教練，則指他要透過此項工作培養出一支能力夠硬的幕僚團隊。於是在他的支持下，新制定的平均出廠品質界限計畫與績效獎勵制度徹底掛鉤，使得員工積極性大增，旗下各生產單位均爭相實施。另為鞏固已有的改革成果，王永慶還下令自當年起，將每年 7 月確定為新東的品質加強月。

全面管理徹底系統化、制度化

統計式品質管制是走向全面管理的一個恰當的切入點，從以下敘述的故事和圖表可以看出，王永慶在此期間為推動全面管理付出極大的心力。按照他的說法，僅僅做好統計式品質管制環節還遠遠不能滿足實際管理工作的需要。各級幕僚人員除協助各公司做好機構調整和人員整合工作外，還要再做大量的基礎性計算工作，包括統計、分析和編製各類報表在內。顯然，王永慶正在採取切實措施將他的全面管理思想制度化和系統化。

根據上報給王永慶的統計資料可以看出（參見表 2-2），新東公司在 1967 年前 10 個月內的生產總值幾乎與 1966 年全年持平，證明企業發展的速度並不低。儘管客戶索賠的數額比 1966 年下降了 32,988.4 元，與抱怨相關的金額卻增加了 16,414.75 元。如果考慮到後兩個月的產值，1967 年的客戶索賠和抱怨的比率之和就不是 3.06%，可能會與 1966 年持平或是有所增加。資料表明，1967 年的品質改善工作不僅沒有進步，反而倒退不少。

表 2-2 新東公司的產值以及客戶索賠和抱怨情況統計　　　　單位：元

年份	全廠產值	金額			比率		
		索賠金額	抱怨金額	合計	索賠比率	抱怨比率	合計
1966	4,419,142.35	40,161.25	110,089.59	150,250.84	0.9%	2.5%	3.4%
1967*	4,368,535.62	7,172.85	126,504.34	133,677.19	0.16%	2.9%	3.06%

* 1-10 月份的數據。

直至第一階段工作結束之後，品管課的幕僚才搞清楚，王永慶需要的不僅是報表和報告，而是如何在報表和報告的基礎上開展有效的分析和改善活動。「除了看到改善工作沒有進步以外，我從報表中還能看到什麼呢？」王永慶詢問前來匯報工作的幕僚：「關鍵是要有分析才對！例如究竟是什麼原因導致客戶索賠率

和抱怨率上升？是我們的產品設計不佳，生產技術落後，還是售後服務不到位，各位有沒有認真分析過？」

在王永慶的提示下，品管課的幕僚帶著一大堆疑問和困惑來到產銷第一線。他們從產品設計、技術水準、生產過程到品質檢驗，一個環節接一個環節地了解、訪談和測試，經過連續多日計算，不僅編製出新的報表，同時根據新的資料繪製出要因分析圖表，其中有的是 Pareto 圖，有的是魚骨圖。雖然工作內容和強度增加不少，計算過程和步驟也繁瑣無比，得出的結果卻非常有意義，不僅形式新穎，內容也一目了然。王永慶高興地說：「幕僚單位的工作對提高各公司管理效益至為關鍵，有了這一步，台塑集團的管理上軌道將指日可待！」

如表 2-3 所示，幕僚人員經過分析後認為，在 1966 年的客戶索賠和抱怨原因中，「製造指示錯誤」所占比例最大，其次是「包裝不對」和「操作不良」。到 1967 年前 10 個月，製造指示錯誤中的批次數量略有增加，但所占比例下降了近 9 個百分點，這表明前一階段的品質管制工作已初見成效，尤其是領班人員的品質責任意識已發生明顯變化。

但幕僚人員同時還發現，一個問題解決了，另一個問題卻爆發了。製造指示錯誤下降了，包裝不對和操作不良卻愈來愈嚴重，不論是批次還是比例均大幅上升。表面上看，這些問題這是班組中某道工序或某名操作工的工作品質不佳造成的，實際上卻是分析改善工作沒有實現全盤規劃，或者說只是做到由點到點，而

表 2-3 新東公司客戶索賠和抱怨原因分析

	1966		1967（1-10 月）	
索賠及抱怨原因	批數	百分比	批數	百分比
製造指示錯誤	22	55%	24	46.2%
包裝不對	6	20%	15	28.8%
操作不良	8	15%	13	25%
船期延誤	4	10%	—	—
合計	40	100%	52	100%

沒有做到由點到線，更沒有做到由線到面。

「如果把上述表格中的數據再繪製成要因分析圖並用一條曲線連接起來，那麼能夠看出什麼問題來？」王永慶追問品管課的幕僚：「以 1966 年為例，包裝不對、製造指示錯誤和操作不良三項加起來是 90%。那麼問題現在基本搞清楚了：這三項指標就是當前整個品質改善工作的全部內容，也是新東公司的管理水準需要實現改進的重點所在。」

「比如說，製造指示錯誤的比例為什麼高達 46.2%，有沒有認真研究過？」王永慶繼續追問幕僚：「表面上看是品質問題，但實質上就是管理不善造成的。如果你們不去深究原因，那麼現場人員下一步的改善工作又該從何做起？有沒有搞清楚是哪一名領班的『指示』出現錯誤，哪一名包裝員的工作沒有做好？為什麼出現錯誤，為什麼沒有做好？是他們工作粗心大意，還是使用的包裝工具不良？你們到底有沒有深入研究過？」

王永慶臉上的笑容頓時全無，他一口氣提出一連串問題，其中差不多每個問題都直指要害。幕僚這才恍然大悟，他們意識到老闆的真正意圖。緊接著，新東公司的主管隨即針對暴露出的主要問題，著手成立不同類型的專題檢討會，並由各廠部負責人親自擔任召集人，初步擬定的工作計畫是每月召開兩次以上的檢討會議。另為配合檢討活動，該公司還在總經理室、廠務室、品管課和各製造課，分別設置專職幹事或執行幹事各一名，除協助各製造課提出品質管制目標和績效報告，還要加強報告審核，以及執行結果的稽核、分析和改善等工作。

王永慶重視發揮幕僚人員的管理功能，尤其是注重建立一支專業管理幕僚團隊，為他後來下定決心成立總管理處總經營管理部埋下一記重要伏筆。在新東公司推行全面品質管制制度期間，由於電腦不僅沒有普及，電腦技術也相對落後，於是許多統計和計算工作皆要幕僚手工完成。但為了培養幕僚人員以更高水準和更加綜合的觀點來發現、處理問題，王永慶還不斷建議他們廣泛使用工業工程（IE）等科學分析方法。他引用當時流行的觀點說，工業工程是研究由人、機器

設備和原材料組成的，統一的，系統的設計、改善和實施的一門科學，是企業幕僚（參謀）機構的工作工具，主要目的就是要解決如何提高生產率並降低成本等問題。

可以想像，幕僚的計算過程在那個時代有多麼複雜和辛苦。有時候為了觀察某名員工的一個搬運動作，他們甚至還模仿了泰勒，以及吉爾布雷斯（Frank Bunker Gilbreth）等管理學家的做法，個個手持碼錶，認真記錄、統計和測算。經過連續計算和分析，品管課的幕僚總算找到影響生產率提升的深層次原因，並繪製成要因分析圖，交由各製造課遵照執行。

如圖 2-2 所示，在造成「製造指示錯誤」的原因中，「規格不符」是主要因素，占 15.37%；其次是「短裝」和「操作疏忽」，皆為 7.72%；最後是「指令不清」，占 1.93%。王永慶說，這就奇怪了，領班的指令不清雖然只占 1.93%，但若深究原因，規格不符、短裝和操作疏忽等原因，居然也與領班的指揮密切相關，或者說根本就是領班的指揮不當造成的。看來，領班的指揮工作的確存在嚴重問題。

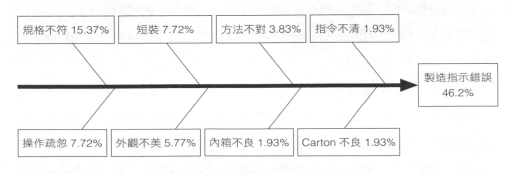

圖 2-2 造成製造指示錯誤的要因分析圖

但是領班為什麼會存在指揮不當的行為？是他真的指揮不當，還是員工沒有充分領會？我們該如何處理這些問題呢？王永慶不斷的追問，看來我們過去根本就沒有深刻領會「科學管理」的基本精神，既沒有仔細研究員工的動作和時間，

也沒有系統強化領班的「判斷意識」，使得領班和員工的操作過程皆不得要領，這才給企業的產銷業務帶來巨大損失。

看來今後要自兩方面從嚴制定工作計畫：一是設計並制定操作規範，使工作內容流程化，工作流程標準化；二是開展各個層級管理人員，包括普通員工的培訓工作，使科學管理的精神深入人心。為了給疲憊不堪的幕僚打氣，王永慶甚至承諾，明年初計畫租用的兩部 IBM 電腦即將到位，相信一些複雜的計算工作可由電腦完成。

至 1967 年 12 月，新東公司的全面管理水準有了大幅提升，且企業的各項經營指標也較往年成長不少。但王永慶此時卻一點也高興不起來，他發現，品管課的管理水準提升了，但因為品管工作引致的人工成本卻上升不少，其中僅幕僚人數一項就增加到 116 人。

品管課的人員原是分散在各製造課的品質檢查員，為推行品管圈運動，新東把這批人全部集中到公司品管課，於是隨品管工作的範圍擴大以及程度加深，人數便愈來愈多。王永慶經調查後認為，這樣做是不對的，至少全面管理工作的一部分方向是錯誤的。相較於日本企業的「少人化」做法，我們的做法恰恰相反。從事製造業，他說，我們絕不能因為說要改善品質，首先想到的不是找到提高效率的方法，而是增加人力。

對新東公司的經營管理來說，「使用人海戰術完成品質管制工作是一件十分危險的事，這根本就不符合提高生產力的基本精神，它所導致的後果必然是：品管工作雖然改善了，人力成本卻上升了。如果人力成本上升抵消了品管工作帶來的效益，那麼利潤在哪裡，我們開辦工廠還有什麼意義？」王永慶嚴肅地責問幕僚及現場主管。

第 **3** 章

十年管理大變革：
建立正式管理系統

總管理處：混淆的角色與功能

　　福懋塑膠工業股份有限公司（台塑公司的前身）成立於 1954 年 10 月，註冊資本額約 5 百萬元。當時為兼顧台灣南北產銷優勢，王永慶因地制宜，一方面選擇高雄市作為建廠地點，另一方面選擇台北市作為「總部」的辦公地點。最早設立的總部實際上只是企業的一個辦事處，一開始時設在台北市平陽街，後來幾易其地，名稱也一改再改。

　　三年後的 1957 年 4 月，台塑公司高雄 PVC 粉廠順利建成投產。但此時台塑集團的企業組織系統仍十分簡單：台北的台塑公司不過是個空架子，實際的生產和銷售活動全部集中在南部高雄廠。台塑僅在台北辦事處幾位祕書、工程師和總務等幕僚人員的協助下，就匆匆開始所有的業務和管理活動。

　　1958 年 8 月，南亞公司成立後，台塑集團的產業鏈開始向下拉長，使得企業的整體規模陡然變大，業務量自然也隨之增加。同年 9 月，為擴大辦公空間，王永慶將台北辦事處遷至中山北路。遷移期間，他一邊把福懋塑膠公司正式改名為台灣塑膠工業股份有限公司，完全置於自己的控制之下，一邊開始雇請更多幕僚人員協助處理各項產銷業務。

　　1960 年初，王永慶看準木業在台灣大有發展前途，於是成立了新茂木業股份有限公司。至此，企業的規模進一步擴大，使得原設於中山北路的辦事處整日人來人往，擠作一團。見此情景，王永慶決定在南京東路設立新的「台塑關係企業各公司聯合辦事處」，並分設營業部門、財務會計、祕書總務、技術服務和人事部門五個職能單位。如圖 3-1 所示，此一機構實際上就是今天台塑集團總管理處的前身。一如其名，剛剛建立的台塑關係企業聯合辦事處在圖中偏於一隅，並沒有凌駕於各子公司之上。然而值得注意的是，聯合辦事處在圖 3-1 中的位置與今日台塑集團總管理處在形式上雖完全相同，所屬幕僚人員的角色及功能卻有天

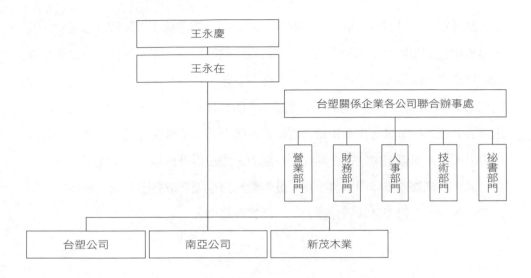

圖 3-1 台塑關係企業的組織架構：1960 年 1 月

壞之別。

　　從後續推動管理變革的進程看，聯合辦事處在組織結構圖中的位置是王永慶首先著力改革的關鍵點，其次才是轉變幕僚人員的角色及功能。他說，聯合辦事處是否要凌駕於各子公司之上，表面上雖是個形式問題，但改革的文章卻不能不首先從這一形式寫起。再說，判斷聯合辦事處是否為真正意義上的內部管理機構的依據，首先是看其是否真正擁有一支專業管理幕僚團隊，其次是看現有的幕僚單位是否具備計畫與控制功能。

　　顯然，此一時期的聯合辦事處並不具有上述兩方面特點，王永慶、王永在兩兄弟基本可憑藉個人能力，直接指揮和協調台塑、南亞和新茂木業等公司的產銷管理活動，實際上並沒有透過聯合辦事處發揮管理機能。如果說該辦事處只是個「辦公的地方」，可能一點也不為過。於是，改變聯合辦事處在組織結構圖中的位置便成了整個改革進程的突破口。

　　1965 年初，王永慶開始仿照西方集團企業，把聯合辦事處置於各子公司之

上，試圖透過將之變為一個「權力機構」來發揮其管理機能。如圖 3-2 所示，此一舉措使台塑集團的組織結構初步呈現出直線職能形態，亦即模仿西方企業把直線制結構與職能制結構結合起來，以直線為基礎，在最高產銷管理負責人之下設置相應的職能部門，分別從事專業管理，並作為最高領導的參謀，實行主管統一指揮與職能部門參謀、指導相結合的組織結構形式。王永慶評價說，過去的聯合辦事處顯然不具備集中掌控企業資源的能力，雖說對外也稱幕僚單位，但主要任務是協助最高經營層辦理具體事務，既無權指揮協調部屬各子公司，也無權統籌企業資源，因而還不是真正意義上的內部管理機構。

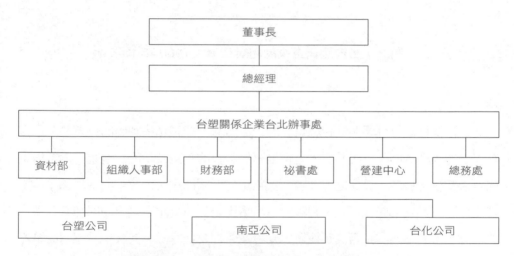

圖 3-2 台塑集團的組織架構：1965 年初

1961 年中，王永慶的父親王長庚不幸罹患腸梗塞，一時腹部絞痛難忍，雖緊急送至附近診所卻沒有查出病因。情急之下，45 歲的王永慶背起父親跑至台北市各大醫院搶救。以他當時的身分，在產業界也算是小有名氣，但竟然既找不到一張病床也找不到一位可靠的醫師。王長庚在哀號了一晝夜之後不幸辭世，享壽 74 歲。遺憾的是，本該於 1965 年初啟動的管理大變革，因此變故硬是推遲

到 1966 年 6 月才正式開始。

　　父親去世對王永慶打擊很大，在他看來，眼看著父親在自己懷中哀嚎卻無力挽救，是他一生經歷過的幾樁最悲慟的變故之一。自此之後，他更是全心全意投入企業經營管理中，不敢有絲毫放鬆和懈怠。他渴望有朝一日能親手創辦一家完全屬於自己理想中的「百姓醫院」[1]。父親王長庚去世也從另一個側面激發了王永慶的鬥志和勇氣。他認為，台灣石化工業一定要自己做，而且一定要做好，命運決不能掌控在他人手裡。

　　在企業管理實踐中，鬥志和勇氣雖說是王永慶創業和守業的原動力，但更重要的還是如何把眼下的事情一件一件全部做好。在這一時期，各公司名義上還是公司，實際經營卻必須以工廠為核心展開，所需幕僚人員也要根據各工廠的實際需求逐步配備。此時王永慶既是各公司的控股股東，又身兼各公司的董事長，他不斷聯合其他股東以台塑、南亞，再加上後來成立的台化等公司的名義，持續增資擴股，轉投資於各種關係事業，其中經營最成功的是以新東公司名義所從事的塑膠三次加工業。

　　1966 年 6 月，隨各公司間業務聯繫尤其是關聯交易的日益增多，王永慶決定再次把聯合辦事處遷至敦化北路新建的台塑關係企業辦公大樓，並正式定名為「台塑關係企業總管理處」，分別由他和弟弟王永在擔任董事長和總經理。如圖 3-3 所示，新成立的總管理處超然於各公司之上，既雇有辦事人員，也設有辦公地點；既有內部組織結構，又有具體的業務活動，儼然一個「接受各公司委託，並鼎力為各公司提供管理服務的內部組織機構」。

1　1976 年，王永慶和王永在共同捐贈巨資創辦了財團法人長庚紀念醫院，總金額約達 1 千億新台幣。今天，該醫院已發展成為一家集醫療、教育和研究為一體的大型醫學中心，擁有上萬張床位，在多個技術領域皆處於世界領先地位。其中值得特別稱道的是，王永慶在該院成立之初即把經營台塑集團的經驗和方法用於管理公益事業，並大力推行精細化作業管理。2008 年，長庚醫院營業收入 428.56 億元，比 2007 年成長 5.04%，稅後純益 192.31 億，獲利率高達 44.87%（含投資性收益），各項主要經濟指標皆遠遠超過國內公立或同類醫院，名列《天下》雜誌醫療及社會服務類企業之首。有關王永慶在醫院企業式經營方面所取得的寶貴經驗和方法，請參見王冬、黃德海（2014），《掛號、看診、拿藥背後的祕密》，台北：遠流。

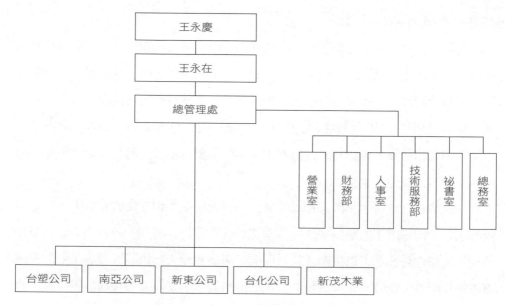

圖 3-3 台塑關係企業的組織架構：1966 年 6 月

為了在制度層面上治理剛剛建立的總管理處，王永慶第一次明確勾畫出他腦海中時常閃現的總管理處應該是個什麼樣子，並迅速作為一項基本政策在各公司間推行：

一、負責制定全集團的經營目標、方針以及各公司中長期發展規劃。

二、負責制定企業經營方式轉變的基本思路，亦即在實現分權經營和集中控制的同時，注重推行績效評核制度。

三、強化人事部門的有關職能，統一全企業的人事制度，集中管理各級各類人才，積極推行「適才適所，適所適酬」的用人原則。

四、完善共同事務部門，集中處理各公司所有共同性業務，並注意協調各種關係，強化分工合作，通過事務集中處理達到節省資源的目的。

五、強化財務部門、採購部門和營業部門的管理機能，統一全企業的會計作

業規範，集中資金調度和器材購入，做好市場調查和分析。

　　經過六年多的苦心經營，台塑集團組織結構在 1966 年 6 月因為成立總管理處而發生了根本性質變，初步呈現出西方現代科層制企業的所有特徵。根據事先規定的責任和義務，總管理處的基本職能已不再是辦事，而是正式行使管理職權。王永慶此時身兼兩職：既是各公司的董事長，又是總管理處的董事長，其中公司董事長一職由各公司董事會選舉產生，總管理處董事長一職則由各公司「擁戴」產生。

　　公司是法人單位，董事長一職具有法律意義；總管理處則是企業自設的一個內部管理機構，雖然沒有進行過工商登記，卻實際履行著總部組織的基本功能。這種組織結構是當時台灣地區關係企業普遍採用的一種特殊的組織形式。作為一個「實體性」權力機構，總管理處擁有獨立的辦公地點，旗下幕僚人員或從各公司抽調，或向社會公開招聘，營運成本和費用也由各子公司按其被服務的比例分別計算分攤。

　　總管理處雖不具法人地位，卻「高居法人之上，並對各公司實施管理」。令人稱奇的是，既然王永慶出任的職務之一是總管理處董事長，顯然他是把這樣一個內部管理機構視為全企業的「董事總會」。總管理處後續的演變歷程也證明，它實際上既扮演集團總部的角色，也是一個「超級董事會」，不僅擔負起全集團的公司治理職責，更透過幕僚體系把各子公司牢牢地凝聚在一起。

　　愈來愈多的子公司聚集在一起，相互之間的情感與業務連結也就益趨複雜。這當然需要總管理處以超級董事會的身分管理各種關係，並按照「責權利原則」使各公司之間的關係制度化。從王永慶在一開始為總管理處所規定的責任和義務看，這正是超級董事會運行成功的關鍵所在：不僅因為「明算帳」使得「兄弟關係」益趨穩固，同時因為「兄弟關係」益趨穩固，使得「責權利原則」愈能成為規範企業成長的原動力。

台塑集團的組織結構在此一時期演變的最大特點是起始於單一直線形態。這種首先通過「革新內部組織結構」[2] 的做法，證明是對企業實現後續有效擴張所需的「管理服務設施的一種投入」[3]。單一直線形態的組織結構和中國古代國家政權或世襲家族組織的演變十分類似：王永慶逐步高居權力之巔，組織層級每向下延伸一層，該層級相對應的權力便相應降低一級。

上下級之間是直接且無間隔的縱向聯繫，下級部門只接受其直接上級領導的命令，並且這種命令具有唯一性。權力結構在等級上的變化使王永慶兄弟與總管理處之間，圍繞如何行使管理權責的角色發生轉變[4]：王永慶希望透過成立總管理處為直線生產單位提供更多的管理服務，而他自己則更傾向於善盡一位企業家的責任和義務。

值得特別注意的是，在成立總管理處的同時，王永慶命人同步制訂《台塑關係企業總管理處組織規程》。該規程最早的書面版本已無處可尋，但據一些老臣回憶，規程內容洋洋灑灑幾十條，雖然為總管理處後續發揮統轄功能起到關鍵性作用，其中的「第 22 條規定」卻為日後指揮與管理系統出現紊亂埋下伏筆。

第 22 條規定的具體內容是這樣的：「總管理處總經理室下設置各公司總經理室及管理部門各單位」，意思是說，當時各公司總經理室及管理部門各單位均為總管理處的直屬單位，統歸總管理處統一指揮和管轄。需要說明的一點是，各公司總經理室並不是一般意義上的祕書機構，而是承擔著包括制度建設及決策支援等功能在內的一支專業管理幕僚團隊。

當時企業的實際運作情況是，各公司的生產經營活動「是以各公司總經理室為主展開的」，而不是以法人單位形式存在。這樣做顯然違背了股份制公司運作的基本原則——公司失去了經營主體地位，或者說公司被架空了。這一做法所帶來的問題是，一旦公司被架空，各公司董事會的治理機制也就名存實亡了。

當時有些經營主管甚至私下把「第 22 條規定」戲稱為「第 22 條軍規」[5]，意思是說，總管理處的組織設計「出了毛病」，雖然這個「毛病很大，卻沒人能

夠說得出具體的毛病究竟是什麼」。豈止總管理處本身的組織設計出了毛病，甚至連剛剛搭建不久的直線職能制管理架構也出現問題。

直線職能制雖然對如何「保持統一指揮，發揮參謀人員的作用」、「釐清責任，分工合作」以及「發揮組織的力量」有諸多好處，但是由此帶來的問題和弊病也不少。比如：各部門間開始滋生本位主義和官僚主義、資訊在增加後的層級間傳遞不暢、直線部門與職能部門之間目標不統一，以及整個組織對市場及客戶的反應能力下降、無法針對突發情況適時調整等等。怎麼辦？剛剛有些起色的管理變革頓時停滯。

注重管理基礎建設：新東經驗總結

王永慶為什麼在企業快速成長階段，就果斷提出要發動一場管理變革？觀察表明，從他在那個時期的言論、日後的回憶以及他的著作分析，原因還在於他已擁有多年的從商經驗，且對國內外多家大型集團企業的成長經歷有著自己獨特的觀察和思考。他認為，「不注重管理基礎建設的企業是不可能成長壯大的。」他說，當時的台灣大企業都比較強調學習美日歐等國企業的管理經驗；不幸的是，許多企業只是一味照搬，並沒有系統考察過這些管理經驗的來龍去脈。

西方企業，特別是日本企業普遍都有近百年的發展歷史，管理基礎已十分雄厚。即便如此，這些企業仍舊非常注重管理改善和創新，尤其是豐田汽車公司（Toyota）應對「日本經濟低速成長」的管理經驗，就引起王永慶的高度重視。他說，早在 1960 年代中期，豐田就注意到如何「在經濟低速成長中存在下去」

2　進一步的論述請參見 Joseph Alois Schumpeter（2012），《經濟發展理論》，中國書報出版社。
3　Edith Penrose（2007），《企業成長理論》（第三版前言），上海三聯書店、上海人民出版社，頁 8。
4　同 3。
5　實際上是用美國著名超現實主義作家海勒（Joseph Heller）創作的小說《二十二條軍規》比喻治理結構和管理系統之間的關係被人為扭曲了。

這一問題。為應對經濟低速成長，豐田有計畫地放棄大量生產方式，轉而選擇多樣少量低成本的生產方法。於是在 1973 年秋季第一次世界石油危機來臨時，豐田顯示出較強的抗擊市場蕭條的能力。

豐田的管理為什麼能夠成功？王永慶詢問身邊的幕僚，恐怕原因不是現在他們怎麼做，而是他們早在日本經濟高速成長階段就注重奠定企業的管理基礎。正因為那一時段的管理工作做好了，現在才有能力應對經濟的低速成長。反觀台塑的表現，可比日本人差多了。例如：台塑許多生產單位的負責人看到有應接不暇的訂單後，便誤以為市場需求是無限的，認為產品只要能夠生產得出來就一定賣得出去。甚至還有一些高階主管，在面對巨大的市場需求時忽視了做好本單位管理基礎建設的重要性，誤以為賺錢非常容易，而且企業管理就這麼一回事，有問題也不必大驚小怪。

這種認知太可怕了，王永慶強調，作為製造業企業，台塑集團這樣發展下去非常危險，因為市場需求總有一天會飽和，經濟成長也總有一天會減緩，果真那一天來臨了，台塑該怎麼辦？台塑集團是台灣石化工業的龍頭，豐田的經驗教訓對台塑很有啟發性，如果台塑集團也能在台灣經濟高速成長的情況下開始注重企業的管理基礎建設，一旦台灣經濟進入低速成長階段，台塑集團將可憑藉過去累積的高效管理經驗繼續維持企業的成長。如果能夠做到這一點，豈不是真正達成了未雨綢繆、有備無患的目的。

從歷史的視角看，王永慶在新東公司實施的管理措施及其作用，就是「注重管理基礎建設」這一觀點的集中體現：一是通過引入戴明思想成功在企業推行全面品質管制；二是提出並借助推動全面管理提升了全企業的管理水準。應該說，他的這些改革舉措為新東，乃至日後整個台塑集團貫徹實施以事業部制度、責任中心制度、目標管理制度、績效評核與獎勵制度等為核心的一系列專業性管理制度累積了寶貴經驗，或者說鋪平了道路。

該時期所採取的管理措施、推行過程及其帶來的管理效果，主要集中在以下

幾個方面：

把「少人化」納入經營理念

新東公司於 1967 年 8 月正式解散，剩餘資產併入南亞公司，並由後者另行成立新東事業部負責管理。1968 年元旦剛過，王永慶便責成該事業部主管重新擬定一份「減人計畫」。

他說，經過多年改進，原新東公司通過推行全面品質管制已經形成全員經營的局面，員工個個積極主動發現問題和解決問題，新東的經驗還曾受到日本專家的肯定，但他認為日本專家是客氣，給台塑面子。實際上，台塑距離日本企業的管理水準還相差甚遠，比如：台塑的人均生產率就比日本人低了 5 到 6 倍。

新擬定的減人計畫，如表 3-1 所示，新東事業部制二課和制五課已先行施行

表 3-1 1968 年度各單位品管用人計畫表

課別	1967 年度用人數	1968 年度預計用人數	備註
制一課	54	11	26 人轉為直接人員後實施 AOQL
制二課	4	4	已部分實施 AOQL
制三課	14	10	擬實施
制四課	11	9	擬實施
制五課	4	3	已實施
托工課	9	10	擬實施
驗收組	6	8	抽查
資料組	7	6	
手套	—	5	1968 年度新增加部分
雨傘	—	4	1968 年度新增加部分
PE 編織	—	3	1968 年度新增加部分
PP 編織	—	3	1968 年度新增加部分
纖維加工	—	7	1968 年度新增加部分
職員	7	7	1968 年度新增加部分
合計	116	90	

了平均出廠品質界限（AOQL）計畫，其所屬部分品管人員重新劃歸為現場直接生產人員。另按照計畫，其餘各製造課在 1968 年度內都要全部施行平均出廠品質界限計畫。如果此一計畫順利實現，屆時全事業部的品管人員可減至 73 人，比上年度減少 46.5%。再加上 1968 年度計畫新增加的手套、雨傘、織袋、纖維等產品的加工人員和職員，全事業部實際將減少 26 人，比上年度下降 22%，而且僅品管課在 1968 年度就可因人員減少而節省管理費用 74 萬元。

為了充分說明原因，王永慶一邊拿起桌上的「全廠產品不良率統計表」（參見表 3-2），一邊對改善小組的幕僚說：「在 1967 年度，全廠 6 月份的產品不良率平均為 16.82%，10 月份降至 6.5%，11 月份再降至 5% 以下。產品不良率在六個月內下降了幾倍，表明改善工作的確取得了巨大成績，主要體現在生產過程中的浪費現象減少了，次品率、返工率和製造成本下降了。

表 3-2 1967 年 6~11 月份全廠產品不良率下降情況統計　　單位：%

	制一課	制二課	制三課	制四課	制五課	平均
6 月	16.3	6.4	12.0	19.5	29.9	16.82
7 月	13.9	3.0	14.0	23.3	19.2	14.68
8 月	11.3	2.4	8.5	14.6	6.0	8.56
9 月	10.5	1.3	10.5	9.4	6.0	7.54
10 月	8.9	3.5	9.3	5.7	6.2	6.5
11 月	6.5	3.7	6.7	5.8	4.3	5.4

註：制二課產品不良率在 10 和 11 月份上升係因增加塑膠袋生產所致。如果去除這一因素，11 月份的全廠平均數實際已低於 5.4%。

「但這還不夠，我認為，品質檢查人員的數量相應也要同比例減少。各位想一想，如果我們下一步用更少的人力把產品不良率仍舊能控制在 5% 或以下，這才是推行平均出廠品質界限計畫的實質所在。」王永慶又一次提高嗓門說：「什麼是利潤，節省下來的人財物料就是實實在在的利潤！」

實施員工系統性培訓

到 1967 年底，經營研究委員會已經差不多完成了全企業管理制度的設計和整理工作，其中對如何開展全員培訓也制定了相關規定。為貫徹落實各項培訓制度，王永慶下令新東事業部務必於 1968 年初之前，把品管教育全面納入人事訓練計畫，並由人事課統一辦理。

實際上如表 3-3 所示，新東公司自 1966 年就開始有計畫地推行品管教育訓練。當年並沒有開設高級班，只是開設了低級班，受訓人數也只有 166 人。但到了 1967 年，接受培訓的人數就增加了兩倍多，達到 340 人，其中高級班受訓人數只有 49 人，遠低於應到人數，主要原因是因為上一年度 1966 年，新東事業部的許多幹部誤以為培訓的對象主要是普通員工，不包括領導幹部，遂以各種藉口推諉或逃避。王永慶得知後，一聲不吭，隻身悄然來到培訓現場，不僅坐下來耐心聽課，還不時提出一些問題。

表 3-3 1966~1968 年度新東廠品管訓練情況統計　　　單位：人

	生產力中心品管訓練	本廠訓練		合計
		高級班	初級班	
1966 年	7	—	159	166
1967 年	5	49	286	340
1968 年	3	100	2,000	2,103

更讓幹部吃驚的是，只要王永慶不出差，一定會參加培訓，有時甚至把培訓會開成檢討會。老闆的所言所行讓幹部們倍加感動，到 1968 年底，新東事業部的培訓範圍不僅涵蓋全體員工，開設了兩個高級班，人數高達 100 人，新東事業部的主管還親自動手編寫培訓教材，所使用的案例幾乎全部在廠內就地取材，從而使培訓效果遠遠超出預期。

　　碰巧此時有記者來訪，希望王永慶談一談他管理台塑集團的心得體會。記者以為王永慶必定會口若懸河，但不料王永慶只說了一句話就起身離開。他說：「管理就是幹部做給員工們看！」

加強全產業鏈管理

　　由於新東事業部到 1967 年底成功實現將產品不良率控制在 5% 以下的目標計畫，並擬在 1968 年度繼續保持此一目標或降至更低的水準，遂對全事業部乃至整個集團的原物料及驗收工作提出更高要求。

　　自 1963 年起，台塑集團實現了中下游垂直整合。台塑和南亞兩公司生產的原料，在一開始全部「轉撥」給新東公司，後來雖然另有很大一部分銷往海外市場，但仍約有 50% 照例轉撥給該公司。除了三家公司之間的縱向關聯交易外，台塑和南亞兩公司內部各事業部或工廠之間的橫向關聯交易，也因為產品多元化開始逐步增多。

　　交易方式的多樣化以及交易關係的複雜化，給處於最下游的新東公司的原料供應及其品質和價格等均帶來巨大影響。如果台塑和南亞兩公司的原料出現任何問題，比如品質不合乎要求或隨意漲價，新東事業部及「已拓展出去的」下游數百家客戶的產品不良率和製造成本也會隨之上升。

　　儘管王永慶在過去兩年曾對企業內的關聯交易進行革新，結果仍不理想。因為那一時期下游生產用料成長迅猛，許多中游原料雖被拒收，但因急用，加上同屬一個集團，下游也就只好壓低檢驗標準，勉強驗收合格。當然企業內還好說，因為大家都是「親兄弟」，假如能做到「明算帳」，短期內還不致引發大問題。

　　台塑公司就不同了，該公司即將放棄電石法生產 PVC 粉（1977 年完全淘汰電石法），改以價格更為低廉的氯乙烯（VCM）為主料。如果再加上輔料，台塑每年要採購的各種原物料將數以萬噸計，價值上百億元，因此如何加強對上游供應商的管理以確保中下游各單位的利益，就成了當務之急。所以自 1968 年 1

月起，王永慶便要求總管理處幕僚就此專門立案進行研究，不僅要確保原料供應穩定，更要確保品質合格，價格合理。

從總管理處幕僚拿出的辦法看，早期的做法也只是將原物料驗收標準劃分為ABC三級：A級按照不良率1.5%驗收，B級和C級按不良率4%驗收。另為確保原料品質，還將廠商按照甲乙丙丁劃分為四類，並分別採取一般檢驗、加嚴檢驗和放寬檢驗等手段加強驗收管理。

當然在那個時代，因為檢驗技術、工具等相對落後，加上庫存管理制度尚未完全建立，總管理處的幕僚能夠設計出上述分類管理的方案，就已經很先進了，加上驗收人員又能一方面定期用手工繪製出品質管制曲線圖來確保品質抽樣調查的準確度，另一方面再加強對B級和C級原物料廠商進行品質輔導，遂使得王永慶能夠把全面管理的思想和方法，逐步向全產業鏈延伸和拓展。

推行午餐匯報會制度

新東公司於1967年成立包裝檢討會，目的在於降低包裝成本，增強員工對產品包裝重要性的認識。新東當年度的產品包裝不但落後於海外企業，甚至落後於一些國內企業。究其原因，主要還是認識不夠、分析不深所致。王永慶說，產品的外包裝要做到華麗優美，包裝材料不一定是昂貴的好，關鍵是要完善工業設計過程，從每一項細微作業出發，首先注重包裝牢固，其次做到美觀大方，再次還要考慮到成本因素。

有鑑於此，王永慶將包裝檢討會成員分為推行和研究兩個獨立的小組，後者負責研究新的包裝技術和方法，前者負責舉辦各種包裝訓練，旨在改善並提高包裝效率。兩個小組的成員既有管理經驗又懂包裝技術，皆採取團隊作業方式，以提高客戶滿意度為目標，所提出的新包裝方法經由外銷課轉予客戶確認後，再由品管課會同現場執行幹事稽核執行，取得非常好的效果。

1967年8月新東公司解散後，王永慶將此一專案改善活動制度化和組織化。

1968 年 1 月，原集團層級的經營研究委員會改名為經營檢討會，這在很大程度
上正是對類似改善活動的肯定和加強。一時間，全企業各公司、各事業部及各工
廠紛紛成立不同形式的經營檢討會議，改善活動可以說是在全企業遍地開花。王
永慶敏銳地注意到，這些改善活動大多沿生產流程「一字排開」，在多個節點上
分頭進行。雖然大多數均屬技術難題，背後卻也深藏著管理方面的諸多道理。

在新東公司存續期間，王永慶發現，該公司雖然產品種類繁多，生產工序既
複雜又各不相同，但通過分析改善就能獲得巨大經濟效益和管理效益。他說，現
在新東解散了，台塑和南亞兩公司專注於原料生產，相較於新東，生產過程簡單
多了。如果此時能抓住幾個關鍵點，也就是選擇若干個主要案例集中進行研討，
並把此一做法堅持下去，必定能在制度和規範化建設上產生舉一反三的效果。有
趣的是，類似的研討活動根本不必占用正常工作時間，完全可以放在早餐或午餐
時間進行，大家可以邊吃邊交流，一舉數得。

四個月後，1968 年 5 月 12 日，王永慶下令成立總管理處經營管理部。該部
下設專案改善小組，專門負責從生產現場挑選典型案例，定期利用午餐時間召開
專題檢討會。為此，王永慶還特地叮囑負責此事的幕僚，選擇的案例一定要有代
表性，因為「解決一個有代表性的改善案例」，可以起到以點帶面的效果。

就檢討的目標看，經營管理部安排「午餐匯報會」的目的除為各基層單位樹
立分析問題和解決問題的樣本外，主要還在於尋找制度漏洞。用王永慶的話說，
如果某個單位發生問題，除具體原因，肯定該事件發生的背後與企業新建立的管
理制度不合理密切關係。這一點又是王永慶的高明之處：既然檢討會尋找的是制
度漏洞而不是個人過失，大家就不會有心理負擔，肯定願意借此機會表達出內心
的真實想法。

翌年 10 月，王永慶下令撤銷經營管理部，另行成立一個由更多更強專精人
士組成的新專業管理幕僚機構：總管理處總經理室。經營管理部雖然撤銷了，午
餐匯報會這一做法卻被總經理室當作一項管理制度嚴格繼承下來，不曾中斷。

至王永慶於 2008 年去世時為止，他一共主持召開過多少場午餐匯報會，沒有人能準確統計出來。另外，午餐匯報會究竟為台塑集團創造了多少直接或間接效益，同樣也沒有人能準確統計出來。如果說用「難以估量」來評價午餐匯報會對企業管理基礎建設的影響和作用，恐怕一點也不為過。

推行「獨立採算」和「作業整理」制度

新東事業部於 1968 年在各製造課全部施行平均出廠品質界限計畫後，為相應提升品管人員的作業效率，開始在品管課內部推行「獨立採算」制度。在漢語中，「採算」的意思是指「核算」。王永慶的這一改革措施，在當時是一種較為先進的績效評核手段，其管理學意義十分重大，亦即：以獨立核算之方式，可繼續把事業部制度和責任中心制度逐步引向深入。

獨立採算的基本內容是：首先把品管課在性質上定義為一個生產服務單位，而不是凌駕於各製造課之上的管理機構。他說，既然要在品管部門推行獨立採算制度，這相當於把品管部門單獨劃分為一個成本中心，並按照其承擔成本責任的大小評核其績效。這樣做相當於用簡化方式處理一個複雜問題，亦即把品管課與各製造課之間業已存在的「管理關係」徹底改為「服務關係」，並按市場化規則計算品管課服務的數量、品質和價格。

為全面推行此一方法，王永慶甚至把品管課人員的收入與其工作量和品質掛鉤，例如，原物料驗收按 0.6% 的比例收取服務費，產成品驗收按照船上已交貨淨值中品質殘次部分總價值的 15% 抽取服務費。如果是品管課本身出現失誤，如在產成品驗收時因為把關不嚴沒發現不良產品致使造成損失，事業部就要從其服務費中再倒扣 15%。這種計算方式的具體公式是「全廠銷貨金額乘以全廠產品不良率再乘以服務費率」。它意味著，品管課的把關過程愈嚴，發現的殘次品愈多，該部門的收入自然愈高。

各種「服務費率」的估算，是提高各事業部和利潤中心勞動積極性的關鍵所

在。如果此一問題處理得好，可大大減少企業內耗和勞資矛盾。在那一時期，王永慶甚至一度打算將獨立採算制度引入針對總管理處各幕僚單位的績效評核作業，但因為當時的條件不成熟而暫時擱置。在王永慶眼裡，幕僚單位雖說是職能部門，但如果管理方法得當，對其作業過程進行合理分析，就可完全透過獨立採算模式讓其成為像產銷部門一樣的，「可為企業創造價值」的部門。儘管對幕僚單位的績效評核未能如期啟動，但這一想法至少為後來在全企業推行責任經營制埋下另一伏筆。

品管課的成本責任，亦即績效，是指其所提供服務的價格和數量的乘積。其中，數量是指完成檢驗作業的工作量，價格是指完成檢驗作業的代價。所謂工作量，應是一項可計量的工作，比如檢驗次數，不僅是指一項技術作業，同時是一種服務標準；所謂代價，則應是一筆可計量的數字，主要是指完成一次檢驗作業所付出的成本，包括人財事物等因素在內。

作為一個成本中心，品管課服務價格的計算是否合理，王永慶說，可不能由品管課自己說了算，它必須和生產部門協商，因為生產部門是利潤中心，要對自己的利潤負責。如果品管課的定價不合理，比如價格偏高，就意味著品管課自身的作業過程中可能存在浪費或低效率等不合理之處，並最終把這部分不合理轉嫁給生產部門。對此，生產部門肯定不願意，因為這會影響到該部門的績效。如果品管課不改善檢驗作業的水準，生產部門完全可尋找其他品管單位取而代之。

在「其他品管單位可取而代之」這一威脅存在的條件下，品管課今後只有一條路可走：提高檢驗效率並努力降低檢驗成本，否則在台塑集團內可能就沒有飯吃或被別人取代。王永慶的這一做法無疑促進了全企業的「內部市場化」進程。他說，目前管理系統面臨的最大壓力就來自於內部市場化。例如：內部定價就是一個極其複雜和敏感的問題，是全企業內部市場化能否順利運轉的基礎，搞不好就會引發管理系統出現紊亂，並由此影響到各相關單位的工作積極性。

分析並認定兩個責任中心之間交易價格的結構及其合理性問題，是關於內部

市場化能否順利推動的一個根本性問題。經過幾個月的摸索，王永慶終於找到提升品管課工作效率的答案：內部定價為出發點，逐步分析品管課的作業過程。當幕僚詢問這樣做的理由時，他回答，只有分析品管課的作業過程，依據「有效作業」計量其檢驗成本，並商定一個雙方都能接受的價格，兩個責任中心之間才不會有分歧。

例如：品管課的檢驗過程在整體上由材料檢驗、半成品檢驗和成品檢驗三項作業構成。其中，材料檢驗和成品檢驗的過程相對簡單，主要是檢驗次數、技術和紀律問題，只要稍加分析就可以解決，因為產品批次和規格愈多，檢驗成本愈高，兩者之間的聯動關係十分明顯。而只要聯動關係明顯，企業就可據此建立檢驗標準，並對檢驗成本實施控制。

但半成品檢驗可就複雜多了，內容涉及取樣的規定、方法、項目、頻率和標準等因素。特別是頻率，究竟一項半成品在單位時間內需要檢驗多少次才算是最具經濟性的頻率？品管課當然既不能過度檢驗也不能刻意減少檢驗次數，亦即在聯動關係明顯的前提下，檢驗成本要全憑檢驗人員的責任心及有效作業來控制。看來，檢驗次數正是控制品管課檢驗成本的要因所在。也就是說，唯有袪除無效檢驗或檢驗中的無效作業，品管課才有可能提高自己的作業效率並降低相應的檢驗成本。成本降低了，內部交易價格自然能降下來。

另外就品管課內部而言，如果它每個月完成了全部檢驗作業，那麼因此而產生的費用是否合理，如何計量？王永慶建議，品管課的任何一項作業都會花費一定的代價，既然將它劃分為一個成本中心，企業就可單獨為其建帳。如果能針對料工費部分建立標準成本，針對固定成本和管銷財研部分建立作業基準，就可據此準確評核該成本中心的全部費用支出情況。

針對所有費用項目建立標準，是提升品管課檢驗效率的關鍵。哪怕是一開始大家對擬定的標準有爭議，但有標準總比沒有好，至少可以開始相對準確地計量費用支出的合理程度。王永慶安慰幕僚說，大家對此不必擔心，沒有哪家企業在

一開始就能做好，只要盡可能地完善公司的報表體系，每月用品管課的標準成本或作業費用基準與其實際成本或費用進行比較，並由此可成功發現成本或費用差異。當然，如果各個單位都能持續改善，相信台塑的管理水準會逐步提高。

王永慶所說的作業分析（OA）以及建立作業基準這一套做法，很快就被他賦予一個新的名稱：作業整理法。它主要強調作業分析，並透過作業分析確定某項作業的最終費用支出標準。在新東公司存續期間，作業整理法仍停留於想法階段，並沒有形成一套成熟的做法，真正在企業內全面推行的時間大約是在 1970 年代初，也就是幾年之後管理大變革即將暫告一段落之際。

以今天的眼光看，作業整理法是王永慶對成本管理理論與實踐的一項重大貢獻，其工作原理與二十多年後風靡歐美日等國或地區企業的作業成本法（也叫 ABC 法）幾乎完全相同 [6]，甚至有過之無不及。

總管理處改組：推進企業集團化

總管理處成立一個月之後的 1966 年 7 月，王永慶在組織結構調整方面又做了三件事：一是大體劃定總管理處的職權範圍；二是根據管理需要新增設幾個職能部門，並相應擴充其管理許可權；三是決定通過成立功能性委員會加強企業的制度建設和管控能力。

上述這三項政策措施自成一體，幾乎是同步推進，是自 1960 年以來王永慶對總管理處（前身是「台塑關係企業聯合辦事處」）實施的第一次較大範圍的機構改組和職能調整，並由此基本形成了台塑集團早期的管理決策、控制和協調團隊及其機制。此次改組應該說是王永慶為順應企業管理的實際需要，有計畫有目的地推進企業集團化進程的一次改革行為。

在當今世人眼中，台灣在二次大戰後成長起來的第一批關係企業的創始人，時常被賦予神祕色彩，認為他們精明過人，運氣好，善於搞政商關係，並在企業

管理中霸氣十足，說一不二，但實則不然。謀定而後動是王永慶的主要行事風格。他在此一時期的所作所為表明，他推動企業管理變革基本是按計畫穩步推進，比如在準備改組總管理處時，他就利用召開台塑關係企業經營研究委員會第一次全體會議這一時機，先行明確提出台塑集團的發展策略：建立嚴密組織並實施分層負責的管理制度。台塑集團日後四十多年的穩定、快速與健康成長，可以說是完全得益於貫徹落實了這句話的基本精神。

後續推動管理變革的成果也表明，在接下來的十年中，台塑集團的組織結構一直跟隨此一策略而改變。發展策略的提出在台塑集團的演變歷程中是一件大事，它標誌著台塑集團的發展形態自此成功實現由自然成長型轉為管理密集型。

如圖 3-4 所示，王永慶先是對總管理處的原有部門實施較大幅度的改組，在原有的產銷業務、財務、祕書總務、技術和人事等職能部門的基礎上，添加了營業室、稽核室、公共關係室和企劃室等部門。其中，營業室的主要職能是在原有銷售業務的基礎上，添加了負責分析產品品質及成本、向經營者提供分析報告、負責協調企業內關聯交易、移轉定價，以及與外部同業公司之間的溝通與協調等內容；稽核室則被賦予一個跟催和監督機構的角色；公共關係室除承擔建立集團企業信譽的任務，另一個工作重點是根據關係企業的特點，著重聯絡各事業單位間的感情；至於企劃室，因為職能和公共關係室有某些重疊，故暫時定位於承擔市場調查和作業流程設計等工作。

除具體部門的增減，王永慶還下令成立經營研究、人事評議和預算審議三個功能性委員會，並把總管理處定位為三個委員會的具體承辦和召集機構。三個委員會的委員人選構成差不多都是同一班人馬，分別由各公司負責人和總管理處主要主管組成，目的在於完善企業的管理制度建設，並就經營計畫、人事和預算等重大事項進行評議和決策。

6　在後續章節中，本書將再次深入討論作業整理法。

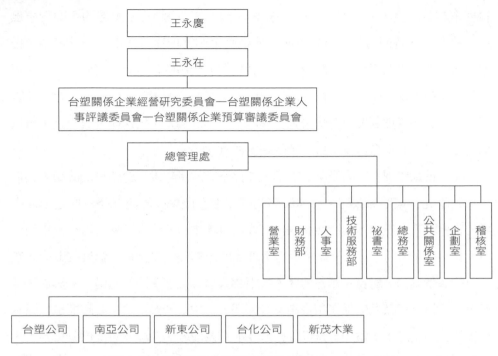

圖 3-4 台塑關係企業的組織架構：1966 年 7 月

　　相較於後兩個委員會，經營研究委員會的功能雖不是十分明確，地位卻最重要，因而也是本書討論的重點。經營研究委員會名義上強調「研究經營問題」，實際上卻是凌駕於總管理處之上的決策與控制機構（包括後來成立的經營決策委員會），亦即：依託制度的設計、制定、執行和監督來負責構築整個關係企業的決策與管理控制系統，因而對台塑集團後來邁上制度化管理軌道作用最突出，貢獻也最大。

　　總管理處在權力鏈中的地位低於功能性委員會，卻高於各公司。它就像是個擴大了的集團企業董事長與總經理的「共同辦公室」，其間根據業務需要設置愈來愈多的矩陣式管理部門，並逐步掌控全企業的資源統籌權力。按道理說，總管理處各部門應按其職能向各公司甚至各工廠直接提供管理服務，但令王永慶苦惱

的是，總管理處所提供管理服務的有效性和統一性，亦即綜效，卻始終無法體現出來。他發現自己愈來愈難以說服這些部門的主管不以命令的方式指揮和控制部屬各公司。僅僅一個多月的時間，各公司便對無法執行來自總管理處不同職能部門的多重指令和命令叫苦不迭。

總管理處管理無效的根源，不在於要不要改組幕僚部門或設立功能性委員會本身，而在於早期制定的「總管理處職權範圍」出了問題：總管理處可以直接指揮並控制各公司總經理室。總管理處此一指揮與控制權力是早期自然形成的，事先並沒有經過刻意設計，而且在很長一段時間內，王永慶也沒有發覺正是該問題導致管理系統的混亂。經過此次調整，上述混亂情形雖說稍有緩解，但仍未徹底解決。各公司總經理室的職責許可權雖說是「直接負責管理控制本公司的各項經營事項」，在行政隸屬關係上卻直接聽命於總管理處──前者不再直接對公司負責，而是對高高在上的總管理處負責。

如前所述，總管理處部門改組及職權範圍調整的相關舉措一經推出，隨即引發管理系統混亂，因為這等於架空了公司管理層的許可權。在關係企業中，公司是獨立法人，公司管理階層應向董事會負責而不是總管理處。如此一來，不僅削弱了公司管理階層的作用，甚至也架空了董事會。對一位工廠主管來說，他同時將面臨來自公司主管和總管理處的雙重指揮。有些工廠主管甚至公開揚言，既然總管理處的幕僚人員能夠擔負起管理責任，那要我們幹什麼？

在接下來的一段歲月裡，改革過程的激烈程度甚至可以按月劃分。王永慶幾乎每個月都會採取一些改革舉措，用他自己的話說，台塑集團此時又面臨一場生死考驗。管理系統出現的指揮性混亂，既挫傷了各公司的積極性，使基層管理者無所適從，同時不利於整個企業的管理基礎建設，使企業「無異於在布滿荊棘的草叢中運行」。

王永慶在此期間的苦惱主要集中在兩方面：一是總管理處本身究竟應該設立什麼樣的職能部門、具備什麼樣的專業職能，對此他一時拿不定主意；二是即使

總管理處具備某些專業管理職能，但他又該怎麼做才能使各幕僚單位完全按照效率原則履行職責，而不是一味地——就像各產銷單位揶揄的那樣——依靠「專權弄權」進行管理。

王永慶回憶，他當時雖然很清楚設立總管理處的目的，就是要利用其專業管理職能對各公司進行計畫和控制，但同時也發現，他在無意中賦予總管理處的職能是多重的：總管理處不僅是計畫者、管理者和組織者，也是指揮者、協調者、控制者和監督者。如此將各種權力集於一身，時間長了，必定會因為多頭指揮、官僚習氣、各自為政，以及由此導致的各種管理無序，徹底破壞新的管理系統應有的統一性和有效性。

至 1966 年上半年，台塑集團實現的產值已接近 5 億元。如果下半年再加一把勁，全年將有望達到 10 億元，並由此躋身台灣最大民營集團企業之列。在經濟起飛的大背景下，台塑集團各公司乘勢紛紛增資擴產，特別是新東公司的發展勢頭十分迅猛，一年一階，似乎有接不完的訂單和用不盡的資源。面對這種形勢，台塑集團各公司便逐步顯露出搶訂單、上專案和爭資源的苗頭，旗下各工廠均開足馬力生產，給剛剛成立的總管理處帶來一波又一波的沉重壓力。

生產線的快速擴張具有一定的盲目性，因為整個企業根本沒有計畫和控制機制。比如：器材室在採購原料和設備時較少考慮到生產線的實際需要；生產線只顧埋頭生產，卻造成庫存大量積壓；營業部門銷售不力，客戶投訴和抱怨也不能及時回饋給生產一線，等等。總之在生產線快速擴張的同時，王永慶發現，企業的資源包括人財事物在內，要麼緊缺，要麼閒置，到處都可以看到人浮於事和巨大浪費等消極現象存在。

總管理處的管理能力，尤其是計畫與控制能力，既缺少專業性，同時毫無章法可言。在成立的第一個月中，各部屬公司因為忙於經營，對總管理處的非專業化管理並沒有太多怨言。但隨時間推移，總管理處工作的無序性和無效率開始變得益發嚴重。

總管理處直接管轄各公司總經理室並指揮產銷過程是造成此次混亂的根源。如前節所述，「各公司總經理室直接隸屬於總管理處」實際上等於架空了公司管理階層，削弱其權威性，是造成多頭馬車的罪魁禍首，而且一旦發生問題，兩個部門便相互推諉，難以分清各自的權力和責任，致使總管理處的權力在不知不覺中愈來愈大，不久便陷入進退兩難的境地。

一方面，總管理處能夠集中處理許多共通性業務，比如採購、人事、財務和工程等，為各公司節省不少人力和物力，並在很大程度上發揮了「總管理處作為管理共用服務平台」應有的規模效應；但另一方面，總管理處卻也成了各公司「要資金、要人才和要設備時需要耐心走動的中央部門」。問題在於，總管理處如此集中掌控資源，如果本身失去制度約束和監督，的確容易滋生官僚主義及專權弄權等情事，從而嚴重影響其順暢發揮計畫與控制功能。生產現場生產什麼、生產多少以及如何生產，完全應由他們自己說了算，總管理處憑什麼對這些問題指手畫腳，王永慶氣憤地質問幕僚。

為紓解總管理處日甚一日面臨的種種困境，王永慶於 1966 年 7 月初下令召開「台塑關係企業經營研究委員會」的第一次會議[7]。這次會議可以說是台塑集團管理系統演變歷史上的一個里程碑，它標誌著台塑集團從此進入「委員會治理時代」。儘管該委員會僅僅存在不到兩年時間，但它對推動全企業的制度建設，以及規範幕僚人員與生產部門之間的關係，還是發揮了一些不可替代的關鍵性作用。

王永慶在此次會議上，不僅明確提出台塑集團的發展策略：建立嚴密組織並實施分層負責的管理制度，同時也指出台塑集團當前的主要任務是「深入領會科學管理的基本精神，全面推行科學管理運動」。王永慶的決策可以說是既及時又準確。很明顯的，他要用「嚴密組織」應對總管理處的「無序管理」，用「分層

7　有關台塑集團各功能性委員會的敘述和討論，本書在後續章節中將會多次涉及。

負責」提升「管理效率」，用「科學管理」統領全體幕僚人員的思想觀念。

此次會議之後，總管理處與各公司之間的許可權劃分開始逐漸清晰。王永慶回憶，此時再依靠過去的經驗來管理台塑集團顯然已無可能，因為過度依賴經驗會導致「管理無原則」現象出現，並完全違背科學管理的基本精神。他認為，嚴密組織、分層負責和科學管理理應成為台塑集團的發展策略。他當下要做好的，就是如何通過新一輪的組織設計和制度建設指導和教育管理階層，以迅速提升其管理能力，造就一批台塑集團亟需的各種管理人才。

他耐心地對與會的委員說，企業管理無非兼顧兩個重心：一是制度，二是用人。長遠觀之，用人比制度建設更重要，但當下看來，制度建設卻比用人更重要。沒有制度，要把人用好非常困難。台塑集團最近幾年的改革目標就是要「把一切管理事務制度化」，要通過建立嚴密的管理制度和高度專業化的分工體系實現企業效益最大化。在此期間，他甚至考慮過要徹底切斷總管理處對各公司的直接指揮權，但當時苦於各方反對，以及考慮到切斷以後怎麼辦等問題，因而暫時沒有執行。

啟用功能性委員會制度

委員會制度原本是國家或政府的一種議事方式，如今卻被王永慶拿來應用於企業內部管理。在當時的台灣，許多大企業均設有不同性質的功能性委員會，運行效果也十分顯著。委員會制度的廣泛使用可能有其一定的道理，因為關係企業本就是一個多方情感和利益結合的聚合體，在一些重要領域，諸如策略、計畫、政策、價格和協調等方面，全集團更多地需要「兄弟們」按照「責權利原則」實行集體協商和分工合作。但有趣的是，王永慶的想法恰恰相反，他先是啟用了功能性委員會制度，然後待其運行一段時間之後又徹底解散；另外更有趣的是，委員會制度後來雖然被棄置不用，該制度卻台塑集團各幕僚單位為什麼後來會形成

直線組織的關鍵因素之一。

台塑集團的委員會制度先後歷經三個發展階段，或者說三種不同的會議形式 [8]：經營研究委員會、經營檢討（委員）會和經營決策委員會。本書討論功能性委員會制度的目的主要在於回答下述幾個問題：王永慶為什麼在改革初期便決定啟用功能性委員會制度？在後續短短的幾年時間內，他為什麼連續三次變革委員會制度的名稱及功能？他為什麼要在 1975 年前後宣布徹底放棄功能性委員會制度，並改採總管理處總經理室各機能小組的組織形式取而代之？另外相較於美日歐等國家或地區的集團企業，王永慶此舉又有什麼樣的管理學價值和意義？

從王永慶的初衷看，他決定啟用功能性委員會制度的目的是為了推動企業的管理制度建設。他清楚的認識到，制度建設絕不是某一部門的事，而是一個集體協商或多部門討價還價的過程。不論是總管理處還是直線生產體系，制度建設在當時都是一件火燒眉毛的大事。例如就總管理處而言，它亟需透過建立管理制度來完成以下三個方面的任務：一是在總管理處內部逐漸區分開「管理性服務」與「生產性服務」；二是為配合直線生產單位實現產銷目標，開始在企業內建立起另一條自上而下的多層級直線幕僚體系；三是在集團層面上逐漸理順總管理處與各子公司之間的關係。

至 1966 年年初，儘管台塑和南亞兩公司實際量產的時間還不足 10 年，但整個集團的營業總額加起來已接近 10 億元，員工總數約 8 千人，已是台灣首屈一指的民營集團企業。其中，僅台塑一家此時就已擁有 PVC、電石、液鹼、可塑劑、增韌劑等多家工廠，就連該公司最早的產品 PVC 粉這一項的產能也由日產 4 噸提高到 8 噸。

除台塑和南亞兩公司，王永慶此時還在積極籌備成立另一家主要子公司台化，希望藉此跨足紡織業。企業的「蛙跳式」發展方式使管理工作益發困難，各

8　期間雖還有纖維開發委員會等，但都因為這些委員會的規模不大，層級不高，加上技術性大於管理性，因此不論設立還是裁撤都沒有像管理性委員會那樣受到太大關注。在此，本書主要討論管理性委員會。

項業務過程不僅人多事雜，而且單靠人力已根本無法控制。此時王永慶憂心忡忡地回憶：「企業若沒有長遠打算，其前途將非常危險──必須設法依靠組織的力量，依靠制度規章的力量來管理，以彌補當前單純依靠人力進行管理的不足！」

當年6月9日，王永慶決定成立「經營研究委員會」，並由他親自擔任總召集人，委員會成員由各公司十多位高階經理人組成，執行祕書則由總管理處總經理擔任。王永慶宣布，該委員會每月開會兩次，主要研究制度建設問題。另鑑於各委員日常工作繁忙，故一般將開會時間安排在每個月的第二個和第四個星期天。在該委員會的成立儀式上，王永慶發表了他人生中第一篇強調推動管理變革的正式演講。

這篇演講被認為是台塑集團發展歷程中的一個「綱領性歷史文件」。王永慶在演講中明確指出，人才培養是奠定企業經營基礎的一項關鍵性工作，若能按此精神培養新人並按規章制度執行一切管理業務，台塑集團將成為一個有生命力的組織。台塑集團必須想辦法建立完善的規章制度，以作為實施分層負責的依據。因此，企業有必要設立一個專責研究機構，負責制定各項管理制度、經營目標並逐步推動達成。演講結束後，大會隨即宣布經營研究委員會成立，並開始正式履行其制度建設之責。

經營研究委員會的存續時間不足20個月，期間共召開40次正式會議，主要功績是啟動了「建立嚴密組織並推行分層負責」此一龐大管理工程；其次是初步設計並制定了全企業的各項管理制度。按照王永慶的演講要求，制度建設是經營研究委員會的主要功能。當然，該委員會也的確不負眾望，只用了一年左右的時間就順利完成該項任務。

但緊接著展開的管理制度化進程卻讓王永慶大吃一驚：總管理處和各公司的日常運行基本上亂成一團，委員會的多數成員對變革所帶來的新的管理需求根本毫無準備。更令王永慶哭笑不得的是，許多單位仍囿於舊有做法，對如何貫徹新制度束手無策。王永慶頓覺各項管理事務千頭萬緒，一時不知該如何應對。

以今天的眼光看，「制度嚴密」和「分工合作」可能是王永慶對「嚴密組織」和「分層負責」這一策略思考的準確闡釋。他說，所謂「嚴密組織」，並不是指部門林立或等級森嚴，而是指制度嚴密，亦即徹底建立一整套完整而系統化的管理制度，並推動企業在制度的軌道上順暢運作；所謂「分層負責」，並不是指各人自掃門前雪，而是指各單位之間應「分工明確，合作無間」。台塑集團各公司、各事業部之間，要麼是上下游關係，要麼是橫向協作關係，如果只有分工而沒有合作，是斷然行不通的。

接下來的一年多，王永慶基本上是採用「兩條腿走路」的方式推行自己的策略思考：一方面由新成立不久的經營研究委員會負責設計和制定全企業的各項管理制度，具體起草和修改工作則由總管理處承擔；另一方面是在繼續改組總管理處的同時，也改進或改革直線生產部門現行的組織體系及其運作方式。

其中，「第一條腿」的思路很明確，就是要建立各項管理制度，使台塑集團的管理系統由此邁上制度化運行的軌道；但「第二條腿」如何邁出，委員們卻爭論得十分厲害，因為當時還沒有人認識到「切斷總管理處與各公司之間的直接隸屬關係」的必要性和重要性。各公司主管在會上抱怨，總管理處的權力太大，純粹是「瞎指揮」，應該對各公司及各事業部徹底授權；總管理處的主管則毫不客氣地回應，各公司及各事業部擔負的責任不明確，其目標基本沒有和集團的總目標保持一致。

兩派主管互不相讓，各執一詞，使王永慶猛然發現自己不再是老闆，而是在不知不覺中被推向裁判的位置上。在那段歲月中，他差不多每天都要一個人長時間靜坐在辦公室，看著各種良莠不齊的生產報表和看不出所以然的各種統計數據發呆。回想起當初企業在小規模經營階段，組織小，單位少，相互之間聯繫極為方便，有事情也容易溝通，即使發生什麼異常也容易控制，容易改善。

如今企業規模大了，雖說已成立了經營研究委員會和總管理處，但整個集團仍舊人多事雜，效率低下，不管是辦公室還是生產現場，各種不合理現象和問題

比比皆是。他甚至感覺到，成立經營研究委員會和總管理處的好處還沒有看到，倒是各種人事、財務、採購等各種管理麻煩先惹了一大堆，想一想，這麼做簡直得不償失。

1967 年元旦，按理說是假期，應該休息，王永慶卻把經營研究委員會的全體委員叫在一起開會。會議一開始，王永慶便直截了當地說：「要建立大規模經營制度，關鍵是要懂得如何管理。如何管理台塑企業，我也是才剛剛想明白了其中的一些道理！」王永慶的話多少顯得有些突兀，語氣之強烈令在座的好幾位主管面面相覷。

停頓片刻後，王永慶向各位委員講述了兩天前發生的一件事。他說，他和日本人談判之後約定帶客人去彰化縣參觀台化公司。本以為日本人參觀以後就會簽約，沒想到日本廠商看後很失望，竟毫不客氣地對他說：「這樣的工廠會害人的！」旁邊的翻譯顧他的面子沒敢直接告訴他，但他從日本人的表情變化中完全看得出來。

很明顯，彰化廠外表雖好，可與日本工廠相比還差得很遠，髒亂程度簡直不可理喻，廠房附近居然雜草叢生，若遇有發電設備迸出火花肯定釀成火災。現在好了，日本人的答覆是，要台塑先派八個人去日本培訓！更氣人的是，日本人甚至揚言，如果這八個人培訓的成績好，大家再談合作！「那麼各位說一說，我們該怎麼辦，該怎麼答覆日本人的建議呢？」

在當時，各工廠一提到管理制度化，許多幹部和員工就緊鎖眉頭，因為大家實在不知道什麼叫管理制度化，又該從哪裡做起。幸好經過經營研究委員會的努力推動，台塑集團總算在管理制度化方面開了頭。那，什麼是管理制度？王永慶解釋說，管理制度是指明確規定每個人的責任和義務，最好用白紙黑字的方式寫出來，上自董事長，下到普通員工，誰也不能例外，全都照此辦理。

管理制度包含規章制度和責任制度兩部分，其中前者側重於工作內容、範圍、程序和方式，比如行政管理制度、生產經營管理制度等等；後者則側重於規

範每個人的責任、權力和利益，並要逐一界定清楚這三者之間的界限和關係。通俗地講，你是誰，你在企業中承擔什麼責任，你做什麼工作，你如何行使自己的權力，如何評價自己的工作業績，等等。總之，你今後不能再看某個人的臉色或是依據某個人的意志行事，而是要嚴格按照新的規章制度完成自己的工作任務。

台塑集團將來要靠這兩套制度保證正常運轉，進而實現永續經營。眼下台灣企業的經營與管理，普遍還不能和美國或日本的企業相提並論，科學管理聽起來甚好，貫徹執行起來卻是難上加難。究其原因，關鍵還在於缺乏推動科學管理的組織基礎。王永慶之所以反覆強調「一手抓制度建設，一手抓機構改組」，目的也正在於此。道理很明顯，制度建設和機構改組是任何一家集團企業成長的一體兩面，如果在組織基礎不牢固的情況下強制推行管理制度，結果肯定事與願違。現在企業內發生的這一切問題，就與這方面的原因密切相關。

例如在最近一段時間，類似台化公司發生的異常案件可以說是層出不窮。王永慶曾多次利用空檔時間悄悄去總管理處各辦公室巡視，發現許多幕僚的辦公桌上竟然堆積了大量未經處理過各種專案檔案，短則數天，長則三個月，甚至還有擺放一年以上的。再例如，台塑企業經營到今天儘管已有十多年時間，可甚至連一套完善的員工離職退休制度都沒有建立，自然更談不上如何消除從業人員的後顧之憂。

王永慶發現，這些問題解決起來其實並不難，大部分雖沒有超出常識範圍之外，累計起來的後果卻是相當嚴重。另比如他在會議上曾多次強調，要求各公司不僅要規範化填寫各種經營報表，還要準時呈報。可每次到了月底，總是有某些單位的報表仍援舊例：本來是要求 5 日內呈報，承交上來的資料實際上卻超過 7 天。要是說南亞和新東兩公司因為產品複雜、資料統計繁瑣拖延幾天尚情有可原，可其他公司也這麼拖拉就令人無法理解了。

在當時台塑集團旗下的各子公司中，最苦的要數南亞和新東。兩公司的產品結構千差萬別，本來管理流程就已相當複雜，再加上內有人浮於事和無效管理作

崇，外有歐美日勁敵的激烈競爭，再這麼幹下去，兩公司非垮掉不可。最近的幾次董事會都開得很不順利，王永慶和主要股東也談得很不愉快。他接連幾次大聲對身邊的高級幕僚說：「過去靠努力、流汗就可換取事業生存；但今後再這麼做肯定不行！一個命令下去，各單位根本沒有回溯，簡直就像是放了帳而沒有收帳一樣！」

第一次經營研究委員會會議召開之後，總管理處的組織結構、工作流程及其運行效率開始出現明顯變化。例如財務會計部門：過去幕僚的職責只是坐在辦公室裡被動地處理資金帳務，上級主管需要什麼數據和資料，幕僚就拿起電話向各生產單位索要，再彙編成相應的財務會計報表呈報。至於數據和資料是否真實反映生產過程的基本情況，有無不合理之處，是否應把問題再回饋給生產一線參考，財會人員就不再過問了。

顯然，財務會計部門沒有發揮應有的管理職能。但現在不同了，經過規範會計單位職責並加強績效評核，財會部門出現三方面的變化：一是財會人員的職能逐漸趨向分化，人員分工可進一步明確到像成本會計和管理會計這一類新興單位之上；二是總管理處向各生產單位派出會計人員，並參與具體的管理和決策過程；三是儘管財會部門同屬幕僚單位，也要進行相應的績效考評。特別是針對幕僚單位的績效考評，這在台塑集團也是第一次提出，但這件事一開始就困難重重，不僅推展工作有阻力，而且大家根本就不知道該如何對這批「坐在辦公室裡的人」進行考核。

為推動制度的執行，王永慶決定於 1968 年 1 月 7 日宣布解散經營研究委員會，另行成立「經營檢討（委員）會」[9]。經營研究委員會僅僅存在了不到兩年就解散了，因為事出突然，其中的緣由也沒有多少委員講得清楚。對此，王永慶解釋，委員會制度在西方經過多年演變已成為一種有用的管理協調工具，其核心職能就是制定政策，並將政策清晰、詳盡地傳達下去，從而為授權管理提供堅實的制度基礎[10]。

　　但從台塑集團經營研究委員會的議事過程和方式看，似乎是「把經念歪了」，王永慶評價說，委員的「檢討興趣看起來比研究興趣大」，並沒有徹底遵守當初成立該委員會時確立的「負責制定管理制度和經營目標並逐步推動達成」的建會宗旨。儘管該委員會順利完成全企業的制度設計和制定，但對於如何推行新制度，以及妥善解決在推行過程中所暴露出的各種問題，卻始終爭吵不休。

　　甚至有些生產單位對新制度心懷不滿，雖不敢直接對王永慶及各位委員抱怨，卻將矛頭直接對準總管理處，責怪其工作不力。生產單位的主管這麼做更讓王永慶沮喪不已，因為前者的抱怨在一定程度上也影響到幕僚人員的工作士氣。所有這些因素相加，大概就是經營研究委員會最終撤銷的直接原因，難怪王永慶在該委員會的最後一次會議上多少有些氣憤地對全體委員說：「既然大家樂於檢討，那就改名叫檢討委員會好了！」

　　看來，政策可以集體研究制定，但政策的推行卻要依靠各生產單位獨立完成。正如法國管理學者費堯（Henri Fayol）所言：「沒有規則，我們就會在黑暗和混亂中工作；沒有經驗和判斷，即便是有最好的規則，但我們仍會在極大的困難下工作。規則就像燈塔，可以使我們把握好自己的發展方向，但它也僅僅只能幫助到那些知道進港路線的人。」[11]

　　在當時，台塑集團已差不多是最大的民營集團企業，再加上與其他集團企業從事的產業領域不同，老實說，台塑集團並沒有多少現成經驗可供借鑑，於是摸著石頭過河反而成了一個能被各方接受的選擇。此一時期，委員會制度到底應該怎麼做基本上成了全體委員的爭吵議題；換句話說，委員會制度的貫徹執行差不多是在各生產單位的抱怨聲中摸索著前進的。

9　在相關文獻中，對該委員會的稱謂一直不統一，有叫經營檢討會的，也有叫經營檢討委員會的。為統一起見，本書一概使用經營檢討（委員）會。
10　Alfred P. Sloan（2005），《我在通用汽車的歲月》，華夏，頁94。
11　進一步的討論請參見 Henri Fayol（2007），《工業管理與一般管理》，機械工業出版社。

第 *4* 章

幕僚角色
第一次功能裂變

進入全面檢討的新時代

儘管「經營研究委員會」撤銷了，但該委員會卻為日後直線幕僚體系的形成創造了有利條件。這一點應該視為該委員會對台塑集團管理系統建設做出的一大組織貢獻。

當王永慶在集團層面上成立了經營研究委員會之後，部屬各公司，甚至一些大的事業部也開始群起仿而效之，紛紛成立類似不同層級的經營研究委員會。雖然各層級當時採用的名稱並不統一，有的叫經營研究委員會，有的叫經營會議，但名稱混亂只是表面現象，關鍵還在於各層級為了「以示強調及工作方便」，均以委員會的名義設有具體辦事部門，同時配備有專職工作人員。

形成此一局面的主要原因，一方面可能與基層單位雖有這方面的管理需求，卻因經驗不足以至於不得不採用上行下效的做法有關；另一方面也可能與台塑集團各公司的人事制度不健全，以至於可隨意設職用人有關。王永慶解釋，功能性委員會一般採用「虛擬方式」設立的居多，通常並不配備專門人員和辦公室，但由於台塑集團當時推行的是職位制，尚未實行職位分類制，加上沒有多少實務經驗，故對於某個單位究竟需要設立多少個職位，以及某個職位在企業內的相對價值到底是多少，說實話大家心裡都沒有底。

如果職位設置是一筆糊塗帳，用人數自然就無法得到有效控制。所以當各公司、各事業部以及各工廠紛紛設立相應層級經營研究委員會之後，整個企業的用人數便立刻膨脹。冗員激增雖在一定程度上增加了企業的用人成本，並在客觀上實屬無奈之舉，碰巧的是，這些辦事機構卻為幕僚體系「在日後上下連為一體」提供了組織上的可能性。

如前所述，台塑集團在 1967 年就已經完成全企業的各項管理制度建設。但是王永慶很快發現，建立制度與執行制度根本是兩回事，其中最難做到的是如何

使各項管理制度落地生根，並為各產銷單位帶來實實在在的管理效果。企業的管理制度當下雖然建立了，效率和效益卻並沒有像他期望的那樣有效提升，於是他下定決心要用科學管理來統領這場組織變革，力主在全企業全面推行「科學管理運動」。

為此，王永慶計畫先從兩方面做起：一是徹底改善責任會計作業流程；二是將已有的管理制度導入電腦。但如何才能確保此兩項工作貫徹落實，並使企業的組織變革能沿著他設想的路徑發展，對此他明確指出，台塑集團將設立責任會計單位，建立責任會計制度，並按照責任會計原則將「各公司的管理制度轉化成會計表單」。正當上述所有改革事項按計畫順利推進時，南亞公司發生的一件「小事」卻引起王永慶的震怒。

這件小事造成的後果，直接促使王永慶在 1968 年新年剛過就痛下決心要把「台塑關係企業經營研究委員會」改組成「台塑關係企業經營檢討（委員）會」。此次改革不僅改變了原有委員會扮演的「政策機構」的實質，更重要的是凸顯了新委員會注重「檢討改善」的特色。

事情的原委是這樣的：1967 年底，剛剛上市不久的南亞公司從外表上看似一派興隆，但王永慶在參加該公司年終尾牙時卻碰到這樣一件事：南亞有一位資深課長，人很精明，處處以老大自居，加上為人處世陰狠，所以課內的員工都很怕他。有一天在辦理客戶退貨手續時，一名營業人員請示他應按多大比例把退回的碎料再換算成成品膠布返還給客戶。碰巧那天他心情不好，於是一臉不高興地批評營業員：「你不會自己去剪一碼來秤一秤之後再換算？」營業人員知道他手裡有一本小冊子，詳細記載著各種換算公式和資料，但他把小冊子看得比錢包還重要，從不與營業人員分享那些公式和資料，生怕部屬學去了搶走他的飯碗，使得部屬凡遇退貨必逐個請示他。那名營業人員聽到他的回答後氣不過，逕直就從一整疋剛下線的膠布上剪下一大塊去稱重。

這件事讓王永慶感觸良深。出乎他的意料，一些基層主管的言行居然發展到

了為所欲為的地步。不論哪一級主管，他說，都必須根除其在企業中的「政治言行」，而應改為鼓勵其「專業素養」。一支專業經理人隊伍是台塑集團成長的必備條件。也許這件事只是個個案，但之所以發生卻並不是偶然的，背後一定還潛藏著深層次的制度扭曲和漏洞。

於是，他命人找來南亞公司的相關制度和操作規範，結果發現該公司對如何辦理客戶退貨，以及營業主管和工作人員應如何操作等等，均有詳細規定，但為什麼私自剪裁成品膠布的事還是發生了！王永慶責問塑膠事業部的主管：「你的制度訂定得再漂亮又有什麼用，不認真執行不就等於是一張廢紙嗎？」

新的經營檢討（委員）會的委員還是原經營研究委員會的原班人馬，只不過會議的主題、內容和方法全部調整了：過去是遇到什麼問題就研究什麼問題，至於問題是否解決就再也沒有人追蹤了。所以說經營研究委員會的工作方式基本上是被動的，守株待兔式的；現在則必須全部顛倒過來：王永慶要求經營檢討（委員）會不僅要主動尋找問題，抓住關鍵點逐一深入檢討，還要建立事後追蹤機制，如此才能更為符合分層負責的基本精神。

重要的是，王永慶一副不容商量的語氣和表情，使得各公司、各事業部和各工廠的經營主管認識到事情的嚴重性，誰也不敢怠慢，紛紛仿效集團總部，將原有的各層級經營研究委員會改頭換面為不同層級的經營檢討（委員）會，儼然一副「以成建制的方式推動管理改善」的模樣，遂使全集團在 1968 年進入一個全面檢討的新時代。

新的不同層級的經營檢討（委員）會仍舊沿用了原有經營研究委員會的組織部門和人員編制；也就是說，原經營會議留下來的原班機構和人馬一律就近併入經營檢討（委員）會。甚至在有些公司中，經營檢討（委員）會的組織機構不僅向下延伸至更多的基層單位，自身也變得更加正式和嚴密。經營檢討（委員）會的目的是檢討改善，碰巧的是，這些做法為即將成型的直線幕僚體系這一未來結構奠定了更為堅實的組織基礎。

　　事後回憶這段往事時，王永慶說，經營研究委員會的成員也和經營檢討（委員）會一樣，都是總管理處和各公司的負責人。經營研究委員會雖說具備一定的政策職能，畢竟還只是個「虛設的」高階管理機構，並不能真正落實完成分層負責的任務。再說，當時也沒有更好的辦法，只是感覺到經過不斷改組或調整，企業可能距離績效組織的要求更近了，這才決定改名叫經營檢討（委員）會。

　　從議程看，經營檢討（委員）會的第一次會議開得非常成功，檢討內容涉及諸如「怎樣編製管理報表」、「如何制定預算」以及「推行目標管理制度」等方針政策，就連一些日常使用的信封信紙等具體事項也都做了詳細配置。一改過去經營研究委員會某些紙上談兵的做法，經營檢討（委員）會訂出的工作目標不僅內容明確，檢討的項目也十分具體。第一次會議議程的細節部分可大致歸納如下：

　　一、成立一個「管理制度研究小組」負責研究推動全企業的各項規章制度。

　　二、貫徹一元化的經營理念，具體方法就是分層負責，讓各事業部統籌各項產銷工作；總管理處各幕僚單位負責提供必要的支援和幫助。

　　三、做出各種政策決定，內容包括：

　　　　（一）研擬 15 種管理月報及其應用規則；

　　　　（二）推行預算管理制度；

　　　　（三）訂定管理目標；

　　　　（四）繼續編輯出版《台塑企業通訊》，以便於凝聚共識，統一思想。

　　四、完成各項事務性工作，內容包括：

　　　　（一）訂定採購工作事務流程；

　　　　（二）劃一全企業信封信紙等印刷品格式。

　　五、著重教育培訓工作（被確定為檢討會的重點工作之一），內容包括：

　　　　（一）指派專人撰寫專題報告以求深入領會科學管理思想與方法；

（二）印發「經營檢討（委員）會專題討論項目」和「大型企業中共同
經營計畫種類之列舉」，供實際經營活動參考；

（三）編寫職務說明書以求明確責任，尤其是寫明幕僚單位的職權範圍
及內容；

（四）推行 PERT 管理制度[1]以求發揮專案管理效率。

六、重點檢討台塑、南亞、台化等各公司提交的異常管理報告，以求透過實
例研討開展分析及改善活動。

會議結束時，王永慶進一步要求各公司再訂出各自的具體工作目標。說到制
定工作目標，產銷部門還好說，比如產量多少、成本多少、品質多少等等，雖然
一下子定不出標準成本，至少有既往的經驗和資料可供參考，所以編製起來相對
容易。幕僚單位工作目標的制定過程可就難了，比如人事部門、財務部門，究竟
該如何制定自己的工作目標呢？

面對如何為坐在辦公室裡的人制定工作目標的種種疑慮，王永慶用力揮揮
手，斷然下令說，至於怎麼訂，先做起來再說。但無論如何，各公司每月都要像
南亞公司一樣召開一次經營檢討（委員）會議，每次會期一天，上半天檢討經營
觀念和共同目標，下半天檢討經營管理現狀，不僅要檢討具體的經營數據，還要
將檢討的結果整理成會議報告下發給各公司及各事業部。最後，王永慶甚至還耐
心地提醒出席會議的眾委員，要求他們下次開會時務必帶幕僚一起來，以便協助
自己整理好會議記錄。

南亞公司舉辦經營檢討（委員）會議的做法和經驗，在今天看來可能正是王
永慶決定取消經營研究委員會的原因之一。從 1967 年 6 月開始，王永慶一邊領
導經營研究委員會繼續設計並整理全企業的管理制度，一邊又在南亞試辦經營檢
討（委員）會議並試推行目標管理制度。試辦的結果他發現，作為一種功能性委
員會，經營檢討（委員）會存在的價值並不大，反倒是「檢討」二字觸動了王永

慶內心的真實想法。

他認為，「檢討」是貫徹他宣導的「勤勞樸實」與「止於至善」等經營理念最有效的方法之一。檢討可在短期內直接提升企業的營運績效，因為該活動所遵循的基本思路是透過回顧、分析及探討企業內部的實際運作情形，並針對所發現的異常或缺點，及時督促有關部門和人員採取必要的改善措施。至於是不是非要用委員會的形式解決，隨著檢討事項的增多，他愈來愈發現已成立的經營檢討（委員）會根本就難以勝任。

王永慶的話表明，他需要的不是一個「爭吵的委員會」，而是一個能夠「行動的管理系統」，亦即：建立一個強有力的管理團隊和機構，為直線生產體系完成產銷任務做一些扎扎實實的管理服務工作。尤其是「管理服務」四字，隨後便引起各生產單位主管的高度注意。他們發現，這是王永慶首次針對總管理處的管理工作使用此一概念做出評價。他們隱約感覺到，總管理處與直線生產體系之間的關係又將要發生某種改變或調整。

管理系統「攻守易形般的變化」

南亞公司 1967 年上半年的經營狀況很不理想，各事業部要麼各自為政，很難與其他部門合作；要麼人浮於事，官僚氣息嚴重，有時候生產部門出現異常，幕僚單位卻根本不知道；有時候幕僚系統下發指令，生產單位卻藉故視而不見。但自下半年開始，該公司一邊強力推行目標管理制度，一邊圍繞目標內容進行檢討，遂使該公司的經營與管理狀況漸有起色，起碼異常報告的時效和內容有了較大改善。

王永慶在參加南亞公司舉辦的經營檢討（委員）會時，對異常管理問題的追

1　PERT 專案計畫評核術是英文 Project Evaluation and Review Technique 的縮寫，指在一個給定的專案中對潛在任務進行分析的一種管理方法，目的在於簡化複雜專案的計畫和分配任務的時間。

問是又急又快又細，絲毫不留情面，常使得報告人手足無措。他說，既然是檢討會，報告人就必須接受質詢。比如取消員工上下班打卡制度的決策就是在類似的會議上做出的。現在南亞的廠長有廠長的目標，領班有領班的目標，員工有員工的目標，大家各自為自己的目標努力工作。既是如此，就應該取消打卡制度，要培養員工的自我管理意識，使員工感覺到自己的工作不受制於人。你現在沒有取消打卡制度，只能說明你的目標管理制度還沒有落實，或者說你的管理人員仍存在著嚴重的官僚作風。

一段時間之後，王永慶發現，舉辦經營檢討（委員）會議的確產生了一定作用，委員們的作風變得比以前務實多了，幕僚人員也充分發揮管理的能動性。另外通過開展教育和訓練、統一觀念並實施異常報告制度，各委員在處理重大經營問題，甚至日常表達意見的技巧和方式上，也都有長足的進步。王永慶高興地說：「台塑集團今年建廠的速度非常快，如果各公司依次類推也能在經營管理方面有如此務實效果，那將是再好不過的事。」

但好景不長，1968年5月5日，也就是經營檢討（委員）會剛剛成立三個多月，王永慶便主持召開該委員會的第五次全體會議。正是在此次會上，他突然宣布將經營檢討（委員）會改名為經營決策委員會。可以想像，這一次差不多也和幾個月前撤銷經營研究委員會一樣，令與會委員和主管面面相覷，吃驚不已。

更出乎眾委員意料的是，王永慶認為這次改名的原因和委員沒有任何關係，完全是他自己「深思熟慮後所做出的一個決定」。可是撤銷經營檢討（委員）會對全企業來說的確是一件大事，因為它涉及上下多個部門以及一大批人的切身利益。儘管王永慶把責任全部攬到自己身上，仍有委員私下抱怨，如此改來改去簡直是虎頭蛇尾，以後的工作該怎麼做！

大家都沒有想到，改來改去居然又改回來了。新成立的經營決策委員會與原先的經營研究委員會功能上並沒有太大差別，只是前者如其名所示，充當著全企業最高決策機構的角色。經營決策委員會雖然如期成立，此時王永慶的內心卻孤

獨不已，他不知道該如何說服眾位委員以及全體員工相信他的決定是正確的。畢竟在一年多的時間裡，功能性委員會幾易其名，由此給整個管理系統乃至全體幹部員工的心理和行動所造成的困惑與不便可想而知。

但王永慶認為，他的決定沒有錯。在人們的思想難以統一的關口，他的意志和堅持就成了引導管理變革的風向標。他說，當初取消經營研究委員會的目的是為了找到另一個能夠扎扎實實地做出規劃並負責執行的機構。但從過去半年多時間的工作成績看，經營檢討（委員）會顯然只是「拉開了解決問題的架勢，始終沒有形成解決問題的一套機制」，各位委員仍舊是圍繞一些例行事務討論不休，根本無法深入。

如今再改為經營決策委員會，目的之一就是要阻止這種只說不做的趨勢再蔓延下去。當初成立經營檢討（委員）會的用意絕不是做做樣子，或者認為「成立幾個部門、聘用幾十名辦公室工作人員就能輕輕鬆鬆地解決檢討改善問題」。台塑集團不能走形式主義這條路，反而應當使總管理處切實回歸到負責制定經營目標並逐步推動達成目標。

顯然，經營檢討（委員）會這一組織形式本身就存在著重大缺陷。王永慶在此期間努力尋找的並不是一個只知整日開會討論問題的管理機構，而是另一個能超越經營檢討（委員）會的高階管理組織設計和安排。這一點和他緊接著推動的幕僚角色的兩次功能裂變一脈相承：他需要的是一個能夠迅速「蹲下身來」，以果敢，謙虛及中立的姿態深入基層，協助各產銷單位自下而上掀起一場效率革命的正式管理系統。

經營決策委員會的第一次會議在部分委員的質疑聲中召開，王永慶頂住壓力，首先從正面肯定了經營檢討（委員）會的功勞。他認為，經營檢討（委員）會雖然撤銷了，但「分析、檢討與改善」作為一種管理方法，應該再進一步進行系統性梳理，並視之為幕僚團隊的基本管理工具；其次是正式頒布了「台塑關係企業組織結構圖」，如圖 4-1 所示。為使大家對新的組織結構圖有更清晰的認

識，王永慶甚至要求幕僚人員把總管理處及其各部門負責人、各公司和事業部經（副）理、各工廠正副廠長的人選名單一一填寫上去。

對於為什麼要肯定經營檢討（委員）會的功勞，眾委員很快就明白了，因為不久，一種形式看似隨意內容卻十分正式的「午餐匯報會制度」便由此誕生。王永慶決定延續新東公司時期的基本做法，每週定期利用午餐時間，就企業經營管理中暴露的特大問題安排專題匯報和討論。在台灣，台塑集團的午餐匯報會制度早已婦孺皆知，許多檢討案例廣為流傳，被賦予不同的色彩和解讀。只要王永慶在台灣，召開午餐匯報會幾乎成了家常便飯，少則每週一兩次，多則三、四次，幾十年來從未間斷，即便到90歲高齡時，他依舊堅持出席並主持。

王永慶顯然是想用午餐匯報會這種有效率的方式取代經營檢討（委員）會。但是為什麼要頒布組織結構圖，則很少有人能夠明白他的真實意圖。王永慶回憶，既然大家認為管理系統出現混亂的原因主要在總管理處，那麼就在總管理處身上找原因好了。當初推動管理變革的目的是為了尋找一個「高等級管理組織設計與安排」，可找來找去的結果還是和西方企業的直線職能制結構沒什麼兩樣。但有一點已澄清：在直線生產體系，真正履行決策和指揮權力的人應該是公司總經理、事業部經理和工廠廠長，而不應該是總管理處。

總管理處在整個企業管理中的權力很大，它所扮演的角色應該是管理服務的提供者，而不應是產銷活動的主導者。在此，「服務」是個關鍵字，也就是說，總管理處幕僚的思想觀念、工作作風以及作業方式等等，均要往「直線生產體系及時提供其所必需的一切支持和幫助」這一方向進行徹底改變或改革。可話到嘴邊，王永慶硬是嚥了下來。他發現，此時再提重組總管理處幕僚的角色及功能這一話題的時機尚未成熟，他需要等待直線生產體系的改革告一段落之後，再集中精力解決總管理處的功能調整問題。

早在1968年2月，王永慶接著回憶，剛剛成立一月有餘的經營檢討（委員）會立即給管理系統帶來一些新變化。如圖4-2所示，這些變化在經營研究委員會

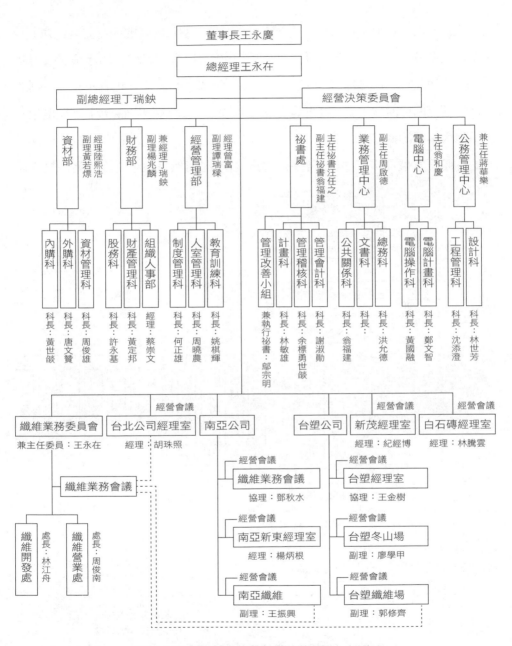

圖 4-1 台塑關係企業組織結構圖：1968*

* 原圖中管理稽核科科長疑有錯誤，文書科科長姓名空白，雖經多方核查，但始終未能找到資料補齊，故照錄於此。

時代是沒有的，整個企業的檢討改善流程在不到一個月的時間內就完全建立了，依次包含集團、公司、事業部和工廠四個不同的層級（簡稱「四級檢討改善體系」）。相應地，各層級檢討會的檢討內容、範圍及其重要性也各不相同。例如集團層面上的檢討會主要任務是負責事關全局性的，或與集團層級管理制度相關的重特大事項的檢討與改善。

此時王永慶發現，整個管理系統的努力方向悄然發生了「攻守易形般的變

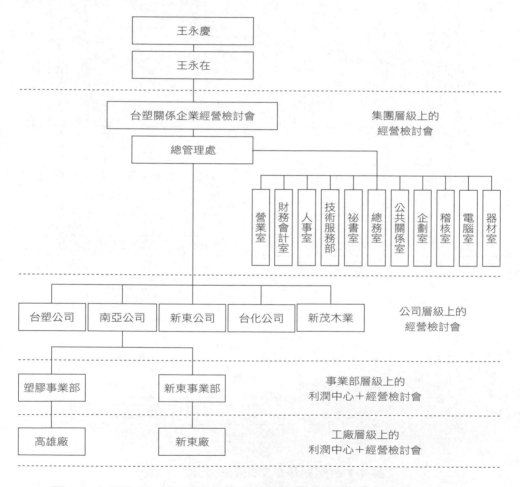

圖 4-2 台塑集團的檢討改善體系：以南亞公司為例（1968 年 1 月）

化」。如上所述，經營研究委員會過去的工作重點雖說是研究已經出現的問題並據以設定管理制度，但委員的工作態度卻並不具有主動性、能動性和攻擊性。也就是說，過去是發生了什麼問題，基層單位就層層向上匯報什麼問題，然後等待上級部門做出處理決定；但現在的情況不同了，產銷過程發生什麼問題，基層單位會主動尋求改善之策，他們不等不靠，凡是能自己處理的一定自己處理，超出自己的職權和能力範圍的，也會積極配合上級部門或兄弟單位加以認真解決。

　　各級檢討會每月、每週、甚至每天召開各種檢討會議，圍繞某些專題或問題進行深入分析和探討。如此高密度的檢討活動自然也影響到一般員工的心態和行為，員工表現出的主動性尤其讓王永慶感到十分高興。他說，這正是他所希望看到的，他認為擁有工作主動性的員工毫無疑問也是擁有切身感的員工，此一心理變化對石化工業的日常產銷管理過程極為重要，因為員工的主動性決定了管理系統反應機制所必需的超前性。西方企業的經驗表明，石化類企業最有效率且成本最低的管理方法，莫過於推行預防性管理：盡可能把各類問題或異常都消滅在萌芽狀態。

　　當時的檢討改善活動，仍舊是模仿日本人的做法，即以改善提案（IE）為主[2]，企業鼓勵各級幹部和員工圍繞生產管理提出合理化建議。由於改善提案是有組織有計畫地全面展開，再加上相關獎勵制度的迅速跟進，整個集團似乎在一夜之間出現了積極且富有進取心的「全員經營」態勢。為了鞏固這些成果，王永慶甚至特意邀請到日本最著名的一家管理改善研究所的創辦人，希望對方每年兩次來台塑集團，協助指導各公司開展現場診斷和管理改善工作。

　　但日本人的建議和做法也沒有令王永慶完全滿意。那些日本專家一到工廠，便立即召開不同層級的幹部會議，每次都用一週的時間與幹部和員工代表座談。遺憾的是，王永慶發現，日本專家主要是在傳播觀念、方法，並解答幹部員工提

2　有關台塑集團推行 IE 的具體方法和經驗，本書將在後續章節詳加討論。

出的問題，他們本人卻並不親自深入工廠指導具體的改善工作。王永慶對此困惑不解。經過與日本人多次交談，他總結說，日本人檢討改善工作成功的根本原因，主要還是其工業化歷史悠久，勞資關係穩定，管理制度健全，企業文化鮮明，並且管理層的責任意識強烈，所以日本專家不必深入工廠一線，只需要坐在辦公室「看報表並發號施令」就可做好管理改善工作。

相形之下，台塑集團在上述各方面遠遠不足。王永慶分析後認為，相較於日本企業，台塑集團的問題還是管理基礎差，規章制度不合理，以及管理方法不適應本企業的實際需要。儘管各項管理制度已於兩年前基本建立，問題依舊十分嚴重，用王永慶的話說，已有的管理制度也只限於紙上談兵。目前雖已成立各個層級的經營檢討（委員）會，但工廠有問題時仍舊是逐級請示，先經集團層級的經營檢討（委員）會討論之後，再由總管理處幕僚層層傳達下去。如此操作常導致總部與現場之間的責任與分工含混不清，既無法及時有效解決問題，同時使各級幹部常因此而疲於奔命，甚至勞民傷財。

王永慶改變了日本人的做法，認為在管理系統尚不穩定且管理制度尚不完善的情況下，作為經營者，他必須深入生產現場，亦即從內部管理開始，一點一滴地從最基礎的工作做起，發現問題或不合理之處就立即解決，如此方可逐步奠定管理基礎，強化企業的經營體質。此一時期的幹部注意到這樣一個奇怪現象：新東公司時期的午餐匯報會開始派上了大用場。

此時集團層面上的正式經營檢討（委員）會議倒是不經常召開了，王永慶反而喜歡利用午餐時間討論問題。經營主管除了每天或每兩天當面匯報各自的問題及其解決進度外，還要在回到辦公室後，格外注意如何貫徹落實王永慶「在吃飯時」的指示精神，催促各位廠長、課長和領班注意檢討改善。很顯然，老闆遇事親力親為的做法，開始影響中高階管理人員的工作態度和作風。

在檢討會議最繁忙的時候，王永慶幾乎每天都要召集各事業部經理在一起吃午餐，通常是一邊吃一邊討論問題。儘管事必躬親的態度和作風使企業上下皆倍

受感動，股東也一致認為「這位老闆辦企業確有誠意」，但王永慶的反應卻並不像一開始時那樣，一點也高興不起來。

王永慶認為，他自己恐怕還是要調整一下工作方式，應該繼續從完善企業管理制度建設的角度推進改革。老闆與幹部一起摸爬滾打固然重要，但更重要的是如何完善管理制度，以便使整個組織都行動起來。他自我反省說，處於當前情勢下，企業要求得進一步發展，摒除一切惰性和雜念非常重要，但更重要的恐怕還是如何訓練出一批足堪重任的管理人才。既然檢討改善工作能用午餐匯報會此一簡單而有效的方式解決，什麼還要「裝模作樣」地再搞出一套所謂的「四級檢討改善」的組織體系來？

各公司領導都必須徹底意識到這一點：人沒有經過磨練，大概就不會成功。他深深責備自己最近一段時間的一些做法。他說，中國人天生勤勞，但勤勞絕不完全等同於「勤於動手」和「流血流汗」。作為管理者，要從「勤於動腦」的高度去理解「勤勞」二字的基本涵義，要用勤於動腦喚起並占據幹部員工投身工作時的全部注意力。換句話說，在日常管理工作中，善於使用員工的大腦比使用雙手更有意義。

正如王永慶所言，他並不是反對日本人的做法，而是認為日本專家把日本工廠的經驗全盤照搬到台灣，並沒有考慮到台塑集團的現實情況，因此做起事來有些隔靴搔癢的味道。例如當時各工廠正在推行的提案改善活動，就幾乎是在摸索中進行的：首先是整個企業缺乏一套切實可行的提案改善制度及配套措施，結果使員工普遍認為提案改善只是跑龍套，或者說是一件可有可無的事；其次是各部門雖設有專人輔導，但因多是兼職而無法專職從事輔導工作，使得提案改善成了他的「副業」；再次是提案的數量雖然很多，但由於缺乏制度保障和必要的激勵措施，加上沒有專人專職輔導和跟進，致使許多好的提案無法立即採用。

所以，想從根本上扭轉管理效果不彰的不利局面，主管非得從組織、制度，尤其是用人的層面著手不可。「日本人走了之後，我們怎麼辦？」王永慶多次反

問參與分析改善的幕僚。

關鍵的一年：建立專業管理幕僚團隊

在當今台塑集團的幹部隊伍中，幕僚因為人數眾多、職責明確和地位特殊而顯得格外搶眼。自 1966 年 6 月成立總管理處之後，為了顯示與直線生產體系之間有區別，王永慶花費了半年多時間，總算把幕僚人員的身分定位於「管理幕僚」。如前所述，總管理處的前身在一開始時定名為「台塑關係企業各公司聯合辦事處」，現在雖然改名叫總管理處，實際上還是各子公司「按湊份子方式聯合成立」的一個「共同辦事處」，並不具備多少計畫和控制功能。

在台塑集團，至今仍有人把總管理處比作「聯合國」，意即總管理處是由「各國出錢出人」聯合成立的一個為「各國提供辦事和聯誼服務的專門機構」。此一比喻的調侃味道顯然大於其實際情況，它雖然沒有觸及總管理處的本質，至少說出其中的一個重要特徵——總管理處將演變為台塑集團自設的一個地地道道的、由幕僚團隊主導的內部管理機構。

至於為什麼成立總管理處，王永慶回憶，當時主要是基於兩方面的考慮：一是企業有了一定規模，且子公司的數量一直在增加，為了統一辦理各項事務，簡化辦事流程，強化各子公司間的連結，企業實有必要成立一個更大規模和更高層級的聯合辦事機構；二是企業的制度化建設當時並沒有跟上規模擴張的需要，為加強管理制度化，王永慶先是成立了總管理處，接著又在第二個月成立經營研究委員會，並明確指出前者是後者的「執行機構」。顯然，他寄望由兩者共同推動貫徹他的策略意圖，並同時主導全企業的各項管理制度建設。

1967 年春節剛過，當許多員工還沉浸在新年的喜悅當中時，王永慶又開始謀劃如何將他的管理改革再推進一步。他隱約感覺到這一年非常重要。如果說用「制度建設年」來預測的話可能恰如其分：例如經營研究委員會和總管理處之間

在這一年中的配合就非常默契，僅用了半年多的時間就初步梳理和擬定出全企業的各項管理制度，使得王永慶在多個場合對兩者的工作成績分別給予高度評價。

但不久後他發現，總管理處在執行上出現大問題：幕僚只是把新出爐的管理制度原封不動地向下傳達，對如何具體推動制度的執行和跟催卻沒有多少人關心。王永慶痛苦地說道，早期建立的管理制度只不過是一些簡單的條文，不要說基層員工看不懂，甚至連管理人員自己也根本把握不了這些制度的基本精神。

到了 1967 年 5 月初，王永慶決定以全企業的集中採購事務為突破口，推動總管理處的制度建設工作。他在當時採取的主要組織措施是，在總管理處之下增設器材室，專職辦理集中採購事宜。

採購部門出現的問題非常嚴重，王永慶評論說。在過去，該部門一直分散於各公司或各工廠，經整合後才集中為一個集團層面上的職能部門。在開始整合時，總管理處就曾遭遇不少非議和困難，因為不論是在公司還是在工廠，採購工作都是一份肥缺。由於仍是手工操作，各單位的採購部門均是人滿為患，加上權力很大，故而許多採購部門的主管都「財大氣粗」。

很快王永慶就發現，這樣做浪費極大，不僅不符合規模效益，而且容易滋生腐敗。在當時，台塑集團的採購流程甚至還出現過這類怪現象：一個外部供應商可分別以不同價格向企業內不同單位出售同樣的產品。王永慶獲悉後十分生氣，遂召集各部門主管開會，要求總管理處採取措施立即予以改善；另外他說，他最近經常利用出差巡視各公司，發現大多數單位的倉庫中都堆滿各式各樣待領的物品和器材，既占地方又占資金。即便如此，採購部卻仍四處寄發訂單進行採購，致使產供銷之間嚴重脫節。

為扭轉此一不利局面，王永慶決定集中採購權，撤銷各公司採購部門，由總管理處統一負責一定金額以上的採購任務。另外他說，採購工作不是一項獨立工作，它與企業產銷管理的多個方面均有密切關聯，因此應把採購及其相關作業統一納入資材管理範疇。同樣的，原有的器材室也應升格為資材管理部，主要管理

機能應當包括存量管制、採購管理與倉儲管理等方面。自 5 月份之後,採購系統出現的混亂情形開始緩解,各單位庫存和資金的占用情況顯著降低,集中採購的綜效開始顯現。王永慶在這一時期採取的具體措施如下:

● 存量管制的重點是將生產使用的原物料及設備保養用的備件使用實施有效庫存管制,以確保生產順利進行及設備正常運轉。為達此一目的,王永慶要求幕僚人員必須事先設定各項材料的旬用量、採購進貨期間、請購點及設定請購量等請購基準。生產部門於每日成品繳庫後,應按照產品配方,自動檢核各項原料耗用情況並自動扣減原料庫存。當庫存耗用降至請購點時,生產部門將發出請購資料,傳送給採購系統進行採購詢價。請購基準設定後,為使其能符合實際,採購人員應定期查核,隨時確保各項管制基準的合理性。

● 採購管理的重點在於在適當的時點以合理的價格提供合適數量且合乎品質要求的材料供用料部門使用。為達此目的,須透過市場機能的發揮,讓供應廠商彼此間作充分競爭,以使採購底價化暗為明。做法是以電報方式將詢價資料傳送給廠商並請求報價。廠商可以郵寄方式報價,採購人員在接獲廠商寄來的報價單之後,即按日期投入密封的「31 格報價專用信箱」[3] 內,並在詢價截止日兩日後辦理開標,以報價金額高低列印比價表及採購記錄表,交由採購主辦分析。當最低報價金額並未高於前批採購價格時,即可進行決購,無法決購者再行議價。另外為促成廠商充分競爭,指定專人負責聯絡足夠數量的廠商,同時針對現有往來供應廠商的報價及交貨狀況加以評核,若異常件數達到管制基準者,即出表檢討予以淘汰。企業採取增加或淘汰投標廠商數量這一做法,可有效激發廠商之間充分競爭。

● 倉儲管理的重點在於庫存材料必須做好料位管理,並且必須做到一品一位,以利收發料及庫存盤點。在收料方面,倉儲人員的管制作用在於收料量不得超過定購量,按檢驗規範編製材料檢驗表,作為檢驗及判定合格與否的依據。對

合格案件，會計人員將依據發票查核付款金額是否正確，正確者即透過財務系統將貨款匯入廠商的銀行帳戶；當金額異常時，即做出表處理。倉庫發料實施計畫性領料制度，每日將現場輸入的領料資料傳送給資材料庫並憑以列印發料單，料庫人員配料後送貨到廠。倉儲人員應定期查核庫存，每月可採取抽樣方式對庫存材料進行盤點，若有差異應立即編製盤點差異表並追查處理，以確保料帳一致。每月月底，料庫應將收發異動資料傳送給財務管理系統，供料帳結算及成本計算之用。

　　除採取上述「制度化」措施外，王永慶甚至下令總管理處，要求再次全面檢討有關提高採購效率的獎勵標準，並把採購獎金的重點和條件與企業的經營方針——物美價廉——緊密結合。他發現，總管理處的現有獎勵辦法規定，採購金額超過一定數額時獎勵 5%，這種做法不對，他說，原因是公司生意好的話，東西買得就多；生意差的話，東西買得就少。如此看來，採購單位的工作根本就是被動的，守株待兔式的，有何獎勵意義可言？

　　大家都知道，獎勵的標準很難訂立，它必須公平且具有激勵作用才有意義。有了獎勵，採購效率不一定會提高；但如果獎勵標準訂得不好，那麼效率不僅不會提高，還會因為內部爭鬥而有所降低。例如原有採購人員 5 人，採購金額為 5 百萬元，現在因為業務擴充再增加 5 人，照理採購金額應該達到 1 千萬元以上。然而獎勵辦法卻規定說超過 7 百萬元就有獎勵，這種做法完全不講效率，叫什麼管理？只能說這位主管有學問，受過教育，但不過是一名書生，因為他的常識不夠，沒有相關實務經驗，無法發揮組織的力量，所以根本談不上有管理水準。

3　這是王永慶為提高採購效率、杜絕招投標舞弊現象而發明的一種採購辦法。他命人打造了一個含有 31 格信箱的鐵製立櫃，並按招標案件及收到廠商投標檔的先後時間順序，將標書分別密封於相對應的信箱內。開標日一到，採購主管可命人取出標書逐一開標。後來隨電腦化水準提升，此一辦法就很少使用了。

雙管齊下：南亞和台化的改革

1967 年 8 月 1 日，《台塑企業通訊》創刊號正式發行。排在該期刊物首位的「經營方針」欄目，已經概括了台塑集團正在進行的五項核心改革工作，由此足見王永慶堅決推動企業組織變革的信心和決心：

● 王永慶為該刊物撰寫了「創刊詞」。他清楚地闡述，台塑企業當前的主要任務是要深入領會科學管理的基本精神，並在全企業準備全面推行科學管理運動。

● 刊登總管理處稽核室主任曾富的文章〈會計人員如何對經營管理做貢獻〉。該文特別強調要各公司間觀摩學習樹立會計工作的新觀念，亦即：會計人員的主要任務不僅在於簿記和解釋，而更在於策劃、控制和決策。

● 刊登了企劃室主任紀經博的文章〈總管理處即將啟用電腦〉。文章說，台塑企業將啟用「機器」協助管理。總管理處將於 9 月開始使用打孔機，並於年底再租用一部 IBM 電腦進行材料與成品管理、銷售管理和成本計算等工作。

● 轉載王永慶 1966 年 6 月〈對第一次經營研究委員會的演講全文〉。在文中，王永慶全面陳述了他經營台塑集團的策略思考，亦即要在台塑企業內建立嚴密組織和分層負責的管理制度，積極宣導並推動科學管理運動。

● 為加深大眾對台塑集團的印象和信任，王永慶命人設計並對外正式公布台塑關係企業的商標。如圖 4-3 所示，該商標寓意深刻，恰當地反映了王永慶在經營研究委員會上所提出的策略思考。

這五項工作即使在今天看來，也是任何一位野心勃勃的企業家在企業策略與結構調整中必須經歷或正在經歷的一次蛻變過程。其中，第一項和第四項可視為

王永慶解釋，上述商標旨在以連鎖造型作為共同標幟，表示各公司間之縱橫連結、互助合作及和諧圓融的意義，象徵台塑企業體的一貫性和生生不息、綿延不絕的強大發展力。標幟中各公司的代表符號，均取自中國文字的意象，用意為弘揚我中華民族固有之優良傳統文化，在國際商場上獨樹一幟，以簡潔有力的型態，加深大眾印象，以及對台塑企業的信賴感。

圖 4-3 台塑關係企業的商標：1966

王永慶終生追求管理變革的理論基礎和出發點；第二、三、五項可視為他如何帶領台塑集團，堅定不移地貫徹和執行自己的策略主張的一些重大舉措。顯然，王永慶的根本目的就是要推動台塑集團實現由生產密集型向管理密集型企業持續轉型升級。

　　從 1967 年 8 月開始，也就是在對總管理處實施改革的同時，王永慶對南亞和台化兩公司生產管理的改革也拉開序幕。他先是解散和整編新東公司，接著引進事業部制，並把該公司改編為南亞旗下的一個事業部；其次是以事業部為單位試辦經營檢討（委員）會議，並逐步在兩公司推行目標管理制度、利潤中心制度，以及原新東公司積累的有關作業整理、分課盈虧[4]和獨立採算等做法。

　　當年 11 月，南亞公司股票公開上市，總股本為 104 萬股，總價值超過 8 千萬元。上市當日，一般民眾認購積極，多家報紙均報導當時盛況。另外到當年底，針對台化公司帳面上出現的虧損，王永慶遂又下令成立「台塑關係企業纖維業務委員會」，試圖通過集中管理纖維新產品的研發和銷售扭轉不利局面。

4　指以製造課為單位獨立計算損益。

南亞公司股票公開上市在台灣掀起的認購熱潮顯示，股東對王永慶兩年來認真推動管理變革給予高度肯定。然而正當王永慶沉浸在成功後的喜悅中，南亞和台化兩公司接二連三發生的幾件事，就像當頭澆下一盆冷水。他回憶，當他看到這些事情發生後，幾乎夜不能寐，於是連夜召開有關人員開會，並在一氣之下把呈報上來的材料重重地摔在桌子上：

● 南亞公司的車輛一般要經工務課審查證實後才能辦理修理手續。工務課主要負責機械方面的業務，車輛修理與機械有關，由工務課證實審查後再決定修理與否理論上是對的，問題是我問工務課有沒有人是內行，懂得汽車修理，主管竟然答不上來。他也許以為工務課既然負責機械方面的工作，車輛修理自然就歸它負責審查，至於了不了解業務到不是很重要，其實這是書生之見，是非常錯誤的。正確的做法是，應該先把過去的資料統計一下，比較一下，如果無法自己修理，車子多的話，可找外人鑑定一下，就好像檢驗業務一樣，如果我們的採購技術好，可以找一些有信用的廠商過來比價。但工務課對車輛修理不內行，卻以為只要他們看過了就沒問題，其餘都可以不注意，就這樣放心修理去了，結果卻被修理廠敲了好幾萬元。正因為工務課主管經驗不足，才導致修理工作弊病百出！

● 台化公司目前有 8 百多部紡織機，但實際開動的不過 4 百部。另外，80部高級毛織機也僅開動了 20 部。王永慶命人對未開動的機器進行一番檢查，結果發現全部良好無損，未開動的理由居然是人手不夠。王永慶氣憤的說，當初引進新機器時說是為了增加產量並開發新產品，使台化公司能做到「有紡有織」，實現一貫化作業流程。既然如此，為什麼在進口之前就沒有考慮到人手問題，為什麼在開發新產品之前沒有制定詳細的操作計畫而任由機器閒置？由此造成的浪費簡直令人痛心之極。

面對有點不知所措的主管，王永慶耐心地解釋，要解決問題，著眼點仍是要

了解你的工作內容。如何設計一套可行的管理制度，把所有人事財物都納入這個軌道是管理者的工作重點。管理者應根據目標要求劃定操作標準和工作方式，並依照事務流程行事。制度明確了，主管也就能夠主動地、清楚地做事前審查與事後追蹤。目前所擬定的管理制度要有明確周密的條文，並佐以恰當完善的執行手段——表單，如此才可稱為「萬全之策」，同時這也是台塑所追求的一種理想的管理境界。

最近南亞公司針對鍋爐的管理改善工作，就具備了這樣的境界。鍋爐本是一種常見的工業裝置，台塑集團的每個事業部都有不少這種裝置。為了提高鍋爐的使用效率，南亞在全企業抽調了一些精通業務的骨幹人員會同總管理處的幕僚一起組成一個專案分析與改善小組。他們先是深入研究鍋爐的工作原理，再以最佳鍋爐班組的經驗為基準建立了「台塑關係企業鍋爐保養管理辦法」，其次是將該辦法全面推廣以獲取更多的經驗和資料，最後是在新的資料和經驗的基礎上繼續追求不斷的改進和完善。

試想，在這樣明朗化的管理制度下，人的能力和事的品質均表露無遺，各項事務合理不合理自然一目了然。如果將所設計的這些表單數據將來再納入電腦統一管理，並能生成正確完整的結論，這樣的管理合理化，王永慶認為也就符合所謂科學管理的基本精神。顯而易見，一旦各項事務流程簡潔明瞭，各產銷單位自然不會產生冗雜的人和事。只有事務的數量可準確計算，工作的品質可準確衡量，方可談到人和事的公平原則。

如圖 4-4 所示，王永慶針對生產單位採取的改革舉措使南亞公司率先邁出專業化經營的第一步，並為其他公司提供可資借鑑的寶貴經驗和方法：其中，最令王永慶高興的是，南亞在事業部架構下，一次性成功引進並實施了目標管理制度和利潤中心制度。從組織方式看，台塑集團的生產經營活動此時開始以事業部為主體展開，亦即各事業部雖不具法人資格，但可獨立運作，自負盈虧。若從思想實質看，事業部制度就是指責任中心制度。台塑集團主要選擇了利潤中心和成本

中心這兩種形式，並依其推行順序準備首先從劃分利潤中心開始。

在早期，王永慶主要按照產品別和地域別劃分事業部，並在原則上把一個事業部視為一個利潤中心。但慢慢地王永慶發現，台塑集團主要集中於原料生產，單一產品的產量就可以做到很大，於是他改進過去的劃分方法，按產銷一元化原則劃分：一個事業部只負責一個或兩個產品的生產與銷售。至於責任中心制度，

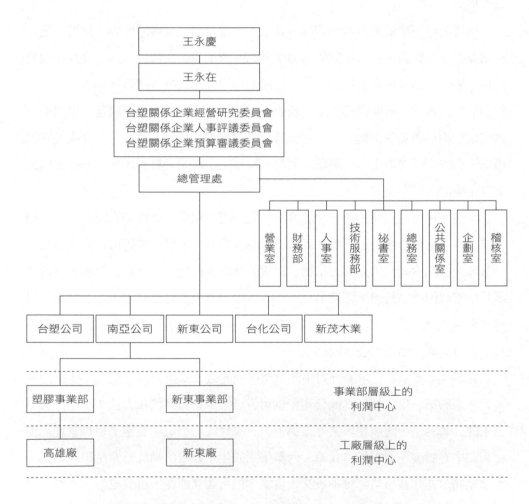

圖 4-4 直線生產單位的組織變革：以南亞公司為例

王永慶並沒有拘泥於「一個事業部就是一個利潤中心」的做法。新東公司解散後，王永慶仿照該公司的經驗，把利潤責任由原來的事業部一級再下移至工廠一級，遂形成「兩級利潤中心制度」。至於生產課，從其後來的演變趨勢看，則主要按成本中心劃分。

推行責任中心制度還帶來另一個意想不到的顯著效果：原來準備推行的目標管理制度的思路突然間變得清晰起來，因為前者為後者提供了組織保障，各公司可將目標管理很好地「寓於責任經營的架構之中」。但事情絕不是這麼簡單，王永慶說，我們為什麼特別強調「責任就是目標，目標就是責任」這句話，原因是不建立責任經營架構，推行目標管理根本就是緣木求魚。

幕僚根據王永慶的指示精神，設定了建立責任經營架構的三項基本原則，要求各單位務必遵照執行。王永慶說，這三項基本原則實際上是推行目標管理的三個基本步驟：一是要根據產銷任務及完成條件釐清每一責任中心的責任範圍；二是要依據責任範圍並在雙向溝通的前提下商定每一中心的責任目標；三是依據個人職務及擔負職責把中心目標再層層合理分解到班組或個人。尤其是設定可控責任範圍，是整個推行工作的關鍵。員工的責任若不可控，目標管理的效果將難以完整體現。

當幕僚把擬定好的「路線圖」拿給王永慶看時，他糾正說，應該把圖倒過來讀更合理，因為個人目標在下，企業的終極目的在上，這樣繪製比較容易被基層員工接受。如圖 4-5 所示，員工可先從自己的責任目標出發，按照由下而上的順序及時掌握達成「目標的訂定要件」和「目標的執行要件」，清楚了解企業的管理重點、紀律要求和終極目的。這些做法看起來不起眼，所畫出的「路線圖」似乎也有些不倫不類，效果卻十分明顯，王永慶解釋，對基層管理者而言，頭腦一定要保持清楚：不是說你讓員工做什麼他們就做什麼，而是你考核什麼、獎勵什麼，員工自然就會做什麼。

目標管理是由美國管理大師彼得‧杜拉克（Peter Drucker）於 1954 年在其

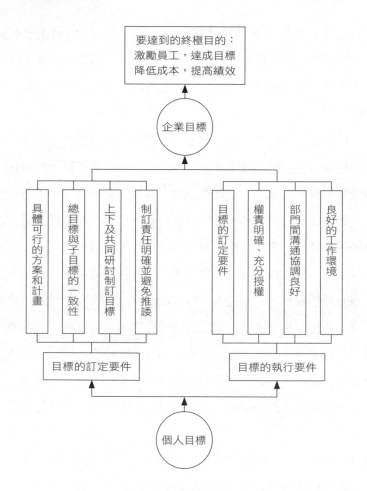

要達到的終極目的：
激勵員工，達成目標
降低成本，提高績效

企業目標

具體可行的方案和計畫

總目標與子目標的一致性

上下及共同研討制訂目標

制訂責任明確並避免推諉

目標的訂定要件

目標的訂定要件

權責明確、充分授權

部門間溝通協調良好

良好的工作環境

目標的執行要件

個人目標

圖 4-5 推行目標管理的基本思路

名著《彼得‧杜拉克的管理聖經》（*The Practice of Management*）一書中最先提出的管理學概念。杜拉克的觀點精闢，他說：「所謂目標管理就是管理目標，是指依據目標進行的管理。」他的話在一開始並沒有得到企業界的廣泛回應，只是到了 1965 年前後，許多企業面臨如何進一步推動人事制度改革，激發幹部員工積極性，以及如何在實踐中做到開源節流和精兵簡政等問題，人們這時才突然發現，作為一項「要求大家共同遵守的辦事規程或行動準則」，目標管理實際上就

是解決這些問題的一劑良藥。相較於上述幕僚畫出的「路線圖」，王永慶的確是精準把握了杜拉克的核心思想及其基本精神。

　　幾乎是在《彼得‧杜拉克的管理聖經》一書剛剛走紅後不久，王永慶就及時引進目標管理此一概念。他說，新東公司曾推行「分課盈虧」的做法，也就是「以生產課為單位獨立計算盈虧」。從責任經營的角度看，分課盈虧實質上就是另一種形式的利潤中心制度，主要強調以製造課為中心，依據其生產和銷售業績實施績效評核，該製造課的產量愈高，銷售情況愈好，獎金收入也就相應愈高。既然新東能以生產課為單位獨立計算盈虧，實際上等於是把經營權交給了各生產課，並人為使其按照責任中心的準則運行。

　　王永慶的這一想法，實際上初步構築出早期台塑集團的「責任經營制度」。南亞公司在劃分事業部之後，分課盈虧的做法又推廣到各事業部的每一個工廠，並連續且密集推行好幾年，因而在落實責任中心制度方面積累不少經驗。但此時王永慶總覺得，早期的責任經營制度似乎缺少某項具有畫龍點睛作用的內容，因為分課盈虧強調的只是「事後算帳」，而並沒有拓展至事前的目標制定，當他讀到有關目標管理的翻譯資料後，精神為之一振，迫不及待的要拿過來在南亞公司先行先試。

　　王永慶對目標管理制度讚賞有加，他一絲不苟地嚴格按照其精神在南亞公司推行。他認為，新東公司實施分課盈虧的本質，是希望把生產課置於「獨立核算，自負盈虧」的地位。幾年的運作實踐證明，南亞的規模雖然已經很大，自身卻因為被劃分成若干個「個體性中心」而變得十分靈活。如今再加上目標管理制度，南亞的每個人都可按公司的總目標要求，再逐一針對自己的份內工作各自設定子目標，並決定自己的工作方針，編訂自己的工作進度，然後以最高效率達成目標。當然，一個目標期結束後，員工個人會自行檢討，自覺評核自身業績，並把檢討的結果再自行用於制定個人的新目標。如此循環往復，個人的子目標不斷匯總成企業的總目標。由此可以預見，南亞的經營體質必會大大增強。

　　若台塑集團部屬各單位都以事業部制為基本架構，都以目標管理為核心，分別在各自的責任區域內完成各自目標，並分別進行績效評核，那該是一種什麼樣的管理境界！說到這裡，王永慶隨即決定在全企業系統性導入南亞公司的做法：他首先要求幕僚把「目標即責任，責任即目標」當作推行「目標責任經營制」的基本原則；其次是按此原則再勾勒出目標管理的基本思路及其管理流程圖。

　　以成本目標管理流程為例，如圖 4-6 所示，幕僚把成本目標管理分解為「標準成本制定」、「經營績效差異比較及異常反應」、「績效差異分析及改善」和「績效改善效果跟催」四項管理機能，並分別劃歸「生產部門」、「事業部經理室」、「會計部門」和「各公司總經理室」負責。

　　尤其對生產部門而言，儘管負有標準成本制定之責，實際上核心工作卻是在幕僚團隊的主導下完成的。在 1960 年代中，不要說台灣企業，甚至連許多歐美日企業也不敢聲稱自己可針對眾多成本項目制定標準成本，並納入目標管理流程。另外在南亞公司，制定標準成本的阻力非常大，許多幹部員工由於擔心利益受損，不僅不講實話，甚至個別員工還阻攔幕僚的測量活動。可倔強的王永慶卻硬是帶領幕僚團隊頂著壓力，順利完成各個階段的設計和推動工作。

　　上述王永慶所言所行的潛台詞無疑是說：「我的目標就是你的目標，你的目標也是我的目標，你有什麼理由不好好工作？」觀察表明，此一思路可將個人責任有效落實到工作目標之上，從而在企業內真正形成所謂的全員經營的局面。更重要的是，隨時間推移，台塑集團各單位責任區域的劃分愈來愈細緻，目標制定愈來愈合理，再加上總管理處幕僚體系的控制、跟催，以及無休無止的檢討與改善，遂使得王永慶提出的嚴密組織和分層負責等策略思考，逐步傳達至生產第一線的每一名員工。

　　至 1967 年底，經營研究委員會經過艱苦努力，總算初步完成整個企業的制度建設。該委員會在總管理處設立的制度研究小組將所有條文匯總為「台塑關係企業規章」，並以集團名義下發各公司遵照執行。經營研究委員會在存續期間堅

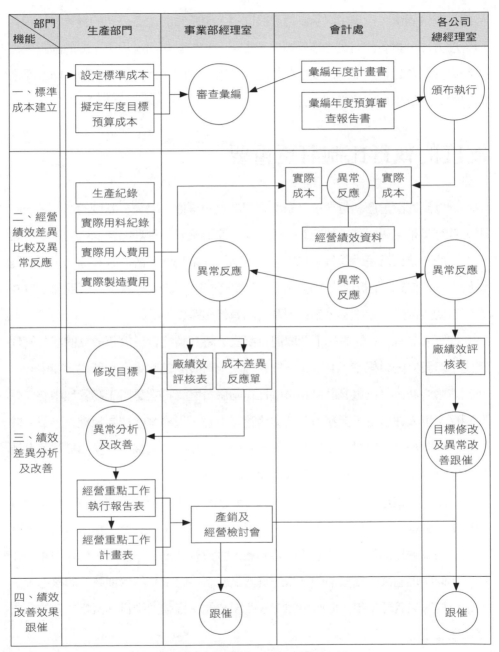

圖 4-6 目標管理作業關聯圖

持每月開會兩次,除集中討論制度建設問題,還時常討論各公司的經營方針和各種管理方法,對各公司改善經營績效產生巨大的推動作用。用王永慶的話說,經營研究委員會對台塑集團制度建設的功勞是第一位的。沒有制度建設,隨後而來的經營改善也不可能搞得那麼扎實。

制度的執行比制訂更重要

制度到底該怎麼執行呢?王永慶詢問身邊的幕僚。看來,制度的制訂是一回事,執行又是另一回事。他認為,就當前實際情況看,管理系統面臨的主要困難不是別的,恰恰就是「執行」二字。為打開管理系統所面臨的改革僵局,王永慶遂於 1968 年 5 月拍板決定,抽調部分精幹幕僚組建總管理處經營管理部,旨在希望借助該部進一步推動企業管理制度的執行和跟催。

如圖 4-7 所示,他先是下令取消企劃室,將其職能合併於新成立的經營管理部之下新設立的稽核室;其次是在總管理處內新設立電腦中心和營建管理中心,並在電腦中心內設置電腦計畫和電腦操作兩個科室;再次是將工務管理中心、公共關係室併入祕書室,業務室改稱業務管理中心,人事室改稱為組織人事部,財務室改稱財務部,器材室改稱資材部。其中,新設立的電腦中心顯然標誌著台塑集團的電腦化進程自此正式拉開自我開發的序幕。

在所有新組建的部門中,最引人矚目的當然還是經營管理部。該部正是今日台塑集團總管理處總經理室的前身,旗下設有計畫科、會計科、稽核室和專案改善小組四個職能部門。儘管剛成立時的總人數只有區區十幾個人,但作用和重要性很快便顯現出來。從該部門承擔的具體職能看,它是整個管理系統的核心,不僅定位於專業管理幕僚,同時也被王永慶視為他準備強力推行其策略思考的一支專業性力量。

王永慶為該部的人選可以說是費盡心思。他的目的是想組建一隻專業管理幕

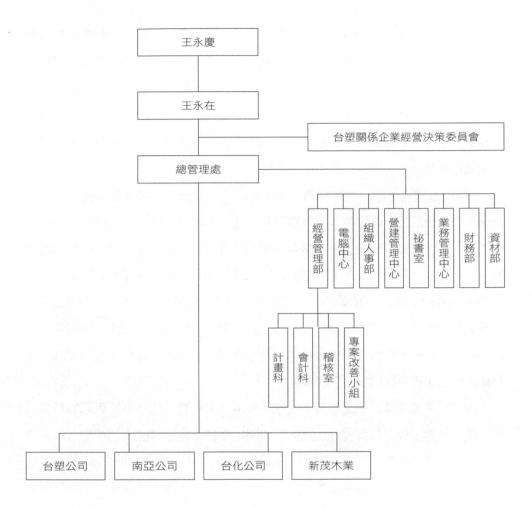

圖 4-7 最早的專業管理幕僚單位：經營管理部（1968 年 5 月）

僚團隊，充當「中央突破者」的角色。用王永慶的話說，他希望經營管理部能成為企業新建管理系統的龍頭，引導整個管理系統向「攻守易位」的方向轉變，亦即：經營管理部的幕僚在面對問題時應「主動出擊，迎難而上」，而不應是「被動接受，順勢而為」。以今天的眼光看，這群幕僚在實際工作中表現的主動性，正是台塑集團基層執行力強的根本原因之一。

　　王永慶解釋，成立經營管理部的緣由大致有兩方面：一是那一時期企業的管理基礎薄弱，各產銷單位對如何解決大量湧現的各種管理問題基本上束手無策，因此亟需一批專業管理幕僚承擔起建立和優化管理系統的重責大任；二是隨經營檢討活動的廣泛開展，員工參與管理的激情空前高漲。在此情況下，經營管理部的幕僚差不多充當了欽差大臣的角色，員工提出的許多問題和困難都交由他們主導或親自處理。

　　「使用專精人士解決關鍵問題」是王永慶的主要想法。可令他苦惱的是，經營決策委員會的委員卻圍繞人選問題爭論不休。當時有三個方案可供經營管理部的主管選擇：從海外直接引進、接收優秀大學畢業生，以及從總管理處其他部門及各公司選拔。最後，王永慶還是堅持第三種方案。經營管理部成立當天，他從企業內抽調的十幾位「既懂技術，又懂管理，態度忠誠，行事穩健，作風低調」的優秀管理幹部正式報到上班。這批人分為四個不同的機能小組，分別承擔計畫、會計、稽核和專案分析與改善等任務。這四項工作，不論從什麼角度講，都是任何一家集團企業的核心管理職能。

　　啟用專業管理幕僚，正是對王永慶「善用員工大腦」此一管理思想的具體寫照。換句話說，成立經營管理部意味著他開始更加重視和發揮人的作用，而不再像過去那樣常常陷於親力親為的管理困境。大約半年之後的 1969 年 10 月，為進一步強化專業管理幕僚，的管控能力，王永慶決定撤銷經營管理部，另行成立總管理處總經理室取而代之，並使後者在職能和建制上均高於其他幕僚團隊。此一舉措預示著幕僚群體的性質和結構發生明顯分化：專業管理幕僚從一般幕僚群體中脫穎而出。

　　新成立的總經理室，不僅增設了多個機能小組，人數也一下子擴大到超過50 人，使得總管理處的權力空前集中。從企業歷史演變的視角看，幕僚群體的分化可視為台塑集團幕僚角色的第一次功能裂變，亦即：嚴格區分專業管理幕僚與共通事務幕僚，並分別賦予管理企業的重責大任。其中，專業管理幕僚專責全

企業的管理制度建設、推動執行、專案分析與改善,以及審核、稽核和跟催等作業;共通事務幕僚則專責統籌處理各子公司的多項共同性事務,如採購、財務和人事等內容,以期發揮綜效,進而達到專業化及效率化操作等目的。

幕僚本是個很中國的辭彙,在古代常指「隱藏在幕後的輔佐者」,他們「由主雇用,對主負責,隨主進退,參與決策並掌握機要」。但在台塑集團,這批人則從幕後走向幕前,成為一線管理人員。自此,幕僚開始成建制地進入台塑集團的管理系統。這批人願意以企業管理為職業,活躍在企業經營管理中的各個領域。相較於共通事務幕僚,經營管理部幕僚在一開始就定位於專業管理幕僚,兩者因為分工不同,很難說誰在企業內更重要,但在外人看來,經營管理部幕僚多少還是有些「幕僚中的幕僚」的味道。

新組建的經營管理部果然不負眾望,他們為配合即將展開的大規模且系統性的制度推動執行及管理分析與改善活動,做了大量的實質性工作,同時也協助王永慶迅速做出有關深化實施單元成本分析、效益分享、離退職福利保障,以及培養員工切身感等一系列政策性決定,並從制度層面上徹底打消現職管理幹部和員工的後顧之憂。

在上述提到的一系列「政策決定」中,離退職福利保障制度其實早在 1966 年就開始實施,主要內容之一就是設立「從業人員退職酬勞金制度」。王永慶現在把它當作是一種保障措施再次提出來,顯然是為了鼓勵幹部員工放下包袱,積極參與企業的各項管理分析與改善工作。效益分享和培養員工切身感則是首次明確提出,目的在於使員工通過分享效益來強化兄弟意識。當時雖說有股東對效益分享政策表示異議,但王永慶耐心地解釋,他本人還從沒有看到過有任何一種激勵措施的效果能與分享制度相提並論。如果說企業通過效益分享能獲得更多的利潤,那為什麼不去做呢?

在管理分析和改善領域,經營管理部以及後來取而代之的總經理室幕僚在 1968 至 1969 年間分別組建了多個專案改善小組。這批幕僚「居高臨下」,從組

織體系、管理制度，再到分析工具，幫助經營層迅速設計並勾勒出「責任經營制」的基本輪廓。比如享譽中外的一種成本分析方法「單元成本分析法」，就是這一時期專業管理幕僚的「輔佐」傑作之一。王永慶高興地評價說，這些幕僚「最靠近各種問題」，是企業管理系統「突入眾多問題密集區域的一把尖刀」。

除履行王永慶所賦予的計畫、控制、協調和稽核職能，經營管理部，尤其是後來成立的總管理處總經理室，更是充當全企業「人才蓄水池」的重要功能。用王永慶的話說：「由於經營管理部幕僚的工作方式必須身臨實地，針對每一問題均做深入分析，所以在經營管理部工作一段時間以後，這批人即可派至各事業單位擔負經營管理職責。另外各事業單位亦可輪調其所屬人員至經營管理部接受幕僚訓練。如此人員交流與養成方式，對於提升管理水準發揮了令人相當滿意的功效。」

即使四十多年後的今天，這些政策措施一點也不過時。在今天的台塑集團，曾跟隨王永慶十年、二十年、三十年、甚至五十年以上的專業經理人（專業管理幕僚）比比皆是。儘管其中大多數人已兩鬢斑白，仍兢兢業業地在各自的崗位上努力。外界常感歎台塑集團的經營績效之所以能維持半個多世紀而不墜，原因大致就緣於此吧！

本書在此借用《公司的金礦——共用式服務》一書作者在評價「企業參謀部門」時的主要觀點[5]，來對總管理處幕僚的作用做一整體性評價。作者說：「參謀部門的作用十分重要。在數十億美元的預算中，企業成本節約幅度取決於參謀人員的努力，他們就是盤子底部沉澱下來的天然金塊。那些重視充分發揮參謀部門作用的企業組織欣喜地發現，他們不僅可以輕鬆地節約 25 至 30% 的生產預算費用，還可以進一步完善對生產和業務部門的服務。」

來自經營層面的報告果真如此：1969 年下半年，整個集團的產銷形勢比上年度大幅提高，營業總額預計將達到 34 億元，比 1968 年將高出整整 10 億。僅台化公司一家當年就有好幾項增資擴廠的任務：先是把木漿的產能由日產 50 噸

增加至 1 百噸，紡紗錠擴充至 8 萬錠；接著又把上年度 5 千萬元未分配盈餘辦理了轉增資，使公司的資本額高達 4.5 億元。根據計畫科上報的經營計畫預測，整個集團在 1970 年度的營業額還將再增加 10 億元，達到 45 億元的經營規模。

專業管理幕僚和共通事務幕僚

如前所述，經營管理部正是今日「台塑集團總管理處總經理室」的前身。從定位上看，總經理室在一開始就定位為專業管理幕僚團隊。王永慶回憶，當初成立經營管理部的初衷，是希望能從現有管理團隊中挑選出一批「專精人士」，並把「推動制度執行與跟催」等重責大任交由他們掌控。本章末的附表中，本書匯總了王永慶在 1968 年 1 至 5 月間所做出的全部政策決定及內容，供讀者進一步參考和理解。

王永慶此舉實際上在性質和建制上把總管理處劃分為專業管理幕僚和共通事務幕僚兩大群體[6]。其中前者正如其名，主要從事專業性制度管理工作，後者則主要從事共通性事務管理工作，兩者在業務上緊密相連，或者說兩者的「地位雖一高一低」，卻共同以分工合作的形式，分別在「制度」和「共通」兩個層面上負責處理「同一件業務」。特別是專業管理幕僚，他們從原有幕僚團隊中脫穎而出，專責「同一件業務的制度事務」，遂成為一支引人注目的專業化管理團隊。本書將此一「分離」過程稱之為幕僚角色的第一次功能裂變。

專業管理幕僚的出現是「結構跟隨策略」這一理論觀點的最佳例證，它意味著台塑集團的經營活動開始具備管理密集型企業的相關特點。所謂「管理密集」是指企業在產銷過程中，每投入一份管理資源，就會帶來兩份、三份或更多的管

5　Barbara Quinn（2001），《公司的金礦——共用式服務》，雲南大學出版社，頁 2。
6　這兩大群體及其功能是本書討論的重要內容。本節僅從概念和定義的角度進行總結，對其功能和意義，本書將在以後章節中繼續分析和討論。

理效益。也就是說，企業在規模一定的前提下，利潤大多源於管理改善或管理效率的提升，而不單純依靠擴充產量或銷售量。按照王永慶的說法，管理密集型企業通常是資本和成本節約型企業。如果這一招用好了，台塑集團即便是在不擴充產銷規模的前提下，利潤也可因為成本不斷降低而持續上升。

　　幕僚角色的第一次功能裂變，可視為台塑集團建立正式管理系統，以及「啟動幕僚管理來提升勞動生產率」的起點。從開始履行管理與控制職能的第一天起，總管理處幕僚團隊就注定具備雙重特性——既是幕僚單位，又是內部管理機構。說它是幕僚單位，是因為總管理處的全體從業人員皆以幕僚身分自稱，承擔著完整而系統的「總部組織」的相關責任與義務，同時企業也依據其幕僚身分對其工作實績實施有別於直線生產部門的績效評核與獎勵；說它是內部管理機構，是因為總管理處全體從業人員承擔了「制度性管理和事務性管理的雙重性工作，其服務對象均是台塑集團旗下各子公司及各事業部」。

　　從現代西方管理共用服務理論的視角看[7]，台塑集團總管理處還可視為整個企業的管理共用服務平台，其本質主要體現在如何對企業的各種資源進行有效整合及優化。其中，總管理處共通性事務幕僚主要提供事務性管理共用服務，專業管理幕僚主要提供更高等級的制度性管理共用服務。正如上述專家認為的那樣，管理共用服務是一種將一部分現有的經營職能集中到一個新的半自主業務單位的合作策略，這個業務單位就像是在公開市場展開競爭的企業一樣，設有專門的管理機構，目的是提高效率、創造價值、節約成本以及提高對母公司各內部客戶的服務品質。

　　對照上述專家的定義，台塑集團總管理處的角色和作用相較於今日專家所謂的「管理共用部門」，在形式和內容上並無二致。從王永慶的實踐過程看，他對管理共用服務理論與實踐的貢獻，若從時間上推測，顯然要比西方企業提前了十多年[8]。以台塑集團財務管理共用服務為例，如圖 4-8 所示，其財務會計系統的組織結構、人力資源及管理功能在管理大變革時期也和總管理處幕僚群體一樣發

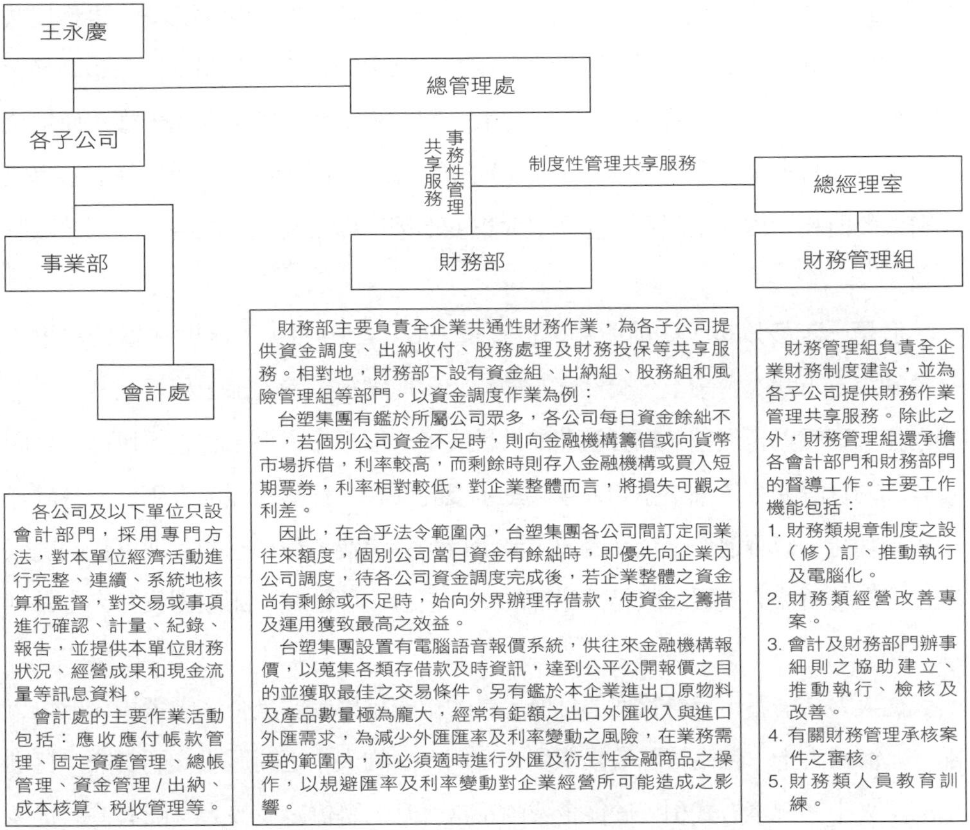
王永慶
總管理處
各子公司
事務性管理共享服務
制度性管理共享服務
總經理室
事業部
財務部
財務管理組
會計處
財務部主要負責全企業共通性財務作業，為各子公司提供資金調度、出納收付、股務處理及財務投保等共享服務。相對地，財務部下設有資金組、出納組、股務組和風險管理組等部門。以資金調度作業為例：
台塑集團有鑑於所屬公司眾多，各公司每日資金餘絀不一，若個別公司資金不足時，則向金融機構籌借或向貨幣市場拆借，利率較高，而剩餘時則存入金融機構或買入短期票券，利率相對較低，對企業整體而言，將損失可觀之利差。
因此，在合乎法令範圍內，台塑集團各公司間訂定同業往來額度，個別公司當日資金有餘絀時，即優先向企業內公司調度，待各公司資金調度完成後，若企業整體之資金尚有剩餘或不足時，始向外界辦理存借款，使資金之籌措及運用獲致最高之效益。
台塑集團設置有電腦語音報價系統，供往來金融機構報價，以蒐集各類存借款及時資訊，達到公平公開報價之目的並獲取最佳之交易條件。另有鑑於本企業進出口原物料及產品數量極為龐大，經常有鉅額之出口外匯收入與進口外匯需求，為減少外匯匯率及利率變動之風險，在業務需要的範圍內，亦必須適時進行外匯及衍生性金融商品之操作，以規避匯率及利率變動對企業經營所可能造成之影響。
財務管理組負責全企業財務制度建設，並為各子公司提供財務作業管理共享服務。除此之外，財務管理組還承擔各會計部門和財務部門的督導工作。主要工作機能包括：
1. 財務類規章制度之設（修）訂、推動執行及電腦化。
2. 財務類經營改善專案。
3. 會計及財務部門辦事細則之協助建立、推動執行、檢核及改善。
4. 有關財務管理承核案件之審核。
5. 財務類人員教育訓練。
各公司及以下單位只設會計部門，採用專門方法，對本單位經濟活動進行完整、連續、系統地核算和監督，對交易或事項進行確認、計量、紀錄、報告，並提供本單位財務狀況、經營成果和現金流量等訊息資料。
會計處的主要作業活動包括：應收應付帳款管理、固定資產管理、總帳管理、資金管理／出納、成本核算、稅收管理等。

圖 4-8 總管理處可提供事務性和制度性管理共享服務

生裂變——出現了專業財務管理幕僚和共同性財務管理幕僚並存等特點。此一裂變使財務會計部門擺脫以往分散式管理模式（比如過去各子公司皆設有財務部門，現在財務功能則集中於總管理處，各子公司僅設有會計處），並在性質上發

7　進一步的觀點請參見：Barbara Quinn（2004），《公司的金礦——共用式服務》，雲南大學出版社，Bryan Bergeron（2004），《共用服務精要》，中國人民大學出版社。

8　據《共用服務精要》一書記載，共用服務正式成為一種節約成本同時又能在一定程度上控制服務和產品的手段，大約發生在 1990 年代早期……自 1977 年以來，百時美施貴寶公司的全球業務服務部門每年都可為母公司節約高達 15 億美元的成本。

生不同以往的根本性變化：一是財務管理共用服務集中於兩個層面——事務性共用和制度性共用，其中在王永慶看來，制度性共用的作用更為關鍵；二是財務管理工作高度集中，會計管理工作高度分散，而財務部門與總管理處一樣不僅地位相對獨立，且辦事立場完全中立；三是財務部可為內部客戶提供較以往更為專業和有效的財務管理共用服務，並在很大程度上按市場交易規則向各子公司收取服務費。

但是一年多以後，如前所述，也就是 1969 年 10 月，王永慶在經營決策委員會的第五十六次會議上，突然宣布撤銷總管理處經營管理部，另行在其基礎上成立總管理處總經理室。經營管理部於是成了一個短命組織，它之所以撤銷是因為該部的實際運行效果不盡如人意。王永慶評價說，經營管理部本應發揮其計畫和控制功能，統籌運作全企業資源，減少重複和浪費，用自己的管理專長向生產單位提供其所需的支援和服務，遺憾的是，經營管理部在一開始卻沒有完全做到這一點。

從人力結構看，經營管理部幕僚人員的組成結構主要是企業內選拔，但也有部分「海歸人士」和高等院校畢業生。三個方面的人才之間形成鮮明對照。特別是海歸人士，行事方式相較於從企業內正常晉升的幕僚差異較大：前者擁有很多可讓人眼前一亮的理論觀點和方法，卻因為欠缺可操作性，使得生產一線主管總是有不少抵觸情緒。另外這批人也較難以適應勤勞樸實的企業文化，加上工作不穩定並對薪資的要求比較高，遂使王永慶對如何留住這批人才傷透腦筋。

相形之下，從企業內晉升的這批幕僚雖提不出多少花俏的理論觀點和看法，但對產銷業務的熟悉程度、工作態度、行事風格以及所提出的方法和建議等等，卻很容易被生產一線主管接受。尤其難能可貴的是，這批人對台塑集團勤勞樸實的企業文化有較強的適應力，也能夠堅決貫徹王永慶的理念和思想，並努力把一些好的改革措施或做法自動自發地予以制度化和流程化。顯然，在石化工業這種較為穩定的產銷環境中，一名管理人員的務實態度、工作作風或精神可能比他的

學歷和能力更重要。

「海歸派」與「本土派」之間的比較，雖然堅定了王永慶在後續改革進程中啟用更多內部人士的信心，但也沒有動搖他改組或撤銷經營管理部的決心。整體而言，經營管理部暴露出的問題主要集中在兩點：這些幕僚要麼因為權威性不足，不敢深入生產管理第一線找問題、挑毛病；要麼因為官僚作風太盛，經常坐在辦公室對各事業部或工廠發號施令，甚至比手畫腳。在王永慶眼中，這些人的工作內容主要是管人而不是服務，並且類似問題「已積重難返」，儘管他多次要求經營管理部實施內部整頓，卻一直未見明顯起色。

上述問題帶來的負面影響到 1969 年上半年已經非常明顯，到了當年 10 月，王永慶終於忍無可忍，果斷下令裁撤經營管理部，並由總管理處總經理室取而代之。為籌設此一新機構，王永慶一方面在企業內再次「四處搜羅人才」，大膽啟用一批由基層提拔起來的年輕管理幹部；另一方面則通過也是剛剛成立的經營決策委員會以「企業立法」的形式，徹底切斷總經理室對直線生產體系的直接指揮權，並把提供「制度性共用管理服務」當作該部門的終極性運行宗旨。

所謂「指揮權被切斷」是指「幕僚體系不能代替直線生產體系決策，兩個體系應獨立做出各自的決策並對各自的決策負責」。王永慶解釋，今後「生產什麼，生產多少，怎樣生產」完全由產銷部門說了算；但是「為什麼生產這種產品，為什麼以這種方式生產，以及為什麼生產這麼多」卻要由總經理室說了算，或者至少要接受總經理室的審核與稽核。特別是如何回答諸如「為什麼要這樣生產」等等一類重要問題，未來應該成為專業管理幕僚的主要職責。換句話說，成立總經理室的宗旨就是要依靠專業管理幕僚對全企業產銷及其管理活動的合理性進行全面梳理和探索，從而為關係企業的順暢運作搭建起一個基礎性理論框架。

王永慶這樣做並不意味著專業管理幕僚由此喪失了主要權力，或者說其主要權力被削弱。恰恰相反，新成立的總經理室及其職能表明，這群專業管理幕僚的責任因此完全釐清：他們開始全面掌控各子公司的制度建設、公司治理，以及配

置許多策略性資源的權力。相較於台灣同時代的一些關係企業[9]，王永慶此舉在台塑集團內部建立了一個高效率的一體化管理組織結構[10]。自經營管理部改組為總管理處總經理室之後，除部門和人數隨企業規模擴張而有所增加，基本職能和宗旨一直保留至今，再也沒有發生過大的調整和變化。

總經理室幕僚的辦公位置最靠近王永慶，或者說是「經營者管控企業的意志之軀的有效延伸」。作為專業管理幕僚，他們先是被部門化為不同的機能小組[11]，然後賦予不同的管理機能。如圖 4-9 所示，總管理處由專業管理幕僚和共通事務幕僚組成，其中專業管理幕僚隸屬總經理室，並根據業務需要再劃分為十幾個機能小組，分別承擔著管理和稽核（按今日台塑集團專業管理幕僚的職能劃分）兩大類工作。也就是說，專業管理幕僚根據各自機能不同，可進一步區分為管理型幕僚和稽核型幕僚兩大類。

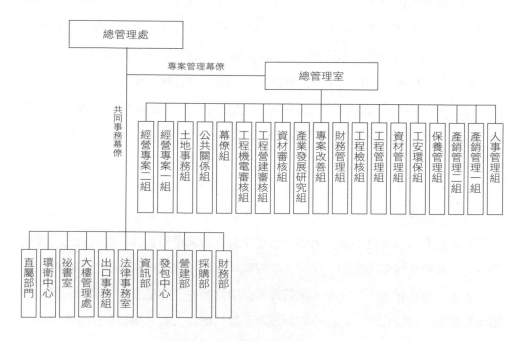

圖 4-9 總管理處的組織結構

　　管理和稽核分別是兩個大概念，不是一般意義上的管理和稽核工作，而是指這兩批幕僚各自執掌範圍的側重點不同。比如：管理幕僚的執掌範圍包括制度設計、推動執行、分析及改善等內容；稽核幕僚則包括審查、審核和稽查等內容。但不論是管理幕僚還是稽核幕僚，都隸屬於不同的「機能小組」，或在一個機能小組中承擔著不同的管理機能。在此，「機能」一詞基本上概括了王永慶設置專業管理幕僚的全部作用和意義：他希望他的幕僚團隊能由此成為全企業的神經中樞，應該隨時像一個生命體那樣具有能動精神：每當遇到管理難題，尤其是遇到大事難事，能夠主動出擊並充分發揮管理與稽核功能，從而徹底擺脫過去留給人們「只會辦事」的刻板印象。

總經理室幕僚的管理機能

　　更具體地講，總經理室幕僚的管理機能主要體現在以下三方面：

一、負責全企業的管理制度建設

　　所謂制度，用王永慶的話說，是指「做事的基本規矩」；建設則是指除制度執行以外的其他管理功能，諸如設計、建立、推動、稽核及改善等管理活動的總稱。石化工業是大產業，沒有制度就不可能實現標準化生產。在以後的歲月中，台塑集團不同領域和不同位階的管理制度，包括方針政策、規章制度、操作規範、操作細則和工作要點等等，皆由總經理室負責設計、制定、稽核、改善並電腦化，內容涵蓋營業、生產、資材、人事、財務、工程等所有業務單元，數量之

9　台灣許多學者對關係企業的形成機理做了大量的探索性工作，台塑集團無疑是追蹤分析的主要案例之一。多數學者認為，台塑集團總管理處對各子公司的凝聚作用遠遠高於其他集團企業。進一步的文獻請參見司徒賢達等台灣地區老一代管理學家及其弟子，比如湯明哲教授等人的著作和論文。

10　參考了 Alfred D. Chandler 的部分觀點，《戰略與結構：美國工商企業成長的若干篇章》，北京天則經濟研究所等選譯，雲南人民出版社，2002 年 10 月，頁 139-160。

11　意指團隊式作業方式，並可根據業務需要及時予以增減和調整。

多，內容之嚴密，幾乎到了無以復加的地步。截至 2002 年，台塑集團已擁有
635 套管理制度。這些制度在實際工作中可透過不斷標準化、電腦化和合理化，
大量複製於新建生產線或新的投資領域（包括長庚醫院），同時亦可藉由電腦資
訊技術的幫助，徹底落實於各項管理作業，正所謂「管理為體，軟體為用」[12]。

如圖 4-10 所示，以 1987 年為例，專業管理幕僚劃分為生產、營業、工程、
資材、財務、人事和經營分析七個機能小組。在每個機能小組的職能分工中，管
理制度及規範建設機能均排在首要位置，其次才是稽核、分析與改善等內容。由
此可見，王永慶把建立和完善企業管理制度的希望，完全寄託於新成立的總管理
處總經理室幕僚的肩上。

除職能分工以外，王永慶還要求各機能小組應自定義有關其職能分工的詳細
說明。如表 4-1 所示，以產銷管理組為例：全企業的產品範圍涵蓋石化、塑膠、
電子、紡織及纖維等，且每一產品的生產製程、受訂與交運作業均隨產品特性有
所差異。如果經由產銷管理組統籌各產品的營業管理及生產管理等工作，幕僚人
員就可完成對相關業務領域的計畫、控制與協調。比如在生產管理方面，啟用幕
僚人員發揮管理機能的目的就是要確保設備、人力及原料等資源間的最優配置，
並在最大限度內提高生產效率，降低生產成本。

二、統籌全企業資源

所謂統籌資源，實際上是指資源分配或資源整合，亦即透過幕僚的制度設
計、推動、審核、稽核、分析、改善和電腦化等一系列管理活動，對企業資源實
現全面計畫與控制。王永慶的想法是，資源是指企業的資產、能力、組織和資訊
等要素的總稱。資源能否有效統籌或整合，決定企業的長久生存與發展。如果此
等大任交由一批專精人士負責打理，憑藉其管理知識和專長，必定有能力甄別出
哪些資源是有價值的，並可透過計畫和控制活動使有價值的資源發揮最大效用，
從而給企業帶來競爭優勢或持續競爭優勢。

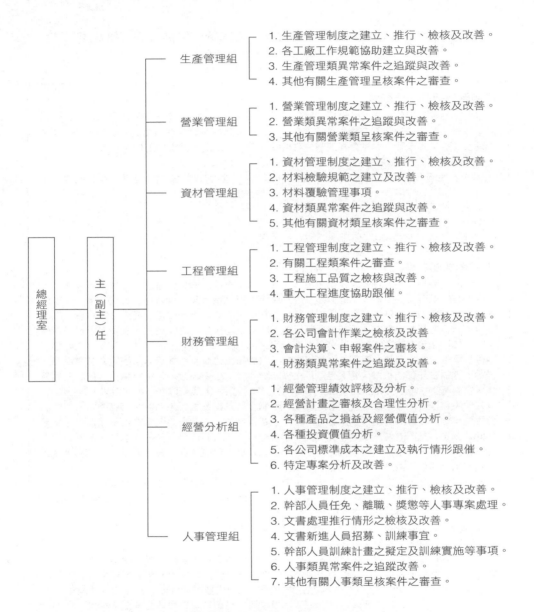

生產管理組
1. 生產管理制度之建立、推行、檢核及改善。
2. 各工廠工作規範協助建立與改善。
3. 生產管理類異常案件之追蹤與改善。
4. 其他有關生產管理呈核案件之審查。

營業管理組
1. 營業管理制度之建立、推行、檢核及改善。
2. 營業類異常案件之追蹤與改善。
3. 其他有關營業類呈核案件之審查。

資材管理組
1. 資材管理制度之建立、推行、檢核及改善。
2. 材料檢驗規範之建立及改善。
3. 材料覆驗管理事項。
4. 資材類異常案件之追蹤與改善。
5. 其他有關資材類呈核案件之審查。

工程管理組
1. 工程管理制度之建立、推行、檢核及改善。
2. 有關工程類案件之審查。
3. 工程施工品質之檢核與改善。
4. 重大工程進度協助跟催。

財務管理組
1. 財務管理制度之建立、推行、檢核及改善。
2. 各公司會計作業之檢核及改善。
3. 會計決算、申報案件之審核。
4. 財務類異常案件之追蹤及改善。

經營分析組
1. 經營管理績效評核及分析。
2. 經營計畫之審核及合理性分析。
3. 各種產品之損益及經營價值分析。
4. 各種投資價值分析。
5. 各公司標準成本之建立及執行情形跟催。
6. 特定專案分析及改善。

人事管理組
1. 人事管理制度之建立、推行、檢核及改善。
2. 幹部人員任免、離職、獎懲等人事專案處理。
3. 文書處理推行情形之檢核及改善。
4. 文書新進人員招募、訓練事宜。
5. 幹部人員訓練計畫之擬定及訓練實施等事項。
6. 人事類異常案件之追蹤改善。
7. 其他有關人事類呈核案件之審查。

總經理室 — 主（副主）任

圖 4-10 總經理室機構設置及職能分工：1987

---

12 王瑞瑜（2002），《延伸企業核心競爭力：以台塑網科技公司為例》，台灣大學碩士論文，頁141。

表 4-1 總管理處總經理室各機能小組的管理機能及其詳細說明
——以產銷管理組為例

產銷管理組的工作機能

本企業產品範圍涵蓋石化、塑膠、電子、紡織及纖維等，由於每一產品之生產製程皆不相同，且其受訂與交運作業亦隨產品特性有所差異，因此由產銷管理組負責統籌各產品之營業管理及生產管理工作，並依公司別劃分為產銷管理一、二組，其主要工作機能包括：

1. 營業管理、生產管理制度之設（修）訂及推動執行檢核並電腦化。
2. 營業、生產部門管理準則、工作規範、辦事細則、管理規範協助之建立、推動執行及檢核。
3. 營業、生產類異常案件之追蹤改善。
4. 營業、生產類訓練教材編訂及課程講授。
5. 營業、生產類呈核案件之審核。

產銷管理組之營業管理機能及其詳細說明

在生產活動中，為了提升生產績效，必須運用若干指標來顯示生產績效之良莠，以作為謀求績效提升及改善的方向，因此必須掌握生產績效重點項目及設計目標、管制基準，並應用異常管理將績效異常加以顯示，以提供各級主管追求改善，進而研擬提升績效之對策。為了達成上述目的，生產部門依生產指示執行後，即將生產作業中之產量、品質及各項設備停機時間，加以記錄並輸入電腦，匯總成生產日報、機械動用統計表、品質分析及收率統計等資料後，再依設定之目標及管制基準加以管制。對於超出管制基準或目標之績效異常項目予以提示，提供生產部門檢討改善。另每月由電腦對重要之生產績效項目進行稽核，如有三個月超過管制基準之重大異常，則要求生產部門檢討，必要時再成立專案小組加以協助改善。

在營業管理方面，本企業所設訂之營業管理制度乃是從整個營業活動之基礎開始，亦即從客戶資料卡之建立與運用，來掌握每一客戶之經營動態，依此再設定營業目標以追蹤考核每一營業人員及部門之營業績效，促使銷售業績能夠持續成長。而在交易之前則是透過授信管理，審慎衡量客戶信用，並就其營業狀況、財力及可提供之擔保，設定適當之放帳額度，以作為促銷及授信之依據。

此外，從接受客戶訂單至成品交運、帳款回收及成品倉儲管理等營業交易處理，均已在精簡作業、發揮管理功能之原則下，納入電腦管理。換言之，訂單資料輸入電腦之後，有關客戶限額之管制、售價查核、交期管制、交運單及發票開立、應收帳款之立帳、催收、運費計算及匯付、成品收發管理等，整個事務流程均可由電腦依據已建立之資料，做迅速而適當之處理與管制，以滿足營業部門服務客戶之需求。

為持續謀求合理化，提升管理績效，除管理制度外，事務作業亦須經常隨市場環境變化而變化，以及本身不斷追求檢討改善加以修訂，使能達到精簡之境地。例如為簡化人工繳款作業，本企業自 1994 年起，即率先與部分銀行洽妥開辦支票就地托收業務，由客戶就近於附近該銀行分行繳交貨款支票後，透過 EDI 連線作業，將繳款資料傳送至本企業直接沖銷，以簡化人工繳款作業。本項作業係屬台灣首創，迄今票據部分已有近 60％免辦繳款作業。另外如出口通關，經銷商方面亦採連線作業，均屬於類似之改善。

在營業管理作業稽核方面，除派員抽查實務作業表單、流程及處理內容合理性之外，同時亦針對較易出現異常之關鍵項目，例如應收帳款、交期、授信及票據異常等，依據以往查核

經驗設定管制基準，如帳款逾期四個月以上、逾期交運一個月以上、同一客戶繳交不同銀行帳號之票據等，由電腦進行查核工作，並列出異常交由專人追查處理，以發掘經辦部門之問題點，並協助改善，如此不但大量降低稽核人力，同時充分發揮稽核之功能及效率。此外，針對銷售業績不佳之部門，亦視需要派員進行專案改善，以協助其提升銷售績效。

產銷管理組之生產管理機能及其詳細說明

在生產管理方面，生產管理之目的是要將生產設備、人力及原料等做最佳之運用，使設備發揮最高生產效率，並以合理的製造成本、優良穩定的產品品質，適時提供給客戶。而生產管理範圍依作業性質，可區分為排程管理、製程管理、用料管理、品質管理、績效管理等作業。

營業部門於接獲訂單後，生產部門即依負荷及交期選擇最適當之生產機台，並安排同規格或類似產品接續之生產順序，使機台更改規格之損失降至最低，以期發揮機台最佳生產效率，並符合客戶交期需求，達到排程管理之目的。此外，同時亦將交期及生產進度納入管制，各項作業如有異常，即由電腦列印答交差異、交期變更、逾期未繳等資料，除了可提供作為生產進度異常檢討改善之依據，以確保交期外，同時提示營業人員事先與客戶協調，俾提高服務品質、維持信譽。

製程管理之目的在於透過最佳生產條件、配方及操作人員工作規範建立、執行及管理，使設備產能完全發揮，並確保製程品質穩定，同時防止人員操作疏失，進而提升生產績效。製程管理作業係透過生產條件及配方之設訂，並將其納入電腦，於生產時即可獲得正確之生產條件及配方指示，同時配合工作規範、操作標準建立執行、製程電腦資料擷取應用，以及自動化等作業之推動，以達省力化、事務精簡及降低成本。即使縱有異常發生，透過生產狀態記錄提報作業，以及設備與製程的異常反應，亦得以迅速明確掌握異常所在及時處理，並研擬有效改善措施，促使類似異常不致重複發生。

生產中使用之原物料、包裝材料必須適時適量供應，才能確保不致停工待料，同時對其耗用情形亦必要加以管制，使用料皆能控制在合理範圍內，用料成本始能確保合理，此乃用料管理之目的。為達此一目的，各項產品必須依規格別先行建立配方用料基準，以作為材料使用之依據，並於投料前列印「用料指示單」，使生產時之原物料、包裝材料等能夠正確使用。至於生產所耗用之材料，除了立即扣減庫存外，並連結資材管理之存量管制作業，適時提出材料之請購，以供應生產所需，確保生產順利完成後，能對使用材料作定期盤點結算，以提示主辦人員查核用料是否異常，若有用料超出耗用基準，即進行檢討改善及修訂用料基準，以確保原料合理耗用。

至於品質管理，目的是為了確保從原料投入到產出產品之作業當中，每一製程之品質都能在管制之內，並配合製程條件及配方執行，以製造出符合市場需求之品質，同時對可能發生之異常事件先加以預防，避免事後之處理。因此，本企業除了透過推動材料檢驗規範、產品品質規範、自主檢查作業之建立及執行，以確保產品品質能趨於穩定之外，同時亦將品質檢驗作業納入電腦，不但促使品質異常時能夠及時反應處理，亦可做品質績效統計分析，以提供生產部門追蹤改善之用。

值得特別一提的是，王永慶對稽核人員的要求不僅高，也寄予厚望，因為在那個年代，企業的大部分稽核工作都要依靠人工完成。王永慶說，一名合格的稽核人員應具備財務、投資、工程、法律和管理等綜合知識，不僅要有實際工作經驗，對企業的內控機制有深刻了解，還要有較強的領導、溝通和協調能力，以及強烈的事業心和責任感。正因為如此，他對稽核工作十分重視，並在不久之後就將此一業務領域統統納入電腦進行管理。在當今的台塑集團，大部分稽核工作均由電腦自動完成，不僅及時準確，鐵面無私，同時也因此節省大量人力、物力和費用。

三、擔負公司治理任務

台塑集團對外的正式名稱是台塑關係企業，旗下各公司是獨立法人[13]。總管理處雖然充當集團總部的角色並以實體方式運作，擁有獨立的機構、部門、業務和人員，卻從未進行過工商登記，因而不是獨立法人，而是一個純粹的「自治性」[14]內部管理機構。可以想像，如果沒有總管理處，也就沒有今日渾然一體的台塑集團，所謂的「關係企業」也只不過是一個相互之間有業務聯繫的鬆散結構而已，其內部不僅不存在管理協調，而且各公司之間的關係也將完全依靠市場手段來調節。

如今設立了總管理處，情況就大不一樣了：總管理處凌駕於各子公司之上，不僅充當各子公司的總部組織，制定統一的產銷政策，同時也採用計畫、管理和協調等手段調節各子公司間的關係。王永慶曾這樣比喻，有沒有總管理處的差別就像你的手掌握住或展開一樣：握起來是個拳頭，你可以利用其「擊打動作」激發出整個身體的能量；可如果鬆開了，那只不過是五根零散的手指而已。所以，如果讓總管理處這批專精人士統一負責打理各子公司的治理任務，不僅可有效保護全體股東的權益，節省各公司的治理成本，對企業的長期穩定發展也大有好處。

時至今日，專業管理幕僚仍是台塑集團管理系統的關鍵特徵之一。在最近的幾年中，總管理處總經理室一直保持有大約 15 至 20 個機能小組，總人數約在200 至 220 人之間，機能涵蓋人事管理、產銷管理、保養管理、工安環保、資材管理、工程管理、專案改善和產業發展等業務領域。他們猶如企業的大腦、耳目和雙腳，不僅可使決策層「想得更周全，聽得更真切，看得更清楚，走得更遙遠」，也可使執行層（產銷部門）獲得強有力的管理支援和服務，有效解決各種管理難題和異常。

如果從「企業資源基礎觀」[15] 的角度評價，這群專業管理幕僚正是台塑集團賴以構建持續競爭優勢的動力源泉。相較於西方其他集團企業，這群專業管理幕僚屬於一種異質性資源，其分布在時間上是穩定的，由其帶來的競爭優勢是可持續的。換句話說，由於培養過程長，代價高，這群專業管理幕僚目前已成為台塑集團的一筆稀有且昂貴的策略性資源，他們可幫助經營者規避企業內外部風險，推動企業內部各項管理制度的優化升級，及時擷取到可能潛在的市場訊息和機會。

---

13 關係企業是一種特殊的治理結構。本書已在第一章對其概念、定義和內容進行了詳細討論。

14 所謂「自治性」是指按市場法則運行，亦即按照所提供服務的數量、品質和價格收取應得的服務費用。換句話說，如果服務不好，這批幕僚人員在台塑就沒有飯吃。

15 該觀點認為，是企業內部的資源壁壘而不是外部的進入壁壘，阻止了競爭者的入侵。企業是通過在內部建立起特異的、難以模仿的資源基礎而贏得競爭優勢的。企業成長策略，特別是多元化成長策略的真正意義，是不斷打破利用現有資源和開發新資源之間的平衡。更詳細的述請參見：Wernerfelt, B, A Resource-based View of the Firm. *Strategic Management Journal*, 1984, 5（2）: 171-180.

附表：王永慶在 1968 年 1~5 月間做出的政策決定及內容總結

政策決定	概念、內容和意義
效益分享	單元成本的建立最不容易，卻是最迫切需要的。經營人員應不斷深入實際，切實掌握怎樣在合理與節儉的原則下制定目標（標準）成本。 管理者應與員工（如設備操作人員等）充分協商並設定使用目標達成的數據（例如數量）對改善過程進行控制，也就是把節省下來的人財物料等資源，再換算成獎金發放給全體參與人員分享，由此使每一操作人員在耗用公司的人財物料時感覺到像是在耗用自己家的東西一樣。 整個過程是基礎性的，瑣細的，費工費時的，而且是單調乏味的，如果不使員工與公司之間發生切身關係，台塑集團在經營上就難以做到合情合理；而如果做不到合情合理，就談不上實現人性化管理。
福利保障	企業停留於特定規模而不持續發展是不對的。企業發展需要資金，資金取決於利潤，利潤取決於員工努力，員工努力又取決於待遇和福利。這之間是一種連鎖關係，任何一個環節出現問題都會影響到企業的未來發展。 1968 年，台灣的所得稅法第 33 條規定，企業每年「得提列已發薪津總額百分之三為退休金準備」。王永慶說，這只是「準備」而已，到時能不能給付依然是個大問題。於是，他下令在企業內成立一個特別基金並責成一個專門小組全權負責營運，試圖採取一勞永逸的方式解決員工的後顧之憂。他計畫每年從企業盈餘中提取 20% 轉入該小組帳戶，用作從業人員離退職酬勞金。該小組可使用基金買賣股票、投資生產事業或存款生息。 營運小組成員由員工福利委員會和公司共同推派代表組成。自 1966 年運行以來，該基金成效卓著，在兩年內就迅速累積了 5 千萬元資金，並且計畫再過三年擴充至 2 億元。這樣做可使員工在退職時隨即領取到一筆可觀的酬勞金，而不一定非要等到法定退休年齡。為了使該項政策落實，營運小組還定時發給每名員工一張卡片，上面清楚記錄了酬勞金的到帳情況以及基金的營運情況。 該項制度在當時的確保障了員工的基本生活，使每個人都能安心工作。另外，該基金後來的規模愈來愈大，在某種程度上也成了台塑集團的一個很重要的資金來源，有力地支援了企業的業務發展。
培養員工的切身感	「切身感」是「切身感覺」的簡稱。如果說能用一個詞來濃縮王永慶的全部管理經驗，這個詞一定就是切身感。在王永慶看來，任何一家企業，如果員工對企業目標有切身感，必定是一家有發展後勁的企業。 為了培養員工的切身感，王永慶很好地處理了兩方面的關係：一是從廣義的角度看，王永慶一直認為台塑集團是個大家庭，因而在處理企業與員工之間的關係上，他遵循的理念是：「員工變家人，家人變員工」；二是從狹義的角度看，在管理實踐中，採用「效益分享」和「福利保障」比較能夠激發員工的切身感覺，因為此時企業和員工之間利益攸關，員工自會努力工作並與企業共擔經營成敗的命運。 為使部屬能體會切身感的真正涵義，王永慶常舉例說，當你給別人打工時，你總是抱怨老闆不知道知人善任。你覺得自己各方面條件都不錯，可是老闆最終還是提拔了別人。等你當上老闆之後，卻發現自己身邊沒有人，尤其是缺乏可用之人。明明感覺到張三能力強，最後還是給李四加薪。為什麼會有這樣的感覺呢？王永慶認為，這都是因為雙方缺乏切身感而引致管理錯位的緣故。企業能否久盛不墜，端看老闆能否注重培養出員工的切身感。

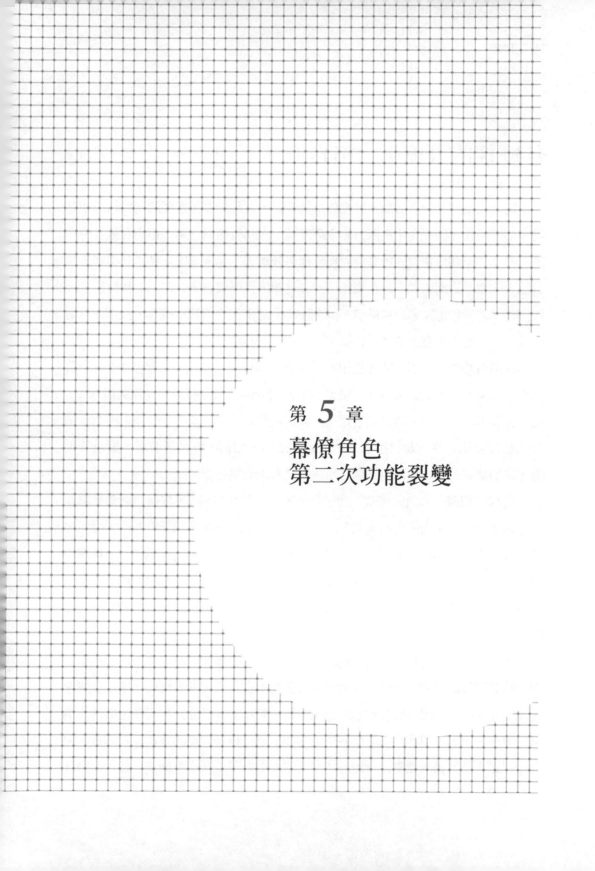

第 **5** 章
幕僚角色
第二次功能裂變

什麼樣的幕僚是合格幕僚

從公司治理的角度討論幕僚團隊及其職能，更能彰顯王永慶的獨特構思和智慧。如前所述，關係企業與西方的企業集團[1]之間有相似之處，但也有較為明顯的差異：一是關係企業的所有權與經營權不分離或不完全分離，各子公司皆是獨立法人，相互之間均以關係企業相稱；二是關係企業與各子公司間並無持股或控股關係。總管理處雖是實體機構，但在性質上是企業內部管理機構，既未進行過工商登記，也不具有企業法人資格。

從所有權的角度看，關係企業的股權大多掌握在「關係人」網路中──一群以創始股東為核心的大股東（特別是各子公司間因為交叉持股而互為大股東）。從業務聯繫的角度看，關係企業是指一個企業群：大家（或各子公司）因為感情和業務需要聚集在一起打拚事業，互以「兄弟」相稱，既是所有者，又是管理者，從而形成一種相對穩定且具有較強凝聚力的商業連結。

從利益相關者的角度來看，關係企業呈現「差序格局」，其關係涵蓋範圍甚至還可拓展至企業內的全體員工，以及企業外的上游供應商和下游客戶，從而構成一個龐大的泛關係企業群。為了加強聯繫，許多關係企業設有類似台塑集團總管理處的總部組織，但是由於所處產業領域不同，加上治理理念和管理思想有所差異，因此總部組織對各子公司的聯繫與控制程度亦各不相同，有的鬆散，有的緊密。

台塑集團非常特殊，其總管理處對各子公司的聯繫與控制程度不僅屬於緊密型，同時可以說是緊密型中最緊密的。台塑集團在很大程度上屬於一家「企業家控制的企業」[2]。相較於台灣其他關係企業，總管理處相當於各關係企業的一個樞紐單位，凝聚作用非常強，與各子公司間形成一種長期性的良性互動關係，完全可透過人事財物等關鍵性資源的集中管理而把各子公司牢牢捆在一起，使得任

何一家子公司不僅不會脫離關係企業而單獨存在，甚至樂意享受由「總部經濟」所帶來的綜效[3]。事實表明，某家子公司發展愈快，業務量愈大，對總部經濟的依賴程度就愈高，由此享受到的綜效也就愈顯著。

　　然而同時，王永慶也清楚認識到，「兄弟關係」雖說是關係企業最重要的組織資源之一，在管理上更多的卻是一套道德控制制度[4]，並為經營者的投資決策鋪墊了較為厚實的倫理基礎。但這套制度能否演化為管理與協調原則，並透過此一原則發揮管理機能，從而為企業帶來競爭優勢或持續競爭優勢，則主要看「兄弟們」之間的責任是否能夠釐清，往來的帳務是否能夠計算清楚，以及在利益分配問題上是否能真正做到「親兄弟，明算帳」。

　　為此王永慶特別強調，總經理室幕僚應按照「兄弟關係＋責權利原則」此一章法來完善全企業各子公司的治理結構。既是如此，對總經理室幕僚來說，實務作業中應如何清楚區分出誰是兄弟，誰享有哪些權利和義務，誰能最終得到多少收益，以及構思、設計並制定出一套恰當的責權利原則，用以規範上述「兄弟們之間的聯繫」等等，就顯得至關重要。

　　顯然，只有那些「既懂得兄弟關係又善於明算帳的幕僚」，才能夠算是合格的專業管理幕僚。在王永慶的眼中，總經理室幕僚必須既要懂得理論又要懂得操作。用通俗一些的話來說，這批人不僅「懂事」，更會「辦事」。他們的工作位置通常集中於集團總部，不過也時常會奉命深入生產一線，提供專業化的支持與幫助，甚至還在需要時迎難而上，親自出任各公司和事業部的高級主管。這意味

1　「企業集團是以一個實力雄厚的企業為核心，以資產關係為紐帶，聯合若干個企業組成，具有多層次組織結構，且達到一定規模的經濟聯合體，不具有企業法人資格。」引自毛蘊詩、李新家、彭清華（2005）《企業集團——擴展動因、模式與案例》，廣東人民出版社，頁10。

2　參見周其仁、李新春等人的有關論述。他們認為在這樣的企業中，民營企業能夠很好地發揮企業家精神，主要表現為所有權與控制權合一，無需擔憂委託—代理問題，企業家的利益與組織的利益方向一致，周其仁（2004），《產權與制度改革：中國改革的經驗研究》，社會科學文獻出版社；李新春（2006），〈公司治理與企業家精神〉，《經濟研究》，第2期。

3　《台灣地區集團企業研究》，中華徵信所，總部部分，各年。

4　Anthony B. Atkinso, Robert S. Kaplan, Mark Yang（2006），《管理會計》，北京大學出版社，頁353-355。

著，在王永慶的成功祕訣中，總管理處總經理室實際上成了台塑集團的人才蓄水池。

　　早在各公司廣泛推行事業部制度之初，台塑集團就亟需大批能獨當一面的高級經營管理人才，特別是後來又在各事業部之下相繼劃分利潤中心和成本中心，全企業對人才的需求就更大了。需求愈是巨大，王永慶愈是感到管理人才不足必將成為台塑集團發展的最大瓶頸。他說：「人事管理是企業管理的核心，一切有效的管理均必須從人事管理做起。」

　　自 1954 年以來，台塑集團的人事管理一直處於「自然成長階段」。雖然「台塑關係企業聯合辦事處」之下原本就設有人事部門，但其職能也僅限於代替老闆完成考勤統計、招攬人員、核發薪資而已，距離現代企業意義上的「開發性人事管理」尚有一定距離。1966 年 6 月總管理處成立之後，原有的人事部門才正式定名為人事室。在經營研究委員會的指導下，人事室成立專門研究小組著手設計、整理並制定全企業的各項人事管理制度，遂使企業的人事管理系統逐步邁入制度化軌道。1968 年 5 月，王永慶又把人事室升格為人事部，更進一步加強全企業的人事管理工作。

　　此一時期，王永慶除注重在各領域不拘一格拔擢人才，更讓他喜出望外的是，由旗下明志工專培養出的第一批子弟兵即將畢業並進入企業內工作。在過去幾年中，為了辦好明志工專，王永慶不僅捐資捐地，把「勤勞樸實」的企業文化當成該校校訓，還大力推行校企合作辦學模式，並且只要一有空閒，他必定親臨學校發表長篇演講，由此可見他對人才的重視和渴求。

　　1969 年 6 月 28 日，如表 5-1 所示，195 名明志工專的第一屆畢業生順利畢業，其中有 160 人進入台塑集團各公司工作。在第一批子弟兵中，有 125 人進入台塑、南亞等公司，主要從事技術及技術管理工作；另有 35 人進入台化公司，專職從事工業企業管理工作。應該說，子弟兵的加盟對此時求賢若渴的王永慶來說，簡直就是久旱逢甘霖。

表 5-1 明志工專第一屆畢業生進入企業工作情況統計：1969

畢業情況		企業內分配情況	
專業	人數	單位名稱	人數
機械工程	43	台塑公司	16
電機工程	42	台纖事業部	33
化學工程	44	南亞公司	54
工業管理	35	台化公司	52
工業設計	31	新茂木業	5
總計	195	總計	160

　　事實上這批人——當然也包括後來進入企業工作的多屆畢業生——很快便成為台塑集團基層管理和技術系統的中堅力量。這批子弟兵自初中畢業後即以半工半讀的方式進入明志工專學習 5 年，學業結束後再按政府要求先服 2 年左右的兵役，之後便進入企業工作。王永慶認為，這些幹部多出身鄉下，初中畢業即進入明志工專學習，加上工讀訓練和軍旅生涯，可塑性、紀律性與刻苦程度遠超過一些高學歷的，尤其是「海歸派」學生。他們能夠真正領會「嚴密組織和分層負責管理制度的基本精神」、「劍及履及勤勞樸實的企業文化」，因而也正是台塑集團亟需的各類管理和技術人才。四十多年後的今天，其中很多人儘管早已退休，但仍有一部分兩鬢斑白者還堅持在工作崗位，始終是台塑集團管理系統的骨幹性力量。

　　王永慶深深覺得，直線幕僚體系及其一大批專業管理幕僚是企業人才發展策略非常重要的組成部分，因此，當且僅當幕僚的職業生涯規劃和品質與企業成長目標保持一致的時候，幕僚人員的管理作用才可能最有效。為此，他制定了「適才適所，適所適酬」的用人原則，嚴格要求各級管理幹部、甚至家族成員均務必從基層做起，接著再憑藉業績一步一步走上更高層級的管理職位。這當中就有不少人是在熟悉了幕僚管理的流程之後，又被直接選派至生產一線擔任高級主管職務者。

事實證明，相較於西方大型集團企業端坐於辦公室的參謀人員[5]，台塑集團的各級管理幕僚更加傾向於為基層服務，協助各單位解決實際問題。幾十年來，這批幕僚在與直線生產體系的合作與衝突中，學會如何保持態度謙卑、業務專精以及立場中立。尤其是「立場中立」，它的管理學意義非常突出，因為總管理處的功能首先類似於一個小型聯合國，幕僚人員只有擺脫各「利益集團」（指各子公司）的制約，方可有效統籌全企業資源。

此外當各基層單位發生問題並亟需幕僚人員協助時，後者的中立立場就顯得更加重要。他們必須本著對事不對人的態度提供所需管理服務，凡事首先尋找制度漏洞，切不可逕直追究個人的責任。這些措施和要求看上去並不是什麼「大政方針」，但如果妥善應用，管理效果卻非常顯著。例如就「發生問題首先尋找制度漏洞」這一條經驗看，對員工心態的影響就非常大：大家不必再擔心會因為發生問題而被找麻煩，反而是積極尋找問題、反映問題並妥善解決問題。

對台塑集團這樣一個以低成本營運為重心的集團企業，幕僚人員與產銷單位的配合極為重要，因為唯有緊密配合，許多管理分析與改善難題方能畢竟其功。但這些來自總部的高級幕僚在深入生產一線後，並未及時協助基層單位處理各種異常，還經常把發現的問題上報最高層，等到資訊再回饋給生產一線主管時，常常伴隨而來的是最高層的質疑和責罰，結果是一線主管認為這些高級幕僚「打自己的小報告並被老闆盯上了」，於是毫不客氣地稱呼這些幕僚是「紅衛兵」。

例如，當時各工廠的會計在性質上屬於總管理處派駐人員，名義上叫駐廠會計，但此一方式令各事業部和工廠負責人困惑不已，總覺得有被監控的感覺。會計人員也覺得委屈，因為他們受總部委派前來處理帳務問題，卻處處感覺到被人提防。此一做法對兩個系統都有影響，既有損幕僚人員形象，也使一線幹部做事畏手畏腳。王永慶得知後立即下令，各事業部和工廠負責人應將會計視為本單位幕僚人員。他們不是來監督的，其任務是協助基層單位分析和計算不同產量下的原料消耗情況，若能做到這一點，對各單位合理編製下年度預算將非常有利。

　　儘管王永慶三令五申，駐廠會計與基層主管之間的關係仍未明顯改善，更嚴重的是還影響到企業的日常分析與改善工作。當時的一線主管人員皆由本單位晉升上來的資深管理幹部，雖然經驗豐富且能吃苦耐勞，但一般學歷較低且年齡偏大；相形之下，由總管理處派出的改善幕僚則個個精明強幹，不僅學歷高，反應機敏，而且做事堅持原則，一絲不苟，所以總是給一線幹部以盛氣凌人的感覺。

　　加上當時對異常案件的處理和匯報程序設計不合理，例如有些幕僚索性將案件直接匯報給高層主管，致使不少一線幹部因此挨罵或受罰，於是更加劇了兩個系統之間本已緊張的合作關係。此時恰逢海峽對岸的中國大陸正在鬧革命，「紅衛兵」的惡名遂不脛而走，其所作所為被當成一則比喻引入台塑集團的企業管理中，用於形容某些幕僚人員的官僚作風，氣得王永慶多次警告總經理室的幕僚人員：「基層主管很辛苦，一定要注意工作方式和方法，不然派你們下去當一當主管試試看！」

　　上述矛盾和衝突自然引起王永慶的高度警覺：如果生產一線主管反擊，勢必傷害到剛剛搭建不久的管理制度及組織結構；如果他們因此畏縮不前，又一定會隱瞞異常資料和數據，這不僅不利於解決問題，反倒使問題變得愈來愈嚴重。對此，王永慶雙管齊下：一方面增加召開午餐匯報會的頻率；另一方面改變對幕僚人員的績效評核方式。數月之後，尤其是隨「直線幕僚體系」的建立，兩個系統之間的關係開始呈現出「相互融合與相互依存」的可喜變化。

　　在那一時期的午餐匯報會上，王永慶親自教導與會的高級幹部，並要求幕僚不要一發現問題就上報，而是要按照改進後的程序首先及時把資訊傳遞給生產一

5　參謀人員是西方企業管理中常用的一個基本概念。據說這一概念被 Alfred P. Sloan 在通用汽車公司中發揚光大。他首先在公司中成立一個類似「總顧問處」的「中央組織結構」。該結構的作用超出了總裁私人總部的範疇。在專業參謀人員的協助下，總部主管能有更多時間用於協調和評估，並為各分部乃至整個公司制定政策。相較於台塑集團，總顧問處和總管理處在形態上有一定的相似性，功能上則有較大差異，比如前者的作用是顧問性的，主要為總部領導出謀劃策；但後者除了顧問性工作，更多地是承擔許多具體的計畫、控制、監督和改善等管理工作。另外，總顧問處的參謀人員通常聚集在公司總部，總管理處的幕僚則面向基層，他們廣泛分布於各公司、事業部和工廠。有關台塑集團直線幕僚體系的形成過程，本書將在後續章節中繼續給予重點討論。

線主管。他說，現在各事業部和工廠均已制定利潤目標並劃分利潤中心，他們的個人收入已經與本單位的經營指數緊密連結，如果幕僚人員能夠真正圍繞「如何提高經營指數」向各產銷單位提供管理服務，相信能夠得到基層單位的廣泛理解和歡迎。

至於如何改變針對幕僚人員的績效評核，王永慶也是煞費苦心。他發現，企業不能使用同一套績效評核方法來評價所有人的工作業績。各單位的工作目標不一樣，自然績效評核方法亦應有所區別。於是針對幕僚團隊，王永慶先是在作業整理的基礎上，把幕僚體系也劃分為相應的利潤中心和費用中心，再進一步添加「計件式績效評核辦法」，分別用其協助直線生產體系處理問題的件數、時效和品質等指標，來計算幕僚人員的津貼和獎金。

果然，改變績效評核方法使得矛盾雙方各自從融合與依存中獲得好處，而不是在對立與衝突中使任何一方受到傷害。幾個回合下來，大部分問題不僅能得到及時解決，生產一線的主管也開始認為幕僚不是來找麻煩的，反倒是幫助自己提高績效的，他們從幕僚人員提供的管理服務中獲得巨大的經濟利益；另外從幕僚人員的角度看，他們從給產銷一線所提供的管理服務中找到自己的飯碗，而且他們幫助基層單位解決具體問題的數量愈多，品質愈好，自身獲取的榮譽和收入也就愈高。

現在，各幕僚單位每月都要制定工作計畫，主動填報下一目標期內要幫助基層單位解決多少實際問題。有時候，基層單位發現某項制度需要修訂，或者某項作業程序需要改進，甚至是一些技術管理難題等等，都會主動上報並尋求幕僚單位的幫助。他們不再害怕家醜外揚，而是積極地從正面角度看待經營改善問題。更重要的是，某些基層單位可能會因為市場原因陷於虧損或目標無法連續實現等不利境地，此時幕僚人員的作用就更大了。他們會聯合各方專家，組成經營專案分析與改善小組[6]，真正蹲下身來，利用其管理、預測與診斷優勢，協助基層單位扭虧為盈[7]。這樣做的結果是，不僅產銷部門是為企業直接創造利潤的主力

軍，幕僚單位也具備了為企業創造經濟價值的機能。在知識管理階段，後者在價值創造領域的貢獻恐怕遠遠大於前者。

除採取上述雙管齊下的措施，王永慶說，能夠讓「兩個系統之間在各項管理事務中皆畢竟其功」的道理，一是「融合原則」[8]，主要是指個人目標與組織目標的融合，強調兼顧組織和個人的需要。如果組織和個人可共同協作，找到雙方的契合點，融合之後的解決方案就可同時滿足雙方的共同需要；二是「依存關係」[9]，主要是指在分權體制下，沒有依存關係存在也就沒有管理控制。管理控制之所以能夠發揮作用，必定是由於組織一方在某種程度上依存於另一方，且依存的性質和程度是決定控制方法是否有效的關鍵性因素。

從內部協調的角度看，自從 1960 年代中推行責任中心制度後，台塑集團內部逐步實現了市場化。王永慶清楚認識到在各單位之間建立並維持「一手交錢，一手交貨」這一交易秩序的必要性和重要性。他把此一秩序視為推行「兄弟關係＋責權利原則」的前提條件。他說，如果不把全企業細分為一群小的交易單位，清楚釐定各自的經營責任，再輔之以幕僚人員不偏不倚的辦事立場，台塑集團將難以建立並維持企業平穩高效運行所必需的管理氛圍和環境。王永慶的話表明，缺乏對交易單位及其數量和品質的公平界定和評判，「兄弟關係」將無異於一群烏合之眾。

在那一時期，王永慶總是凌晨四、五點起床，把自己的所思所想記錄下來，其中大部分是關於企業管理的智慧和方法，另外有不少內容涉及政商關係、產業

6　例如總管理處總經理室就設有專門的經營分析機能小組，總人數保持在 30 人左右。他們主要從事長、短期經營分析工作，其中短期分析側重於分析各單位所發生的經營管理異常；長期分析則側重利用短期資料對企業經營體質進行系統診斷，包括制度修訂、未來標準調整趨勢，以及績效提升狀況檢討等等。除總管理處，各公司、事業部及工廠也都設有相應層級的經營分析單位和人員。

7　自推動管理大變革以來，類似專案改善活動在台塑集團每年都會完成上千件之多，每年因此獲得的收益可占其總收益的大部分，比如三大子公司在 1985 年的直接分析改善效益就高達 75 億元。換句話說，台塑集團每年的一大部分利潤額並非完全來自產量，而是來自專案改善，也就是「管理財」。

8　Douglas M. McGregor（2008），《企業的人性面》，中國人民大學出版社，頁 49-50。

9　Douglas M. McGregor（2008），《企業的人性面・主編的話》，中國人民大學出版社，頁 7。

發展、投資環境以及市場變化等範疇。幾十年過去了，不知不覺中便累積了上千萬字的心得筆記[10]。他總結說，上天賦予人靈敏的大腦，就是要給人「想的能力」。他認為一名管理人員的可貴品質應體現在事前必須思考、計畫，事後必須整理、分析、檢討，也就是事前要構想，事後要回想，具體體現在以下十個方面，亦即著名的「企業十想」：

- 想：我應該做些什麼？要怎樣做？
- 想：我照目前的做法繼續下去是否適當？有無更妥善的做法？
- 想：我照目前這樣做，所得到之經驗如何？能不能趕上人家？會不會落伍以致久而被淘汰？
- 想：我這樣處理公務，對得起我的部屬否？我的部屬是否靈活且能輕鬆地工作？我的部屬是否服從我且尊重我？我的一切行動有無影響力，我能否潛心培養年輕有為的部屬？
- 想：我有無悉心研究改善本身的工作及熱心建議上級或公司改善一切措施，使其合理化？
- 想：我對若干員工辛勤工作所得的寶貴經驗，及對企業生存有關鍵參考作用的資料，有無予以整理分析、思考反應、活用解決？
- 想：我對部屬送閱之一切報表資料，切實了解之後，有無採取有效行動？如發現問題，有無立即追查解決？千萬不可有唯我獨尊的錯誤觀念而將報表看了就罷，致使誤人誤事。
- 想：我有無切實追求我任務上所需要的簡單、明瞭、正確的資料或報表而加以徹底了解，且精益求精地改進推行？如果這些資料詳細程度，未盡適合任務上所需求，或是資料報表之目的要點不易看出，或看了後對本身任務上不發生作用時，我是否任其繼續做下去，盲目地做著無目的之錯事？
- 想：我有無感覺到目前的工作環境，是給我發揮能力之良好機會？

● 想：我們的智慧與刻苦耐勞之精神，既然不比任何民族差，但歐美人民甚至日本人之生活水準皆比我們優越，原因何在？我們的生活水準比不上先進國家，究竟我們欠缺什麼？可能沒有別的答案，我們欠缺「思考」、欠缺「計畫」，一句話，我們欠缺「思想」。

從制度幕僚轉向管理幕僚

1969 年 9 月碰巧又有日本廠商來訪。在與客人談到一些經營管理問題時，王永慶發現他與日本人的想法非常接近。他很佩服日本人對管理事件的分析無懈可擊，真是做到了事事追究到家，每句話都有骨頭，不愧是大公司的管理者。例如日本人指出，台塑企業新招募的人員一般先要試用三個月，期限一到，公司就不再追問合適與否便統統正式任用，根本就忘記了設立試用期的真正目的。

他事後回憶：「日本人辦事異於我們，並非他們有天大的本事或比我們更聰明，只不過他們真正養成了『追求需要，檢討結果』的習慣而已。與日本人合作，可學到很多東西。」經再三思考並認真準備，王永慶決定對整個企業生產和管理兩大組織體系的結構，進行第二次大規模的調整或改組。本書將此次改革稱之為「幕僚角色的第二次功能裂變」。

在回顧這段歷史時，王永慶總結，第一次改革的成果是把專業管理幕僚從一般事務性幕僚中分離出來，標誌著台塑集團從此建立了自己的正式管理系統。如今實施第二次改革，目的與上次有所不同，旨在通過加強專業管理幕僚團隊建設，推動該團隊從「制度幕僚」轉向「管理幕僚」，從而使台塑集團能真正邁入效率組織之列。

10 後來經整理，大部分筆記已在台灣陸續出版，給人們留下一筆寶貴的精神財富，其中廣為人知的有《經營管理正篇》、《經營管理續篇》、《生根·深耕》、《王永慶把脈台灣》、《台灣願景》、《台灣社會改造理念（上，下）》、《革心革新》。

所謂「制度幕僚」，主要是指一年多以前成立的經營管理部及其幕僚團隊。王永慶當初成立該部的目的，是寄望能更多地配合經營研究委員會全面從事制度設計、制定和推動工作。他說，所謂制度是指規範企業管理的一系列辦事規程或行動準則，制度本身並不能自動發揮管理功能，必須依靠專職幕僚團隊貫徹實施並推動。但經營管理部幕僚的工作重心只限於制度設計和制定，並未把辦事規程或行動準則與企業的營業、生產、財務、人事等具體管理職能有機結合起來，因此充其量只能算是制度幕僚。

這一點應該是王永慶決心推動第二次機構改組的主要動機：他希望透過這群專業管理幕僚把企業的制度與職能結合起來，亦即把制度條文變為實實在在的管理行動。欲達成此一目的，他首先要做的並不是改變制度本身，而是改變這群負責設計和制定制度的人，亦即：在「幕僚角色的第一次功能裂變」的基礎上，再次觸發「幕僚角色的第二次功能裂變」，目的在於全面促使制度幕僚向管理幕僚轉變。

王永慶為什麼要強調制度與職能的結合？後來有幕僚解釋，主要是因為直線生產體系的改革進程一開始就比直線幕僚體系快了一步所致。至王永慶決定對幕僚體系實施第二次改組時為止，直線生產體系已廣泛劃分了事業部和利潤中心，並積極推行目標管理、預算管理、績效評核與獎勵等多項專業性管理制度。對台塑集團來說，上述這些都是新的管理制度，之前從未實行過。現在全面推動，勢必使各單位間以前保持的較為簡單的計畫性聯繫一下子變得複雜。各公司突然發現，他們的業務聯繫在許多方面都亟需幕僚單位採取新的管理手段予以協調。

在整個第二次機構改組中，王永慶主要選擇從理順與確定總管理處總經理室專業管理幕僚的基本職能開始，並將之列入「總管理處規程」。其他各層級幕僚單位，均比照該規程各自制定工作執掌和內容。在新的總管理處規程中，除第一條與最早訂立的規程相同，其他各條均做了較大幅度的調整或補充，主要內容大致集中在以下五方面：

一、統一訂定全企業管理制度，包括經營目標、經營方針和長期規劃。

二、集中管理人才，統一全企業人事管理制度，推動實施分權經營、集中控制與績效評核。

三、整合並統一全企業資源，旨在節省人力、財力和物力，杜絕浪費。

四、對各公司共同性業務及關聯交易統一進行溝通和協調。

五、集中資金調度、器材購入，統籌辦理市場調查、銷售分析，統一全企業會計制度。

相應地，總管理處總經理室各部門的具體名稱及工作任務調整如下：

一、總經理室負責管理控制全企業經營事項；各公司經理室負責管理控制各公司經營事項。

二、經營研究委員會為制度制定及控制性機構。

三、稽核室為監督機構。

四、業務室主要負責分析產品及其成本與銷售，並向經營者提供分析報告；負責協調企業內關聯交易、移轉定價，及與外部同業公司之間的溝通與協調等。

五、財務室集中負責籌畫並調度全企業財務資金及服務事項。

六、公共關係室負責企業內感情聯絡，建立企業信譽。

七、祕書室和人事室均為服務機構。

但令幕僚單位苦惱的是，他們的協調手段愈多，協調的頻率愈高，各公司管理制度需要修訂和優化的地方也就愈多，內容也愈細瑣。例如當兩個事業部或利潤中心向公司或集團提出同一種原料、零部件或資金需求，或者說相互之間需要發生一筆關聯交易時，就有必要在兩者之間或之上設立某種形式的「專責協調事務的公共服務部門及專案」，還需要配備專職機構和人員負責提供這樣的公共服

務及專案。沒有這樣一隻「管理協調之手」，就不會有所謂的關係企業。

不僅是各事業部或利潤中心之間的交往或交易需要某種形式的「公共服務部門」進行協調，各公司也是如此。上述假設存在的公共服務部門正是指總管理處：這一點既是解釋總管理處為什麼有必要存在的主要理論依據，也是解釋王永慶為什麼要推動幕僚角色發生第二次功能裂變的深層原因。他認為，在「兄弟關係＋責權利原則」這一公司的治理結構下，總管理處作為公共服務部門，在管理協調中的中立與客觀立場十分關鍵。他進一步解釋，所謂「中立」指的是幕僚人員在辦事過程中要做到不偏不倚，所謂「客觀」則是指在協調過程中要做到公平公正。

就目前情況看，已經實現的管理協調主要集中在總管理處各共同事務部門及總經理室。這些幕僚既負責各公司與集團以外更為上游的供應商之間的協調，例如統一原料和設備採購，以及與之相關的資金調度等問題，同時也負責關係企業旗下各公司之間的關聯交易及其往來帳務、人員調動和技術支援等問題。經過多年的歷練，總管理處也的確扮演了一個「高高在上的中立者」的角色，其客觀立場已受到大多數單位的認可和尊重。

但是在一家公司內部，各事業部或利潤中心之間，以及各工廠、製造課或各成本中心之間，他們的「需求」和「交易」怎麼辦？王永慶反問，誰來負責協調？即便是各公司或各事業部主管在完成生產任務的同時也能完成針對各事業部或各工廠的管理協調工作，那麼誰來跟催和稽核他們的協調過程及結果？換句話說，誰來協助各層級主管制定長期協調政策和方案並確定合理的協調手段及其結果？另外，誰又能保證各層級主管在長期內都始終能保持均等的協調效率？尤其是大量的分析、檢討和改善工作該如何進行協調？這些工作可不像一般性的管理工作，它需要多方面的通力合作才能完成，怎麼辦？

顯然，王永慶注意到「協調者的行為」對各級單位經營績效的影響。他隱約覺得他的分層負責策略思考，應該既指在直線生產體系內劃分事業部和責任中

心，把全企業的「產銷大權」按照責權利對等原則逐級向下分解，並將此一權力鏈上下連為一體；同時也指在直線生產體系內最靠近各級單位主管的位置，均設立一個相應層級的管理幕僚單位，從而把全企業的「管理大權」也按責權利對等原則逐級向下分解。

假如後一條權力鏈也能像直線生產體系那樣上下連為一體，在企業內就可形成另一條獨特的「直線幕僚體系」，並由此一體系來承擔各層級產銷單位的管理協調、分析、檢討、跟催和稽核等任務。尤其如果能夠再沿新的直線幕僚體系附加一套基於電腦化的報表編製及報告系統，亦即建立另一條有別於直線生產體系的完整情報系統，台塑集團就可初步建立起針對全企業各個事業單位，包括直線幕僚體系自身在內的，一個完整的管理與控制框架。在這框架中，直線生產與直線幕僚這兩個體系垂直並列，前者有多少層級，後者也相應有多少層級，既相互獨立又相互依存，猶如「經營者的左右手一般可相互呼應、支持與幫助」。

建立直線幕僚體系從現有建制上說是完全可行的。如前所述，王永慶曾於1966 年中成立經營研究委員會，試圖通過該委員會推動企業的制度化建設。一年多之後，他又解散了該委員會，代之以經營檢討會。在那個年代，多數公司主管因為管理經驗不足，並不完全清楚應如何制定並推動執行企業的管理制度，但為了迎合層峰的指令，一般採取上行下效的做法：在本公司相應的管理層級上，也設立並聘任類似的會議組織及管理人員。

也就是說，各公司、事業部及工廠均紛紛仿效集團總部，成立相應的子委員會機構。可以看出，大家當時都抱有一份僥倖心理：不管事情有沒有做好，反正形式上說得過去也行。儘管王永慶後來對此一做法十分後悔，認為各公司完全是在走形式，搞重複建設，但是這些機構建起來容易，而要想在一夜之間撤除卻也不是一件容易的事。如今他發現，一個可行的解決辦法，就是把各層級子委員會的機構及人員一律就近整合為相應層級的幕僚單位。

原有子委員會機構中的部分人員被充實到生產一線，其餘人員則按照職能分

工專職從事幕僚工作。至此，直線幕僚體系在組織架構上初步成形[11]：集團總部設有總管理處總經理室，公司設有「公司總經理室」，事業部設有「事業部經理室」，工廠設有「廠務室」，一些較大的製造課甚至還設有「課務室」。按照職權範圍，總管理處定位於「整體關係企業之幕僚及服務部門，除負責全企業制度之擬定與檢核跟催外，並統籌全企業之共通性事務，如採購、營建、財務、法律事務以及公共關係等，以達到資源整合，提高品質以及專業化和效率化。[12]

在今天的台塑集團，人們對如何劃分幕僚人員與非幕僚人員仍存有爭議。一般認為，總管理處總經理室、公司總經理室、事業部經理室和工廠廠務室工作人員是專業管理幕僚。工廠被認為是直線幕僚組織的最基層單位，以下人員則被認為是事務性或技術性人員，並沒有被列入幕僚範疇。本書認為，如此劃分完全是職能導向，因為廠務室幕僚所擔負的職責與總管理處總經理室一樣，內容基本包括「相應層級的制度設計、制定、推動執行，以及規劃、計畫、督導、審核、稽核和分析與改善等管理服務項目」，只不過兩者服務的主管層級和執掌範圍不同而已。至於廠務室以下各基層單位，例如製造課的課務室或班組辦事人員，雖然主要承擔執行及辦理事務性工作，在企業內被認為是事務性人員，但本書所謂的直線幕僚體系卻仍包括這類人員在內。

此外，以職稱為線索來看幕僚人員在廠務室及以下各基層單位的分布情況，課務室乃至於一些班組事務人員亦應劃入幕僚團隊，理由是這些人員的職稱雖然一般從辦事員開始，卻可直接晉升為「助理管理師」（過去叫主辦）。該項職稱是幕僚人員的最低職稱，廣泛分布於課務室或班組等第一線產銷單位，並且在業務上與上級幕僚單位連為一體。所以說，如果把「幕僚」一詞視為一種描述性術語（而不是職稱術語），這些基層事務人員亦應看作是幕僚才對。也就是說，台塑集團直線幕僚組織的最基層單位不應該截止到廠務室，而應該是最基層的課務室或班組。如此看來，直線生產與直線幕僚這兩條體系在台塑集團的管理架構中呈左右對稱分布，前者有多少層級，後者就盡可能設有多少層級。

同樣的，公司總經理室、事業部經理室以及廠務室的職能定位，也比照總管理處進行，只不過各層級幕僚單位服務的對象是相應層級的主管，且職權範圍也遠小於總管理處。需要強調的一點是，相對於直線生產體系，直線幕僚體系的運作有其獨立性。也就是說，直線幕僚體系是個獨立系統，除堅決執行經營層的意志並徹底履行自己的管理職責，不代表任何一個「利益集團」，辦事立場完全中立（尤其是總管理處）。

全企業的報告系統就掌握在直線幕僚體系手中。各層級幕僚單位也絕不是在各層級主管身邊簡單設立的一個公共項目辦事機構，更不是一般意義上的祕書室和監督機構，而是一個強有力的管理、協調與控制部門。王永慶似乎為台塑集團勾畫出這麼一幅生產與管理場景：產銷部門在第一線專責生產與銷售，而在他們的身後，則有一群管理幕僚隨時隨地準備提供各種管理服務。

每到月底或年底，各級幕僚單位均根據本層級各產銷單位提交的（或經由電腦自動採集的）基礎數據進行統計、匯總、分析，並編製報表逐級向上呈報。雖然各產銷單位的空間排列基本呈現樹狀結構（或金字塔狀），基礎數據的產生和匯總通道卻完全橫向，亦即主要由相應層級的幕僚單位按照營業、生產、資材、人事、營建和財務六大管理機能，橫向獲取相應層級產銷單位的全部經營數據。

其中，營業、生產、資材、人事和營建五大管理機能的數據，最終均要經由電腦網路匯總至財務管理機能。為了減輕產銷一線的負擔，台塑集團的各種統計、分析和報表編製工作，大多由幕僚人員獨立完成，他們可隨時向經營層及時提供各種可靠的分析資料和數據，為後者及時準確決策並解決內部管理問題提供完整的支持和協助。

如果說「把專業管理幕僚從一般幕僚人員中分離出來」是其角色發生的第一

11　參見王瑞瑜（2002），《延伸企業核心競爭力──以台塑網科技公司為例》，台灣大學國際企業研究所碩士論文，頁 15。
12　同 11。

次功能裂變，專業管理幕僚由制度幕僚向管理幕僚的成功轉型則可視為第二次功能裂變。由直線幕僚與直線生產這兩條體系共同組成的「雙直線並列」的組織形態，是當今台塑集團組織結構最顯著的一個特色，更是王永慶在工商管理領域內的一項個人創造。

本章末的附表中羅列了王永慶在短短十年時間內推動的多項改革措施。經過他的一系列改良和創新，這些措施一一成功嵌入關係企業的組織結構內，並在兩條直線的共同努力下，把他的理念、思想、意志，當然還有他孜孜宣導的勤勞樸實企業文化等等，十分有效地貫徹到全企業的每個角落。此一結構在確保經營與管理責任的分解、執行、評核和獎勵方面，直接產生了「縱向到底」和「橫向到邊」的積極效果。

物美價廉：永遠的經營方針

從南亞公司產能的迅速增加也可以看出新東公司在當時的增產情形。1967年，南亞的股票剛剛上市，旗下擁有 4 家工廠和 7 個營業部，分散在高雄、台北等大城市。如表 5-2 所示，南亞公司當時產量最高的產品是塑膠布，1964 年的產量和產值分別是 7,128 噸和 1.5 億元，到 1966 年則分別增加至 16,224 噸和 3.1 億元，僅產量一項就淨增加了 9,096 噸。除了外銷，南亞生產的塑膠皮和塑膠布作為加工原料轉撥給新東，轉撥比例在此期間大致維持在 45% 左右，新東的加工能力由此可見一斑。

新東公司產銷兩旺的發展態勢，與王永慶一開始就抓緊品質改善密切相關。對新東來說，在量產的同時又注重品質改善就等於是同步做好基礎性生產管理工作。一般企業總是在達到一定規模之後才開始重視品質改善，但通常為時已晚。新東決不能走這條老路，王永慶解釋，日本人為什麼這一點做得比美國人好，關鍵就在於日本人認識到一個基本道理：提高品質就等於提高生產力。新東的產品

表 5-2 南亞公司產品產量和產值變化：1964~1966　單位：噸 / 千元

產品名稱	1964			1965			1966		
	產量	產值和比重		產量	產值和比重		產量	產值和比重	
塑膠布	7,128	153,157	43%	10,068	217,684	42%	16,224	309,645	54%
塑膠皮	360	16,826	5%	1,236	42,496	8%	1,440	39,719	7%
硬質板	480	12,404	4%	516	14,268	3%	576	13,319	2%
浪　板	660	14,022	4%	1,056	22,626	4%	2,148	36,912	6%
硬質管	1,800	40,154	11%	4,224	87,862	17%	4,428	76,099	13%
地　磚	624	6,705	2%	960	7,362	1%	2,064	13,792	2%
塑膠粒	624	12,998	4%	888	16,843	3%	420	6,598	1%
其　他	3,696	96,799	27%	3,732	107,234	21%	3,312	81,098	14%
合　計	15,372	353,060	100%	22,680	516,375	100%	30,612	577,182	100%

最靠近消費者，品質好壞是公司的生命線，所以全企業上下都要格外重視品質管制工作。

在 1966 年 7 月舉行的「台塑關係企業經營研究委員會」第一次全體會議上，王永慶一方面明確提出台塑集團的發展策略，另一方面基本確立了企業的經營方針。奇怪的是，僅就經營方針看，王永慶只是提到「方針」兩字，卻沒有談到實際內容，這一點讓當時在場的多位高階主管倍感困惑：為什麼經營方針沒有實質性內容？

實際上，經過十幾年的奮鬥，台塑集團此時無論子公司的數量還是整體經營規模，相較於台灣同時代的其他企業，已儼然一副大企業派頭：居於最上游的是台塑公司，接下來是南亞公司，更下游的是新東公司，如此垂直連為一體，構成一個標準的一貫作業生產體系。台塑集團也一改過去產品無銷路的窘境，代之以蒸蒸日上的發展態勢。王永慶此時已深深感受到提出並確立企業經營方針的緊迫性和重要性，只不過他正在等待一個重要時機──解散新東公司。

果然到了 1967 年 8 月，王永慶先是解散新東，隨後又開始著手調整全集團的經營方針。以今天的眼光看，解散新東雖說是出於策略考量，但實際上深受王

永慶當初經營米店生意的影響。他認為，米店主要以零售為主，日常工作不僅辛苦且利潤微薄，因此企業必須向上游發展，也就是靠碾米賺錢肯定比以零售賣米輕鬆和容易。解散新東也一樣，對台塑集團來說，真正意義在於此舉將從根本上改變台塑集團的未來發展道路。顯而易見，道路不同，自然經營方針也不相同。

新東公司存續期間，南亞公司的大部分產品只需直接劃撥即可。但現在不同了，新東已「分殖」為幾百家獨立加工商，意味著南亞的產品今後要採取市場交易的方式完成。換句話說，消費品生產與原料生產的經營方針肯定有所不同。如果南亞產品的價格高或者品質不好，這些加工商肯定毫不猶豫地轉向他人。如此一來，台塑公司該怎麼辦？所以面對經營研究委員會的委員，王永慶斬釘截鐵地宣布，台塑集團今後的經營方針永遠只有四個字：物美價廉。

既然經營方針調整了，管理重點也應該隨之轉變。王永慶舉例說，經營方針主要依靠制訂經營計畫來實現。比如台塑公司主要生產 PVC 粉，今後的管理重點就應放在製程改善上。只要成本能降下來，大量生產、大量銷售必將成為一種有效的生產方式。南亞公司也可照方抓藥，所生產的產品既要品質好，又要價格低。當然，台塑集團也不能只把品質改善視為僅僅為了滿足消費者的需求，王永慶接著解釋，這樣做等於只是完成了任務的一半。

品質管制的核心是要求利用最經濟的手段生產出品質最好的產品，它是企業的一種經營活動，範圍並不局限於生產單位，而應推廣至所有部門。物美價廉是由各部門管理改善的成果共同累積而成的。所謂「價廉」，是指通過降低成本提高生產效率來確定一個合理的產品價格；所謂「物美」，是指通過提高產品品質為客戶提供合格的產品。

對經營方針的重要性，王永慶在一次午餐匯報會上通過一個美國公司的例子作了說明。他說，產品品質與企業經營管理的所有方面均有不同程度的連結。一家美國公司與一家台灣廠商約定，由前者為後者完成一種控制系統的設計工作，因為合作已久且關係密切，所以美國公司在簽約時並沒有準備明細方案，只是口

頭允諾可為台灣廠商設計一種功能超越之前曾做過的任何一種控制系統。台灣廠商也是基於同樣考量，對有關設計品質的細節問題並沒有給予足夠重視。

出乎意料的是，那家美國公司之前設計過的所有控制系統所使用的都是機械動力，但此次新設計的方案卻擅自更改為使用水力。等到台灣廠商發現時已經來不及了，雙方雖曾同意價格可有所不同，但對所需設備及各項成本並沒有進行詳細論證。於是當工程師開始安裝該水力系統時，不僅發現所需設備的採購金額巨大，而且技術說明還要再根據台灣廠商的實際情況進行大幅度調整，以致預算嚴重超支，工期一再推遲，那家台灣廠商也到了幾近破產的邊緣。

王永慶認為，台塑集團應當從中汲取教訓。品質管制工作不僅是等「產品生產出來之後要做的一件事」，更重要的是在事前就要重視，並把品質管制與其他管理制度掛鉤。目前看來，僅僅做到這一點還不夠，銷售部門今後還應沿生產鏈上下逐步推進，不僅要追溯到客戶的客戶，同時要追溯到供應商的供應商。尤其是對一些重大投資專案，幕僚更要認真研究制定經營計畫，切不可馬虎從事。

制定經營計畫可協助台塑集團建立一套長效的控制機制，以避免上述問題的發生。但是在那個時代，不要說制訂經營計畫，就連經營計畫的基本概念和樣本恐怕多數幕僚都既沒聽過也沒見過。儘管王永慶借赴美考察之機蒐集了一些美國大公司的資料，但他發現，這些公司的經營計畫大多是企業未來一段時間要實現的發展目標，不完全是他心目中所想像的經營計畫。

王永慶建議總管理處總經理室幕僚要特別注意日本人正在使用的一套問題診斷方法，看看能不能從中獲得某些啟示。該方法實際上是日本人從美國人那裡引進的，叫做「SHINDICA（Symptoms, History, Investigation, Diagnosis, Corrective Action）法」，是指一套集症狀、歷史、調查、診斷和矯正於一體的企業經營診斷工具。如果使用得當，他說，該工具可防止經營計畫失控，並幫助各位幕僚及基層單位主管在事前就發現問題。

當時碰巧有一位日本診斷專家來台灣訪問，王永慶得知後便把他請到家裡，

和他詳細討論如何制定經營計畫等問題。他發現，那位日本專家簡直就是計畫天才。他每年下半年就已經把第二年全年的工作計畫做好了，甚至哪一天下午幾點到台北，哪一天做什麼事等等，全都安排得清清楚楚。過幾天他還要再到台灣來，王永慶對身邊的幕僚說，你們會有機會碰到他，他會把他的計畫拿給你們看，希望你們認真研究和領會。

王永慶指出：如果能像日本人那樣把計畫制訂得如此周密，我們的企業管理該會多麼有效率。但是在我們的台塑公司，你常會看到這樣一種怪現象：機器運轉以前，現場主管基本上無所事事；一旦機器轉起來，他又忙得一塌糊塗。豈不知當機器轉起來時，成本與品質已無法控制，生產單位不得已又是申請增加人手，又是延長作業時間，到最後一算帳，不但訂單不賺錢，反而還虧了不少。為什麼會出現這種情況，王永慶厲聲責問，原因就在於事先沒有計畫，這些主管實在是「盲」得一塌糊塗！

此時的王永慶雖說早已過知天命的年齡，但仍以旺盛的精力為台塑集團操勞著。他隱約感覺到台塑集團又處在一個管理變革的關鍵點上。目前的管理工作之所以出現混亂，原因在於過去的計畫工作大多是非正式的，從沒有寫出來過，還很少和各事業部主管一起討論。但現在不同了，他要求幕僚應把各公司的經營計畫白紙黑字正式固定下來。雖然此一要求可能導致管理系統出現暫時性混亂，但我們必須這樣做，王永慶堅定不移地說，這是台塑集團走向大型石化企業的必經之路。不這樣做，台塑集團永遠是小企業！

王永慶對管理系統出現的混亂情況愈是感到惱怒，身邊的幕僚就愈是摸不著頭腦，因為他一會兒說要制訂經營計畫，一會兒又說要學習日本人的診斷方法。幕僚私下紛紛猜測老闆到底要什麼？經營計畫和診斷方法之間到底是什麼關係？對這些問題，大家皆莫衷一是。有人甚至說，經營計畫與 SHINDICA 法之間根本風馬牛不相及！SHINDICA 法側重企業經營診斷，著重於找問題，找答案，對制定石化企業的經營計畫又有什麼直接啟示？

聽到幕僚的議論之後，王永慶解釋，石化工業是一個有著廣闊發展前途的事業。各種石化產品已經進入千家萬戶，世界石油資源取之不盡，用之不竭，價格雖說小有波動，但總體上低廉無比。台塑集團發展到今天，已經是一家規模不小的中游原料供應商。如果從長期看，世界石化產業發展的環境仍非常穩定，比較適合台塑集團向大型化企業發展。這一點對我們來說是個千載難逢的好機會，決不能白白錯過。

台塑集團眼下的下游客戶大多是原新東公司解散後新成立的三次加工廠，他們雖是獨立公司，但與台塑集團血肉相連，唇齒相依，所以台塑集團今後的經營方針必定要以物美價廉為核心。王永慶說，眼下在台灣，凡做生意的，沒有人不知道什麼叫物美價廉，但又有幾個人能扎扎實實地做到呢？因此如何做到物美價廉，才是我們需要日思夜想的一個焦點問題。目前我們還停留在如何透過制訂經營計畫來做好成本管理的初級階段，但這顯然遠遠不夠。問題的關鍵是如何降低成本，以便獲取實實在在的經濟效益。如此看來，沒有計畫性恐怕是不行的。

王永慶漸漸道出他的真實想法。他用肯定的語氣說道，SHINDICA 法就是我們正在做的「作業整理」。目前總經理室已經籌設了若干個機能小組，主要任務就是通過作業整理實現經營計畫的管理功能。也就是說，我們不僅要制定經營計畫，更要借助經營計畫的制定和執行培養我們的管理能力。西方企業所說的短期計畫、長期計畫、技術計畫、商業計畫和財務計畫等等，表面上看很複雜，實際上我們也能做到。問題是，我們面臨的困難和他們不同，因而各自經營計畫的管理功能自然也要有所區別。

王永慶表示，西方企業的管理制度一向比較健全，任何一項經營計畫，儘管只是一些簡單數字，只要通過正式系統下發，部屬各單位就必定會認真執行。反觀我們自己，居然也像西方企業一樣把制訂經營計畫和執行經營計畫混在一起同時進行，認為兩者根本就是一回事。各位試想，在基層單位毫無執行力的情況下，你的經營計畫制訂得再周密又有什麼用？我這麼說的目的，不是指如何制定

經營計畫,而是說如何充分發揮經營計畫的控制與管理功能。

　　儘管王永慶講得慷慨激昂,但能真正領會他的意圖的人並不多,或者說在當時根本也就沒有多少人能充分理解他。在接下來的幾個星期中,總管理處總經理室的幕僚不得不一邊硬著頭皮鑽研 SHINDICA 法的具體內容,一邊與各公司和事業部主管展開廣泛的討論和探索。大約又過了幾星期,專案小組便提交了一份自認為「比較完整」的經營計畫。王永慶一邊伏案閱讀,一邊逐字逐句修改。

　　最終提交給經營決策委員會討論並定稿的,實際上已不是一份純粹的經營計畫,而是一份「台塑關係企業作業改善工作計畫」。不久,王永慶又把它改稱為「台塑關係企業問題報告制度」。他回憶,這份報告從字面上看,並不像是一份常規意義上的經營計畫。但這完全沒有關係,管理學科中也並沒有人定義說企業的經營計畫就不是這個樣子。西方企業經營計畫的內容也不過如此,他們只是把經營目標數字化而已。我們雖然可以依樣畫葫蘆,但在台塑集團卻不一定執行得下去,原因就在於我們缺少像他們那樣的管理基礎。

　　說到最後,王永慶索性提起筆來,親自把上述「工作計畫」的要點逐一整理出來。如表 5-3 所示,經王永慶親自整理出來的一系列原則性意見,實際上就是台塑集團後來一貫追求管理合理化的一些基本原則。事實表明,王永慶看中的不僅僅是經營計畫本身,而是如何通過此一活動奠定完成經營計畫所需的各項管理基礎。基礎奠定好了,經營計畫自然可以執行得較好。

　　儘管王永慶在表 5-3 的第 1 和第 3 項中都強調事後改善,但日本人的經驗告訴他,只有透過持續改善,才能使員工在日後作業中「一次就把事情做對」,而不是「做了再改,改了再做」。台塑集團的管理水準還沒有像日本人那樣形成一套體系,或者說在生產管理方面做到標準化,各生產部門主管每天都要直接面對一大堆細節性問題,除了窮於應付,基本無暇顧及當初要求制定經營計畫的初衷和要求。

　　這時如果處理得不好,或者說幕僚人員對生產現場提交的報告把關不嚴,極

表 5-3 台塑關係企業作業改善工作計畫（問題報告制度）的原則內容

序號	名稱	內容
1	成本管理	建立「嚴密組織」並實行「分層負責」管理制度的根本目的，是在產品適度差異化的前提下，走低成本發展道路。故此，各利潤中心應再行劃分成本中心　並據此編製各種營業、設備、人員、生產和工程等方面的成本變化報告。特別是針對成本增加情況，各單位務必詳細列舉並分析所耗費的時間、人力和作業，以及成本上升所涉及的主管和部門名稱，包括可能的處置意見及其說明等事項。今後，成本管理應採行目標管理，定期把實際成本與標準成本進行對比，針對發現之差異採取必要之矯正行動。
2	損益表	以利潤中心為單位編製損益表，目的在於協助經營者或管理部門制定經營目標，定期了解目標的實際執行過程，控制並監視利潤變動情況，提前顯示該中心銷售價格和數量變動、成本增加和利潤增減的估計數額等數據資料。
3	作業改善	作業情況報告應詳細列舉並記錄各項作業的開始日期、時間、性質、完成情況、實施要徑、各作業間牽扯到的人事物關係，以及完成人和負責人姓名等內容，目的在於形成作業改善計畫，減少作業重複和浪費，提高工作效率。為此，各部門要注意區分各自應該從事何種作業，什麼時間完成，並注意多採用工業工程等技術手段，來分析每一項作業效率的達成情況。
4	幕僚監督	經營計畫中所提到的部門係指各生產單位和幕僚單位。特別是幕僚單位，應加強對生產單位應完成而未完成的各項計畫或作業實施監督和檢討。幕僚單位有責任就生產單位可能發生的問題，或在作業中可能遭遇的困難和風險等等，協助提出解決辦法。
5	技術管理	各生產部門應簡要列舉適用技術、革新進程，以及未來要達成的基本目標。該項報告的關鍵在於，要詳細列舉並分析技術引進和革新中可能潛在的困難、問題和影響因素，並提示可能的解決辦法。
6	重大事件	各部門應就重大事項，包括例外事項，及時向上級主管單位報告，以防止「驚人事件」發生。該項報告應詳細列舉成本、銷售、利潤、設備、工安，以及上一時間段內經營效率或結果等數據資料中突然出現的陡升、陡降等情況。對重大事項，全體幹部員工應格外重視預防工作。各幕僚單位在管理系統建設方面，應逐步把異常管理制度和流程的規劃、設計及推行工作提上議事日程。
7	績效評核	績效評核是推行上述各項政策措施的保障。在直線生產部門，大部分績效項目均與成本有關。為確保成本計算的公平性和準確性，各產銷單位編製的單位成本報表均應採用標準成本法。在幕僚單位，也應逐步劃分利潤中心和費用中心。對於幕僚作業，應從職務分析開始，採用作業整理法逐項劃分作業項目，並切實制定作業基準及標準負荷。從業人員只要達到目標要求，就可享受相應的獎金。如果超過目標要求，也應享受超額獎勵。 上述獎勵辦法的重點有兩個：一是標準。沒有標準就沒有控制，也沒有公平和效率；二是獎金。獎金發放對管理工作及其效率的影響，歸根結柢還是由標準的制定是否公正、公開所引致的。不論從業人員達成目標或是超額完成目標，其中的關鍵點都在於如何判斷並計算，在目標的達成過程中，哪些貢獻是因為員工努力所致，哪些貢獻是由於設備更新所致。

有可能使業已開展的經營計畫工作流於形式，時間久了勢必在具體產銷環節上出現失誤。從這個視角看，王永慶此時強力推動各單位制定經營計畫的最後動機，實際上就是希望把台塑集團的管理系統推向「一分預防抵得上十分治療」的高級境界，畢竟企業現在面臨的困難太多、管理太混亂了。

整體而言，這份報告的內容摘要及其重要性已經遠遠超過一般性的經營計畫本身，或者乾脆說它根本就不是經營計畫，而是一份「附帶有執行方案的工作計畫」，它凸顯出王永慶要求「經由制定經營計畫發揮管理功能」的想法和初衷。制定企業經營計畫本是一件順理成章的事情，任何一家企業都會做，也有能力做到。但到了王永慶手裡，卻使經營計畫演變成一項管理工具，並借助專業管理幕僚的推動，不僅給各產銷部門主管指明方向，同時也明確了具體的管理目標，並經由目標制定給「兩條直線」分別施加強大的管理壓力。

他認為，經營計畫就是管理目標，是全體管理人員的工作重心。在此，「壓力」一詞並不是說要刻意通過減人或調整工作內容來增加工作負荷，而是指通過該項活動如何把各主管的注意力全部集中到管理目標上。過去因為人多事雜，如果發生管理不到位之情事，主管很可能會尋找藉口推脫。但現在不同了，你必須全身心投入如何制訂及實現管理目標上。顯然，「注意力[13]能否集中」已經成為檢驗各級主管在工作中是否感到有壓力的主要指標之一。

管理大創新：作業整理法

在管理系統及其方法建設上，王永慶在整個 1960 年代主要使用並推行的是作業整理法。換句話說，作業整理是那一時期管理分析及改善活動的主要內容，因為做的時間長且具系統性，最終演變為一種十分有效的管理方法。特別是在固定製造費用和期間費用的控制方面，作業整理法更是發揮了關鍵性作用，並為台塑集團的「降本增效」活動做出不可估量的經濟貢獻。

作業整理法緣起於新東公司的品質改善活動，後來又沿整條製造鏈實施雙向拓展。所謂「雙向」是指：向下可追溯至客戶的客戶，向上可追溯至供應商的供應商，亦即從供應商到消費者，無一環節不留下幕僚的「整理蹤跡」。他們的目標就是要打通全部環節，逐步袪除其間隱藏的一切無效作業，以便減少浪費，從而使整個製造價值鏈能有序而高效運轉。

進入 1970 年代後，作業整理法在台塑集團很少被提及。王永慶先是用作業分析、作業改善取代，不久又與管理改善混合使用，再到後來則乾脆把作業整理、作業改善或管理改善合而為一，統稱為「管理合理化」。如今在台塑集團內部，沒有人不知道管理合理化，卻少有人知曉作業整理法的產生背景及其作用。

也可以這樣評價，作業整理法代表了王永慶在 1970 年代中之前的全部管理智慧和方法。人們今天看到的和正在使用的管理合理化及其一整套管理理論和方法，正是由作業整理法演變而來的，內容大致包含以下幾項：

● 技術流程整理，主要指石化原料生產中的各道工序及部門安排的程序。王永慶要求幕僚應對技術流程（也叫製程）中潛藏的邏輯進行分析，以便確保人、機、料等環節能始終處於受控狀態。另外通過整理活動，幕僚應特別注意是否能借此逐步袪除、減少、合併或者簡化某些多餘的作業環節。

● 生產布局整理，主要指工廠平面布局與廠房和設備布置。石化原料生產講究流程化，生產過程單一且順流而下，如果能充分利用地面和空間，使加工路線最短，有利於作業人員操作，且便於運輸並確保安全，即便只是消除一個多餘動作，減少一次搬運次數，該工廠也能因此而節省相應的成本或費用。

● 生產線整理，主要指生產線平衡。在合理的生產布局條件下，生產線平衡是指作業時間合理，作業速度合理，沒有積壓或等待。整個生產過程由多道工

---

13 在此，注意力不是指一般意義上的精力集中，而是指人的心理活動指向，亦即長期集中於某種事物的能力。

序串聯及整合而成，其中任何一道工序發生問題，都會成為整條生產線的瓶頸。因此，生產線整理的重點，就在於如何及時發現、分析並袪除瓶頸。

● 人工動作整理，主要指如何提高人工動作的效率。王永慶說，人的一系列動作是構成每一項操作或作業的基本因素。通常情況下，這些因素的不合理之處，比如疲勞感、注意力不集中等等，皆是影響生產效率的主要原因。所以人工動作整理的關鍵，是如何在操作時減少非生產性動作，以最少的勞力付出達到最大的工作產出，以便由此實現人工的動作經濟。

從上述內容看，當時推行的作業整理法完全是為了滿足一時的管理需要，並在實踐中逐步摸索出來的，主要包括程序整理和操作整理兩部分。其中，程序整理的著眼點是如何提高流程效率。對此，王永慶要求幕僚要對整個生產過程進行詳細記錄和分析，用以反映整體工序狀態，有效掌握現有流程的異常情況，並透過工業工程改善手法實施改善。至於操作整理的著眼點，則是如何提高工序效率，尤其是注重分析人機之間的配合及其所存在的管理問題。

王永慶說，員工的任何一項操作行為都是由一系列動作構成的，這些動作是否符合標準要求是控制人機之間配合效率的關鍵點。今後幕僚的工作重點，就是要針對成千上萬個作業項目建立這些管控標準，不僅要建立程序標準，還要建立操作標準。為清楚表明他的想法，他甚至反問幕僚：「如果不建立標準，我們怎麼能判斷管理過程是否出現異常？如果無法及時發現管理過程出現異常，這樣的作業整理活動還有什麼意義？」

實際上，王永慶對此還有更多的獨到見解。他認為，不管是程序整理還是操作整理，都可以稱之為作業整理。所謂「整理」，本意是指通過人工的一系列分析活動使現有作業有條理，有秩序，並袪除其間不必要的東西。在工廠活動中，整理就是指經由作業分析完成的管理改善和效率提升。台塑集團主要從事製造業，全體員工，包括管理人員在內的一切作業活動，皆可大致劃分為「使用機器

的作業」與「不使用機器的作業」兩大類，如何使這兩類作業活動有條理有秩序，且不包含任何不必要的東西，企業不經過長期而艱苦的「整理過程」是不可能做到的。

這意味著幕僚的分析活動將圍繞「使用」與「不使用」機器展開，並在實踐中要嚴格區分兩種分析活動的內容和方法。通常情況下，使用機器的作業看得見摸得著，很大程度上是一種科學或技術活動，因此分析的目的在於如何提高機器的使用效率；而不使用機器的作業既看不見也摸不著，作業內容雖說是由不使用機器者向機器使用者提供的管理服務，分析的目的卻和提高機器的使用效率一樣，重點在於提高服務效率。

那麼，幕僚人員究竟如何才能做好兩種不同類型的作業分析工作？王永慶在他的演講中這樣解釋：兩種作業分析都必須從劃分成本中心開始，亦即從釐清各自的責任範圍做起。所謂「責任範圍」是指每個成本中心的可控成本項目的總稱，該中心只對可控成本負責，至於不可控部分，可另行劃分成本中心，變不可控為可控，並交由後者負責。另外，成本中心也是最小的責任單位，並且每一中心的任何一項作業，無論使用機器的還是不使用機器的，效率高低都可從成本報表上反映出來。

顯然，報表體系建設對如何實現作業整理非常重要，它實際上就是整個管理流程的一個關鍵組成部分。用王永慶的話說，報表在作業整理中所發揮出的管理功能是指把管理制度「逐條細化為一張張表單」，並使表單的統計範圍能按照管理者的意志覆蓋企業的所有管理活動。這些報表不僅可記錄每項作業消耗資源的情況，同時也可記載責任人和責任單位是否履行了其責任，以及履行程度如何等各項基本資訊。更重要的是，這些表單在管理系統中「上下左右流動的軌跡」正是台塑集團眼下亟需建立的管理流程。

比如說，一個生產單位的成本報表應該包括料工費的消耗等情況，內容匯總之後大致有上百項或近千項。此時，幕僚人員的分析重點，首先應該在生產過程

開始前就要確定好各項「標準消耗」，亦即什麼樣的消耗標準最合理，既不能太高也不能太低，既要能被生產單位所接受，又要能達到管理與控制作用；其次是在生產過程完成後，要對成本差異逐項進行分析。通常情況下，沒有發現差異的分析過程是沒有意義的。

成本差異產生的原因各式各樣，僅通過常規性財務報表不一定看得出來，加上現場人員因為忙於生產，不一定有時間深究原因，這時就需要有專門的幕僚團隊耐心地建設好管理會計報表體系並做好各項分析工作，進而抽絲剝繭一層層地追蹤下去，直至找到影響成本變動的根本原因為止。就目前實施的情況看，由使用機器的作業所造成的差異比較容易解決，因為大部分差異是由違反技術邏輯引致的；而由不使用機器的作業所造成的差異則非常難以解決，因為它不涉及技術邏輯問題，其間的因果關係非常複雜，假如沒有幕僚的分析工作，恐怕根本難以找出真正合理的答案。

在上百項或近千項成本項目中，材料和用人因為與產量連動，所以使用美國企業現有的標準成本法就可以加以控制。美國人的做法是在事前建立消耗標準和用人標準，如果實際成本高於或者低於標準成本，幕僚即可從單位成本比較表中很容易發現實際成本的變動情況。但是對料工費中的最後一項，也就是製造費用，則必須差別對待，不能機械地一概使用標準成本法控制，而必須逐項分析所有成本或費用項目的變動習性。

西方管理會計雖已對製造費用進行嚴格區分，並分為變動和固定兩部分，但對固定部分卻始終沒有找到很好的甄別辦法和有效的控制方法。後來隨會計理論的演進，一些大企業雖說可以用標準成本法控制變動製造費用，並按照人工工時或機器工時等比率指標將之分配到產品，但對固定製造費用則仍然束手無策，不得已之下只有將之簡單地分攤到產品。隨著時間推移，「分攤」這一會計處理辦法，顯然會扭曲固定製造費用的真實性和準確性。既然料工費的處理如此困難，更為複雜的管銷財研等費用又該如何控制？

在會計學中，管銷財研等費用被定義為期間費用，同時也叫非生產成本（含固定製造費用）；料工費（不含固定製造費用）則被定義為產品成本，同時也叫生產成本。兩者合為一起，被認為是企業的總成本。從王永慶當時的想法，成本在他眼中既是一個總量概念，又是一個單位量的概念。為此，他告誡幕僚在一開始既要瞄準企業的總成本，亦即為企業在整體上找尋到一種有效的成本計算和控制方法，也要瞄準單個的成本項目，亦即由於成本習性不同，企業應針對不同的成本項目採取不同的計算和控制方法。

作業整理法：先進又實用

在之後的章節中，本書會有重點討論台塑集團的成本計算和控制方法，在此僅集中描述和探討王永慶在成本控制領域的主要思路及其實踐活動的背景性故事。他經由自己的想法所形成的基本思路是：使用標準成本法有效控制直接材料、直接人工及變動製造費用；對固定製造費用和期間費用等項目，則嘗試使用作業整理法控制。

王永慶的這一思路使台塑集團注定成功走出一條低成本成長之路。他顯然已經注意到，西方企業原有的成本管理方法只能部分反映生產與成本之間的直接關聯，並不能覆蓋企業的全部成本和費用。他所宣導的作業整理法，儘管在那一時期尚不成熟，仍處於摸索階段，但他隱約感覺到此一方法將是對原有成本分析與控制方法的有效補充和創新。他認為，眼下的第一步是希望幕僚能看清生產單位的成本消耗與其所完成作業之間的直接關聯，並依據正式報表分析哪些成本投入是有效的，哪些是無效的。

依據當時留存的資料分析，作業整理法在最初只是用於整理各項管理作業，然後按照「二八原則」依序處理手頭的繁雜事務，以便使各主管的管理工作有條理有秩序，並能在單位時間內提升處理問題——尤其是處理重要問題——的數量

和品質。有趣的是，幕僚沿此思路卻找到了解決成本管理問題的突破口，亦即從原來簡單的作業整理向更為科學的作業分析拓展。此一工作方法後來不僅用於控制固定製造費用的製造領域，同時也用於目的在控制期間費用的非製造領域。

對如何釐清成本控制背後的基本道理，王永慶解釋，台塑集團主要從事石化原料的生產和銷售，由此產生的各種管理活動實際上是指一連串的作業過程。他說，這一連串的作業過程引致的代價相加就是企業的總成本。因為台塑的技術和管理水準低下，因此在整個產銷過程中就存在著許多無效作業或多餘作業，這些作業引發的費用就是我們常說的「浪費」，所以作業整理法的根本目的不完全是降低成本，很大程度上恐怕是指如何減少浪費。至於如何減少或消除浪費，看來聰明的辦法不是直接砍掉預算或者減少支出，而是要追尋各種浪費現象產生的源頭，並據此徹底杜絕一切因人為因素導致的無效或多餘作業。

例如，應根據每個人的工作執掌認真分析其各項作業的結構：每個人承擔什麼樣的工作，該項工作包含有多少項作業，他所完成的作業是否和他的能力相匹配，每一項作業消耗了多少資源，以及所消耗的資源是否能確保該項作業有效完成。如果能完成，是他能力強、效率高，還是因為工作負荷低，工作方法好；如果不能完成，是作業負荷太高，還是當事人沒有努力；更進一步地，如果是負荷太高，究竟是應該把部分作業分給他人，還是應採用其他辦法減負或改進？

在所有這些問題中，有兩點內容可能至為關鍵：一是某項作業究竟花費多少資源，以及依據什麼標準判定該筆資源的消耗是否合理；二是所消耗的資源究竟給企業帶來多少成本，以及依據什麼標準判定該項成本是否合理。對這些問題，台塑的主管目前只能憑藉主觀判斷和經驗累積來認定原因，這顯然又會引來新的問題，比如：誰能確保主管的主觀判斷和經驗累積都能被基層單位或員工接受？如果基層單位或員工不接受，豈不是又影響到企業的整體管理效率？

作業整理法與流行於西方企業中的作業成本法具有異曲同工之妙，兩者均強調「產品消耗作業，作業消耗資源並導致成本發生」這一工作原理。實際上，作

業一詞是由美國人科勒（Eric Kohler）教授於 1952 年率先提出的。在他編著的《會計師詞典》（*Accounting Dictionary*）中，首次提出並解釋了作業、作業帳戶和作業會計等概念。1971 年，另一位美國教授斯托布斯（George Staubus）在《作業成本計算和投入產出會計》（*Activing Costing and Input Output Accounting*）一書中，進一步對作業、成本、作業會計、作業投入產出系統等概念作了全面而深入的討論。

但是，作業成本法作為一套理論和方法被正式發表且廣泛應用，則是由美國芝加哥大學青年學者庫柏（Robin Cooper）和哈佛大學教授卡普蘭（Robert S. Kaplan）於 1988 年完成的 ABC 法（Activity Based Costing）。這一套理論和方法一經提出，隨即風靡歐美日等各國企業。許多大企業家無不將之當作控制非生產成本的法寶。

從時間上看，作業整理法在台塑集團被實際用於企業成本控制過程，卻比作業成本法早了二十多年。儘管作業整理法體系上不如後來的作業成本法那麼理論化，但是作為一種成本控制的思路和方法，它的確代表了王永慶在該時期的管理智慧和創新。為配合作業整理法的推行，台塑集團各公司在那一時期還先後引入成本會計、責任會計，將作業分析和改善活動與責任會計制度緊密結合，並隨企業電腦化水準的不斷提升，進一步把作業整理法再納入電腦化管理流程，逐步將成本控制的視野和範圍向非生產領域拓展。至此，作業整理法的管理功能開始逐步顯現。

作業整理法對台塑集團的貢獻遠不止於此。至 1970 年代後半期，台塑集團的管理系統初步成形，主要由六個子系統構成：營業管理、生產管理、資材管理、工程管理、人事管理和財務管理。這六個子系統在整個管理系統中具有同等重要性，排名不分先後，邏輯結構上既互為因果、相互勾稽，又相互獨立，自成體系。用幕僚的話說就是：「各管理機能均經全盤規劃納入電腦處理，由此達成全面電腦化管理，從而使各項管理事務相互之間構成整體性關聯關係。」

　　後來，王永慶乾脆把這六個子系統統一冠名為「六大管理機能」[14]，旨在透過作業整理及其深度分析活動，使六個子系統皆能充分發揮相應的管理功能。以今天的眼光看，六個子系統雖在名義上叫做六大管理機能，實際上卻是「六大作業管理系統」，其形成過程與王永慶在早期就格外注重作業分析和改善顯然是渾然一體，密不可分的。

　　然而不久，「作業整理」此一概念卻因為王永慶個人的理解不同，而進一步分解成「作業分析」和「作業改善」兩個內容。他說，作為一種「切實工夫」，作業整理法雖說已經使企業的各項生產和管理作業變得有條理且有秩序，但仍然還達不到袪除不必要東西的境界。例如，有人4小時可以做好8小時的工作，可是有人做了12小時卻還是做不完。把企業中任何兩個人的工作實績放在一起比較，幕僚人員均可輕易發現其間所隱藏的諸多差異。幕僚對此進行分析的目的並不一定是「和後進者過不去」，而是著重於探尋為什麼不同人員的工作效率會發生這種差異？

　　經過作業整理之後，大家現在都可以在四小時之內完成，但問題是隨企業技術進步，耗費的時間還能不能再縮短至三個半小時，或是其中的某些多餘動作還能不能進一步消除？另外，到底標準時間是多少？人與人之間的差異很大，我們既不可能武斷地以「先進者」為標準來責罰「後進者」，也不能把找不到標準當作為後進者開脫的理由。很明顯的，台塑的管理活動依舊停留於追求有條理和有秩序的初級階段，距離真正意義上的作業分析和作業改善尚有一大段距離。

　　今後，王永慶指出，各公司應拋棄原有的整理活動，改以作業分析和作業改善，因為分析和改善在本質上屬於科學管理範疇。這些分析和改善活動會產生大量數據和資料，如果能把因此形成的數據和資料再透過報表納入管理系統，「各相關資料均可於一次輸入後，即做多層次的傳輸應用，在每一項管理電腦作業內充分發揮相互勾稽、環環相扣、異常反應及跟催管理等機能，並最終匯總於財務管理系統，編製各種財務及經營管理報表[15]，及時且忠實反應實際經營狀況，

以利各部門檢討經營得失，提高經營效率」。

　　甚至再過了一段時間，王永慶索性用「管理合理化」來統領所有作業分析和作業改善等管理活動。因為在他看來，管理合理化涵蓋的範圍遠比作業分析和作業改善更寬廣。他說，作業是一種具體的生產活動和管理工作，管理合理化則是一個更大的概念，可完全視為引領整個台塑集團管理系統演進的一個基本理論及操作框架。

　　從那一時期留存的企業檔案和文獻看，王永慶本人對管理合理化問題的思考也有可能借鑑了西方「合理化理論」中的某些觀點。西方學者[16] 所謂的合理化是指技術合理化、組織合理化和政治一經濟合理化，亦即：

　　一、注重技術改進和創新，以便適應大規模工業生產的需要；

　　二、注重組織再造，以便滿足企業集團化和跨國化經營的需要；

　　三、注重社會責任，以便緩解日益尖銳的各種社會矛盾。

　　本書認為，王永慶所謂的管理合理化與西方人的合理化在思想和內容上基本一致，甚至在某些方面完全重合。四十多年後的今天，台塑集團的管理合理化不僅仍是統領企業管理系統演進的基本方針，也是各級管理人員持續努力的主要責任目標。難能可貴的是，一旦王永慶認定某個道理，他就絕不會放棄。不但不放棄，還會進一步指導專業管理幕僚來實現他的這些想法。

　　為了推動管理合理化，王永慶於 1971 年明確提出「如何成為一個追求管理合理化的人」應具備的三個條件。他把他的想法濃縮為六個字：知識、經驗和勤

14　據有關資料分析，台塑集團各公司 ERP 的形成時間是 1982 年，所以「六大管理機能」被冠名的具體時間至少是在 1982 年或之前。

15　這一報表體系後來隨電腦化水準進一步提升，為台塑集團實現「一日結算」及邁入「知識化管理」階段奠定了堅實基礎。

16　"The Meaning of Rationalisition: An Analysis of the Literature", by Robert A. Brady, *Quarterly Journal of Economics*, May, 1932, pp.527-528.

勞。為了幫助管理階層及普通員工都能深刻領會他的思想，王永慶除了多次在經營決策委員會會議上公開宣講，甚至還把自己的感想親自寫出來，發表於當年出版的企業雜誌上。

知識、經驗和勤勞這三個條件中，知識對王永慶管理思想的形成具有決定性影響。他說，專業管理幕僚應具備把知識、經驗和勤勞有機結合在一起的能力。對一名普通員工來說，在工作中保持肉體的勤勞固然是必需的，卻不是最重要的，關鍵在發揮出個人的知識和經驗，努力用智慧工作，而不是一味的流血流汗。王永慶此舉實際上等於是給全體管理人員提出一道嚴肅的智力測驗題：在實際工作中，究竟怎樣做才有意義——是注重使用員工的大腦，還是注重使用員工的雙手？

顯然在王永慶看來，使用員工的大腦比使用他的雙手更有意義。王永慶說，我不是有意重複以前的觀點，而是這一問題實在是太重要了。顯而易見，「注重在管理實踐中注入知識的力量」又是王永慶管理思想中的一大亮點，對後來專業管理幕僚團隊的思想和隊伍建設影響極大。它不僅從根本上改進了幕僚團隊的管理方法，也從整體上提升其管理效率。例如：他為此還嚴格要求專業管理幕僚不能總是埋頭於作業分析，因為那樣容易陷入「事務性所引致的管理盲點之中」，而是要從制度的高度看待管理合理化，並把管理合理化當作規範一切作業分析活動的準繩。

王永慶說，這其中有個非常重要的邏輯關係：任何問題的產生可能都是偶然的，但是偶然的背後卻有其很深的必然性，因為任何管理不善或浪費都與制度漏洞密切相關。也就是說，生產現場暴露出的問題，不一定是因為員工不努力，很可能是管理不到位或制度存在漏洞造成的。一句話，基礎性的作業分析和作業改善固然重要，但更重要的是如何通過分析和改善活動進一步實現制度的不斷改進和持續優化。

附表：王永慶在十年管理大變革時期採取的主要政策措施及內容總結

	起始時間	措施名稱及內容	工作目標及效果
直線幕僚體系	1965 年	第一次租用兩部 IBM 電腦用於企業管理。至 1967 年 9 月已實現管理數據的批次處理，並逐步將各項管理制度導入電腦；1968 年 5 月成立電腦中心，後又將該中心併入總管理處總經理室。此一合併行為既提高了電腦單位的行政層級，又凸顯了電腦用於企業管理活動的重要性。	台塑集團租用電腦用於經營管理的時間幾乎與電腦全面進入石化工業的時間同步。王永慶發現電腦可強化管理功能，可發揮人力所不能及的作用，不僅能協助管理階層提升相關事務處理的及時性和準確性，同時能協助經營者建立嚴密的內控機制並推動企業管理逐步進入精細化管理階段。應該說，王永慶能在電腦進入石化工業的初期即注意到這一趨勢並大力提倡，是他對企業管理實踐的卓越貢獻之一。
	1966 年	6 月，王永慶將設於台北市的台塑關係企業聯合辦事處正式改名為台塑關係企業總管理處，並於 1969 年 10 月在總管理處下成立總經理室，取代先前成立的經營管理部的全部職能。總管理處在性質上是集團的內部管理機構，而總經理室則是總管理處部屬的專業管理幕僚單位。	從權力的角度講，在集團總部建立專業管理幕僚作業團隊並強化其制度化管理功能是一種集權行為，是王永慶為台塑集團實現規模經濟和多元成長而專門設計的一種組織形式，其特點主要體現在以下兩方面： 1. 作為「共同事務部門」的總管理處。在總管理處下設立共同事務部門，如財務部、採購部、營建部、發包中心、法律事務室、出口事務組和祕書室等，並抽調專業人員對全集團各公司相同事務予以集中處理，以追求效率、品質、少人化和綜效。從這個角度看，總管理處實際已在很大程度上演變為一個全企業的「事務性管理共用服務平台」。 2. 作為「內部管理機構」的總管理處。在總管理處下另設總經理室，總經理室下再設各機能小組，如生產管理組、營業管理組、資材管理組、工程管理組、財務管理組、人事管理組、專案改善組和電腦處等，並抽調專業人員負責全企業的制度建設，推動管理合理化，不斷提升組織的運行效率。從這個角度看，總管理處實際也在很大程度上演變為全企業的另一個「制度性管理共用服務平台」。
	1966 年	8 月，成立經營研究委員會、人事評議委員會和預算審議委員會。王永慶在經營研究委員會的第一次會議上，即明確提出台塑集團的發展策略：「嚴密組織」和「分層負責」。	王永慶提出的策略思考是台塑集團完成管理大變革以及在後續幾十年中實現穩定快速成長的邏輯主線。正是沿著這一主線，台塑集團逐步完善公司治理，建立集中決策機制，推行多種專業化管理，包括建立直線幕僚體系，以及在直線生產部門實行事業部制和利潤中心制度等等。王永慶總結說，台塑集團的管理特色是「管理制度化、制度表單化、表單電腦化」。從整體上講，此一管理特色實際上正是嚴密組織和分層負責策略思考的具體體現。
	1967 年	在經營研究委員會的領導下，總管理處幕僚，連同直線生產部門，一起完成全企業管理制度的設修訂和整理工作，標誌著台塑集團由此步入「管理制度化」的軌道。	由經營研究委員會領頭完成的制度建設工作的意義十分重大。當然，初始形態的制度還存在諸多不完善之處，有些甚至還只是簡單的崗位職責和操作規範，距離真正專業性管理制度的要求還有很大距離。但王永慶的功績在於由此組建了一支專業管理幕僚團隊，並依靠該團隊把上述制度的精神逐一落實。 王永慶堅持認為，企業再造不是一個口號。他要求管理階層要從企業運行過程中的一點一滴做起，不斷反思、分析和改善一些基本問題，徹底挖掘各個業務單元及其執行過程中長期累積的一些不合理的潛規則或陳規陋俗。他說，這些潛規則或陳規陋俗是阻礙企業文化建設和制度建設的主要因素，但長期以來企業內卻一直沒有人去反思它，矯正它。

（接下頁）

	起始時間	措施名稱及內容	工作目標及效果
直線幕僚體系	1968 年	1 月，王永慶將經營研究委員會改名為經營檢討會。隨後，各公司及其事業部和工廠也紛紛仿效總部成立相應層級的經營檢討會。儘管該會存續的時間只有四個多月，在組織架構上卻自上而下成為一個體系。應該說，正是由於該會的組織方式自成體系，加上其宗旨就是檢討改善，故追根究柢的精神能夠在台塑集團全面貫徹和普及。	改名的目的在於強化並落實各項規章制度。需要特別說明的是，享譽國內外的「午餐匯報會」也自此變成一項示範性例行工作，並延續至今，成了貫徹落實各項規章制度的一把利器。王永慶認為，天下沒有免費的午餐，企業制度建設及管理改善工作絕非一蹴可幾，沒有堅忍不拔的毅力不可能推動改革，沒有追根究柢的精神不可能將制度貫徹到基層，是故檢討改善永無止境。
		5 月，又將經營檢討會改名為經營決策委員會，原集團總部經營檢討會的人員、組織及職能，因為隸屬於總管理處總經理室，故仍予以保留。但各公司、事業部及工廠的經營檢討會則就地整編為各公司總經理室、各事業部經理室和各工廠廠務室等幕僚單位。至此，全企業的幕僚單位上下連成一體，初具直線形態。	再次改名的目的有二：一是將檢討改善活動組織化、制度化和標準化；二是隨目標管理及各項專業性管理制度在生產部門推行，各公司高階經營者便從一般事務中解脫出來，專注於各項經營決策並集中精力處理重大及例外問題。也就是說，經營決策委員會的成立使得整個決策過程更集中、更專業、更有效率，至少在短期內是這樣。 另外在大變革剛開始時，兩條直線之間因為權責劃分不清，關係時常顯得相對緊張，例如總管理處可向各公司「下派」會計人員並「任由」其參與生產管理決策等工作，以至於出現會計人員主導生產決策過程的怪現象。為此，王永慶花費巨大心血，逐步建立健全了全企業的溝通協調機制，其中最明顯的一條措施是：徹底切斷直線幕僚對直線生產單位的直接指揮權，代之以支援、支持等服務功能。
	1975 年	當年底（解散經營決策委員會的具體日期已無從考證，但根據王永慶對該委員會工作效率表示不滿的演講時間推斷，應該是在當年底前後），王永慶基本順了兩個重要關係，並使為期十年的管理大變革終於告一段落：一是總管理處及其各共同事務部門與總管理處總經理室及其各機能小組之間的關係；二是直線幕僚體系與直線生產體系之間的關係。 理順上述兩個關係之後，王永慶斷然決定取消各功能性委員會，代之以總管理處總經理室各機能小組。從後續幾十年的實際操作情況看，取消各功能性委員並沒有影響到台塑集團的公司治理及其決策機制，甚至還可以這樣評價：總經理室各機能小組完全可以協助各公司有效履行董事會的各項決議。1975 年開始至今，台塑集團的組織架構，除了橫向的部門增減，再也沒有發生過類似的實質性調整和變化。	解散經營決策委員會的原因是，該委員會在以下兩方面的實際運作效果與初衷不符：一是完善公司治理，協助落實董事會決議；二是就重大經營規劃、計畫，以及日常經營中的重大問題進行決策。事實上，該委員會在很大程度上的確履行了上述外項職責，但王永慶發現，委員會制度的弊病仍未根除，甚至隨時間推移還有愈演愈烈之勢，其中存在的主要問題是決策效率和專業化程度不盡如人意。 完善的公司治理結構一直是台塑集團追求的管理目標之一。以台塑公司為例，王永慶在大變革之前擁有股份的比例高達 70%，台塑於 1963 年 5 月公開上市，並在以後的幾十年中多次增資擴股，王永慶的持股比例遂逐年下降。但這並沒有改變他的基本信念：創辦企業的目的就是使出資者的資本最大化。縱觀王永慶的言論和行動，他處理這一問題的手法大致基於兩點：一是對股東負責。從內部管理的角度看，對股東負責意味著要完善內部審計、稽核及控制機制並翔實披露相關資料；二是追求經濟利益。台塑集團屬於原料製造商，主要通過製造過程創造財富，所以積極拓展投資範圍、降低產品成本、提高作業效率是其獲取經濟利益的主要來源。 隨時間推移，總經理室各機能小組在大變革期間及之後的發展速度、職能許可權及其專業化管理能力均以迅速提高，由其接手並履行上述兩項職責可以說是水到渠成。自此，總經理室的權力更加集中。在此可以用王永慶的一句話結總他取消功能性委員會的原因：「如果一句話能說清楚，如果一個人能做，為什麼還要說兩句話，甚至要一個委員會來決定。」

（接下頁）

	起始時間	措施名稱及內容	工作目標及效果
直線生產體系	1966 年	6 月，在成立總管理處總經理室的同時，王永慶實際上還採取了另一重要措施：要求各幕僚單位協助各公司、各事業部和各工廠先從制定經營規劃和計畫著手，待有一定基礎後，再另行全面推行目標管理、預算管理、績效評核等專業性管理制度。	從責任歸屬的角度看，王永慶將他推行的改革措施概稱為「責任經營制」。嚴格來說，責任經營制更像是一種運作或經營體制。王永慶的集權與分權行為就是在這樣一種體制下進行的。他一方面沿直線幕僚體系集權：通過統一規劃和協調來組織、控制和指揮整個產銷過程；另一方面，他沿直線生產體系分權：通過將直線生產部門劃分為事業部和利潤中心等形式，使其能在責任經營體制下獨立經營，自負盈虧。
	1967 年	5 月，南亞公司依照產品別劃分為南亞塑膠和新東兩個事業部。台塑公司劃分事業部的早期記錄不詳，但據推測，應該也是在此前後就實行了。	
		8 月，南亞公司試辦經營會議、推行目標管理制度、實施事業部制和利潤中心制度，並提出「分課盈虧」的做法，也就是「各生產課劃分為一個成本中心，自行擔負降本增效之責，並根據目標達成情況實行績效評核與獎勵」。	從性質上看，台塑集團的事業部制度，包括利潤中心制度在內，和歐日美等國企業的做法基本相同，差別僅在於台塑集團做得更扎實，特別是利潤中心和成本中心，不僅劃分的標準有所不同，數量也遠遠超過歐日美企業，加上電腦的應用愈來愈廣，愈來愈深入基層（至 1975 年時，台塑集團的 MRP 已經相當成熟），從而使經營責任，當然也包括成本責任在內，從劃分、歸集、計算，再到績效評核與獎勵等等一系列作業過程被貫徹落實到最基層。
	1970 年	下半年，台化公司也依據產品別劃分為 4 個事業部，細分為 24 個利潤中心，並率先建立標準成本制度。	

第 **6** 章
直線幕僚體系的
進一步評價

徹底建立強勢的企業文化

1982 年春，王永慶在重修祖父王添泉的墳墓時，曾手書了一首五言詩，並命人雕刻於墓地兩側的石碑上：「含辛兼教耕，德配共勉撐，早學清苦經，勤勞樸實銘」。在詩中，他一方面抒發了祖父對自己早年創業時的教誨之情，另一方面也重申他把「勤勞樸實」當作台塑集團企業文化的必要性和重要性。

實際上早在台塑公司成立之初，王永慶就把勤勞樸實當作台塑集團的企業文化。這句再「樸實」不過的普通成語，凝結了王永慶在不惑之年對企業經營管理的全部感悟。回憶這段往事時，王永慶說：「貧寒的家境，以及在惡劣條件下的創業經驗，使我在年輕時就深刻體會到，先天環境的好壞不足喜亦不足憂，成功之關鍵完全在於一己之努力。」

除了祖父，母親王詹樣對王永慶經營理念和管理思想的形成和發展也具有關鍵性影響和作用。王永慶回憶，8 歲時，父親送他進入新店公立學校接受教育，使他對世事有更加清晰的記憶。這一年恰逢他的大妹銀燕出生，王永慶發現母親並沒有請助產士幫忙，而是自行剪斷臍帶，並在產後立即去屋宅旁的水池邊洗衣服。

後來王永慶才完全明白，母親生他兄弟姊妹 8 人，都是自行克服所有困難自己生產，然後又照常下床洗衣服燒飯，無一例外。面對母性的偉大和母親的責任心，王永慶痛苦地回憶：「這種徹徹底底刻苦耐勞的精神，以及凡事從不期望依靠外力協助，全憑自己設法解決的意志及智慧，實在是聞所未聞。」

在母親的影響中，「成就需要」是另外一個重要內容，這一點也是分析台塑集團成長緣由中的幾個關鍵性心理因素之一。如果從成就需要的視角觀察，那麼理解王永慶在日後幾十年的成功歷程就十分順理成章。母親的教育方式在很大程度上屬於「清教徒式的」[1]，亦即傾向於「支持強烈的獲取成就的個人需求」，

這自然使得王永慶的個性特質中具備了經營企業所需的一些重要品質：擁有類似猶太人對待商業風險的特殊態度——心甘情願為企業成長消耗個人精力，願意從事企業管理創新，以及隨時準備獨立做出決策並承擔相應的風險和責任。

顯然，繼承自母親的這些優秀品質，深深影響並支配著王永慶的工作與處世態度 [2]。在後來創辦及經營台塑集團的過程中，他曾遭遇過種種艱難困苦，但每次都用母親的事蹟自我勉勵，一次又一次地度過危機，持續踏出穩健的腳步，追求著成功後的喜悅和不斷的自我超越。

企業文化本是一種「軟力量」，但是以勤勞樸實為核心的台塑集團的企業文化卻顯得特別強勢，原因就在於王永慶並沒有把企業文化置於精神層面，更沒有把它當作鼓吹老闆個人理想的口號，而是細化為推行管理合理化的每一個步驟，每一個分析動作，亦即把企業文化與責任經營制度緊密結合。如果只是當作口號而沒有落實到行動，那麼這是一種虛偽的表現，王永慶強調：「多說無益，你先做給員工們看看！」

他認為，「徒善不足以為政，徒法不足以自行」。企業追求管理合理化全賴事在人為，既要有文化的驅動力，更要有具體指標的約束力。例如在管理改善過程中，不管是生產單位還是幕僚單位，只要先在你的個人作業目標中設定標準，企業即可對你的作業過程實現控制。通過定期將已設定的標準與你的實績進行對比，就可容易看出你在個人目標的達成過程中是不是負責任。如果你不負責任，問題就大了，因為接踵而至的是無休止的檢討與改善，直至你負責任為止。但這還沒有完，如果你現在負責任了，證明你先前設定的標準在當下看來已經不再合

1　David C. McClelland 於 1961 年在其《取得成就的社會》一書中（頁 47-53）如此總結：1. 新教改革運動強調的是在生活的各方面要自力更生，而不是依賴他人；2. 信仰新教的父母改變了培養兒童的方法，教他們自力更生和獨立自主；3. 經驗表明，這些做法會導致孩子具有更強烈的獲取成就的需求；4. 更強烈的獲取成就的需求會導致經濟活動的迅速發展，韋伯把這種發展稱之為資本主義精神。

2　母親去世後，王永慶按照基督教的儀式為母親辦了葬禮。由此推斷，基督教中的某些商業思想的確對王永慶的管理理念產生一定的影響。

理，有必要再次修訂，以便確保你日後在工作中更負責任。如此循環往復，永不停止。

文化的強勢性完全來自標準以及標準的不斷改進和優化。在王永慶看來，「標準的不斷改進和優化」可被認為是在管理活動中追求「止於至善」的過程，它不僅是推行「壓力管理」的前提條件，更是台塑集團在激烈競爭中實現持續成長的基本保證。為了貫徹此一管理思想，王永慶於 1968 年 5 月下令在南亞公司率先試行目標管理制度，內容涉及生產、銷售和成本等多方面。

他說，目標管理就是責任經營制。如果能夠合理制定每部膠布機的產量標準和消耗標準等指標，並輔之以合理的績效獎勵制度，那麼完全有理由相信，南亞的產量可在不增加設備和人力投入的前提下迅速增加。王永慶說，我們可以算算帳，到底怎麼做最合算：是在增加了大量設備和人力投入之後的產量增加合算，還是在不增加設備和人力投入的前提下合算？如果我們能夠做到後一點，我認為這等於是深入貫徹了勤勞樸實的企業文化。為什麼？因為這意味著我們找到了實現利潤最大化的最佳生產條件，意味著我們已經能從企業的實際出發，做事情講求實事求是。

果然，南亞公司的膠布產量開始逐月遞增。王永慶對此成績十分高興，隨即要求台塑和台化兩公司也全面推廣此一經驗。但一年多之後的 1969 年中，因為推行目標管理制度所帶來的新的管理問題幾乎全部暴露出來了。在企業管理中，根本就難以找到一種一勞永逸的管理辦法。他認為，之所以會產生新的管理問題，根本原因是各事業部和利潤中心的責任範圍在「上下」、「左右」和「前後」這六個維度[3]上均尚未徹底釐清，導致企業在多個部門間出現爭功諉過或互扯後腿等諸多不合理現象。

就當時的態勢看，台塑集團面臨的問題主要表現在以下幾方面：

● 在劃分事業部和利潤中心之前，台塑集團各公司的權力高度集中。如今

推行分權體制，各公司對各事業部和利潤中心的績效評核採用的大多是短期的損益指標，而沒有引入更為長期的投資報酬率等指標。

● 各事業部和利潤中心出現機構重複設置及人事成本上升等現象，且最高主管常陷於如何排除日常出現的疑難雜症，無暇考慮本單位的重大策略及其未來發展等問題。

● 各單位各行其是，致使企業管理中的一致性原則難以貫徹實施。所謂「一致性原則」是指全企業只允許有一套人事、財務、採購和銷售政策，但現在是「上有政策，下有對策」，不僅不利於統一管理，也給正在推行的電腦化管理帶來傷害。

● 在利潤中心制度下，各單位主管極易發展成該領域的專才，這顯然不利於培養綜合人才。這些主管只了解本部門目標，只關注個人業績，對如何與其他部門溝通以及領會公司和集團的大政方針則不聞不問。長此以往，企業將缺乏通才，事業發展也會後繼乏力。

驚人的組織力：制度化→表單化→電腦化

儘管問題多如牛毛，有些甚至涉及原則性問題，因此性質相當嚴重，但專業管理幕僚團隊應對這些困難和問題的反應能力，卻一下子轉移了王永慶的視線，這多少令他有些喜出望外。他注意到，總管理處總經理室幕僚已經就上述困難和問題自動組成一個專案小組，開始逐一進行統計和分析，並擇其問題概要及解決方案向他本人以及經營決策委員會做了詳細報告。

該專案小組在 1969 年 5 月前後所做的問題概要及解決方案大致集中在以下

3　所謂「上下」是指事業部和利潤中心與其上下級單位之間的聯繫，「左右」是指與有橫向業務聯繫的其他兄弟單位之間的聯繫，「前後」是指前任主管與現任主管之間的權責交接關係。

幾方面，有些內容甚至超出王永慶的期望：

一、鑑於政府當局尚未頒布員工離退職保障制度，台塑集團先行一步並於1966年開始實施「從業人員退職酬勞金制度」。在過去幾年中，企業已陸續有員工申請退休。另隨時間遷移，今後恐將會有更多人退休。因此如何貫徹落實這一制度是一件大事，因為事關每一名在職員工的切身利益。為此，幕僚建議在企業內設立「從業人員退職酬勞準備金」，並從利潤中每年提取一定比例的資金用於充實該準備金，以便從根本上打消員工的後顧之憂。

二、台塑集團下放給各事業部或利潤中心的投資與產銷決策許可權不明確，責任領域劃分不清。王永慶的本意是試圖透過構建產銷一元化的分權體制提升各事業部和利潤中心的積極性，現在看來結果並不理想。各事業部和利潤中心根本就分不清楚哪些因素是其能夠獨立控制的，哪些是不能控制的。為此，幕僚人員建議應繼續探討事業部和利潤中心的劃分方法，並制定一份全企業統一的「核決許可權表」。專案小組希望通過實行「核決許可權條文化、條文金額化」等方式清楚劃定各事業部和利潤中心主管的核決許可權，並用一系列規章制度將其固定下來。

三、管理階層仍不適應工作許可權的大幅調整。過去，高階管理者很少親自做計畫或規劃，基本都是由身邊一些能幹的幕僚完成的，但現在劃分了事業部和利潤中心，企業亟需許多人走上負責崗位，故專案小組建議經營層要從瑣碎事情中脫身，堅持自己制定計畫或規劃。幕僚認為這是企業賦予高階管理者的一項權力，並且只有堅持自己制定計畫或規劃，才可使管理團隊及其管理技術逐步走向職業化。

四、各事業部或利潤中心因為產品不同，包括工業設計、技術水準、生產技術、市場需求、設備新舊程度，以及技術人員的數量等工作條件差異很大，如何做好績效衡量以求公平合理？專案小組建議總管理處總經理室應予以全盤考慮，

先制定出一套績效評核與獎勵原則，由各單位照此制定出各自的實施細則，再圖謀進一步修改和完善；還建議要強化責任會計核算，深化標準成本制度，以便釐清責任，正確評核各部門經理的經營管理績效。

五、會計部門要提供準確有效的報表，並將之納入利潤中心體系的報告系統之中。但這會造成兩方面的問題：一是高階管理者究竟需要什麼樣的報表；二是用什麼機制和辦法來約束各事業部和利潤中心及時提供真實資料。如此一來，總管理處及各公司可能會提出增加幕僚人員的人事請求。為此，專案小組建議應注意嚴格控制人事成本的快速增加，並通過加強電腦作業中的「就源一次輸入，多層次傳輸應用」等做法，確保基礎數據的及時性和準確性。

六、對新提拔的事業部經理和利潤中心主管，應在加強責任教育的同時，有效評核其績效，否則會挫傷其積極性。對一個利潤中心來說，還有另兩類人才極為重要：一類是利潤中心幕僚，主要負責蒐集資料、編製預算並作經營分析；另一類是會計人員，過去專司記錄和報告，但現在則要側重統計和分析，故建議應對上述三類人才分別制定不同的績效評核辦法。

七、實施利潤中心制度並不等於企業的管理水準同步提高了。各級管理者要充分認識到推行利潤中心制度有可能帶來的新問題，例如資源分配扭曲、幕僚人員與生產人員之間發生衝突、本位主義和官僚主義等等。總之，為應對市場競爭，各事業部和責任中心既要成為台塑集團的主要管控目標，同時要成為職業化人才的訓練場。

八、各事業部及利潤中心的運行原則是「自主經營，獨立核算」。用王永慶的話說，推行此一原則的結果改變了各單位間原有的「計畫轉撥」關係，代之以更為有效的「市場交易」關係。這本沒有錯，但這些制度卻會帶來諸如自掃門前雪等負面作用。完全依靠計畫轉撥的做法明顯違背目標管理制度的基本精神。台塑集團各子公司沿石化產業鏈一字排開，大家要麼是上下游關係，要麼是橫向協作關係，如果讓本位主義恣意橫行，「各單位的子目標相加就不一定會等於企業

的總目標」。因此專案小組建議，企業應該更進一步推行責任經營制，縝密設計各單位間的交易價格機制，確保交易頻率和效率。

九、完善關係企業的組織架構圖。組織架構圖是對台塑集團「組織結構化，結構部門化」的一種直觀反映，格式不一定要照抄西方企業，內容卻一定要符合台塑集團的發展策略，亦即要適應和滿足「嚴密組織、分層負責和科學管理」的現實需要。專案小組的幕僚將按照此一發展策略設計企業組織架構的基本功能，並根據企業的具體情況認真劃分各項職位和作業，目的在於凸顯台塑集團組織架構及其管理職能的個性特點。

對專案小組的反應，王永慶認為，其自覺行動正是勤勞樸實這一企業文化的具體寫照。其自覺行動表明，台塑集團的管理系統及其優化的本質已不再是「舊瓶裝新酒」，而是「新瓶裝新酒」，亦即：用一副嶄新的架構承載另一套嶄新的管理制度。幕僚團隊能在管理系統發生問題時自覺採取行動，這種「自動反應」本身就表明管理系統被注入了活力，它能夠按照自身的運行機制「自動」為經營層提供決策支持和幫助。如果能進一步加強幕僚團隊建設，使其能夠「成建制」地進入企業管理領域，那麼他本人以及董事會在未來可完全透過組織力量的發揮管控整個集團。經過此次事件，他甚至還希望專業管理幕僚團隊再向前邁進一步，例如：建立某種機制，以便在事前就可發現問題，而不是等到問題出現之後再想辦法解決。

王永慶這樣的思維，無疑折射出他的經營理念：小企業靠個人力量賺錢，大企業靠組織的力量盈利，兩者之間有天壤之別，尤其是後者——注重發揮組織的力量——是對現代西方產業組織理論研究重心的最佳詮釋。除注重「使用員工的大腦」之外，「發揮組織的力量」是王永慶管理思想的另一個亮點。他的這一想法其實由來已久：早在 1966 年舉行的第一次經營研究委員會會議上，他就明確提出台塑集團的發展策略。應該說，也是在這一次會議上，他的演講為他的此一

管理思想埋下了伏筆。

當時他提出「嚴密組織」這句話，實際上就是要通過「建立嚴密制度」來充分「發揮組織的力量」。企業過去的組織結構比較簡單，命令相對統一，各公司負責人和他一樣，完全可憑藉已掌握的經驗和技能親自處理企業的各種管理事務。現在卻不可能再做到這一點，因為企業的規模日益龐大，生產技術和管理流程日益複雜，尤其是在劃分責任中心以及推行目標管理制度之後，倘若此時再把所有生產和管理職能都集中到最高主管一人身上，顯然萬萬行不通。

「照制度做就是發揮組織的力量」是王永慶在日後幾十年中按照上述思想養成的一貫信念。對於此刻專業管理幕僚發揮的作用，他暗暗稱奇，於是下定決心要強化其「組織建設」。他接下來針對台塑集團組織結構採取的改革措施與西方大企業廣泛推行的直線職能制十分類似：把機構和人員按照責任大小不同大致分為兩類，一類是直線生產單位及其管理與操作人員，另一類是職能機構及其幕僚（參謀人員）。其中，前者按照命令統一原則，對各級產銷部門行使指揮權；後者按照專業化原則，提供與產銷部門所擔負責任相對應的各項管理服務工作。

但是與西方集團企業不同的是，當今台塑集團的職能機構及其幕僚人員並沒有完全「聚集在總部」[4]，而是沿直線生產體系的「一側」向下延伸，形成另一條獨具特色的直線幕僚體系。此外更為重要的是，王永慶認為，直線幕僚體系的建設應該和電腦化一起做。今天看來，幕僚與電腦的結合又是王永慶實現發揮組織的力量此一管理思考的另一關鍵性因素。

電腦化是王永慶為台塑集團管理系統建設所做出的一項巨大貢獻。一般企業的電腦化進程大多是先行購買別人設計好的系統，企業領導人推行電腦化的「藉口」通常也是為了趕時髦，並沒有達到提升管理效率的初衷。他們既沒有把企業的實際需求與電腦化緊密結合，更沒有雇請專業團隊負責設計和編寫企業自己的

4　進一步的觀點請參見 Alfred P. Sloan（2005），《我在通用汽車的歲月》，華夏出版社。

軟體系統。甚至在許多企業，推行電腦化的結果可能更為糟糕，企業不僅為此付出沉重代價，比如加派更多人手，購買更多硬體設施，同時管理效率卻並不見得提高了多少。

台塑集團電腦化的特殊之處在於，首先是王永慶在 1966 年就認定「電腦是個好東西」。從此，他打定主意要自己做，並且在任何情況下都給予電腦幕僚必要的權威支持和指導；其次是在企業發展早期就指定由專精幕僚承擔電腦化建設的重任，亦即「讓制度的設計者和推動者全盤負責軟體規劃與設計工作，並由他們把各項管理制度全部導入電腦」；再次是在組織建制上把電腦部門納入專業管理幕僚團隊，使電腦中心在一開始就不是一般性的職能機構，而是「可與高級管理幕僚平起平坐」的電腦化管理部門。

1968 年 5 月，王永慶把建立兩年多的電腦化機構和人員整合為電腦中心，併入總管理處經營管理部，下設電腦操作和電腦計畫兩個科室。如前所述，經營管理部是今日台塑集團總管理處總經理室的前身，而總經理室本身則正是專業管理幕僚團隊。王永慶這麼做一方面凸顯了電腦幕僚的管理功能，強化了總經理室作為計畫與控制部門的主導地位；另一方面又加強了電腦和制度之間的結合，因為只有最終將制度導入電腦才能真正發揮電腦的管理支援功能，否則電腦就會淪落為一部簡單的資料處理器。

把制度導入電腦，也是王永慶充分發揮組織力量的一個關鍵點。再好的制度，如果不能及時導入電腦，也無法充分發揮制度化管理的功能。王永慶推動電腦化的目的，是希望讓電腦發揮管理功能，而不僅僅是使用電腦做一些簡單或複雜的統計與計算工作。經過長時間的苦苦思索之後，他確定說，只有「將制度變為表單」才算是真正意義上的「照制度做」，而表單不僅是管理制度導入電腦後的結果，更是制度精神的體現。應該說，沒有電腦化的組織力量是不完整的；同樣，沒有表單化的管理制度也是不完整的。

結合台塑集團日後形成的「管理制度化，制度表單化」以及「表單電腦化」

的管理特色來看，王永慶的確在一開始就做對了。他緊緊抓住電腦與制度之間相結合的一個關鍵點──表單，並使得表單成為發揮組織力量的一個主要載體。今天，電腦化已成為台塑集團追求管理合理化，乃至最終實現合理化管理的一個至關重要的資訊平台。有人打比方說，此一資訊平台的作用，就像是給每個單位都帶上一套「即時監護系統」，其中任何一項經營管理指標出現異常，直線主管及幕僚人員都可以及時掌控。

十多年後的 1982 年，台塑集團各公司基本上實現了各自的企業資源規畫（ERP）。又過了不到八年，1989 年台塑集團實現了全集團層面上的 ERP。此一成績可說比台灣大多數其他集團企業提前了將近十年，況且台塑集團 ERP 中的六大管理機能的軟體都是自己編寫開發的，僅此一點也是世界許多大集團企業無法比擬的。

從功能性委員會到直線幕僚體系

如前所述，幕僚角色的第一次功能裂變完成之後，專業管理幕僚逐步成為台塑集團管理制度設計與推動執行的核心。此時，王永慶開始著手改組經營研究委員會：他一方面對該委員會的制度建設功能給予高度肯定，另一方面也指出其在日常運作過程中存在的種種問題。

經營研究委員會在第一年就多次舉行全體會議，圍繞一些重大經營管理問題進行討論並做出決策。但令王永慶苦惱的是，眾委員在每次會議上幾乎總是「爭而不論，議而不決」，最後都等他一人拿主意。他發現，會議剛開始時，委員的發言還算踴躍，可開著開著竟成了一言堂。日積月累，終於使他對經營研究委員會的日常運行效率愈來愈不滿意。

他回憶，委員大多是各產銷單位的高級主管，分別代表著各自單位的根本利益，加上對其他兄弟單位的問題既不關心也沒有興趣，遂使得經營研究委員會的

多數會議基本上流於形式，既浪費時間又浪費精力。於是王永慶決定撤銷經營研究委員會，另行成立經營檢討（委員）會，目的在於通過建立正式檢討改善作業流程，幫助各子公司從根本上解決實際問題。他建議把原各層級經營研究委員會的相關機構、人員及職能，一律就近併入各層級的經營檢討（委員）會。

如前所述並需要強調的是，當初王永慶在總部層面成立經營研究委員會之後，各公司、事業部和工廠見狀也紛紛成立相應層級的「經營會議」。說實話，大家當時對如何運作功能性委員會其實並不是很懂，各基層單位也只是為了響應總部的號召——一般總部做什麼，基層單位就跟著做什麼，至於為什麼這麼做，並沒有多少人深入思考過。於是當集團層面的經營檢討（委員）會成立之後，各單位便放棄了原經營研究委員會時代的一些做法，開始把精力和興趣移轉到檢討改善工作上。

很快的，一股檢討改善之風立刻在全企業蔓延開來，各公司和事業部陸續撤銷原有的經營會議，並仿照總部一律改組為相應層級的經營檢討（委員）會。不久各工廠，甚至一些較大的製造課也紛紛改組原有機構：不僅配備有專門的檢討改善辦公室，還有專門團隊負責本層級的管理檢討與改善工作。但王永慶突然間發現，新的經營檢討（委員）會也是換湯不換藥，所開展的檢討與改善活動大多得不償失，因為檢討機構上下重複設置本身就是一大浪費，這還不包括因機構重複設置造成的低效率等因素所產生的問題，於是每到月底一算帳，檢討改善工作所取得的效益遠遠抵不上因此造成的損失。這是典型的盲人摸象式管理，各單位都認為自己沒有問題，後果加起來卻是個無法解決的大問題！

不得已之下，王永慶在半年多之後就果斷解散了經營檢討（委員）會，並以經營決策委員會取而代之。雖然經營決策委員會是台塑集團存續時間最長的一個功能性委員會，最終還是因為議事效率不彰等類似原因，於 1975 年前後被王永慶下令撤銷。經營決策委員會撤銷之後，原有各功能性委員會及其相關職能均由總管理處總經理室幕僚負責打理，台塑集團遂宣告進入無功能性委員會治理的新

階段。

　　如圖 6-1 所示，取消功能性委員會之後的台塑集團的組織架構，一下子變得輕鬆和扁平不少。與 1966 年管理變革剛開始時截然不同，新的組織結構跟隨王永慶提出的發展策略發生根本性變化：總管理處不再是一個直接凌駕於各公司之上的職能部門，而是像最早時的台塑關係企業聯合辦事處，在組織結構中偏於一隅，成了道道地地的服務與協調機構。對此一結果大家事先都沒有料到，不少高階主管這樣評價：「改來改去居然又改回到初創時期的組織架構，整整繞行了一大圈。」

　　儘管經營研究委員會和經營檢討（委員）會分別只存在兩年和半年時間，但兩個委員會在存續期間卻也做了不少事，對推動台塑集團的管理基礎建設居功厥偉。除負責制定規章制度外，兩個功能性委員會的另一大貢獻主要體現在直線幕

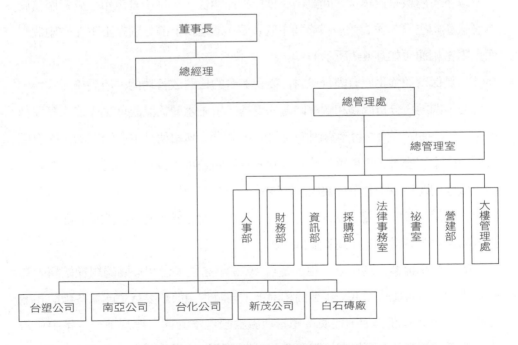

圖 6-1 台塑集團的組織結構：1975

僚體系的形成上。在撤銷經營檢討（委員）會之前，所謂的直線幕僚體系也只是個想法，距離形成一個「有組織有編制的實體性系統」還相差甚遠。也就是說：沒有兩個功能性委員會的層級結構及人員，直線幕僚體系至少不可能在短期內迅速上下連為一線，並呈現出垂直形態。

特別是經營檢討（委員）會，它對完善台塑集團管理系統的貢獻十分巨大：一是經營檢討（委員）會為直線幕僚體系的形成奠定了組織基礎。各層級經營檢討（委員）會解散之後，王永慶發現，如何安置原班人馬成了一大問題，迫不得已之下，只好仿照半年前改組經營研究委員會那樣，下令將經營檢討（委員）會的機構和人馬一律就近併入相應層級的幕僚機構。例如：公司一級的經營檢討（委員）會併入公司總經理室，事業部一級併入事業部經理室，工廠一級併入廠務室，如此上下連成一線，初步構成了所謂的直線幕僚體系。總管理處與各子公司及以下各層級幕僚單位之間雖均無直接指揮關係（各層級幕僚單位就近服務於本層級產銷主管，並對該層級產銷主管負責），業務上卻分別在上下左右兩個層面上緊密相連（如圖 6-2 所示）。

二是保留並強化原有經營檢討（委員）會的檢討改善功能。所謂檢討改善，是指發現問題、分析問題和解決問題的總稱，用王永慶的話說就是「追求管理合理化」。在那個時代，台塑集團各公司已在事業部制和利潤中心制度的基礎上推行標準成本制度，各生產單位此時碰到的管理問題可以說是千頭萬緒，但對如何解決這些問題，各生產單位要麼無暇顧及，要麼束手無策。而且王永慶也發現，問題的數量之多，性質之複雜，絕不是一夜之間就能解決的，企業唯有建立一套長效的檢討改善機制才能逐步加以應對。

隨直線幕僚體系的建立，也就是自 1975 年之後，台塑集團的組織結構因為經營決策委員會撤銷而進一步精簡和扁平，同時也由於該委員會的某些職能和權力移交給專業管理幕僚，遂使得總管理處總經理室的權力得到進一步集中和強化，或者說總經理室幕僚在檢討與改善工作中的地位從此更高、作用更大了。

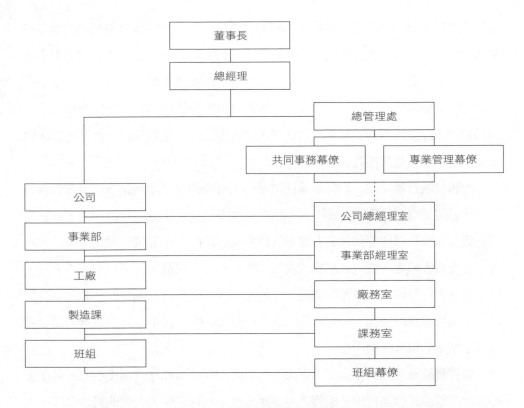

圖 6-2 直線幕僚體系的形成

　　正如王永慶本人所說，取消功能性委員會是個大膽的決定。縱觀歐美日集團企業，無一不是在集團總部「供養著」多個功能性委員會，企業的許多重特大事項均交由這些委員會決定。但是王永慶認為，多數功能性委員會的存在均是弊大於利。他說，把來自於不同單位的代表聚集在一起開會，並就某些事情做出決定實在是有其「荒唐的一面」。

　　他解釋，最終促使他撤銷功能性委員會的原因大致有四點：一是功能性委員會的議事效率通常不高，在許多重大問題上各執一詞，議而不決，甚至有些委員之所以來開會，「純粹是為了盡義務，大有拿人錢財、替人說話之虞」；二是功能性委員會雖具有集思廣益的作用，但不過是一些隨機應變的觀點而已，根本無

法與經由專業管理幕僚的專業化品質和能力所達成的集思廣益效果相提並論；三是功能性委員會的存在常會使一些重特大責任的歸屬變成一筆糊塗帳。如果企業經營成功了，老闆可能說不清楚成功的功勞到底該歸誰；倘若失敗了，大家都會異口同聲地強調「我們是集體決策」；四是功能性委員會的委員說得多做得少。他們每天沉浸於所謂的「決策」中，豈不知更重要的不是做決定，而是考慮在做了決定之後如何認真推動執行。

誇誇其談百無一用，執行才是硬道理。王永慶的用意顯然是要把專業管理幕僚變成最接近問題的專家。他不再相信功能性委員會的決策與管控作用，經過幾年的觀察和試行讓他堅信，只有最後的決策支援功能都由專業管理幕僚承擔，企業才能在最大限度內擺脫各層級的決策活動不會被各利益集團所左右，或者說，啟用專業管理幕僚可有效預防委員會中的兩個或三個「帶有偏見的建議」自動形成「一個無偏見的決策」。這一點正是王永慶從一開始就十分倚重並著力建設直線幕僚體系的根本動機所在。

儘管直線幕僚體系建立了，王永慶對如何提升基層執行力仍不放心，甚至憂心忡忡。他希望透過直線幕僚體系將檢討改善功能真正融入企業的管理制度，而不僅僅是體現在成立檢討部門上。如果幕僚能把「融入檢討改善功能之後的管理制度」進一步「表單化和電腦化」，即可促使原有管理系統就地轉型升級，充分發揮管理和控制功能。看來，總部原有的那些專業管理幕僚此刻不能再高坐於辦公室內，一邊吹冷氣、喝咖啡，一邊讀公文、批文件，他們必須降低身段從事具體的管理工作，沿直線生產體系層層深入，去協助基層單位解決實際問題。

所謂「降低身段」，正是指如何推動幕僚人員由「制度幕僚」轉向「管理幕僚」。在過去，企業各層級產銷部門所設立的經營檢討（委員）會無異於搞形式主義和本位主義，很不利於在「兩條直線」之間建立起相互支援、相互補充以及知識分享的合作關係。從今以後，幕僚人員不能把所有任務和責任全部壓在產銷主管一人身上。那一時期在王永慶批評幕僚人員的字眼中，有一句話在全企業內

幾乎無人不知，無人不曉——「你蹲得下去嗎？」顯然作為掌舵者，王永慶的用人觀正悄然發生改變，這預示著他的經營方略將要又一次發生較大幅度及較深層次的調整。

兩條知識體系的重疊效應

王永慶長期注重企業管理基礎建設，使台塑集團最終邁向一家管理密集型企業組織。此一成果的取得，主要是通過在縱橫兩方向實施專業化分工實現的。在橫的方面，王永慶將直線生產體系與直線幕僚體系的職能徹底分開，切斷了後者對前者的指揮權，並將兩者之間的聯繫完全建立在前者需要什麼服務後者則提供什麼服務的基礎上，亦即在橫向上各自發揮專長，盡可能避免相互扯後腿或發生衝突。

在縱的方面，王永慶則把上千名幕僚集中在總部，並視之為整個幕僚體系的龍頭，這實際上等於是把幕僚人員的制度建設、計畫控制和協調監督等職能，直接置於直線生產部門主管的「身體一側」。此一做法將兩者的決策領域、範圍和自主權明顯區分開，完全建立了西蒙（Hebert A. Simon）意義上的「程序性協調和實質性協調」機制，亦即：經由此舉不僅建立了「權威次序，界定了每個成員的活動領域，同時也使其工作內容和決策職責能夠層層向下細分。」[5]

縱向的工作內容和決策職能的細分或許更重要，因為它涉及在上下游垂直整合背景下如何激發員工執行力的問題。在研究台塑集團的過程中，本書作者深深感受到，幕僚人員的作用最應該受到重視，因為他們的知識和管理專長會影響到基層主管及操作人員。本書主要依據基層管理者的行為及其表現模式來評判幕僚人員的作用及影響力。我們發現，不僅基層管理者，甚至連普通員工的行為及其

5　參照西蒙關於垂直專業化的有關論述，Simon, Hebert A. "Decision-making and Administrative Organizations". *Public Administrative Review*, 1944, 4（1）:16-30.

表現模式，也都受到幕僚人員的深刻影響，原因只有一個：產銷單位沒績效，幕僚體系就沒飯吃。

也就是說，在實質性協調過程中，幕僚人員的影響力愈大，直線生產部門管理者的決策動機愈是會趨向與集團的總目標保持一致，基層員工的個人行為及其表現模式也就愈有效。這一點正是王永慶長期以來堅持強化幕僚人員管理機能的主要原因。他希望把基層管理人員的決策職能細分到某一個程度，以便在所有特定操作上，或在處理所有異常的問題上，能夠在基層管理者的技術專長與幕僚人員的管理專長之間實現無縫接軌。

這等於是說：「在一個特殊的操作過程中，要把一個工人的銳利眼光與另一個工人的靈活手法結合起來以獲得更好的精確性，通常是不可能的；但要想把律師的知識加於生產管理人員身上用以提高決策品質，卻是極有可能的」[6]。以此類推，王永慶心想，一線主管在用人方面最苦惱的是難以找到集多種技能於一身的人，亦即既心靈又手巧的員工，例如員工 A 可能眼光獨到卻拙於動手，員工 B 的手巧，卻有可能心靈不足。然而，兩條直線之間的關係並非如此，因為既然律師的知識都可以加在一線生產管理人員身上，更何況是體制內幕僚人員傾囊相助的管理專長！

專家的結論顯然對王永慶的觀點是個強有力的支持，這使他更加堅信自己的判斷和決策。以今天的眼光看，台塑集團的執行力主要源自直線生產和直線幕僚這兩套知識體系在基層決策及執行決策過程中的重疊效應。在一般集團企業的直線型組織結構中，基層主管通常身兼兩職：既是技術骨幹，又是管理精英，本單位能否管得好全繫於一人身上。而在台塑集團，這兩項職能顯然清楚地區分開，幕僚人員的管理專長給企業的管理系統注入了活力，產銷主管的技術專長和幕僚人員的管理專長，兩套知識體系重疊之後所產生的力量顯然遠大於一般企業中的單套知識體系。

「分工可提高勞動效率」[7]這句話早已被眾多的經濟學家證明。但是幕僚人

員為什麼在工作中願意發揮自己的管理專長？王永慶說，一般企業可能只注重員工的職務分工，亦即只規定員工的職權和職責，卻沒有進一步強調其專長分工。所謂專長是指管理專長，亦即幕僚人員在具體管理事務中表現的專業化本領。對此一專長進行合理分工可有效甄別一個人的管理能力、熟練度和判斷力，以及是否願意把自己的專業化本領完全應用到應該做的工作，以及完成本職工作所需要的手段、方式和方法等等內容之上。王永慶相信，幕僚人員發揮其管理專長既是其人性外露出的一種傾向，也是其發揮這種傾向所形成的一種「勢能」。他的結論是，「幕僚人員的管理勢能」在縱向上可沿直線幕僚體系上下流動，並在橫向上可向各級生產主管直接傳遞。

如前所述，早期的幕僚人員主要從事制度建設工作，因而稱為「制度幕僚」。這批人的地位可能在管理制度建立之前及初期顯得格外重要，因為此時王永慶亟需有人幫忙建立規則並出謀劃策。但在企業的管理制度建設暫告一段落，或者說改革進程逐漸遠離劇烈動盪期之後，此時王永慶的個人需要顯然發生根本性變化：他不希望在總部再保留一支龐大的幕僚隊伍。換句話說，此時他不再需要那麼多的「出謀劃策者」[8]，而是轉而「敦促」這批幕僚人員放下身段，深入基層解決實際問題，也就是成為「新的管理系統的忠實推動者、維護者和優化者」。

自從各層級幕僚單位上下連成直線之後，除了檢討改善功能，其他許多功能也開始逐漸附著在這條直線之上，比如計畫、控制、稽核、跟催及報告功能等等。以檢討改善工作為例：在新的管理系統中，各層級幕僚分別負責處理各自層級產銷單位（服務對象）所暴露出的管理問題。對那些超出自身能力和工作範疇

---

6 進一步的觀點請參見 Douglas M. McGregor（2008），《企業的人性面》，中國人民大學。
7 此一觀點在長庚醫院得到更為深廣的貫徹和應用。今天，「醫管分工合治」已成為該醫院的一大運營特色，對該醫院實現精細管理和控制起到決定性的影響和推動作用。我與王冬的合著《掛號、看診、拿藥背後的祕密》一書中已對這一特色做了詳細描述和總結。
8 毫無疑問，當企業進入平穩發展期之後，此時「若再選擇待在老闆身邊整日誇誇其談，顯然是多餘的，也是非常危險的」。

的，或者說涉及全企業制度層面的重特大問題，一般則由發生問題的產銷單位逐級向上匯報，最後再由總經理室各相關機能小組中的專業管理幕僚帶頭組建不同的專案小組，分別進行立案分析和處理。

上述報告及反應機制非常重要，因為重特大問題的影響程度深，覆蓋面廣，雖然多數問題本身屬於單個事件，卻總是和相關管理制度設計不合理或執行存在漏洞密切相關，因此王永慶要求專案小組制訂的工作目標不能僅專注於解決某個單一問題，而需要把精力和視野全部集中於或拓展至尋找制度漏洞或制度的不合理之處，以便在長期內培養幕僚人員「實現整個管理系統持續優化」的綜合意識及能力。

由於類似檢討改善活動的各類知識和資訊，能夠以正式且系統化的方式沿直線幕僚體系上下順暢流動，於是加快了上層決策以及下層回饋的速度和效率。如前所述，此次針對總管理處總經理室幕僚人員的改革被視為幕僚角色的第二次功能裂變——徹底奠定了總經理室這批專業管理幕僚在企業管理中的龍頭地位和主導作用。

隨後的幾十年中，王永慶對幕僚角色及其功能的強化一刻也沒有放鬆過：他仍以老闆兼教練的身分，繼續在集團層面推行午餐匯報會制度。同時為了鞏固兩次功能裂變所取得的改革成果，只要人在台灣，王永慶一定會利用午餐時間主持召開各種檢討會，圍繞由幕僚精心挑選的項目和問題逐一進行深入分析和討論。

通常情況下，被指定在午餐會上匯報的幹部一般很難招架王永慶連珠炮式的追問；然而正是在這種近似嚴苛的「親自傳授式教練」之下，全企業逐漸養成凡事追根究柢的習慣和傳統。在台塑集團，午餐匯報會絕不是免費的午餐，幾十年來，此一制度在台灣婦孺皆知，是海峽兩岸企業教練理論與實務領域內的一部絕佳教材，它傾注了王永慶的畢生心血。一般企業推動某項改革，大致堅持幾年就很了不起了，王永慶卻堅持了一生。這一做法看起來有些簡單而且枯燥，卻融入了王永慶對企業管理的獨特理解。當有人問他為什麼要這樣做時，他仍然重複著

以前常對媒體說過的一句話：「你必須先理解什麼叫做管理，管理就是主管做給部屬看！」

當然，王永慶的成功絕非偶然。完善的組織架構和管理制度、精幹的幕僚團隊、強有力的電腦化平台，以及基於效益分享思想的激勵機制等等，都是確保台塑集團經營績效卓著的關鍵因素。以今天的眼光看，許多幹部員工願意終生跟隨王永慶打拼的主要理由，很大程度上恐怕還是看重他所宣導的基於效益分享思想的激勵機制[9]。

值得注意的是，王永慶對兩條直線的績效評核方式截然不同。對直線生產部門，他主要圍繞產量、品質和成本等指標實施評核；對直線幕僚部門中的共同事務幕僚，一般依據其處理案件[10]的效率和正確率評核；而對專業管理幕僚，則凸顯強調要依據其完成專案的數量、品質和效益進行評核。

作業整理法與標準成本法的結合

台塑集團主要從事大宗石化原料的連續生產，因此建立一套標準化作業和管理流程至為關鍵。由於標準化流程的規模經濟顯著，對員工的責任感，以及發現異常和解決異常的能力要求較高，所以在推動管理大變革初期，王永慶就強調台塑集團要以推行責任經營制為突破口，來建立自己的成本管理系統。他把自己的想法大致歸結為以下三方面，並沿生產管理流程逐步開始推行。

首先是引入責任會計（後來也叫成本會計、管理會計等）。以成本會計為例，主要目的之一就是合理確定各產品的單位成本，並按單位成本計算銷售成本、期末存貨等，以期達到通過釐清責任，有效控制各工廠生產經營活動的目

9　對於激勵機制，本書將在後續章節中詳加討論。
10　例如會計人員，主要是看處理憑單的數量和品質。一個憑單及其處理過程可視為是一個獨立案件。

的。其次是把財務會計與管理會計區分開，例如具體到日常工作方面，也就是把內部管理所需要的數據與對外提供的財務數據區分開，以便管理階層能夠利用管理會計資料準確估計未來的成本和收入，並科學計算各種決策可能造成的結果。再次是分析成本性態，針對直接材料、直接人工和變動製造費用逐一制定標準成本，並由此建立標準成本管理流程。

顯然在分步法或訂單法下，如果沒有建立一個可與實際成本進行比較且利益各方都能接受的標準成本，台塑集團的管理系統就不可能發揮作用，遑論建立成本改善目標，或有意識地將管理重心指向需要矯正的地方。標準成本制度起源於美國，關鍵步驟之一是如何以及針對哪些成本項目制定標準成本。對此，王永慶嚴令各單位務必按科學管理的作業流程做。

在台灣，台塑集團是最早推廣標準成本法的集團企業之一。事業部制和責任中心制度的相繼引進，為進一步推廣標準成本法奠定了組織和制度基礎。特別是隨著目標管理制度、預算管理制度，以及個人績效評核與獎勵制度的建立和實施，標準成本法的基本精神開始被各產銷單位廣泛接受，並在實踐中逐步推廣開來。由於多個制度同步推行，期間所遇到的阻力和難度可想而知。

例如在各成本中心，王永慶要求幕僚要嚴格區分可控與不可控成本，以便釐清各中心的權力和責任。對各中心「願意並能控制」的成本項目，王永慶要求逐一制定標準成本。當時各公司主管也是第一次接觸到標準成本法，更不要說基層管理者和一般員工，由此所引發的抵觸情緒和心理矛盾完全可以想像；加上此時電腦化也在員工中引起恐慌，許多人誤以為電腦即將取代人腦，普遍產生拒絕使用電腦等心理反應，遂使王永慶幾度陷入焦慮中，他的管理變革遭遇到前所未有的困難和阻礙。

幸好在王永慶的堅持之下，標準成本法的推行總算是取得巨大的成功。有三件事可以佐證王永慶對成本管理系統建設所做出的基本貢獻：首先是直線幕僚體系全面發揮其管理機能。儘管直線幕僚與直線生產這兩條體系之間在此一時期不

斷爆發激烈衝突[11]，但在王永慶的強力協調下，直線幕僚體系的正面作用日趨強化，最終成為台塑集團制度建設及其貫徹實施的幕後推手。其次是王永慶抓住了標準成本法的精髓，他一方面要求幕僚人員要絕對避免用預估或經驗等方式制定標準成本，另一方面則嚴令各產銷單位同時要輔之以訂定達成標準成本要求的具體方案。

王永慶說，對製造業而言，如何制定兼具合理性與挑戰性的標準成本是最重要的一件事，甚至可說是推行標準成本法的一項基本原則。此一做法有點類似「讓員工跳起來摘桃子」：目標訂得過高，員工經過努力達不到，會影響到員工的工作積極性；訂得過低，員工不經過努力就可以達到，又會影響到企業的經營效率。至於「讓員工如何跳，跳多高」，那才是一門大學問，各級幕僚人員對此決不可疏忽大意，一定要從科學管理出發，制定出合情合理的標準成本來。

再次是台塑集團在管理變革過後幾年內的迅猛發展，也從另一個側面證實王永慶傾力推行標準成本法的正確性。1973年，十年管理大變革接近尾聲，台塑集團各公司產品的成本結構經過連續幾年的改善已日趨合理，逐步呈現出「最低化特徵」，加上第一次石油危機爆發，王永慶遂不顧台灣當局阻攔，毅然提出自建輕油裂解廠的投資計畫。雖然該計畫最終被台灣當局否決，但由此可看出，王永慶面對巨額投資仍舊信心滿滿的真正原因，恐怕與各公司產品能夠在幾年之內追求到較低的成本結構是分不開的。

對台塑集團而言，標準成本法只是成本管理內容的一半。本書認為，另一半的內容可能更為精彩，因為它真正代表了王永慶在成本管理領域內的創新水準及成就。在各子公司針對直接材料、直接人工和變動製造費用制定標準成本之後又過了很長一段時間，隨技術進步和設備更新，企業除變動成本以外的固定成本和

---

11 主要表現為直線生產體系對直線幕僚體系推動的「制度建設」不僅不理解，反而認為後者完全是在找麻煩。時值對岸的中國大陸正在轟轟烈烈地「鬧革命」，一些直線生產主管乾脆借用「紅衛兵」一詞形容幕僚人員的所作所為，兩條線之間衝突的激烈程度由此可見一斑。

管銷財研等間接費用正以不可遏制的態勢快速上升。

這部分費用西方企業通常認為是成本管理中的一項「『超級變數』，其增長速度常常超過產量和銷售」[12]。王永慶也認為，這部分費用是台塑集團成本管理的死角。但眼下，台塑集團卻似乎無法按照標準成本法對這部分費用的責任進行有效追溯。此時，王永慶想起幾年前在旗下新東公司推行過的「作業整理」制度。1963年初的企業檔案和數據資料表明，新東是從降低客戶抱怨率開始作業分析，再逐步延伸至全部生產過程，甚至包括原、副料的採購、供應，以及公司各管理部門及人員的日常工作，比如案頭檔整理、主次事務處理順序等等，內容幾乎無所不包。

一開始，新東公司主要從全面品質管制的觀點出發[13]，沿整條製造鏈逐項分析影響品質問題的每一個作業及其管理環節。出乎意料的是，此一措施不僅有效提高新東的品質管制水準，更重要的是，新東由此摸索出一個控制部分「超級費用」的關鍵性做法——作業分析，亦即：把影響品質問題的單個或一組作業當作分析單位，通過剖析影響作業結構及作業內容的深層次原因，試圖找出控制品質的某種標準，並將該標準當作計量作業量並實施績效評核的基本依據。

新東公司一開始時推行品質管制的目的，是「為品質管制而品質管制」，因而整個企業為此未獲得應有的實效，甚至有時為了確保品質而嚴重影響生產的時效性和成本。王永慶發現，以品質管制為首開展的成本分析和改善活動使新東陷入一個可怕的經營弔詭：如果不注重品質，產品就沒有銷路；如果注重品質，生產的時效性不僅難以保證，且由此引致的品質成本或費用也將居高不下。但他認為，此一弔詭不是經營問題，而是管理不善造成的。於是，他一方面下令在各生產領域，建立包含品質異常管理系統在內的正式成本管理系統；另一方面，他要求幕僚人員將新的成本管理系統的應用範圍，逐步拓展至純生產流程以外的領域，如採購、檢驗、技術、培訓，甚至幕僚人員的作業費用分析和改善等等。

新東公司解散後，這些圍繞品質管制活動開展的分析和改善做法完整地保留

下來。王永慶催促幕僚把由此累積的相關經驗系統化整理，並冠名為「作業整理法」[14]。他說，現在經由生產現場一顆螺絲釘的使用情況就可追溯出資材和倉儲部門的工作效率；經由一名普通操作工的工作狀態就可看出全企業的人事管理水準；經由任何一項製造費用的變化就可判定出是生產部門效率不彰，還是輔助部門向生產部門轉嫁了無效率。作業整理法的效果十分明顯，在當時還曾吸引多家日本公司派人前來觀摩。

作業整理法在日後的演變結果更是大大出乎人們的意料：當作業整理法拓展到非變動成本之外的領域後，其實質已經和今天流行於西方的「作業成本法」[15]相差無幾了。從工作原理上來看，不論是作業整理法還是作業成本法，兩者都強調以作業為中心，首先注重分析某項作業對資源的耗用情況，並在此基礎上進一步區分出增值作業與非增值作業；其次是建立最優動態增值標準，並從財務和經營兩個層面評價作業績效，不斷袪除非增值作業，從而達到持續降低成本的經營目標[16]。

從成本控制的過程看，王永慶主要將整個企業的各個部門，按照任務不同區分為生產單位和非生產單位，並分別使用標準成本法和作業整理法來控制兩者的成本或費用。尤其是針對間接費用的分析和控制，王永慶的思路主要強調要把作業整理法與標準成本法的基本思想融合在一起：依據作業分析來確定每項作業的

---

12 Robert Kaplan & Robin Cooper, 1998, *Cost and Effect: Using Integrated Cost Systems to Drive Profitability and Performance*, Harvard Business School Press, Chapter 1, pp.2-3.

13 主要是指「戴明循環」，其基本工作程序是指 PDCA 管理循環：計畫、執行、檢查和處理（plan、do、check、action）。

14 王永慶的原話雖是説「作業整理」，實際上是指如何追溯作業過程中的「無效作業」或「浪費」的一種成本分析與改善方法。

15 即通常所説的 ABC 法（Activity-Based Costing）。作業成本法的形成歷經一段漫長的歷史過程：1952 年，美國人 Eric Kohler 教授在其編著的《會計師詞典》（*Accounting Dictionary*）中首次提出並解釋了「作業會計」這一概念。1971 年，George Staubus 教授在《作業成本計算和投入產出會計》（*Activity Costing and Input Output Accounting*）一書中首次提出並討論了「作業成本計算」等概念。1988 年，美國哈佛大學教授 Robin Cooper 和 Robert Kaplan 在《成本管理》和《哈佛商業評論》等雜誌上連續發表多篇文章，對作業成本法進行全面而深入的分析，認為產品成本是製造和運送產品所需全部作業的成本的總和，成本計算的最基本對象是作業，並提出「作業消耗資源、產品消耗作業」的著名論斷。

16 參照了 Robin Cooper 和 Robert Kaplan 等人在上述文章中的一些主要觀點。

資源消耗標準。

王永慶的想法大致包含三個基本步驟：首先是沿生產與服務流程，把每一個職務所包含的作業項目進行細分，直至最終擬定出各項作業的工作要點；其次是依據「作業消耗資源」（主要是指預算）的基本情況設定作業標準；再次是把工作要點導入電腦，並依據作業標準實現作業控制。

擬定作業要點雖然繁瑣但非常重要。在未進行作業分析時，我們一般很難對某項職務進行評量，同時也很難透過電腦控制評量過程。因此，一項職務只有在細分為若干項作業之後，幕僚人員才可掌握到該項作業的工作要點，並使該作業變得容易評估和計量。此時如果能夠針對每一項工作要點進行計量並設定作業基準，就可完成針對該項職務的直接評量，這樣的評量過程一定比過去直接針對職務進行評量的結果更合理、更精確。如果幕僚能再進一步據此編寫電腦軟體，將分析與評量過程均納入電腦管控，比如每月將實際作業與標準作業逐一比對，就可及時發現作業差異，最終實現作業過程的自動控制，進而達到祛除無效作業的目的。

作業整理法是幕僚人員對台塑集團早期成本管理實踐活動的精煉和總結，雖沒有後來西方企業普遍採用的作業成本法那麼理論化和複雜化，卻十分符合石化原料生產與管理的基本規律。它透過強調「依據作業分析制定作業標準，透過作業標準實現作業控制」此一管理思想，把「標準的制定過程」與「差異的分析和改善過程」緊密結合在一起，並由此形成一套獨具台塑集團特色的成本控制與管理方法。

作業整理法與六大管理機能

作業整理法推動成功的關鍵在其基礎分析功能，它可以協助幕僚人員在實務中堅持對各項作業實施數位化、標準化和精細化處理。用台塑集團幕僚的話說就

是，能夠數位化的必須數位化，只有數位化才談得上標準化，只有標準化才談得上精細化。例如，總管理處財務部門承擔著繁重的會計工作，如何對會計作業實施作業整理一直是個大難題。

台塑集團在當時的做法是：在電腦系統的支援下，幕僚人員首先把「憑證處理」當作一項會計作業，再統計出會計人員每處理 1 百萬張憑證的時間跨度，比如最快可達 50 小時，最慢為 70 小時；其次是通過進一步的比較和分析，最終把每 60 小時完成 1 百萬張憑證訂為標準工時數，以此衡量財務部門的工作績效，亦即把 1 百萬張 / 60 小時當作憑證處理作業的一個管控標準。這類似於把對會計人員的績效評核由原來的計時制改為計件制，亦即以單位時間內完成的件數作為會計人員憑證處理作業費用分析和控制的主要依據。用西方作業成本法的語言來說，這等於是找到了控制會計作業的「成本動因」──驅動憑證處理費用變動的根本原因。

這裡所謂的「計件制」，並不是簡單地使用預先規定的計件單價及完成的件數計算出最後應得的報酬，而是通過作業分析使會計人員的服務過程逐步具備相應的客觀評量條件：例如通過設定標準件數，即可準確評量實際的服務件數，並確認每件實際的服務品質是否達到標準要求。這等於是說台塑集團通過作業分析活動在企業內建立了相應的統計制度，並可據此合理計算出會計人員每提供一件服務所消耗的企業資源量。顯然，只要掌握每件服務的標準消耗，幕僚人員就可基本上完成對整個會計工作的管理與控制。

對於像財務會計這樣的共同事務部門，採用計件制無疑對於作業標準化，以及通過標準化追求規模效應具有重大意義和作用。2001 年，年過 80 高齡的王永慶仍決定對財務部的人力資源結構實施改善，他派出一個三人專案小組，花費三個月時間，統計出財務部現有 55 人的年度總工時數為 14 萬小時。經過比較和分析，幕僚認為該部門實際只需要 41 人，且總工時數可通過進一步簡化流程並壓縮至不到 11 萬小時。

　　簡化的作業流程包括新台幣資金調度、外幣資金調度、短期存款借款、現金股利發放等項作業，其中僅新台幣資金調度作業一項，不但用人數從 10 人精簡為 6 人，而且每年調度的資金筆數可高達 9,670 筆，總金額超過 1.09 兆元，額度之大已經逼近台灣當局處理當年財政收入的總額度（約 1.3 兆）。不僅財務會計部門經歷了上述改善過程，甚至連整個總管理處的每一個部門莫不如此。據內部不完全統計，2004 年整個總管理處經由上述類似作業分析與改善活動，總計為台塑集團節省成本費用約 86 億元，約占台塑集團當年利潤總額的 22%。到 2005 年，總管理處節省的成本總額更突破 1 百億元大關。

　　作業整理法對日後台塑集團管理系統的「六大管理機能」的形成過程貢獻很大。這些管理機能形成的最後時間大約是在 1982 年，整體上代表了整個台塑集團管理系統及其流程的全部特色和特點，內容包括營業管理、生產管理、資材管理、人事管理、工程管理和財務管理六大類。

　　表面上看，這些機能是按管理功能不同劃分出的六大管理單元，但實際上它們既是按作業標準不同合併出的六大作業系統，又是按不同資訊管道整合出的六大電腦管理報表平台。管理系統建設重在梳理管理作業的條理性，建立六大管理機能的作用，對整個管理系統而言猶如「舉一綱而萬目張，解一卷而眾篇明」。也就是說，在日常管理中，只要抓住這些關鍵作業，就可順利帶動其他管理環節發揮作用。

　　「機能」二字對台塑集團別具意義。通常情況下，它是指管理系統既可作為一個整體，也可作為一個相對獨立的單元發揮各自的基本管理功能。但在台塑集團，「機能」二字可拆分為「機制」和「能力」這兩個基本概念。其中，機制是指六大管理機能中各子機能間的相互勾稽與聯繫；能力則是指通過各子機能間的相互勾稽與聯繫來達到影響管理活動的目的。在王永慶看來，各子機能間若不能相互勾稽與聯繫，則無法形成管理機制，因為各子機能間不存在「互動關係」；同樣的，若各子機能間的相互勾稽與聯繫不能影響到人的管理活動，則無法形成

管理能力，因為各子機能失去了進一步引發人與人或人與機器之間的「互動安排」。

在 1960 至 1970 年代，台塑集團各管理機能的作業的劃分完全依靠人工整理，困難度和複雜度可想而知。但經過多年的不懈努力，特別是隨電腦化水準的提升，上述各管理機能至 1982 年時即可在人工基礎上進一步劃分為二十多項主要作業項目、近百項次級作業項目。如圖 6-3 所示，這些作業項目以營業管理機能為出發點，以財務管理機能為終點，其間各項作業相互勾稽，相互聯繫，初步構築了一個完整而系統的石化工業企業的管理流程圖。

後來，上述作業項目又經幕僚人員進一步合併和集成之後，於 1989 年形成今天人們熟知的六大管理機能及其基礎性運行架構，如圖 6-4 所示。例如營業管理，幕僚人員將之視為一大作業機能，他們首先分別合併了 1982 年版中的經營計畫、製交管理、資材管理和帳款管理作業項目中的一些次級作業；其次是按營業管理作業流程將這些次級作業再集成為營業管理機能；再次是把營業管理機能與其他諸如生產、資材、人資、工程和財務這五大管理機能連結為一體，組成一個新的、完整的「且無任何資訊孤島的電腦作業關聯圖」。

1989 年版的營業管理機能具有更高的整合性，內容共計包含營業目標管理、授信管理、受訂管理、交期管理、成品倉儲管理、交運管理和應收帳款管理七項一級作業，並被正式命名為「台塑關係企業六大管理機能」。相較於 1982年版，新建立的六大管理機能及其基礎性運行架構的條理更清楚，層次更分明。除原有作業項目進一步細化，以及部分項目有所調整外，這一基礎性運行架構本身至今並未發生過明顯調整和變化。

從歷史的視角看，六大管理機能的形成分別經歷了由下而上和自上而下兩個過程：首先，王永慶在早期就要求幕僚人員在工廠層面根據生產流程對各項作業進行識別、定義和選擇；其次是隨「整理」範圍擴大以及層次提高，幕僚人員從下往上逐級匯總了各工廠乃至各公司的全部作業項目及內容；再次是按相對集中

與精簡原則將集團層級的作業項目合併為六大項：營業、生產、人事、資材、財務和工程；最後則是把集團層級的作業項目確定為管理系統的主要工作對象，並自上而下再正式分解為不同層級的作業，且作為正式管理流程交由各產銷管理單

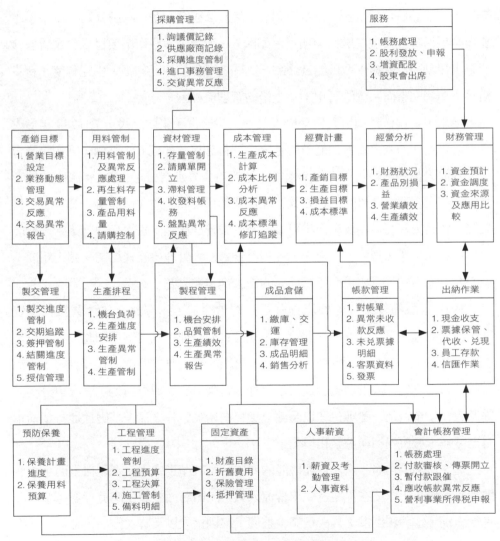

圖 6-3 六大管理機能的電腦作業關聯圖：1982

位遵照執行。

　　例如財務管理作業，主要作業項目包括帳務管理、成本管理、出納管理、股務管理、資金調度和經營計畫等內容。其中，每一項主要作業還可根據實際需要再細分為若干次級項目，比如成本管理可細分為生產成本計算、成本比較分析、成本異常反應、成本標準修訂，以及修訂結果追蹤等項次級作業。同樣，次級作業還可再進一步層層劃分，直至滿足實際管理需要為止。例如：成本比較分析又包括標準成本與實際成本比較、單位成本比較、固定費用比較、同年度跨廠成本比較、同廠跨年度成本比較、同產品同年度跨廠成本比較，以及同行業跨廠成本比較等等。

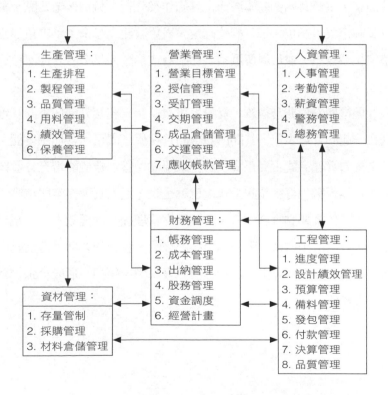

圖 6-4 六大管理機能的電腦作業關聯圖：1989

　　理論上，作業細分在一定程度上決定一家企業管理精細化的水準。但是在台塑集團的管理實踐中，一項作業可分解為多少層級，可細分到什麼程度，卻是根據生產任務及管理需要來確定。在一開始，作業細分肯定是分析和改善工作的重點，但更重要的是，一項作業只有經細分後才可編撰出適合電腦化管理的作業要點及作業手冊。換句話說，一項作業究竟可細分到何種程度，除了看細分作業所付出的成本是否高於因此而得到的收益，還要看管理幕僚是否能據此開發出相應的電腦作業程式。總之，一切做到合理適當為止。

　　作業要點既是工作重點又是管制重點。從訂定一項管理制度到最終形成一份電腦化表單，其間要完成多個環節的工作量，並涉及多個部門之間的通力合作。從技術層面講，主要有四個基本環節：實施作業分析、識別作業要點、編列作業手冊，以及確定表單欄位。一旦欄位確定，表單就建立起來了；表單建立，自然就可匯整出相關資訊，並最終傳遞給管理階層或相關人員參考，從而發揮應有的管理機能。

　　六大管理機能看似非常複雜，實際上可濃縮為一整套分別按不同管理需要和機能排列在一起的管理表單。其間所隱含的管理學意義是：管理制度能否發揮管理機能，主要看管理者能否真正識別出作業要點；管理機能能否充分發揮，主要是看作業要點能否編列得完整和系統。也就是說，通過實現作業與電腦之間的結合，即可對所有作業要點實施控管，透過異常管理提升管理效率。台塑集團管理系統的精細化效果就是這樣一點一滴累積起來的，企業的各項經營活動由此逐步邁入正軌，各項作業之間經由六大管理機能實現環環相扣，形成一張綿密而高效的電腦化管理網路。

第 *7* 章
建立責任經營制度

挑戰帶來負擔

王永慶解散新東公司的初衷是希望借此為台灣石化工業創造一個下游加工市場。果如他所料,下游加工市場的後續發展十分迅猛,為中上游企業創造出的原料需求自然也非常強勁。而台塑集團此時則自下游收縮,轉而抓住機會大量產銷中游原料。可以預見的是,台塑和南亞兩公司圍繞中游的快速擴張勢必為自身帶來向上游進一步垂直整合的壓力,因為只有實現如此整合,才能確保更為上游的乙烯等原料的長期穩定供應。

如表 7-1 所示,台塑和南亞兩公司都是在 1958 年才有了第一筆銷售收入,其中台塑是 4 千 3 百萬元新台幣,南亞是 3 百萬。自此一直到 1967 年,也就是近十年時間以後,兩公司的營業額雖有所增加,但速度遠不如王永慶的期望,分別只有 4.6 億和 8.5 億。

當年 8 月,王永慶決定解散新東公司,將台塑和南亞兩公司的業務領域全部集中於產銷塑膠中游原料,再加上此時企業內的管理大變革已進行一年多,由此帶來的經營績效開始凸顯,兩公司的營業額自此便有了跳躍式的成長:1973 年躍升至 87 億元新台幣,並使台塑集團初步有實力與中油公司一決高下;到了 1979 年,也就是六年之後王永慶準備投資美國時,兩公司的營業總額又大幅躍升至 319 億元,比 1958 年整整成長了 693 倍。

自新東公司解散後,台塑集團一下子邁入「速度經濟」時代,由此所帶來的管理問題使王永慶不得不隨時保持高度警惕,耐心十足地一個接一個解決。從他對經營決策委員會的多次演講中可以體會得出,王永慶無時不在思考著如何透過管理基礎建設來細心呵護得之不易的規模擴張態勢。

他發現,台塑集團此時面臨兩大經營困境:一是企業規模快速擴張與管理服務體系建設滯後之間的矛盾愈來愈尖銳;二是實現中上游垂直整合與上游原料產

業在那個時代的台灣不對民間開放已成既定事實之間的矛盾也愈來愈尖銳。其中，第一個困境事關企業內部管理水準如何提升，它考驗著王永慶的商業智慧和管理能力；第二個困境則攸關如何突破台灣當局的產業政策，它考驗著王永慶的政治智慧和經營能力 [1]。

表 7-1 台塑集團營業額的成長：1954~1980

單位：百萬元

年份	台塑公司	南亞公司	台化公司	全集團
1954	0	0	0	0
1958	43	3	0	46
1959	73	19	0	92
1960	82	59	0	141
1961	166	90	0	256
1962	214	167	0	381
1963	260	219	0	479
1964	359	363	0	722
1965	380	516	0	896
1966	458	593	0	1,051
1967	460	850	87	1,397
1968	672	1,308	478	2,458
1969	903	1,757	725	3,385
1970	1,347	2,130	1,032	4,509
1971	1,620	3,340	1,274	6,234
1972	2,188	4,003	1,763	7,954
1973	3,361	5,304	3,513	12,178
1974	3,788	5,118	2,846	11,752
1975	4,714	6,144	4,399	15,257
1976	6,886	7,989	5,972	20,847
1977	8,438	9,542	7,276	25,256
1978	11,045	13,242	8,569	32,856
1979	14,052	17,833	10,417	42,302
1980	17,120	20,723	12,712	50,555

1 有關實現中上游垂直整合的過程及細節，請參見《篳路藍縷：王永慶開創石化產業王國之路》一書中的相關章節。總體來講，在台灣實現中上游垂直整合幾乎耗費了王永慶一生中大部分時間才得以順利完成。

　　如何提升管理水準是個內部問題，通過一己的努力就會得到解決；但是如何向上游發展卻是個外部問題，不是自己努力就一定能夠解決。當王永慶於 1973 年第一次向台灣當局提出自建輕油裂解廠的投資計畫被斷然拒絕之後，他發現，突然降臨的第一次石油危機進一步加深了原有的兩難困境。在不可能向上游整合的前提下，台塑集團為謀求未來發展，也只能依靠不斷擴建新的中游工廠來滿足速度經濟帶來的巨大需求，但這樣做的結果卻更加重了管理系統應對上述挑戰的負擔。

　　在此，所謂「由挑戰帶來的負擔」是指，作為石化工業企業，台塑集團如何能在激烈競爭中同時實現規模經濟與範疇經濟[2]。其中，前者是指在技術不變的條件下，如何通過擴大單一產品的產量攤薄成本；後者是指在同一廠區內，如何通過合併多種產品進行生產，以便獲取更大的利潤空間。早在 1960 年代初，台塑集團就一直遵循此一規律並連續取得相當好的收益，但在上游原料價格波動且供應沒有保障的情況下，此一收益的全部或大部分即將被原料成本上升抵消，除非台塑集團能自行生產乙烯等上游原料，否則將永遠受制於人。

　　王永慶基本上是從下述兩個角度來思考和預測台塑集團今後的成長方向：一是在既無法通過向上游整合同時又不能輕易將價格波動造成的成本轉嫁給下游客戶的情況下，那些即將被價格上漲抵消掉的收益還要依靠內部消化來解決；二是考慮到台塑集團已走上依靠中游產品多元化經營的發展道路，所幸由以原新東公司為主力形成的下游加工市場引致的需求不僅沒有萎縮，反而愈來愈強烈，於是在需求是企業成長的主要支撐力量的情況下，成本也就成了台塑集團圖謀規模進一步擴張的唯一限制性因素[3]。也就是說，此時台塑集團獲得更進一步發展的唯一出路是：通過追求物美價廉走低成本成長之路。

　　台塑和南亞兩公司在整個 1970 年代，主要是通過向原有客戶提供新產品或提供原有產品給新市場的方式實現規模經濟和範疇經濟的。兩家公司通過有限度的垂直一體化（主要指中下游整合。若向上游整合，台塑集團將面臨如何突破中

油的壟斷等難題），不僅產品種類增加到幾十種，同時每一種產品的產量都很大。以台塑公司為例：該公司在 1970 至 1973 年間的產品種類除 PVC 粉，還涉及電石、液鹼、可塑劑、增韌劑、聚丙烯腈纖維，以及機械廠、發電廠和特約碼頭等生產性服務設施。

另外，各項產品的產能也在不斷擴張中。以 PVC 粉的生產和銷售為例：1972 年，台塑公司在高雄擴建後的仁武塑膠廠開始量產，當時設計的年產能為 28.8 萬噸。一年多以後，台塑又在中美洲波多黎各投資設立 PVC 工廠，設計年產能為 72 萬噸。顯然，僅此兩項產能相加就超過了當時台灣其他廠商所生產的 PVC 粉產量的總和。

到 1979 年，當第二次石油危機來襲之時，王永慶抓住機遇並憑藉過去十年所累積的經濟實力大舉投資美國，不僅一舉實現石化產業上中下游的垂直整合，同時也在 1982 年為自己贏得「經營之神」的美譽。值得注意的是 [4]，當時接管並整頓美國工廠的高級管理人員，大多是從台灣各公司和總管理處直接抽調並派

2　是美國管理學家 Alfred D. Chandler Jr. 提出的有關企業成長問題的兩個概念：規模經濟（economics of scale）又稱規模利益（scale merit），是指在一定科技水準下生產能力的擴大並使長期平均成本下降的趨勢，即長期費用曲線呈下降趨勢；而範疇經濟（economies of scope）是指由廠商的範疇而非規模帶來的經濟，亦即當同時生產兩種產品的費用低於分別生產每種產品時，所存在的狀況就被稱為範疇經濟。只要把兩種或更多的產品合併在一起生產比分開來生產的成本要低，就會存在範疇經濟。

3　Edith Penrose（2007），《企業成長理論》，上海三聯書店、上海人民出版社，頁 16。

4　有關王永慶收購美國路易斯安那州 Baton Rouge VCM 廠之後的管理故事，我曾在《篳路藍縷：王永慶開創石化產業王國之路》的第三章中有所描述。第二次石油危機期間，王永慶通過談判準備收購美國聯合化學公司一家占地面積約 238 英畝的塑膠工廠，後由於工會反對，該廠賣給了英國 ICI 公司；ICI 接手後，工廠經營不見起色，依舊虧損，遂要求再賣給台塑公司，開價為 2 千 7 百萬美元，其中 2 千 1 百萬是企業債券（利息率為 5.3%），6 百萬是企業債務（利息率為 8.5%），分 24 年還清。

當時講明的條件是，只要台塑公司承擔債務，ICI 不收取一分錢現款，並準備在 1980 年底前向王永慶移交工廠所有權。王永慶抓住對方急於脫手的心理，提出一年後再移交（1981.10.15）。ICI 得知後，提出倒貼 4 百萬美元現金給台塑公司，並於 1981 年 1 月 1 日完成移交。此時，工廠隔壁的艾克森石油公司正在計畫用 10 億美元建一座發電廠，但苦於沒有土地，希望王永慶賣給他 80 英畝。王永慶當時人在日本，正在參加日本人為交付台塑一號油船舉辦的晚會。

接獲消息後，王永慶連夜飛往美國。他對艾克森說，賣地可以，但應該同時購買管路等設施，總費用為 4 千 2 百萬美元。交易完成後，王永慶用艾克森的購地款支付 Baton Rouge VCM 廠的全部價款，不僅一分錢未掏，還賺了 1 千 9 百萬。緊接著，王永慶又看中德拉瓦州史丹福化學公司一家要價 2 千萬美元的 PVC 工廠，他說：「這家工廠很重要，可以消化 Baton Rouge 工廠生產的 VCM。」隨後他派人去談，結果只花了 1,075 萬。至此，王永慶完成了他在美國的第一階段收購任務，不僅淨賺 825 萬美元，還在產業鏈的垂直整合上為企業的後續發展奠定了基礎。

遣的;許多主要生產設備也是在台灣經自行生產之後,再用船運往美國工廠安裝的。這些細節一方面表明,台塑集團在此期間的經營獲得了巨大成功,另一方面也表明,台塑集團的管理水準已經實現和國際接軌。

各公司連續幾年的快速擴張,或者說同時大量生產多種產品,使得總管理處管理機能幾乎已發揮到極限。台塑集團的生產鏈高度分工,從原料到成品,已劃分為十幾個事業部、幾十間工廠,每間工廠負責若干道工序,廠與廠之間在流程上基本實現了無縫接軌。儘管這種生產方式符合規模化生產要求,但如何有效管理卻始終是個大問題。

例如,如何加強對各工廠生產成本的獨立核算就是個大考驗:上一道工序的半成品,不論成本高低、品質好壞,如果下一道工序一律照單全收,久而久之成本便會層層累積傳遞,最終可能使整個企業陷入「各事業部都說自己賺錢,公司整體卻獲利不佳」的惡性循環中。更令王永慶痛心的是,各事業部居然沒有人願意對此負責,更沒有人主動追究誰應該對此負責,有如吃大鍋飯一般。

在集團層面上,王永慶把著眼點放在「通過專業管理幕僚配合生產現場」掌控,並提高「單位時間內流過各分子公司人、財、事、物等資訊的數量、品質和速度」的能力上。當然,要做到這一點,除了在生產體系全面推行責任中心制度[5],另一個關鍵就是要想方設法強化幕僚體系對成本,包括非生產成本在內的管控能力。

適才適所:規範幕僚行為的關鍵

王永慶認為,充分發揮幕僚的能動作用是台塑集團培養自身組織能力的基礎。特別是專業管理幕僚,他們對貫徹執行「嚴密組織」和「分層負責」的策略思考,乃至於在維持、鞏固和加強企業中的各種「關係」,以便實現更大地理範圍內的擴張等方面的作用至關重要。幸運的是,王永慶在此期間終於選擇加強總

管理處專業管理幕僚集中管控能力的培養。他說：「人如果不能適才適所和適所適酬，那麼組織設計得再好又有什麼用？」

　　1971 年 5 月 20 日，王永慶特意邀請美國著名行為科學家梅克望博士來台塑集團授課，當時各公司在北台灣地區的所有課長級以上幹部共計 130 多人全部參加了聽講。從專家講課的內容可以看出，王永慶此刻關心的核心問題，正是如何規範幕僚人員的管理行為。他說，適才適所是規範幕僚行為的關鍵。

　　隨企業規模擴大，也就是說，為了應對日益嚴重的由企業成長引致的各種問題，王永慶認為，自己在當下的首要任務是必須加強對直線幕僚體系的基本管理職能及其行政結構的改革與重構，以便清楚釐定每個人的職責界限和職權範圍，從而為推動「適才適所」的用人原則創造條件。

　　但是，如何才能明確幕僚的職責界限和職權範圍呢？換句話說，王永慶應該透過一種什麼樣的機制才能清楚釐定每個人的責任，並為如何做到適才適所和適所適酬尋求一個較為合理的制度安排。當然，對任何一家企業來說，在用人方面不僅要做到適才適所，更要做到適所適酬，對台塑集團而言，問題的重點不在原則，而在於從實務角度看是否能依託該原則建立起一套合理的推動機制，亦即：高階經營者如何才能據此做出判斷，自己對每一名幕僚的組織安排均做到了適才適所和適所適酬？

　　這套機制既糅合了企業管理中的命令與計畫功能，也糅合了企業家的管理智慧和手段。王永慶給出的解釋正是美國專家講授的內容：台塑集團幕僚人員的組織行為及其運行機制健全與否，完全可通過是否有利於經營層做出正確決策加以判斷。為此，王永慶一方面專程飛往美國和日本考察，另一方面則花費大量時間和管理專家一起，深入研討幕僚體系的組織設計和運行機制。

5　責任中心制度是王永慶推動管理合理化的亮點之一。據不完全調查和統計，至 2008 年，台塑集團共計設立有 3,088 個利潤中心，超過 1 萬 7 千個成本中心。這是令人吃驚的數據，為討論方便，本章著重敘述幕僚體系的變革過程，有關責任中心制度的詳細討論請參見後續章節的部分內容。

從理論視角看，美國和日本的集團企業，大部分都設立有專門的幕僚（參謀）組織。這些企業的發展歷史一般都比較悠久，企業家對「大規模生產設施、銷售系統和管理組織，均進行了相互聯繫的三重投資，從而導致現代大企業的崛起」[6]。特別是對管理組織的大量投入，為股東帶來豐厚的經濟利益，這種利益「依賴於知識、技能、經驗和團隊合作——依賴於為利用技術過程潛力所必須組織起來的人的能力」[7]。

但從實踐過程看，美國人和日本人所建立的參謀組織並不完整。許多高級參謀大部分時間只是待在集團總部，企業雖然在職稱上把這群坐在辦公室的參謀區分為初級、中級和高級，但在組織建制上卻並沒有促使參謀人員沿直線生產部門向下延伸，並最終形成一條垂直系統。有些企業即使向下延伸，但參謀人員的結構及其職能的規劃及分布卻既不嚴密也不完整，未能系統發揮出參謀人員的管理、協調與控制性作用。

如此形成的組織設計缺陷，或者說組織能力缺口，導致的最大問題是：總部制定的政策如何在基層單位有效的執行和監督。參謀人員沒有形成體系，自然談不上組織嚴密；組織不嚴密，自然也就談不上企業政策在基層單位有效執行和監督。這群高高在上蝸居在總部的參謀本身並不承擔產銷責任，他們對直線生產部門的管理支援作用，肯定比不上一個自上而下建立起來的直線幕僚體系，亦即如此蝸居在總部的參謀注定無法就近為各基層產銷單位注入管理活力。也許美國人和日本人的做法適合他們本身，畢竟他們也取得了成功，建立了無與倫比的現代企業管理制度，但天下沒有白吃的午餐，台塑集團還是要走自己的路，要結合台灣的專業經理人市場和產業工人團隊的實際發展現狀，從根本上建立適合自己需要的嚴密組織，並推行有自己特色的分層負責的管理制度。

王永慶所謂的建立適才適所和適所適酬這一用人原則背後的機制，是指各基層單位的觀念、情緒、意見和提案等等，應沿著他心中構想的直線幕僚體系，清楚而準確地逐級上傳給他本人以及他的高階經營團隊。如果他決定採納，意味著

他可以據此做出決策。他的決策是決定企業利潤是否能夠實現最大化的前提條件。而為了最終實現利潤最大化，他認為他的決策資訊還應該再沿直線幕僚體系逐級向下，並確保直線生產單位能清楚而準確地理解、貫徹和執行。

這是王永慶判斷幕僚人員是否適才適所和適所適酬的基本道理：儘管他的決策與他的個性密切相關，但決策過程卻必須具有組織性，亦即符合組織的實際需求。如此勾勒出的一個資訊上傳和甄別路線，就是他想像中的台塑集團組織結構的基本藍圖。換句話說，任何一級幕僚，只要在本職崗位上提供的分析資料、情報和處理辦法等等對經營層的決策有參考作用或有借鑑價值，企業對該層級幕僚人員的安排就可認為是適才適所。否則，組織的機能一定有問題。

幕僚人員通過發揮自己的知識、資訊、技能、經驗，並樂意與直線生產部門開展服務性合作，以及願意從事能為企業創造經濟效益的組織性活動，是幕僚管理機能的整體體現。它不僅是一個經驗過程，更是一個知識過程。在古代中國，幕僚常被稱為「入幕之賓」，是指古代將帥幕府中的參謀、書記等屬官，也泛指在軍政官司署中有官職的佐助人員。而在近代西方社會，參謀人員（staff member）在早期主要服務於軍事組織；資本主義工商業興起之後，企業為適應日益複雜的經營環境，開始仿效軍事機構中的參謀作業系統，雇用參謀人員來完成調查、分析、計畫、追蹤、協調和改善等工作。從性質上看，東方的幕僚和西方的參謀大同小異；但從功能上看，則要結合企業的具體需求來分析：究竟是使用幕僚還是參謀一詞，要看企業身處什麼樣的文化背景。

幾十年來，台灣繼承和保留了諸多中華文化，尤其是在一些傳統產業內，許多企業家從民族文化中汲取了理念、思想和動力。王永慶就是代表性人物之一，他對幕僚的組織安排和功能設計，相較於歐美企業，呈現出和而不同的特點，並

6　Alfred D. Chandler Jr.（2002），《戰略與結構：美國工商企業成長的若干篇章》，北京天則經濟研究所、北京江南天慧經濟研究有限公司選譯，雲南人民出版社，頁 12。

7　同 6。

包含多個層面上的文化意義。他對民族文化，乃至於華人的個性特點及其工業習性的感悟和把握，超越同時代的許多企業家。甚至可以這樣評價他的貢獻：王永慶的管理思想[8]集成了大學之道、勤勞樸實、止於至善等中華文化中的優秀成分，這些優秀成分反過來又構成他日後尋求規範幕僚行為的倫理基礎。

儘管總管理處成立已有四年多時間，類似組織規程和執掌細則一類的規章制度也訂立了不少，但王永慶認為成效仍遠不如期望。他一直覺得，要把一個集團企業送上制度化軌道，實在是一個令人身心交瘁的過程，難度之大，痛苦之巨，常使他擔憂台塑集團的成長會半途而廢。類似的事情在世界各地屢見不鮮，特別是在早期工業化階段，實現規模擴張是任何一位企業家夢寐以求的；但在規模擴張的同時，如不能及時謀求強化經營體質，提高事務處理的合理化水準，任由各種問題自然堆積演變，久而久之，規模再大的企業也必將遭致衰敗的厄運。

目前看來，台塑集團暴露出的問題，究其根源可以歸結為組織結構跟隨策略思考進行調整的速度相對太慢，尤其是在企業快速擴張時期[9]更是如此。自從解散新東公司之後，台塑集團開始向上游整合。這種主動放棄下游並專注於生產石化中游原料的行為，意味著台塑集團經由策略調整而獲得一次更大的發展機遇。

為了抓住這次機遇，王永慶創立了總管理處此一台塑集團管理架構的核心部件。隨著企業規模進一步擴張，各產銷單位又提出新的管理需要。為了滿足這種需要，他還必須不斷地重組或者改進總管理處。在那個時代，他可以向別人學習如何建立總管理處，但是如何重組或完善總管理處，以便進一步賦予其別具一格的管理職能，卻沒有現成的經驗可資借鑑；也就是說，建立一個管理架構的難度可能要超過建立十座大型化工廠。他認為自己當下必須在兩方面超越先前的思考和努力：一是清晰地界定直線幕僚體系本身，包括職能、權力等制度的安排；二是清晰地規範即將顯露出的直線幕僚體系，以及已有的直線生產體系之間的緊密關係。

王永慶希望腦海中的整個集團管理結構藍圖，必須以非常正式的方式實現。

在過去，此一藍圖散見於他的談話和演講之中，其他高階管理者雖不十分清楚，但已切實感受到，若非經由長期而艱苦卓絕的努力，企業的基礎性管理改善工作絕不會自動完成，整個企業組織結構存在的嚴重缺陷也不可能自動修復。

總之，每個人都清楚問題所在，卻常常因為陷於日常繁瑣的營運業務而無法親力親為。如今，台塑集團就是要建立此一正式的權力與責任路線，盡可能有效使用各種具體的規章、手冊、表單，甚至像魚骨圖一類的分析工具等等，將王永慶腦海中的這一藍圖具體化。各級管理幹部過去可以對此一藍圖有不同理解，但在經過清楚界定和釐清之後，王永慶希望兩條直線之間因為個性、業務和態度不同而導致的分歧，能夠壓低到最小程度。

取消功能性委員會制度，便是王永慶早期做出的最重要決定之一。因為在1970 年代初，委員會制度在美日等一些先進國家或地區仍舊是最重要的高階管理制度之一。即使像杜邦（Du Pont）、通用汽車（GM）和艾克森（Exxon）這樣的巨型公司，在由各自領導者推動的組織變革中，儘管十分「討厭」委員會制度帶來的負面影響[10]，最終做出的選擇，基本也都是進一步調整並加強委員會的作用，而不是棄之不用，甚至到今天，委員會制度仍舊是這些集團企業管控子公司的主要手段之一。

以今天的視角看，王永慶在那個年代堅持向上游整合，為企業指明了擴張方向。雖然 1973 年第一次提出自建輕油裂解廠的申請被否決，但並沒有改變王永慶的決心，台塑集團依然致力於開發中游產品群及其規模化生產，並伺機向上游整合。此一做法正是石化工業發展的基本規律，在台塑集團內部也已演變成為一

8　王永慶早年為了建立台塑集團的企業文化，曾無數次地請教國學大師。從他的演講和著作中，可以很清楚地得出這樣一個判斷：他的管理思想大致以對《大學》的理解為核心，並參照其他經典糅合而成。

9　Alfred D. Chandler Jr.（2002），《戰略與結構：美國工商企業成長的若干篇章》，雲南人民出版社，頁 18。

10　比如，錢德勒（Alfred Chandler）在其《戰略與結構：美國工商企業成長的若干篇章》一書中就曾描述說：「與杜蘭特（Durant）時代的委員會不同，現在幾乎所有委員都是總部官員，沒有任何具體的運營責任。」他接著轉述史隆（Sloan）的重要夥伴之一布朗（Dawnason Brown）在責難委員會制度時所說的話：「在這種情形下，執行委員會的委員既不能做到公正無偏，也不可能從公司整體利益的角度考慮問題。」

種特定的路徑，根本就不可能改變，或者說至少在短期內不可能改變。既是如此，當委員會制度不可能為這一方向提供足夠數量和品質的內部管理支援時，王永慶自然會認為它已構成企業發展的障礙，應該及時消除，代之以另一種更有效率的組織觀念和方式。

事業部制、利潤中心制、目標管理制

台塑集團早期的責任經營制主要包含三部分：事業部制度、利潤中心制度和目標管理制度。在管理學中，這三項制度均被認為是專業性管理制度，長期以來在美日歐等國或地區的一些大企業不僅廣泛使用，還應用得相當成熟。從台塑集團留存的文獻和檔案看，1960 年代中，王永慶就注意到這三項管理制度的先進性和優越性，並全盤引入台塑集團，試圖從根本上解決企業因快速成長所帶來的效率不彰等管理問題。

從引入的過程看，這三項管理制度在台塑集團正式落地生根的時間均陸續發生在 1967 年，也就是在王永慶提出他的嚴密組織、分層負責和科學管理策略思考之後的第二年。在同一年引入三項管理制度絕非偶然，如前所述，台塑集團在 1966 年 6 月成立總管理處，7 月又成立經營研究委員會，並在接下來的一年多時間內基本建立了全企業的各項規章制度，並努力將之導入電腦。兩年來，台塑集團不論在組織建設、制度建設還是在文化建設方面的變化都很大，此時在企業內適時劃分事業部和責任中心，並沿此一運行架構實施目標管理，看來已具備了一定基礎。

按道理說，引入專業性管理制度在一定程度上主要基於技術和製程考慮，王永慶卻認為，台塑集團的設備均自海外進口，技術和製程都沒有大問題。因為台塑和南亞兩公司的生產既不涉及消費品，也不涉及高科技產品，兩公司均致力於採取連續性和標準化方式生產石化中游原料。西方國家在石化工業領域中的技術

和製程水準已領先台灣幾十年，台塑集團眼下可能沒有必要自行研製和開發，只要有錢，什麼樣的技術和製程都買得到。但組織和管理問題卻不一樣，除非自己親手做，否則有錢也不一定辦得到。

目前台塑集團面臨的主要管理問題，也從另一個層面驗證了王永慶的判斷。據他個人的觀察和思考，他認為台塑集團在 1967 至 1970 年間暴露出的組織和管理問題主要有以下幾點：

- 儘管他本人已經提出嚴密組織、分層負責和科學管理的策略思考，但他發現企業的組織結構不僅沒有像他預期的那樣發生調整和變化，還存在著許多功能缺陷或缺位等問題。

- 現有的直線職能結構對營業、生產、資材、人事、財務和營建等業務單元的管控責任不清，數據和資料不完整、不真實，以致時常發生「一收就死」或「一放就亂」等失控情事。

- 總管理處與各公司、各產銷部門和幕僚單位之間的職責、許可權不清晰，缺乏統一協調，以致經常出現產銷部門與幕僚單位間爭功諉過和相互扯後腿等情事。

- 整個企業的核心業務流程不明確，內部控制體系不完善，稽核與跟催職能不完整，導致管理漏洞百出，企業資源大量浪費和流失。更嚴重的是，工作現場一片忙亂景象，許多高階主管陷於事務性管理，根本沒有時間思考本單位的重大策略與發展問題。

- 目前的組織結構完全以職能為導向，整個組織結構看似簡單且管理層級也不是很多，但某些部門的職能卻顯得複雜和繁瑣，不能以市場或客戶為核心，難以為經營層提供適應環境快速變化的、有效的決策支援。

為了解決這些問題，王永慶甚至派人四處請教並且蒐集有關文獻，其中有一

名幕僚從英國帶回了幾本伍德沃（Joan Woodward）[11] 的管理學著作。王永慶讓人翻譯給他聽，當幕僚講到伍德沃繪製的一張有關「組織結構特徵和技術類型之間的關係」的統計表格時，他突然打斷幕僚的話，拿起那張統計表格仔細審讀起來。

如表 7-2 所示，王永慶評價說，按照伍德沃的劃分，台塑集團屬於第三種生產技術類型：流程生產技術。我們從事的正是流程化生產，所使用的技術也大多是常規性技術，這就決定了我們的組織必須高度結構化，我們的控制和協調方法也必須因生產技術類型的不同而不同。除了上述指標，王永慶還特別注意到伍德沃對英國企業總體結構特徵的評價。

表 7-2 組織結構特徵和技術類型的關係

技術類型／組織結構特徵	單件小批生產技術	大批量生產技術	流程生產技術
縱向管理層級	3	4	6
高層管理人員的控制幅度	4	7	10
基層管理人員的控制幅度	23	48	5
管理人員與一般人員的比例	1：23	1：16	1：8
技術人員的比例	高	低	高
規範化程度	低	高	低
集權化程度	低	高	低
複雜化程度	低	高	低
總體結構	有機	機械	有機

由於是翻譯，王永慶一開始並沒有完全弄清楚「有機式結構」和「機械式結構」之間的區別。另外，他似乎也不同意伍德沃的觀點，於是命人趕緊查閱和翻譯相關資料。不久，有幕僚向他解釋，機械式組織和有機式組織分別是由兩位 [12] 名叫伯恩斯（Tom Burns）和斯托克（George Stalker）的管理學家於 1961 年提出的評價企業組織形式的兩個管理學概念。

　　所謂「機械式組織」，是指一種刻板的並具有嚴密控制制度的組織，特點是高度的專門化、廣泛的部門化、窄管理跨度、高度正規化、有限的資訊溝通，以及基層員工很少參與決策等等；所謂「有機式組織」，是針對機械式組織而言，主要是指另一種具有高度彈性和適應性的組織，特點恰恰和機械式組織相反，雖不具有標準化的工作環境和規章制度，卻具有高度的靈活性。

　　聽完幕僚的解釋，王永慶搖了搖頭說，這都是學者的觀點，他們做了很深入的研究，結果也的確具有啟發性，但是不能照搬。首先是專家對「有機」一詞的理解有不足之處。專家說，在有機式組織中，員工已經過良好的訓練，他們所做的工作雖不是標準化的，但可以被授權去主動從事多種多樣的工作，而且企業也不必對他們進行直接監督。

　　這沒有錯，可是專家忘記了一點：英國是世界上最早實現工業化的國家之一，工業基礎非常雄厚，管理制度比較健全，員工也經過良好訓練，當然可以採用有機式組織。台塑集團卻不同，不要說是否具備管理基礎，甚至連總管理處也只剛成立一年多，員工剛剛「放下鋤頭又拿起榔頭」，所以不可能在一夜之間成為有機式組織。恐怕台塑首先要做的，是如何汲取兩種組織方式的優點，一點一滴地從正規化和標準化做起。

　　以王永慶的理解，有機式組織有兩方面的涵義：一是指這種組織中包含很多寶貴的「活性元素」，所以被認為是「有機」的；二是這種組織的各個部門之間相互關聯，渾然一體，不可分割。這正是王永慶思考的重點所在，他對組織結構的理解有其獨到之處，更令人稱奇的是，他可以迅速使用非常淺顯和生動的比喻將之分析並描述出來。

11　進一步的資料請參見：J. Woodward, *Industrial Organization: Theory and Practice*（London: Oxford University Press, 1965）.
12　是指由伯恩斯和斯托克於 1961 年共同完成的一本管理學著作《創新管理》，進一步的資料請參見：T. Burns and G. M. Stalker, *The Management of Innovation*（London: Tavistock, 1961）.

他認為，台塑集團初步建立起的管理制度、幕僚團隊以及員工隊伍，統統可視為企業的活性元素。這些元素都是由組織的「土壤」提供的，每個元素都有自己的特殊功能，並且與企業的健康成長息息相關。如果缺少某種元素，或者某種元素的功能沒有好好發揮，企業的整體或局部就會生病。為了清楚表達他的意思，他甚至用醫學術語向幕僚建議，當前推行專業性管理制度無異於是給企業實施一次「再生手術」，我們務必「從全面檢查開始，根據各單位的個體差異情況分別制定治療方案，針對病變部位準確導入活性元素，使藥物直達病灶點，使病變組織自行代謝並獲得新生」。

台塑集團建立管理制度的目的就是為了貫徹實施嚴密組織和分層負責此一策略思考的基本精神，為此成立了總管理處並雇請一大批幕僚來協助管理，旨在幫助產銷部門的管理者把「一個連續生產過程中的各個部分協調起來，從而實現我們的最終目標」。其中，幕僚的職責就是要做好計畫和控制工作，盡可能使用管理制度，而不是以私人關係或個人魅力說服和影響全體員工貫徹落實企業的發展策略。表面上看，幕僚的職責是「說服和影響全體員工」，實際上王永慶的本意是說，幕僚人員的關鍵職責是「依靠組織的力量確保資源的使用和分配有效果、有效率，並最終實現企業的管理目標」。

在王永慶眼中，幕僚人員是企業中活性最強的元素。這批人身處策略規劃的決定者和生產作業的實施者之間，不僅要負責推動企業長期目標，同時要確保即期目標不折不扣地貫徹執行。在下一步的工作中，除了各公司繼續細分事業部和利潤中心，幕僚部門應充分推動各公司制定長短期經營計畫與管理目標，尤其注重「在長期目標中融入短期內容」，使長期目標更具現實性和可操作性。

王永慶此舉不僅有利於把企業的長期目標轉換為短期目標，同時也通過公司總目標向下分解為多個層級的次級目標，將幕僚體系的管理控制活動完全置於事業部和利潤中心等不同層級的具體需求之上。他認為，幕僚人員在不同產銷層級結構上發揮管理控制功能，勢必會給各層級產銷管理人員帶來管理壓力。此時的

王永慶仍不放心，他又針對前述發現的五個問題，明確開出自己的處方。在今天看來，此一處方意味著王永慶為引入事業部、利潤中心和目標管理這三大專業性管理制度，初步建立起一個管理控制系統，並為下一步強化幕僚體系建設奠定了制度基礎。

此一系統大致由 5 個步驟構成。這些步驟就像是 5 個設計巧妙的物理槓桿，一下子撬動了整個企業的責任經營制度。毫無疑問，適時全盤引進專業性管理制度，既凝聚著王永慶對那一時期企業發展進程的深入思考，同時凝聚著他對「大企業病引致無效率」的謹慎判斷：

一、責任步驟。把各公司按產品別劃分為事業部和利潤中心，意味著清楚釐定全企業每一單位的責任範圍。建立責任經營制的目的，是在合理分工的基礎上，明確每個部門和職位的具體任務和要求，把人和事徹底對應起來。王永慶認為，責任步驟的重點不是告訴員工能做什麼，而是告訴員工不要做什麼。顯而易見，責任步驟強調的重點不同，帶來的效果自然也就不同。

二、目標步驟。所謂目標管理，實質上就是指責任經營制。根據王永慶的看法，責任就是目標，目標就是責任。如果責任劃分清楚了，員工的目標自然能夠訂得出來，因為目標管理是一種參與式的，且高度強調自我控制的管理制度，所以「企業的使命和任務，必須轉化為企業要實現的具體目標」[13]。如果一個作業領域沒有目標，這個作業領域的工作必然會被忽視。

三、激勵步驟。目標管理制度反映了台塑集團的核心價值觀，亦即在企業內建立起相互信任關係，並通過信任關係反映企業與員工之間的互動方式。為此，王永慶建議人事組的幕僚，應著重研究之前曾流行於美國的「史坎倫計畫」

---

13 進一步的內容請參見杜拉克（Peter Drucker）的著作《彼得・杜拉克的管理聖經》，台北：遠流，2004 年（原書出版於 1954 年）。杜拉克於 1954 年在該書中最先提出「目標管理」的概念，隨後又提出「目標管理和自我控制」等理論主張。

（Scanlon Plan）[14]，並據此構建台塑集團的激勵機制[15]。據後來實施的情況看，王永慶並沒有拘泥於純粹推行史坎倫計畫，他的激勵步驟中雖也強調利潤分享（比如年終獎），但更強調效益分享的基本思想（比如效率獎金）。

四、**診斷步驟**。企業診斷本是由外部專家與本企業有關人員密切配合完成的一項管理分析與改善工作，但王永慶卻強調要獨自發揮幕僚體系的診斷功能。幕僚人員除了制度建設，另一個重要職責就是稽核與跟催，其中就包含企業診斷步驟的全部內容：計量業績、比較標準、發現偏差和管理改善。王永慶希望他的幕僚人員能夠成為一只只「儀表度盤」，時刻能夠注重診斷組織目標的實現過程[16]，並通過指標準確無誤地顯示出來。

五、**電腦化步驟**。除了代替人工，通過電腦發揮管理功能（如自動稽核）也是王永慶此一時期重點考慮的控制性步驟之一。他沒有把電腦視為一種簡單的統計計算工具，而是一種更加實用的智慧化管理系統。他希望透過電腦網路建立企業的正式報告系統，持續關注不斷變化的各種數據和資訊，以便高級主管能及時且清楚把握市場潛在的策略性變化。

制度的體系化和層次化

南亞公司當時生產的一種塑膠布的品質極不穩定，經常被客戶退貨或罰款。王永慶得知消息後便派人前去查看，結果發現該款塑膠布的品質的確有問題，成品要麼質地太硬或太軟，要麼是顏色與客戶的要求相差甚遠。類似問題以前也出現過，而且生產現場的領班也多次探尋過原因，卻始終找不到解決辦法。有人懷疑是配方有問題，但現場主管因為只負責生產，並不關心產品配方，另外再加上配方保密，且負責配方的工程師堅決反對公開，於是品質改善問題就此一再耽擱，始終得不到解決。

王永慶得知後非常生氣。他說，配方最終是要由人工配的。保密工作要做好

這一點沒有錯，但總不能因為要保密而置品質問題於不顧，如果品質問題不解決，再好的配方又有什麼用？再說從配方到製造到產成品，其間要經過許多道工序，難道一定就是配方出了問題？大家都知道，配方是死的，機器是死的，但人是活的，為什麼沒有人肯主動檢討，為什麼大家都是各掃門前雪，聽任品質問題一再發生，所以肯定還是「人」出了問題！

於是，他又命人再去探查，結果發現配方沒有問題，生產線也運行正常，反倒是廠房內的磅秤不準確所致，原因是南亞公司根本就沒有建立磅秤管理制度，有些磅秤居然年久失修，自採購後從未校準過。更令人氣憤的是，有些操作人員看到磅秤壞了，乾脆憑經驗用手掂量著去配比原、副料！磅秤環節並不起眼，很少有人關注，但它所起的作用卻非常關鍵，豈不知某種原料或輔料添加不準確，是會直接導致產品的質地異常的！

這起事件只是眾多問題當中的一個。另例如南亞公司對生產領班如何實施績效評核及獎勵這件事，就曾引發過全集團上下高度關注。此一事件最終促使王永慶下定決心引入專業性管理制度，並據此建立責任經營制。至 1967 年，南亞已經運行了近十年。到當年 5 月，新東公司撤銷後的剩餘資產又併入南亞，並以新東事業部的名義繼續生產，使得南亞的規模一下子擴大許多，年營業額當年便猛增至 8.5 億元。公司經營規模的快速擴張給管理層帶來巨大壓力，似乎過去從沒有發現過的問題突然間都集中爆發了。

其中最嚴重的是一些已在公司工作了十幾年的老員工，當中有不少人已被提拔為領班。這些人大多經驗豐富，沉穩老練，但由於學歷低，加上平時疏於學

---

14 「史坎倫計畫」是由著名管理哲學家麥格雷戈（Douglas M. McGregor）在其著作《企業的人性面》一書中大加
　　推崇的一個經典案例，得名於美國工會領導人史坎倫（Joseph F. Scanlon）提出的一種具有廣泛影響的利潤分
　　享計畫。該計畫創立 70 餘年以來，得到不斷完善與推廣，至今仍在許多企業中實行。麥格雷戈評價說，史坎倫
　　計畫的第一大特徵是根據業績的提高提供經濟獎勵，但這絕不是傳統意義上的「利潤分享制」，而是一種獨特的
　　分享成本的制度。此項制度雖然建立在薪酬結構的基礎之上，卻不能取代正式的工資及薪酬結構。
15 有關台塑集團的激勵機制，本書將在後續章節中詳加討論。
16 進一步的觀點請參見 Simons R. Control in an age of empowerment, [J]. *Havard Business Review*, 1995（3-4）.

習，於是其管理方法被認為過於機械，造成本單位一再出現「領班被成堆問題困擾，一般員工卻袖手旁觀」的怪現象。王永慶經過調查後發現，類似問題不止是南亞有，甚至連剛剛成立一年多的台化公司也有。他驚訝地說，領班是最基層的管理幹部，身處生產第一線，是各公司經營管理的樁腳。根據以往的經驗，如果領班領導有方，生產現場的問題會自動減少 80%；相反的，如果領班領導無能，問題就會增加 80%。

　　王永慶下定決心要解決此一管理難題，遂親自帶人實地考察。結果發現，南亞公司訂有一份不錯的領班考核制度，且其中的條文幾乎包括了與領班工作相關的全部內容，比如產量、收率、品質、客訴、機台整理、環境整頓等等。另除考核制度以外，該公司還訂定有相應的績效獎懲辦法，內容大致包括以下三方面：

　　一、對工作業績優秀的領班，首先是提高效率獎金的基數；其次是各工廠每月皆評選出業績最突出的前三名，除公開表揚以外，再分別發給大紅包各一個。

　　二、對工作業績一般的領班，公司要求應在每月舉行的績效報告會上報告原因和整改措施。出席報告會的人員應包括事業部經理、副經理、廠長、副廠長，以及各生產課課長等主管。

　　三、對工作業績最差的後三名領班，除在績效報告會上報告之外，還要接受扣罰獎金和行政處分等處罰。行政處分分為四級：申誡、記過、記大過及降級。

　　儘管獎罰措施十分嚴明，推行之後也的確起到一定作用，卻沒有從根本上解決問題，有些人仍舊屢罰屢犯，屢犯屢罰。例如：在當時的許多生產班組中，人們把業績最差的人常稱為害群之馬。在績效報告會上，工作業績最差的領班因為害怕受到嚴厲處分，遂不敢包庇害群之馬，通常會把班組內的真實情況一一講清楚。但是工作業績一般的領班通常卻不這麼做，總是把責任攬在自己身上，不願因此得罪害群之馬而遭到報復，一些膽子較小的領班甚至帶著禮品登門拜訪害群

之馬。

為進一步摸清情況，王永慶又命南亞公司專門製作一份領班調查表，內容非常簡單，藉口是公司要擴建新工廠，邀請全體員工把自己所在課內的所有領班按重要性順序排列，而且規定只寫名字，不寫理由，寫好後直接密封郵寄給總管理處總經理室人事組。結果王永慶發現，在大多數班組中，資歷愈老的領班排名愈靠後，有些甚至排在新來的年輕員工後面，和他事先掌握的情況基本上一致。

面對調查結果，王永慶總結說，針對領班制定的獎懲措施主要存在以下三個方面的問題和不足：

一、追求片面效果，獎懲手段過於簡單化，亦即非獎即罰，不僅告訴領班能夠做什麼，也告訴領班不能做什麼，這在一定程度上限制了領班的創新衝動，對其工作也沒有太大的引導作用。

二、獎懲措施類似「辦事原則」，並不是位階較高的管理制度。如此執行下去，對領班的獎懲只會導致其權力趨向強者更強，弱者更弱，對普通員工不僅沒有多少正面的激勵作用，反而限制了員工參與管理的積極性。

三、類似獎懲措施與集團企業的管理制度脫節，不符合自我管理的精神，兩者之間並沒有直接因果關係。也就是說，整個企業的管理制度尚缺乏整體性和系統性，這在一定程度上反映出各公司的制度設計存在漏洞。

自此之後，王永慶進一步加強企業的管理制度建設。他下令總管理處幕僚應注重在劃分事業部和利潤中心的同時，還要加強制度的系列化和層次化建設。他說，今後台塑集團的管理制度應該成為一個體系，各公司除按業務類別把企業的管理制度層層細化為規則、辦法、準則、細則、作業要點和電腦作業說明等多個層次，還要注重各項管理制度之間的因果關聯，使之環環相扣，相互勾稽。

為此，他又主持召開了經營決策委員會，並在會上傳達他對企業管理制度建

設的新想法和新任務。此次會議的主旨如下：

● 統一制度編號，統一設計制度表單，把制度要規範和要解決的問題、實施對象、推行步驟、評量標準等內容全部納入表單。各項管理制度經分類、分級並編號後，應及時導入電腦並由電腦統一管理。

● 制度頒布前，總管理處應組織人力統一制度講解，培訓相關使用者，必要時應把制度的使用效果納入月度或年度考試或考核。

● 制度頒布後，應指派專人跟催、落實，並將結果上報總管理處。對制度執行中出現的問題要深究原因，找出漏洞，及時修訂。

● 對所有制度的管理，今後不應單純依靠人力，而應積極發揮組織的力量。總管理處應該把從制度設計、制度推行、制度監督到制度改善這四個環節完全固化為企業的作業管理流程。

全面推行事業部制度和利潤中心制度

台塑集團各公司在 1960 年代中開始劃分事業部。相較於西方企業，台塑集團的事業部也是一種分權化的生產組織形式。王永慶積極推行事業部制度的目的，是期望藉此把產銷權力徹底下放給各事業部，以此調動各公司的產銷積極性。他這樣評價自己的改革思路：每一個事業部均務必像一家獨立的公司，以事業部經理為中心獨立運作，不僅要對自己的產銷目標擔負起責任，還要擁有相應的資源分配和決策權力，諸如制定投資計畫、產銷計畫、銷售政策、產品定價和用人規劃等等。

另為有效控制各事業部的營運績效，王永慶又接著引進利潤中心制度，希望借此進一步釐清各事業部的產銷權力，並落實責任。由於在一開始時的數量少且規模小，一個事業部實際上被劃分為一個利潤中心，並由財務部門每月對各中心

的損益、成本和用人等實行獨立核算。王永慶認為，事業部是利潤中心制度賴以運行的組織保障，利潤中心制度則是事業部分權功能的延續，兩者結合在一起，形成台塑集團下一步推行責任經營制的基本組織架構。

在台塑集團旗下各公司中，南亞公司最早於 1965 年開始劃分為南亞纖維和塑膠兩個事業部。1968 年新東公司解散後，資產相繼併入南亞，並另行成立新東事業部；台塑公司的分權化改革進程也很快，繼成立高雄事業部、台織事業部和台麗事業部之後，又於 1967 年開始實施利潤中心制度；台化公司雖成立於1965 年，但到 1970 年下半年，該公司不僅已劃分為 4 個事業部和 24 個利潤中心，還初步建立起標準成本制度。

事業部制和利潤中心制度既是「十年管理變革」的早期成果，也是王永慶關於嚴密組織和分層負責這一策略思考的具體體現。自從他於 1966 年 7 月在經營研究委員會的第一次會議上提出此一策略思考之後，最先發生組織結構變化的就是直線生產體系。從具體做法看，他劃分事業部和利潤中心的初衷不是為了追趕時髦，而是緊密結合並考慮到石化工業的產業和產品特性。他認為，台塑集團劃分事業部和利潤中心的原則，一要講究產品別，二要講究產銷一元化，其中產銷一元化是重中之重。

所謂產品別是指，事業部的劃分應按產品類別進行。台塑集團主要從事石化原料的連續生產，每一項產品的產量都很大，所以按照產品別進行劃分，既不會導致日後企業內各部門之間的相互競爭，同時便於採取專業化生產方式，迅速追求到規模經濟。所謂產銷一元化，是指一個事業部既負責生產又負責銷售，各自不僅願意擁有獨立的產品、市場和利益，又願意從事相關技術與設備的改進和創新，使個人技術和專業知識在產銷兩個領域都得到最大限度的發揮，十分有利於提高勞動生產率和企業經濟效益。

對此，王永慶特別強調，只有產銷合一，才可完整且有效評估各事業部的經營績效，使事業部經理能真正負起經營責任，靈活應對日益加劇的市場不景氣。

　　推行事業部制和利潤中心制度給台塑集團帶來的好處自然是多方面的，例如可調動管理人員的積極性，增強企業的獲利能力，為企業培養高級管理人才等等。但從管理的角度看，事業部制和利潤中心制度對台塑集團的長期成長的貢獻，除了使企業的組織結構具有較高的穩定性，以及對市場有較強的適應性，還可有效避免各單位在使用共性資源方面所產生的內耗。

　　特別是在避免內耗方面，兩項制度的優點主要表現在以下兩個層面：

　　一、為企業實現內部市場化奠定基礎。由於各事業部及利潤中心皆以獨立運作、自負盈虧作為最高原則，故相互之間的關係就不再是以往純粹的計畫與轉撥關係，而是逐漸改以市場規則行事。也就是說，一個單位向另一單位提供產品或服務，主要的根據將是市場規則確定交易價格、數量和品質。很明顯的，由於交易價格、數量和品質事關雙方切身利益，從而杜絕了一方所提供產品或服務的無效率被轉嫁給另一方。

　　二、各單位乃至個人之間的責權利關係可劃分得比較明確。從縱的方面看，台塑集團的幹部隊伍出現了「經營層」和「管理層」之分，兩者以廠處長級為界（含直線幕僚體系），廠處長級及以上人員為經營層，主要擔負策略決策、資源分配與人員調配等經營責任，並因此享受經營津貼；以下人員為管理層，主要擔負策略決策的推動執行、跟催、稽核等管理責任，並因此享受效率獎金。從橫的方面看，王永慶把產與銷的責任截然分開。其中，生產單位的主要任務是完成生產目標，銷售部門主要則完成銷售目標。在正常情況下，兩者各自應得的收益不會因為任何一方未盡職責而受到影響。

　　隨時間推移，事業部和利潤中心逐漸成為台塑集團實施責任經營制的基本架構。此外，隨各事業部規模不斷擴大，利潤中心的數量開始增多，王永慶於是打破過去奉行的一個事業部就是一個利潤中心的做法，開始把各事業部旗下的工廠

也劃分為利潤中心。在一些規模較大的或生產流程較複雜的工廠，他甚至下令劃分更多的利潤中心。這些中心雖然表面上屬於虛擬的會計核算單位，實際上卻受到總部的嚴密控制，不僅具有創造利潤和管理利潤雙重功能，也是不同層級的產品責任單位和市場責任單位。

利潤中心制度集中體現了王永慶的策略思考中有關「分層負責」的基本精神。他希望通過改變組織結構清楚地顯示出各利潤中心主管的責任歸屬。依照各公司先前各自推行事業部制的實際情況，王永慶如此設計了台塑集團在第二階段推行利潤中心制度的基本思路：

一、各利潤中心應自行訂定產銷政策，必須有權直接控制其成本和收益，採取合理的經營政策求取利潤最大化。如果各利潤中心能夠達成各自的利潤目標，公司及事業部的總利潤目標也可相應達成。

二、各利潤中心是整個關係企業實現管理控制的工具之一，各級主管應樹立全員經營的觀念，憑藉其職權領導屬員，透過高效率管理完成責任目標，包括成本、收益、利潤、投資報酬率，以及品質和技術等非貨幣性目標在內。

三、為防止因本位主義導致各利潤中心的子目標與公司總目標發生衝突，應加強直線幕僚體系的集中控制作用。集中控制不是指幕僚單位對利潤中心業務活動的直接干預，而是「善意的事前計畫」和「細緻的事後檢視」。

四、鑑於台塑集團的組織結構日漸複雜，經營規模日漸擴大，直線幕僚單位應配合各利潤中心，著重在企業內營造一個良好的內在組織環境，一方面可使員工在企業中接受到合理激勵，另一方面又使利潤中心能以最經濟的方式掌握員工於目標管理之中。

五、各利潤中心應推行責任會計制度，設置完整客觀的責任報告體系，並定期據其提交的責任報告實施績效評核，顯示績效差異，再回饋給各中心主管，作為檢討改善以及獎勤罰懶的依據。

六、台塑集團的管理制度今後將凸顯異常管理的特色。高層主管應集中注意例外事件，及時處理對經營績效有重大影響的關鍵事務，並據此擴大管理幅度，直接管轄各項經營成果的評估及衡量。

七、各利潤中心務必採取充分參與的方式制定各自目標，增強中心主管的整體目標意識，再據此訂立旗下各成本中心及個人的子目標。在訂立子目標時，各中心主管應鼓勵員工積極參與，使全體員工皆了解整體與個體之間的關係，並鼓勵大家在實現「小我」的同時，也兼顧實現「大我」。

八、發生問題時，例如利潤陡降、成本陡升、重大技術故障和各種人事糾紛等，各中心主管能就近掌握第一手資訊，並採取最適當的處置措施，以充分發揮利潤中心的靈活性，積極應對市場競爭和行業不景氣。

利潤中心制度推行後不久，各事業部的經營績效便開始直線上升，有的公司甚至當年就出現明顯變化。資料證明，王永慶的努力獲得巨大成功：台塑集團的總營業額在推行責任經營制度的1967年，只有區區14億元；但是到了1979年，此一數字便猛增至423億，十三年中成長了30倍有餘。也是在1979年這一年，王永慶趁第二次石油危機爆發之際，開始大舉投資美國，不僅一口氣購併多間石化工廠，同時把台灣累積的先進管理經驗也帶到美國。

利潤中心制度對台塑集團管理水準提升的貢獻十分巨大：首先是直線幕僚體系基本具備了事前計畫和事後檢視的作業機能。在推行利潤中心制度之前，總管理處的管控作用就表現得相當明顯，這已為進一步推行責任經營制奠定了基礎。另外，深化事業部組織形態也導致集團總部各幕僚單位愈來愈多充當起「外部監管者」的角色。為減少各事業部資源的重複配置及效率遞減，總管理處一方面加大政策性協調力度，另一方面也強化了對各單位共同性事務的管控能力。

這從另一個側面也說明，所謂責任經營絕不是直線生產體系一家的事，它是一場全面的管理變革：直線生產體系的改革暫告一段落之後，王永慶迫不及待地

展開另一場針對直線幕僚體系的調整和改革，使得後者在管理協調中初步具備了「第三者立場」。責任經營強調責權利的劃分，並注重據此實施個人績效評核，這勢必要求總管理處各幕僚單位要秉持第三者立場，以實事求是的態度完成溝通、協調、監督和控制。也就是說，當幕僚單位自身的責權利劃分清楚之後，辦事態度自然趨向保持客觀和中立。

各公司很快就發現，自 1969 年起，總管理處的管理職能已發生根本性改變——不僅真正演變成一個內部管理機構，同時在職權上也做出了嚴格區分和界定：各共同事務部門負責全企業的共同性事務如採購、財務、營建、法律事務、工程發包、出口事務、土地和公關等作業，總經理室則專責全企業的制度建設、推動執行、稽核、管理電腦化、預算、投資審核，以及專案分析與改善等作業。

在事業部制度下，王永慶認為，雖然利潤最大化是企業的終極目標，但是短期看利潤並不是要求的重點，而應該改為績效才對，並且如此修改也較能體現公平和效率原則。例如：某個利潤中心利潤率很高，但不一定績效就好；另一個利潤中心儘管發生虧損，但不一定績效不好。所以在推行利潤中心制度的同時，王永慶也注意到改革會計部門及其職能的必要性和緊迫性。他說，會計部門隸屬直線幕僚體系，是各公司各種經營管理活動的記錄者和總結者，更是台塑集團實現內部控制的重要工具，他們更應該具備第三者的客觀立場。

各利潤中心的經營績效應定期如實揭示，這就要求會計人員不能對此加以任何掩飾。比如說，會計人員每月要對各中心的經營績效做月結，將實績與目標進行對比，還要做差異分析。為了讓會計資訊更加切合績效評估的需要，僅僅要求會計人員做到客觀公正還不夠，關鍵還要對會計報表實施改革，使有關科目盡量具備對比分析的功能。也就是說，會計資訊不應只提供經營結果，更應該提供可進行對比分析的數據和資料，以便各級主管能通過會計數字直接發現問題，並對績效進行評估和改善。

在隨後的幾十年中，王永慶始終注重加強針對會計人員的管理工作。這一措

施的管理貢獻體現在多方面：一是為台塑集團電腦幕僚自行撰寫各種財務管理軟體提供了便利條件；二是為各公司在 1982 年分別實現 ERP 以及表單化運行奠定了基礎；三是更由於內控制度的不斷完善，使台塑集團各公司有效降低了各種經營風險。

經過幾年時間的演變，如圖 7-1 所示，台塑集團大致生成了這樣幾種會計資料，並初步繪製出自己的「利潤中心制度運行示意圖」：

一、全公司當月營業成果、財務狀況、應收帳款、庫存普通會計帳冊。

二、各利潤中心的利潤、績效成果及與目標的比較。

三、各利潤中心損益差異分析報告。

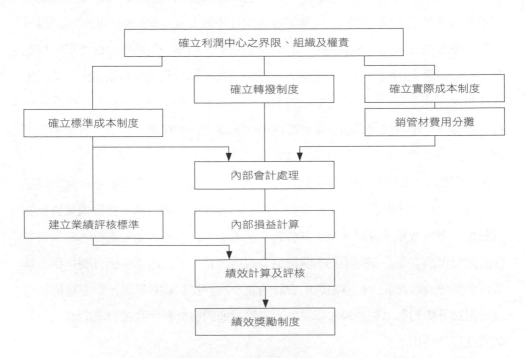

圖 7-1 台塑集團利潤中心制度運行示意圖：1969

四、針對每一規格產品做獲利性分析，供營業單位爭取訂單時參考。

五、針對各利潤中心經營績效做差異分析，並及時提供分析報告。

透過午餐匯報會培養企業執行力

幾年之後，各公司的利潤中心陸續劃分完成，全集團的責任經營制也已初步建立。但是對已經開始實施的一系列其他管理制度，諸如目標管理、績效評核與獎勵，以及成本管理制度等等，如何才能落實並產生實質績效又成了一大問題。此一問題有可能是永久性問題，它不僅涉及如何持續強化各基層單位的執行力，同時也使整個落實的過程顯得無窮無盡。

1970 年初某一天，王永慶讓司機開車載他去南亞公司的一家硬質塑膠管廠看一看。當他來到大門口時，正好看到一名守衛在為一輛出廠的貨車過磅。那輛貨車上裝滿長短粗細不一的各種硬質膠管，王永慶於是走向前去，關切地詢問守衛：「如果你盤點的實際數量和跟運單上記載的不相符怎麼辦？」守衛回答，那就叫司機把貨統統卸掉重新查點。

王永慶當即回應說，這不可能做到，同時你也不能這樣做：第一，卸車後再盤點必定浪費很長時間，再說即使司機同意卸車檢查，一大堆規格不一的膠管也很難一下子盤點清楚；第二，你不可能命令所有有問題的車輛都卸車檢查，真是這樣，你能每一輛車都查點清楚嗎？第三，誰來卸車？司機一個人做不到，你一個人也做不到，如果叫其他人幫忙卸，豈不是既浪費人力又耽擱時間嗎？

回到辦公室之後，王永慶便立即利用午餐時間召開由相關人員參加的檢討會議。他認為，雖然這家工廠的門衛制度存在巨大漏洞，但是造成此一漏洞的原因應該與該工廠內部制定的包裝、繳庫和交運等一系列管理制度不完善之間有密切關聯。於是他下令總管理處幕僚將門禁制度列入午餐匯報會的議程進行討論。一紙命令下去之後，上自總管理處總經理室，下至南亞公司總經理室，再到該公司

各工廠廠務室，無不聞風而動[17]。

經過總管理處幕僚一個多月的追查，果然發現門衛的盤查數量超過了出庫數量，而且一名門衛平均涉及的數量還不小。兩邊的帳目明顯對不上，那麼多出的部分跑到哪裡去了？是倉庫保管人員怠忽職守，還是門衛用肉眼盤查的數字不準確？怎麼會出現這樣的問題？儘管差額不是太大，但全集團各工廠門衛是不是也有同樣問題？如果都有，那怎麼辦？在王永慶一連串的追問之下，前來匯報的各主管尷尬萬分，滿頭大汗，根本不知該如何回答才好。

午餐匯報會是台塑集團利潤中心制度中要求做到的一項具體工作。到了高峰時期，只要王永慶在國內，差不多天天都要召開。他認為，再好的制度如果沒有人落實，就是一個壞制度；再壞的制度如果能夠逐步改善，也可能會成為一個好制度。自從午餐匯報會舉辦多次之後，全體幹部員工便徹底領略了王永慶的工作作風：他在管理過程中不僅是一個「抓大放小」的人，更是一位「大小都抓」的老闆。

曾有幕僚人員抱怨，他們原來在外資企業工作時，老闆在大會小會上的演講內容無非只有一個：利潤或業績。老闆講完之後，就喝茶喝咖啡去了，根本不再過問具體的作業過程。至於如何實現利潤或業績，大家都認為那是管理階層和員工的事，老闆根本沒必要過分操心，因為每個人有每個人的目標，大家自會努力完成。但如今在台塑集團，老闆事事過問，作風完全與西方企業不同！

王永慶聽完之後這樣回答：「西方企業的老闆可以只關心大原則，不用在乎細節，但是我們不可以這樣做。原因是西方企業的管理水準很高，管理系統原已具備相當扎實的基礎，可反觀我們的管理現狀，居然連一個合格的門禁制度都沒有！我們所面臨的問題是，大家都知道管理基礎建設的重要性，可是在具體實踐中，基礎性或細節性管理工作卻總是最容易受到輕視和忽略，甚至不少人還認為，在日常管理中只要做好大事即可，至於基礎性工作，不僅勞神費心，而且枯燥乏味，不值得花費太多精力去完成。」

　　王永慶接著說：「如果我們一味講今年的利潤應該達到多少，這好比是捨本逐末。請問各位，本若不立，末從何來？所以說，做管理工作就是要注重解決實際問題，尤其是一些細節性問題。細節是企業管理之本，一個細節就好比是一個問題點。如果我們的管理工作能夠做到『點滴俱納』，就可帶動整個管理系統出現由點及線、由線及面的巨大變化。大家都說西方企業管理得好，相信他們沒有太多的訣竅，恐怕也是這麼一路走過來的。」

　　此一時期有幾件事可以更清楚地說明王永慶究竟希望部屬做什麼、怎麼做。這些故事都是在午餐匯報會上發生的：

■ 修改明志科技大學標語的故事

　　有一天王永慶在參加明志工專[18]的校友聯誼會時，看到該校新貼出的標語：求新、求行、求本。他認為校訓的邏輯次序有問題，是本末倒置，應該改為求本、求行、求新才對。他解釋，教育的基本功能是求本，求本才能求行，爾後才能應變求新；沒有建立良好的本，怎麼能行？又怎麼能新？企業管理更是如此，應該先求基礎穩固。基礎不穩固，如何談得上管理效率提升。一家企業的效率提升主要體現在細節問題的處理上，只有細節處理好了，這家企業才能追求到實實在在的利潤。

■ 閥門的故事

　　閥門是石化工業中的一個重要零部件。雖然相較於原料，閥門採購所占金額

---

17 為檢驗兩條直線體系的反應速度和回饋能力，據說王永慶曾做過幾次測試：同樣一條命令，直線幕僚體系的反應顯然比直線生產體系快，而且執行的效果好。這促使王永慶在以後的歲月中，更加注重直線幕僚體系的組織建設，並採取多項措施強化其功能。
18 王永慶創辦的第一所專科學校，主要為企業和社會培養技術及管理人才，現已升格為明志科技大學。

可說微不足道，然而王永慶認為，閥門雖小，品質好壞卻與企業安全關係甚大。針對採購人員的輕視心理，他下令總管理處總經理室生產管理組幕僚立即成立專案小組，盡快建立一套包括從請購計畫、採購過程、驗收入庫到現場使用等各相關環節在內的管理制度和流程。在他的關心之下，幕僚人員用了一個多月時間，便完成厚厚一大本有關閥類材料的分析報告，對全企業上百間工廠採用的各種大大小小的閥門都進行詳盡而深入的研究和分析。從此之後，台塑集團有關閥門的技術和管理作業便很少發生異常，對此王永慶評價說，把一件小事做到如此程度才可稱之為具有務本精神。

■ 感謝函的故事

為提升企業形象，規範涉外行為，王永慶曾一度十分關心各單位的往來函件。他說：「我個人有很多境外的來信都是自己回的，而且都是當天就要做完。今年 7 月 24 日我到美國德拉瓦州訪問，剛剛回台就接到州長杜邦先生寄來的一封信，說我在他們那裡時，由於他要出席另一項重要會議，因而招待不周，表示很抱歉。我看過那封信後，心裡很不好受，因為我還沒有寫信向他道謝，反而他已經寫信來道歉了。看來，禮貌周到這方面我們是比人家差一點。

「另外，南亞公司每年都聘有日本顧問前來指導工作。每次日本顧問回國後都會寫信表示感謝，不管是禮貌也好，感謝也好，日本顧問都做得很周到。對他們來講，似乎這些都已經成為一種習慣，不必再想過之後才會這樣做。相形之下，我們又是怎樣的情形呢？大概寫情書之類的信還會有一些本事，可是要透過書信來表達或處理正經事，恐怕程度就很差了，這一點我們還必須深深地自我檢討。」

■ 種菜的故事

王永慶把利用台塑集團辦公大樓樓頂種菜一事也納入討論範圍。該辦公大樓

其中的一塊樓頂有近 3 百坪的空置面積，經總管理處幕僚規劃後，決定設計為菜圃，一方面美化環境，另一方面亦可物盡其用。該菜圃的投資額不過區區幾百萬，相較於石化工廠動輒上百億元的投資根本不值一提。但是幕僚在製作投資計畫時仍舊一絲不苟，先後四次向王永慶報告，不僅詳細說明種植費用、種植項目、所需人工與設備、成本估計、種植面積與效益評估等等，甚至附上種植位置圖與試種時所拍的彩色照片。

該菜圃計畫月產蔬菜 1,150 斤，可按市價賣給台塑集團的招待所和員工餐廳，如有剩餘，也可賣給企業內其他兄弟單位。按照投資計畫，種植費用包括種子、肥料、防蟲、人工等，每月大約 1.5 萬元，按照當時的蔬菜價格計算，收入能夠覆蓋成本。至於種植何種蔬菜，幕僚考慮到屋頂風大，故選擇比較耐風的菜種。在估計種植成本時幕僚建議，儘管是自有土地，但也要考慮到租金問題。租金不能自行估計，而應以菜圃所在地區現有農田每分地租金 7 千元計算。為解決菜圃灌溉用水問題，幕僚增設了自動噴水機。為了降低用水成本，該計畫書建議可採用地下水灌溉等等。總之，該計畫書的內容可以說是按照王永慶的要求，做到了心細如髮。

■ 精簡表單的故事

今日台塑集團所使用的上千種各種表單，皆凝聚著王永慶的巨大心血。到 1970 年代後期，王永慶發現企業眼下使用的許多表單均已過時，不僅功能不完善，在具體使用過程中還存在著諸多不合理性。他說，表單在現代企業管理中的作用極其重要，使用得當，在節省人力和提高管理效率方面對企業的貢獻十分巨大。不僅表單的格式和主題有講究，甚至連其中的每個欄目也要逐一檢討。諸如某一欄目是否多餘、有沒有管理功能等等，幾乎成了王永慶和幕僚在那一時期召開的相關檢討會上的口頭禪。

比如一般製造業企業常把維修設備時填寫的表單稱為「維修單」，台塑集團

卻叫做「修復單」，並且這一名稱的由來頗費周章。維修單在台塑集團最早叫做
「請修單」。照字面講，就是「請你來修」的意思，王永慶看後卻認為這極不合
理。他說，機器設備的保養與維修原本就是維修保養人員的份內工作，為什麼還
要「請你來修」？於是，幕僚根據王永慶的指示把請修單改成「修護單」。對此
新名稱王永慶仍不滿意。他說，修護單的意思是說只把機器修到可以使用就結束
了，保養人員不應如此消極，而應該積極找出故障原因，首先應把機器維修好，
其次還要防止類似事件再次發生。經過又一番檢討，修護單最終被改成「修復
單」。直到此時，王永慶臉上才露出平日難得一見的笑容。

第 **8** 章

管理合理化：
尋找最佳生產條件

管理的真諦在「理」不在「管」

王永慶是台塑集團的最高管理權威，在各項管理制度建立之初，或者說在整個管理制度體系的推動機制尚未成熟之際，由他親自出面推動各項改革進程，效果自然事倍功半。關鍵是後續通過午餐匯報會這一務實做法，並通過幾十年的不懈堅持，王永慶據此不僅徹底培養出各級主管應有的工作態度，組織動員各單位「自查自糾」各種問題，同時透過點點滴滴的分析改善工作，從根本上建立並理順了企業的各項管理流程。

流程改善的重要成果之一，主要體現在內部管理系統的標準化建設之上。至1975 年，王永慶已在台塑集團內部正式建立一整套管理表單，核心架構及執行者正是與直線生產體系並列的另一條直線幕僚體系。為了建立此一表單管理體系，王永慶可說費盡心力。以成本報表為例，如表 8-1 所示，各種成本資訊由基層幕僚人員定期統計匯總之後，再經電腦系統層層上報，可使王永慶及其他高階主管及時掌握各公司的成本變化情況。到了 1982 年，台塑集團各公司陸續實現ERP，此時企業成本資訊的上傳下達更迅捷和準確，各公司總經理儘管「高高在上」，也能在當天甚至是即時或線上了解各現場生產成本的變化情況。

表 8-1 台塑集團早期的成本管理報告體系

生產部門	幕僚單位	報告內容	報告時限
公司	總經理室	必須能夠顯示本公司有重大差異的各種產品的成本報告及其改善方案。	每月
事業部	經理室	必須能夠顯示本事業部每批／種產品成本變化的成本報告，以及其他非貨幣性數據。	每週或每月
工廠	廠務室	必須能夠顯示本廠每批／種產品的製造成本報告，以及其他非貨幣性數據。	每日、每週或每月
製造課	課務室	必須能夠顯示本課各生產線的成本報告，包括產量、工時、原材料、耗能、廢料等詳細資料。	每小時或每日

　　午餐匯報會不僅是處理重大異常事項的場所，也是王永慶完善並發布其經營理念和管理思想的一種形式。透過午餐匯報會，王永慶能夠敏銳地捕捉到管理人員的思想動態，以及管理系統的最新變化。這一點最能體現王永慶的管理才能：他能夠迅速結合企業實際情況把相關管理動態、變化或趨勢予以概念化思考和總結，並立即動員幕僚推動執行。

　　概念化是一位企業家組織動員能力的具體體現，以管理合理化為例，新東公司存續期間所採用的作業整理法已行之有年，王永慶發現，儘管作業整理法為人們分析和處理各種管理問題——例如成本管理——提供了一種十分有用的辦法，但是該辦法的實施範圍狹窄，且「整理」二字常使人產生誤會，以為只要做好「案頭工作」就可以了，至於涉及到組織結構、領導方式、決策機制和市場競爭等重大問題，作業整理法似乎難以發揮應有的作用，於是王永慶將之改換成另一種概括性更強的稱呼：管理合理化。

　　管理合理化的提出不僅預示著王永慶開始關注管理的動態性，同時預示著他的管理風格從過去的「命令型」轉向現今的「示範型」或「教練型」。與那一時期許多管理專家的觀點一樣，王永慶也意識到管理的職能並不是一成不變的——他有必要及時結合企業管理實際，對作業整理法的外延及內涵均做出相應調整，甚至改變名稱。

　　進入 1970 年代以後，台灣經濟開始開上快車道。尤其是隨重化工業發展策略的興起，王永慶發現台塑集團此時所處的內外部市場環境已截然不同於 1960 年代。他認為，這些變化自然要求管理者的觀念也必須是動態的，亦即：管理者必須把精力徹底轉移到研究企業的現實情況，並根據組織的具體條件分析現實情況，及時提出相應的管理對策。

　　管理的真諦在「理」不在「管」。在王永慶看來，他所謂的管理合理化就是指管理的規範化建設，亦即管理者的主要職責是建立一套合理規則，讓每名員工都能按照規則履行自己的職責。王永慶解釋，管理合理化在時間上是連續的、漸

進的,且永無盡頭;在空間上是全方位的、全員參與的,且由點及線,由線及面;在心理上是可預見的、可接受的,且公開、公平與公正。管理合理化是企業創造營運績效的根源,而利潤不過是運營績效產生的結果。換言之,管理合理化是因,利潤是果,沒有管理合理化,就沒有台塑集團持續成長的經營績效。

幾十年後,王永慶在自己的書中這樣寫道,管理無所謂「西方式管理」或「東方式管理」,當今世界只有一種管理——「合理化管理」。對現今台塑人來說,作業整理已是個舊辭彙,適時代之以管理合理化可能更為妥當。他說,在他的一生中,尚未看過任何一種管理模式能歷經百年而不衰。他後來甚至還修改了自己先前的觀點,認為當今世界「只有管理合理化,而沒有合理化管理」。他說,管理的根本要義就在於不斷努力達成更高的企業目標,而不是夢想著一步踏入某種理想化狀態,或者標榜自己由此創立了某種管理理論。

自新東公司解散後,王永慶把台塑集團定位為一家石化原料生產商,並且把物美價廉視為企業追求的長期競爭目標。物美價廉本是一種經營方針,可王永慶認為,還是叫做長期競爭目標比較真切。為了更清楚地闡述確立此一競爭目標的重要性,他解釋,台塑集團應長期致力於管理合理化以降低成本,如此不但能使下游客戶獲得經營助力,同時也能在供需之間締結更為牢固的合作關係。如果下游客戶的業務推展順利,必將有利於台塑集團擴充經營規模,並由此形成一種良性的產業循環。

許多企業是在市場競爭失敗後才意識到物美價廉的重要性,但是從王永慶的經驗看,他早年因為賣米而對企業經營頗有心得,才能在企業創立後不久就把物美價廉當作企業發展的「總目標」。他在15歲那年創立自己的米店時,就特別用心思考過此一問題,並採取過多種有效措施,以便能更周到地服務客戶。

當時日本人開的米店都有自己的固定客戶,而王永慶卻不得不挨家挨戶登門推銷,對一名年齡只有十五、六歲的孩子來說,其間經歷的艱難困苦可想而知。王永慶當時想,如果我的服務品質不比別人好,那麼剛剛爭取來的幾家客戶在吃

過我的米之後，說不定又會回頭向日本人的米店買；真是這樣，就談不上再去爭取其他客戶了。

在那個時代，台灣農村的碾米技術仍很落後，米農大多把稻穀鋪在馬路上一邊曬太陽一邊再碾成米，因此難免在加工過程中會混入米糠和小砂石等雜物。時間一長，由於沒有多家米店可供消費者選擇，買米的和賣米的也就見怪不怪，只好食用帶雜物的米。

但王永慶認為這樣做不行，他回憶說，他寧願多吃點苦，多受點累，也要把米中的雜物揀除乾淨。就這樣日復一日，米店的口碑逐步建立了，他硬是憑藉著物美價廉的經營方針開始有了愈來愈多的固定客戶，有些客戶甚至主動替他宣傳和介紹，於是他的銷售情況一天好過一天。

但等後來客戶一多，如何管理米店便成了一大問題。王永慶說，我只有小學畢業，哪裡知道怎麼「做帳」，更不知道怎麼製作「客戶管理卡」。但事在人為，我逐漸把賣米的會計帳目分為「日清簿」和「總簿」兩大塊。其中，日清簿又分為上下兩欄 [1]，上欄為收入，下欄為支出，每日依「元、收、出、存」的順序記載，回家後再將收支一一轉抄到總簿上。

在當時，這一套做法確實有效，不僅使米店的經營并然有序，也讓王永慶累積豐富的管理經驗。後來在建立台塑集團的營業管理制度時，王永慶回憶，當時不知道該怎麼做，加上沒有現成的經驗可資借鑑，情急之下就把賣米的心得用到石化原料的生產管理上。後來經過幕僚的全面整理，賣米的經驗又從營業管理擴展到生產、財務和人事管理等領域。溯其根源，台塑集團現有管理制度的基本指導思想，可以說完全與當初經營米店時感悟出的樸素道理如出一轍。

早期簡單的商業經營及其記帳方式，為王永慶後來經營台塑集團奠定了最原始的管理基礎。台塑公司於 1954 年從日產 4 噸 PVC 粉開始，先是供應給南亞

1　實際指左右兩欄。

公司做成塑膠皮和塑膠布,再由新東公司加工成各種日用塑膠製品,其管理工作量之大以及複雜程度之深,比起當年單純的碾米和賣米業務不知高出多少倍。但無論如何,王永慶認為,兩者之間的管理道理完全是相通的——賣米的經驗也可用於管理塑膠原料的生產過程。

他說,美國和日本企業的管理經驗和方法固然有效,那是因為他們已經實踐了一百多年。台塑集團在沒有任何管理基礎的情況下,貿然照搬引用,無異於自找麻煩,自討苦吃。例如在生產管理過程中,台塑集團的某項產品每日需要多少種原料,每項原料需要多少量,你計畫要生產多少產品,收率怎麼樣,繳庫的清單怎麼填寫等等,都與美國或日本企業的情況不盡相同,所以幕僚必須根據自己企業的實際情況,先設計出一套管制流程和表單,再設法逐步檢討及改善。

但這還不夠,你還要檢討和分析所有會計記錄和管制標準,並整合將營業、生產和財務等管理流程,使之相互串聯和勾稽。總之,你必須考慮到石化工業企業管理工作的多元性及其複雜性,各項管理制度和作業除非經過系統化整理,否則企業將無法建立完整的管理基礎。

下腳料個案:管理合理化的「至善」

但是績效怎麼管制、各項績效管理制度之間如何勾稽?王永慶舉了個例子:最近南亞公司旗下新東事業部的下腳料發生比率一直居高不下,「下腳料比率高」不僅說明我們的生產過程存在浪費,而且也說明我們需要使用更多的人力物力製造更多的產品,才能彌補因浪費造成的虧空。另外,可能問題還不止新東,細細追究起來,恐怕台塑、南亞和台化等各子公司下屬的每一家工廠都有類似難題。

當然,鑑於當時的技術設計和製造水準,想完全消除下腳料的發生在任何一家加工廠都是難以做到的。但問題不是不能解決,新東事業部完全可通過分析改

善作業，將下腳料的發生比率控制到最小程度。於是，王永慶下令成立專案改善小組，由總管理處總經理室幕僚領頭，配合生產現場專門圍繞下腳料居高不下這一管理異常「找問題，挑毛病」。

正如王永慶所言，各工廠的下腳料管理問題幾乎隨處可見，大多是因為加工製造後產生的廢料、殘料或餘料所致。據專案改善小組粗略估計，全集團因為下腳料造成的損失數以億計，相當於一兩間工廠的年產值。對於下腳料問題，有些主管雖然親眼看見，私下卻誤認為下腳料與總產值相比所占比率甚小，可以忽略不計；有些則是主管看不到的，因為他們整日忙於生產，根本無暇顧及小小的下腳料問題；更為嚴重的是，整個企業居然沒有一套完整的下腳料管理制度，致使個別單位把一部分的下腳料當作垃圾倒掉或燒掉，不僅浪費資源，還污染環境。

專案改善小組拿出的第一套方案是改進加工技術，但是效果並不明顯，因為石化加工業多為勞動密集，技術並非第一考量。例如，塑膠或塑膠製品的生產或加工過程先是依靠人工進行設計、丈量和判斷，再以人工切割或裁剪。顯然，以人為核心展開的加工環節是邊角料發生率高的主要原因。接著，專案改善小組又制訂了第二套方案，建議各工廠成立專門廠房來處理，例如將邊角料直接粉碎成顆粒後再混入原料中使用等等。但這也沒有解決問題，因為下腳料中常會混入油墨或帶有上一批次的顏色，如果當作再生原料使用，不僅影響到下一批次產品的品質，清除油墨或顏色還會再消耗掉大量的人力、物力和資金。

下腳料的存在雖然是一種不合理現象，但王永慶認為，它歸根結柢不是生產性問題，而是管理問題，所以還是要從管理的角度解決，亦即從邊角料發生的源頭著手改善可能比較有效。經過仔細分析，王永慶認定是南亞公司制定的「產量績效獎勵辦法」出了問題。他說，該公司這套辦法行之有年，主要目的在確保各工廠能按時完成生產任務。而對下腳料控制問題，該公司並沒有做出較為詳細的規定，所計算並繪製的一張「產量獎金提撥率換算表」也只是針對如何提升產量，如表 8-2 所示，實際並未涉及下腳料的發生比率。

表 8-2 產量結餘提撥率對照表

產量提高比例	－ 30	－ 20	－ 10	－ 5	0	＋ 10	＋ 20	＋ 35	＋ 50
結餘提撥比率	－ 15	－ 10	－ 5	－ 2	0	＋ 10	＋ 18	＋ 28	＋ 40

　　問題果然是產量獎金提撥率換算表引起的：員工的產量愈高，獎金就愈多。該工廠在過去幾個月內一直把日生產目標保持在 1 千噸的水準上，主管規定，如果實際產量超過這一基準，管理層和員工就能雙雙拿到超額獎勵。例如每到月底算帳，該工廠的實際產量達到 1,050 噸／日，比原定日生產目標超出 50 噸，根據產量績效獎勵辦法設定的比率，該工廠馬上就可兌現 75 萬元的生產獎勵金。

　　因為生產獎勵金能夠按照制度兌現，自然使管理層和員工的積極性一下子高漲起來。但是不久，該產量績效獎勵辦法帶來的弊病便暴露無遺：人們只關注如何提高產量，至於下腳料的多寡則少有人過問。王永慶得知後，便命專案小組再次深入作業現場進行檢討。他交代給專案小組的旨意是：既然產量績效獎勵辦法可以提高員工的生產積極性，再頒布一個「下腳料獎勵辦法」也一定行得通。也就是說，要在管理的層面上把「產量績效」與「下腳料績效」掛鉤。如果能夠依次形成規範性做法，對員工、工廠和公司三方都有很大好處。

　　實際上王永慶是想表明，只有建立制度、完善制度，並把整套制度相互勾稽起來，使之發揮綜效，才算是做到制度合理化。專案小組的幾名幕僚奉命與現場主管一起，經過對整個生產流程，包括產品設計、機器產能、技術要求、生產排程等方面在內，甚至從切割工和裁剪工的每一個動作的標準化程度著手進行試點並計算。他們先是畫出了「下腳料績效獎勵辦法」的推行示意圖及其主要作業步驟，如圖 8-1 所示，接著還羅列一長串具體條文。

　　當專案改善小組匯報其研究結果時，想不到王永慶居然提筆一下子刪掉那一長串具體條文，並且責問他們：「你們用一個複雜辦法解決了一個簡單問題！為什麼不直接用圖表方式？對一線管理者和員工來說，圖表是最直接和最有效的一

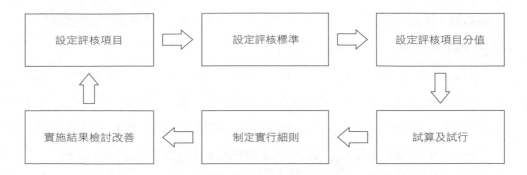

圖 8-1 新東事業部下腳料績效獎勵辦法推行示意圖及主要步驟

種管理工具，他們一看就知道自己應該做什麼？做到什麼程度，能夠拿到多少錢。既然如此，要那麼多條文做什麼？靠條文管理簡直就是官僚主義，這不是作業整理，更不是管理合理化。當然，我並不是反對制定條文，實際上我比在座任何人都重視條文，只不過我想表明的是，企業管理的方法重在簡捷有效，而不是首先制定出一個冗長的制度規章。」

　　很快的，幕僚便詳細測算出「下腳料績效獎金率換算表」，如表 8-3 所示。第三套方案綜合考慮了企業當時的訂單任務、客戶要求、生產條件和設備狀況，共計分為 15 個等級，每個等級之間的差距很小，當事人只要持續努力即可連續獲得獎勵。另針對最高和最低兩種極端情況，專案小組也做出較為合理的設計：當工廠下腳料的發生比率達到 5.53% 及以上時，專案小組並沒有設計出扣罰獎

表 8-3 新東事業部下腳料績效獎金率換算表

下腳率	5.53 以上	5.53 至 5.26	5.26 至 4.98	4.98 至 4.71	4.71 至 4.43	4.43 至 4.16	4.16 至 3.88	3.88 至 3.61	3.61 至 3.33	3.33 至 3.06	3.06 至 2.78	2.78 至 2.51	2.51 至 2.23	2.23 至 1.5	1.5 以下
獎金率	1.70	3.3	5.0	6.7	8.3	10	11.7	13.3	15	16.7	18.3	20	21.7	23.3	25

金的措施，反而仍按 1.7% 的比例下撥獎金。這意味著在下腳料的產生過程中，幕僚考慮到技術和設備的局限性等因素。

再看另一端，專案小組針對下腳料的下降情況採取加大獎勵力度的政策措施，只要工廠能夠將下腳料發生的比率控制在 1.5% 及以下，所獲獎金的比率可提高至 25%。應該說，此一設計既符合當時實際情況，同時體現出制度的人性化特點，亦即鼓勵員工努力克服技術和設備的局限性並通過個人努力設法減少下腳料的發生。幾個月後，新東事業部下腳料比率居高不下的局面果然得到改善。

但一年以後，王永慶在午餐匯報會上又提出進一步改善下腳料的問題。他說，現在各工廠的設備和生產技術都大為提高，此時如果還針對一間工廠制定一張下腳料績效獎金率換算表，無異於是在吃大鍋飯。一項制度推行的時間長了，多數人肯定會產生順其自然的想法，並且失去深化過去累積的「一點一滴加以整理的工作作風」的動力。

王永慶說，既然我們把整間工廠視為一個利潤中心，當務之急是要考慮如何把利潤中心先細分為若干個成本中心，再把下腳料問題當成該中心要控制的主要成本項目。該中心必須先制定出要達到的控制性目標，每月底比對實績與目標，並根據差異情況進行績效評核與獎勵，如此不僅可對該中心實施有效管控，亦可促使各成本中心間充分競爭。

王永慶實際上是想把目標管理、績效管理和管理改善連結起來。他進一步解釋，在上述改善過程中，幕僚的工作重點表面上看是如何提高員工的努力程度，實際上卻是個制度設計問題。成本控制是各成本中心要承擔的主要責任，企業據此可把下腳料視為一個成本項目，每月月底要評核達成績效，做得好就獎勵，做不好的就進一步檢討改善。也就是說，該成本項目既是成本目標，也是績效評核基準，如此推動改善工作可促使上述管理制度相互勾稽並發揮出整體性力量。但這樣是不是就結束了，王永慶認為還沒有，因為制度改善雖然比事務改善更難，卻更重要。

　　專案小組又開始設計第四套方案。如表 8-4 所示，該方案的重點仍在兩頭：
首先是下腳料發生的比率在 4.11% 及以上時，獎金率降為零；其次是在 1.5% 及
以下時，獎金率從原來的 25% 提高至 30%。方案一公布，隨即遭到個別成本中
心的反對，原因在於改善業績集中在 4.11 至 5.53% 及以上的人，如果達不到目
標，其既得利益就會完全喪失，亦即：想得到獎金，就必須「跳起來才能摘到桃
子」。專案小組對此早有準備，並迅速做出反應。儘管 1970 年代初的電腦技術
並不甚發達，但經過五、六年的持續努力，總管理處及各公司尚能將績效評核納
入電腦並代替人工做出精確計算。

表 8-4 幕僚人員的第四套改善方案中的下腳料績效獎金率換算表

實績	獎金率計算公式
4.11% 以上	0
4.10~1.51%	$4 + 10 (4.1 - x)$
1.5% 以下	30%

　　當時計算的重點在於測算出「績效提升究竟是來自個人努力還是來自設備更
新，抑或是技術的改進等內容」。這一點非常重要，因為各成本中心不僅已把下
腳料當作一個成本目標嚴加控制，同時也把該成本目標當作制定績效評核標準的
主要依據。在那段時期，想深入改善下腳料，就必須將績效評核結果與個人獎懲
掛鉤，並設立個人效率獎金。但這樣做，勢必要把對成本中心績效的評核與對個
人績效的評核分開，因為各自的目標不同，自然績效評核的標準也不相同。

　　對個人而言，如果確實經由個人努力達到目標要求，企業就一定要發給獎勵
金，否則員工會認為工作成果被企業吞掉了，從而出現勞動積極性下降的情形；
對成本中心而言，雖然採用第四套方案意味著針對成本中心績效評核的基準提高
了，但不能就此硬性規定個人績效評核的基準也要同時提高，因為設備雖然更新
了，技術改善了，但生產任務還是要靠員工完成，所以工廠一方面要把下腳料發
生比率的最高限度上調至 4.11% 及以上，另一方面還要再加大對達到最低限度

要求的員工的獎勵力度。

又一段時間之後，王永慶再次在午餐匯報會上要求專案小組對下腳料的獎勵辦法進行改善。他說，作業整理是因，利潤是果，這一點大家都已十分清楚。但由於利潤是一種有形的「實體」，大家都看得到，或者說大家都願意談論自己的單位獲得多少利潤，唯獨管理合理化卻無跡可循。依據目前的情況分析，下腳料的分析和改善工作還遠遠不及「至善」之境界，各成本中心還須不斷經由管理合理化挖掘獲利的潛能。因之不存，果將焉附，各位考慮過嗎？

王永慶的話聽起來雖十分嚴屬，但不是沒有道理。如表 8-5 所示，專案小組再次根據實地測算和分析結果，制定出第五套方案。相較於第四套，第五套方案的變化不大，只是在原有基礎上簡單規定：當下腳料發生的比率高於 4.11% 及以上時，獎金率仍舊為零；但若低於 1.5% 及以下，則取消原定 30% 上限，改為 45% 或無上限。王永慶解釋，下腳料發生比率的計算是「算術過程」，獎金率的計算卻是「管理過程」，儘管企業眼下難以精確計算獎金率，但經營者一定要就此樹立一種觀念：員工的努力是無價的。

表 8-5 幕僚人員第五套改善方案中的下腳料績效獎金率換算表

實績	獎金率計算公式
4.11% 以上	0
4.10% 以下	$4 + 10\,(4.1 - x)$
1.5% 以下	45% 或無上限

第五套方案頒布之後，專案小組發現，原本用於進一步控制下腳料發生比率的一張簡單的管理表單的整理工作，現在則演化成一套追求管理合理化的方法和機制，所產生的效果，除了實實在在的利潤增加，各成本中心員工的工作狀態及員工收入也發生根本性變化。王永慶強調，管理基礎建設是個漫長的過程，事情總是要一件接一件地做，幾年之後必定積少成多，涓滴匯聚，由點及線，由線及面，進而實現各項事務管理的全面合理化。

靠組織力量推動責任經營制

　　經營方針確定了，管理方法就是決定因素。如前所述，王永慶是沿「兩條直線」層層向下推進他的責任經營制。關於如何推進，王永慶的態度非常明確，就是要充分發揮組織的力量。此一「概念化總結」是理解王永慶管理思想的關鍵點之一。所謂組織的力量，實際上是指如何在事業部和責任中心制度的基礎上，充分發揮兩條直線體系，特別是直線幕僚體系的管控作用。

　　現代台塑集團的責任中心主要包括利潤中心和成本中心 [2] 兩種類型。經過幾十年的建設，上述責任中心已經具備這樣一些特點：一是劃分範圍不僅涵蓋直線生產體系，同時也涵蓋直線幕僚體系；二是在直線生產體系，台塑集團一般將事業部和工廠劃分為利潤中心（主要指能獨立顯示經營損益績效的廠、課或產品），製造課及以下班組等單位劃分為成本中心（主要指生產製程可明確歸屬成本責任者），甚至某些成本中心的規模還可小至一部機器或一個人；三是在直線幕僚體系，凡是以部或室為建制單位的部門，如總管理處財務部或總管理處總經理室等，一般被劃分為利潤中心，而一些隸屬於部或室等部門的機能小組或類似小型團隊，則相應劃分為費用中心。

　　關於責任經營制，王永慶認為它攸關整個企業的生死存亡，任何人都不能置身事外。以台化公司為例，王永慶在 1970 年前後，先是將該公司劃分為 4 個事業部，接著又按工廠別把 4 個事業部再劃分為 17 個利潤中心，並要求各中心獨立經營，自負盈虧。相較於第一次劃分事業部，第二次劃分利潤中心則在結構上把利潤控制的重心從事業部下移至工廠，並在管理上清楚界定了各事業部及其部屬各工廠的利潤責任。

2　在非直接生產單位，成本中心一般稱為費用中心，但為討論方便，本書一概使用成本中心。

王永慶認為，推行利潤中心制度使各事業部和工廠的責任變得清晰了。過去一出現問題，各單位總是相互推諉，高層經營者因為資訊不充分亦難辨真偽，只好不了了之。現在則是白紙黑字，跑得了和尚跑不了廟。他說，唯有權責範圍清楚界定才符合人員職業化和生產專業化的道理，某個產品的生產過程在名義上交給一個事業部負責，實際上卻是由若干個相對獨立的工廠及其製造課完成的，因此若要對利潤實施有效控制，並強化利潤對員工的正面激勵作用，利潤中心的劃分就應該徹底延伸至工廠這一級，甚至到某些大型的製造課也不是不可行的。

為確保企業經營目標的統一性，王永慶又結合各事業部和工廠的實際情況，對兩者的產銷責任做進一步劃分：一是制定產銷計畫的任務由各事業部承擔，二是完成生產目標以及降低成本的任務由各工廠和製造課承擔，三是各事業部和工廠的權責界定和損益計算以利潤中心為單位展開。

為什麼要把產銷計畫的權力交由事業部負責而不是利潤中心？王永慶認為，設立事業部的宗旨雖說是為了追求利潤最大化，但台塑集團是中游原料供應商，如果沒有統一規劃，任由各利潤中心各自為政，勢必會因為某中心的一己之私而傷及下游業者的利益。台塑集團與下游業者唇齒相依，各事業部和工廠務必遵守物美價廉的經營方針，把經營重心主要放在降低成本以及通過降低成本追求到合理的利潤上。

對利潤中心的功能，王永慶進一步解釋，各事業部負責銷售，各工廠負責生產，然後分別以利潤中心為單位計算各自的損益。通常情況下，事業部、工廠和製造課的主管也是相應層級利潤中心的主管，前兩者是正式的事業部門，後者是虛擬的會計核算單位。其中，一個負責「幹活」，一個負責「算帳」，如此虛實結合，正是王永慶心目中責任經營制的基本組織形式，他一直試圖透過完善此一組織形式的管理機能來深化責任經營制度的推行。

表面上看，各事業部主導了整個產銷過程，透過制訂經營計畫「拉動」各相關產銷單位之間的分工合作，並通過下移利潤中心而把利潤責任清楚地下放給生

產第一線，但實際上這遠不是王永慶的全部用意。在那個年代，他敏銳地發現，把各工廠劃分為利潤中心，或在各工廠內再按生產流程劃分出更多的次級利潤中心，足可為台塑集團帶來意想不到的經濟規模和利潤。

當時劃分事業部的原則是按產品別進行，一個事業部只負責一種產品的生產與銷售。為了完成產銷任務，除在事業部層級上設立銷售部門以外，另在事業部下沿技術和生產流程設立多間工廠，其中每一間工廠原則上只負責一道工序，亦即把上一道工序的產出再加工為下一道工序的投入，如此大家分工合作，有計畫、有秩序地完成該項產品的全部生產過程。

在劃分利潤中心之前，各工廠的生產活動可不是這樣按部就班進行的，不僅產能無法充分利用，還要因為擔負一切管理責任而失去追求規模經濟的積極性，因為責任沒有釐清，原本努力工作的人也會變得不努力或不願努力。利潤中心設立之後，原有的大鍋飯心態打破了，加上績效評核與獎勵制度及時跟上並發揮作用，各工廠的生產積極性遂空前高漲。

從事業部的高度看，上一道工序的產出原來只要確保下一道工序的投入就算完成了生產任務，但現在上一道工序卻主動把視野轉向集團內外潛在的其他下游市場機會。這意味著該道工序正試圖尋求以「獨立經營」的方式壯大自己，以便獲得更多的市場化收益。這樣做是完全可行的，因為每一道工序的產品，即便是半成品，只要企業內兄弟單位或企業外下游客戶有需求，負責該道工序的產銷人員就有義務及時予以滿足。如果該道工序除承擔生產任務以外，還可對外銷售其產品，那麼毫無疑問，該道工序已變成一個「可獨立顯示經營損益績效的單位」。既是如此，為什麼不以利潤中心的方式展開經營呢？

王永慶打比方說，假定某道工序的設計產能是 100 噸／月，過去該道工序只要月產 50 噸就足以滿足下一道工序的需求，則產能利用率僅達到 50%，另外 50% 閒置了。但眼下在該事業部以外，亦即市場或兄弟單位每月還有另外 50 噸的需求，此時如果工廠允許該道工序每月多生產 50 噸，該道工序的總產能加起

來就恰好是每月 1 百噸，亦即產能利用率達到 100%。

　　如此算下來，該道工序的產能利用率即可達到設計要求。如果每道工序都能做到這般地步，或者說市場或兄弟單位每月有 60 噸的需求，並且該道工序在不增加額外投入的條件下也做到了，那麼整條生產線的總產能勢必產生倍增效應。此時若能再控制好成本，該道工序就可劃分為一個名副其實、真正能夠獨立承擔經營責任的利潤中心。如果這一道工序能劃分為一個利潤中心，且產能可發揮至 100% 或更多，那麼其他工序也可被劃分為利潤中心，以此類推，整條生產線的效益會擴大多少倍？

　　如果是這樣，企業就可把所有層級利潤中心的運行模式均簡化為一道簡單的算術公式：利潤＝收入－成本。這裡所謂的收入是指營業收入，成本是指生產成本。從市場的角度看，收入是由售價和數量決定的，如果沿生產過程向上追溯，收入最終則是由原物料的價格和數量決定的。在石化原料的生產過程中，80% 以上的成本是原物料成本。對那一時期的台塑集團而言，既不可能通過提高售價增加利潤，也不可能向上游整合以便控制原物料供應。也就是說，銷售收入最終還是由市場決定的，於是在上述公式中藉以增加利潤的唯一途徑，就只剩降低成本這條路。

　　台塑集團要想在與同業的競爭中獲勝，恐怕只有依靠內部控制成本和降低費用來得容易而且有效。王永慶扳起手指進一步舉例，在品質一定的前提下，售價為 1 百元的產品，若成本為 80 元，則有 20% 的利潤；若售價提高 5 元，利潤率雖會增加至 23.8%，但此時企業產品競爭力的下降幅度恐不止這個數字，因為單純依靠漲價肯定會損失一批客戶。相形之下，如果成本降低 3.8 元，也就是由 80 元降至 76.2 元，企業的利潤率也能達到 23.8%，此時企業不僅可求得與下游老客戶「共創雙贏」，還可因為價格下降而爭取到更大的市占率或新客戶。

　　成本節省一塊錢就等於賺進一塊錢，王永慶耐心地對幕僚解釋，許多主管在過去並不明白這個道理，一心只想著如何擴大營業規模，結果是營業額增加了一

塊錢，投入增加了九毛錢，利潤卻只賺到一毛錢。如果走低成本成長這條路，成本下降一塊錢，利潤差不多也可增加一塊錢。大家算一算，哪一種做法更有利可圖？所以說，我們劃分利潤中心和成本中心的目的並不完全是為了提高產量，更重要的是為了降低成本，增加利潤。

　　與利潤中心一樣，台塑集團劃分成本中心的基本原則，主要也是沿生產或服務流程展開的，亦即：首先強調要分析某個製造課、班組或機台的成本責任是否可明確歸屬。如果經由協商後可明確歸屬，就可將其成本項目劃分為可控與不可控兩大類，並將可控部分交由該成本中心全權負責。成本中心的大小和範圍並無定規，大到一個製造課，小到一部機器，都可據此劃分為一個成本中心。另外，可控與不可控也是個相對概念，對此成本中心不可控的成本項目，對彼成本中心則有可能是可控的。如果照此原則劃分到最後，所有成本項目都應納入全企業的可控範圍之中。

　　台塑集團成本中心的性質仍舊是以虛擬形式為主，但因為劃分得非常細緻，並委派有專人負責，加上會計制度完善，故成本管理能趨向於做到精細控制。不同於許多德國製造業的是，台塑集團單個成本中心的成本動因不止一個，可能有多個成本動因，亦即導致成本變動的原因不止產量這一因素，可能還有許多非產量因素。因此在任何一個成本中心，幕僚團隊更加重視成本性態分析，不僅在實際工作中要確定變動成本，完成本量利分析，以便支持經理人的短期決策，同時也要確定固定成本，採用作業整理法，探尋作業動因，支持經理人的長期決策，並求得生產條件和經營環境的長期持續改善。

　　至於控制方法，台塑集團的做法與德國企業也不同：在一個成本中心，後者主要是針對變動成本編製彈性預算，並將實耗工時與預算成本（指具有計畫性質的單位機器工時）相乘求得計畫成本，再對比實際成本，進而發現差異並達到控制目的。台塑集團則主要針對可控成本部分，按產量動因劃分變動成本與固定成本。台塑集團的所謂可變成本又指直接成本，所謂不變成本又指間接成本，對這

兩部分成本，王永慶要求幕僚人員應分別制定成本標準和作業標準，通過對比實際成本，進而發現差異並達到控制目的。應該說，德國人和台塑集團的做法，雖然都是從本企業實際出發分別設計出的兩套成本會計制度，在實踐中卻顯然有異曲同工之妙，都達到了降本增效的目的。

在接下來的歲月中，台塑集團的所有單位，包括直線生產和直線幕僚這兩條體系在內，均劃分為不同層級的利潤中心和成本中心。至 2008 年，台塑集團共計劃分為 3,088 個利潤中心，超過 1 萬 7 千個成本中心，責任中心的數量之多，定義之嚴格，運行之規範，完全可堪比擬德國企業[3]。一時間，在諾大的一個台塑集團，幾千個利潤中心，幾萬個成本中心，大家心無旁鶩，一心只為利潤和成本負責，可以想像，這是何等有氣魄的生產場景！

切身感管理：個人利益結合企業利益

如前所述，王永慶在企業快速擴張的同時又注重管理基礎建設，被認為是台塑集團成功的祕訣。「十年管理大變革」的主要成果是為企業建立一個正式管理系統，該系統可視為在短期內能為企業帶來競爭優勢的關鍵資源。但如何才能長期維持這筆資源的高回報，王永慶認為，除了持續優化管理系統的先進性，另一個關鍵是設法加快激勵機制建設，並將取得的改革成果納入管理系統中。

為此，他提出「切身感」這一概念，並以此為核心形成他的一整套激勵理論和方法。他打比方說，已有的管理系統無疑是給台塑集團的日常運營鋪設了一條軌道，但如何能使企業在制度的軌道上營運得更順暢，更富有效率，並帶給企業持續競爭優勢，恐怕還要看新的激勵機制能否充分發揮其管理機能，或者乾脆說「是否能夠發揮組織的力量」。

王永慶所謂的切身感是指責任感：企業如何按照內部分工，使全體幹部員工承擔並履行各自的責任。只要幹部員工按照分工標準履行各自的責任，企業就應

該給予相應的報酬和獎勵。換句話說，只要員工的工作業績達到標準要求，亦即履行了自己的責任，企業就應該給予獎勵。王永慶的基本觀點無疑是說，管理的根本要義就在於如何培養全體幹部員工的責任感。企業管理的最高境界莫過於讓幹部員工真實地感覺到這一點：在台塑集團努力工作所獲得的收益一定大於跳槽到其他企業從事同樣工作所付出的成本。人們就像是在為自己的企業工作一樣，個人命運始終與台塑集團的未來發展息息相關。

切身感這一觀點並非舶來品，而是王永慶基於個人經歷和感悟在經營理念和管理思想層面上所做出的一項重大觀念創新。前文曾多次提到過有關新東公司的精彩故事：1950 年代末，台塑和南亞兩公司生產的 PVC 粉及塑膠皮和布整日堆積如山，無法順利外銷。此時的王永慶決心自己做三次加工，遂不顧股東反對，毅然於 1963 年創立新東。此舉果然奏效，新東生產的塑膠加工品不久即開始出口歐美和澳洲等地。4 年之後，公司的規模更大了，雇用員工數千人，年銷售額高達 2 千 6 百萬美元。此一經營成果甚至還吸引日本廠商前來觀摩和學習。

但就在新東公司的業務蒸蒸日上之際，王永慶卻突然決定解散它。他的決定的確令人「匪夷所思」：一般人在這種情況下想到的一定是如何增資擴產，王永慶想到的卻是「計畫性解散」。他的所作所為充分體現出一代企業家的大格局和大胸懷。面對股東的激烈反對，王永慶認為，新東已培養出三、四百名青年幹部，如果讓這些幹部都各自出去創業，自立門戶，每人成立一家塑膠加工廠，這批人必將為台灣創造出一個潛力無窮的下游市場。果然正如人們後來看到的，在王永慶的支持下，台灣竟在一夜之間如雨後春筍般出現數百家塑膠三次加工廠。這些創業者一改往日的上班族心態，各自積極承擔經營責任，幾年之後就使台灣成為世界最大的塑膠加工產品供應地。

3　進一步的資料和資訊可參見：Robert S. Kaplan, Robin Cooper（2006），《成本與效益》，中國人民大學，頁 30。

　　而此時的台塑集團，則悄悄退回至中游原料的生產與銷售，並開始另一輪長達三十多年的向上游整合的成長歷程。至1990年代中，原來的三、四百家加工廠商已擴展為三、四萬家，他們共同使用台塑和南亞兩公司提供的原料，並在競爭與合作中成為台塑集團最忠實的下游客戶。在新東公司解散後的十年中，台塑集團的營業額幾乎每年都以淨增1百億元新台幣的速度成長。由此看來，切身感的功效不可謂不明顯。

　　那麼上述三、四百家加工廠在管理層面上與眼下台塑集團以獨立採算方式運行的利潤中心之間，又有什麼差別呢？王永慶多次詢問身邊的幕僚說。解散新東公司使他深刻體會到培養幹部員工切身感的必要性和重要性。用他的原話講，叫做「新東公司為他提出切身感這一概念並進而在全企業推行切身感管理播下了種子」。原新東的三、四百名青年幹部，因為是各自獨立門戶，經營責任十分明確，故而每個人的經營熱情高漲，並迅速成長為台灣石化工業的主力軍。王永慶由衷地感歎，企業經營不過如此，端看你能否賦予幹部員工應有的經營責任。

　　新東公司解散後不久，台塑集團開始專注於PVC及其上游原料的生產和銷售，企業經營由此開上快車道。幾乎與此同時，王永慶又把成立和解散新東公司的全部經驗再推廣到全企業——他希望用切身感一詞來統領日漸成型的企業文化及其管理系統。他說，唯有把全企業再劃分成一個個獨立的責任單位，就像原新東的那些各自創業的青年幹部一樣，台塑集團方能在最大限度內激發出幹部員工的勞動熱情。

　　以台塑公司一家為例，如表8-6所示，該公司為配合新東公司的加工需要，於1963年將產能先是擴充至每月2千1百噸，接著又於1965年將PVC的上游原料電石的產量擴充至4千噸／月的水準。到1968年新東解散後，台塑公司的規模擴充步伐更是明顯加快，特別是在1972至1973年間，僅PVC粉一項產品的海內外產能就合計擴充至月產8千4百噸，是1963年產能的4倍多。以往的管理架構顯然已無法適應變化之後的產業環境，解散新東後形成的下游加工客戶

表 8-6 台塑公司的擴張：1963~1975

年份	新專案或增資擴產專案
1963	高塑廠擴建 PVC 能為 2,100 噸／月。
1965	前鎮鹼廠開工，生產液鹼 70 噸／日，合併冬山電石廠股份有限公司，並增設電爐乙座，電石產能提高為 4 千噸／月。
1966	前鎮鹼廠新建可塑劑製造課，生產塑膠增韌劑。
1967	新建前鎮台麗朗廠生產聚丙烯腈纖維（4 噸／日）。
1968	設立關渡纖維加工廠生產台麗朗紗及地毯，增設密閉式電爐乙座，提高電石產能為 8 千 5 百噸／月；台麗朗廠實施製程改善，產能提高為 20 噸／日；前鎮城廠增設 20 槽，產能提高為 88 噸／日。
1969	合併志和纖維公司，並更名為三峽廠；設立台塑公司機械廠。
1970	前鎮鹼廠增設整流器乙座，液鹼產能提高為 1 百噸／日。
1971	前鎮台麗朗廠擴建 25 噸／日設備乙套，原生產系列產能提高為 30 噸／日，總產能為 55 噸／日。
1972	仁武塑膠廠開工生產 PVC（產能 2 千 4 百噸／月）；關渡染色設備及針織設備遷至三峽廠；工務課擴大編制改為工務部。
1973	投資波多黎各 PVC 廠（產能 6 千噸／月）；興建仁武鹼廠（525 噸／日）及仁武 VCM 廠（24 萬噸／年）；可塑劑廠擴建產能提高為 2 千 5 百噸／月；台塑公司機械廠配合仁武廠區擴建，並遷移至仁武。
1974	仁武台麗朗廠擴建 50 噸／日聚丙烯腈纖維生產線（A、B 系列）。

群為什麼具有活力，顯然此一事件的背後潛藏著某些值得令人深思的東西。事情就是這麼簡單：似乎只要有市場機會，這些幹部就願意獨自承擔經營責任。

王永慶所謂「令人深思的東西」實際上就是指切身感：這些幹部的目標再明確不過了，他們是在為自己做。正因為如此，他們的經營積極性空前高漲，切身之感最明顯也最強烈，因為自己的命運與企業的盈虧緊密相連。台塑集團各公司目前已開始劃分事業部、利潤中心和成本中心，此一人事成果自然為各中心全面推行責任經營制度分別奠定了內外部激勵基礎，所以當務之急是要按照新東公司解散後的做法，再次推進「把幹部員工的命運與其所在責任中心的盈虧密切連結在一起」的這個想法。

按照台塑集團的公司治理原則，大家在企業內都是「親兄弟」，既然如此，

企業賺錢了，大家自然一起分享。目前看來，解決日益凸顯的「親兄弟，明算帳」問題的一個較好的辦法是，把責任經營制度的長期有效運行完全建立在效益分享的思路之上。效益能夠分享，很大程度上即可解決困擾許多企業的委託—代理問題，因為大家都是「親兄弟，無所謂誰委託誰，誰代理誰」，當然前提是分享的比例要能訂定得合理。無論如何，這正是王永慶的高明之處——他的想法既樸素又可愛。他希望通過加強「兄弟關係」解決長期困擾西方企業的委託—代理問題，相信這一做法比較容易被那個時代的幹部員工接受。

從此之後，效益分享便在台塑集團的激勵機制中一直占據著主導地位。為了深入貫徹此一思想，王永慶又於1970年代中「十年管理大變革」接近尾聲時，先是把台塑集團劃分為十幾個事業部、幾十個利潤中心、幾百個成本中心，然後又堅持在企業內引進目標管理制度——他要求把企業的總目標先是分解為各公司目標，各公司目標再相應分解為各事業部目標，如此一直細分至工廠、製造課、班組或個人，以至最終在企業內實現全員目標管理。

在台塑集團，目標管理是一套融計畫、執行、追蹤及改善於一體的專業性管理制度，基本管理機能包括目標建立、績效異常反應、績效差異分析與績效改善跟催等內容。以目標建立過程為例，王永慶強調各生產部門應當做好以下幾方面的工作，如圖8-2所示：

● 各事業部營業處應依據產品市場供需情形、產能變化、價格走勢與原料行情趨勢等，擬定各產品目標銷售量及利益額度。

● 各事業部產銷組按營業處所擬目標銷售量並參考銷售實績與庫存情形，依各生產廠設備產能、機台狀況及歲修計畫協調分配各工廠的目標生產量。

● 各生產廠及技術處依設備設計值、理論值、同業最佳實績、本公司過去最佳實績與現狀實績進行績效差異分析，擬定年度專案改善及研究開發計畫報告表，並依改善後預期可能達到之生產效率和必須發生之人工、製造費用等設定各

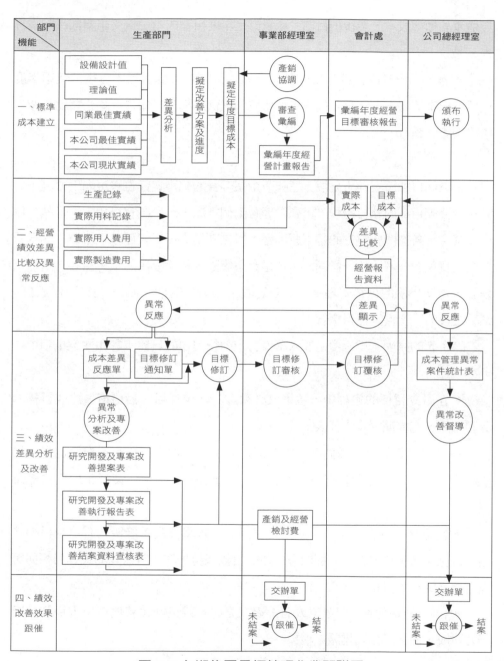

圖 8-2 台塑集團目標管理作業關聯圖

規格產品標準成本，然後依目標生產量訂定年度目標成本，送交事業部經理室審查。

　　● 各公司會計處依據年度經營計畫報告書審查年度目標內容後，彙編年度經營目標審核報告，注重差異分析和比較，提供差異分析報告，經公司總經理室核可後頒布執行。

　　企業總目標層層向下分解，意味著企業經營的總體責任也層層向下分解，目的在於強調目標的執行過程。目標管理有兩個重點，一是制定目標，二是執行目標。其中，各部門要堅守的基本原則是：目標就是責任，責任就是目標。此兩者是企業實現責任經營的一體兩面，也是台塑集團責任經營制的根本涵義。這無疑是說，台塑集團的目標管理不是一般意義上的目標管理，而是「注入了責任因素」之後的「全員責任目標管理」。

　　除了大的原則，王永慶還要求幕僚訂定執行目標的具體步驟和注意事項：

　　● 在訂立目標的過程中，各單位必須詳訂作業項目、目標值、達成目標的具體方案、完成期限及責任人。

　　● 目標訂立程序應經過各部門共同研討，使目標成為可行目標，避免因目標訂立過高，使員工對執行目標喪失信心；或因訂立太低，使員工喪失目標意識。

　　● 目標務必具有一致性。公司有總目標，各單位及各層級均有單位目標或個人目標。各單位或個人目標應與公司總目標保持一致，且公司的長程目標與短程目標之間亦不得相互衝突。

　　● 目標盡量應由一個單位或個人獨立完成，避免仰賴其他單位支援及共同努力達成，而造成相互推諉之現象。

　　目標體系確定之後，接下來的任務自然是如何控制目標的執行過程，以及對執行的結果實施合理的績效評核，以便為最終的「論功行賞」環節提供事實依據。在管理實踐中，一般企業主要依靠預算管理完成控制過程，但台塑集團推行的卻是「寓預算於目標管理」這一獨特做法：強調把預算與目標的執行方案緊密結合起來。

　　也就是說，王永慶不僅要求幹部員工要積極制定各自的工作目標，更重要的，如上所述，是要同步制定達成各自目標的具體方案，以便後續的目標管理活動能夠真正落實。如表 8-7 所示，這些方案的內容通常比較具體，可分解為多個細微項目，且盡可能用數字或圖表直接表示，比如產量提高多少、收率多少、機械效率多少、工繳成本多少、上年度與本年度差異比較等等，再據以編製預算。

　　整個目標體系不僅內容上系統全面，方法上也具體可行，這一點構成了台塑集團目標管理制度推行的主要特色。上述那些被預算覆蓋的細微項目，主要是指員工要達成目標的具體內容，主次分明，會計記錄完整，可行性與挑戰性兼備，加上全過程高度可控，因而也是後續績效評核過程賴以完成的基本依據。

　　王永慶認為，經由目標管理制度的推行，台塑集團的總目標已成功轉化為各

表 8-7 某事業部某年度目標管理表單片段

項目	廠別	產品別	單位	上年度實際（A）	下年度實際（B）	差異(A)－(B)	下年度目標	項目	廠別	產品別	單位	上年度實際（A）	下年度實際（B）	差異(A)－(B)	下年度目標
生產量								機械效率							
收率								工繳成本							

單位及個人的具體目標。如果所有單位和個人都能實現各自的子目標,台塑集團的整體目標也就能順利實現。經營者通過目標及其達成情況即可對全體幹部員工,包括經營者自身在內進行管理並評核績效。

台塑集團的目標管理制度與績效評核作業緊密相連,甚至可把績效評核視為目標管理制度的重要組成部分。王永慶進一步解釋,只有目標而沒有績效評核的管理制度不可能長期有效,而要真正實施目標管理,就必須以績效評核為後盾。

企業目標轉化為個人目標,意味著個人利益與企業利益能夠有效結合。既然可以把目標管理拓展為「全員責任目標管理」,那麼緊接著展開的績效評核也必然能拓展為「全員責任績效管理」,其中,前者指「實現企業目標是全體幹部員工的責任」,後者指「企業應按個人所擔負的責任實施績效評核」。唯有如此,王永慶認為,企業才能在最大範圍內以及在最起碼的層次上激發全體從業人員的責任感。

整個績效評核工作是一項龐大且複雜的系統工程,如圖 8-3 所示,包含多個主要環節,例如選定評核對象、設定評核項目的評核及獎勵基準、評核比重、制定施行細則,以及對績效評核效果進一步實施檢討和改善,等等。從管理流程的設計看,台塑集團的績效評核與西方企業大同小異。但如果從報償員工和設定評核及獎勵基準的視角看,王永慶卻強調要把「個人利益與企業利益緊密結合」。一句話,他透過目標管理把他的經營理念,包括切身感在內,完全建立在效益分享思想的基礎之上。

長期維持高回報的決定性因素

半個多世紀以來,王永慶始終注重把台塑集團的成長過程完全建立在其核心能力的不斷增強上。為確保實現企業的核心能力,王永慶在十年管理大變革伊始就積極推動企業的人事制度改革,期望使核心能力帶來的高回報得以長期維持。

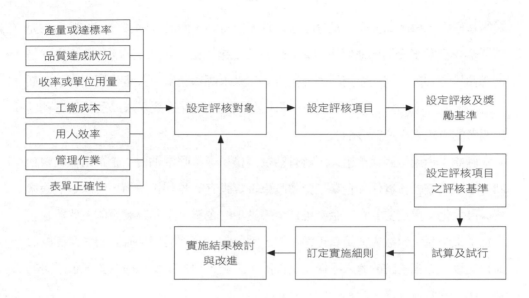

圖 8-3 績效評核管理流程示意圖

他認為，台塑集團的核心能力是指「以低成本、高品質方式實現大量生產和大量銷售」。

　　台塑集團的核心產品是大宗石化原料，相應地，企業管理系統的任務就是為如何實現此一核心能力提供高效的人事、財務及技術支援。尤其是人事管理，它是企業完成此一高度重複性產銷活動的關鍵因素，因為不論大量生產還是大量銷售，均需依靠人工完成，因此他希望總管理處的幕僚能切實把握此一經營規律，盡可能採取制度化和標準化等手段處理與產銷過程密切相關的分配問題，以保持全企業產銷過程的穩定性和連續性。

　　為此王永慶認為，應該在西方企業宣導的[4] 大量生產和大量銷售這一生產方

<hr />

4　「大量生產，大量銷售和大量分配」此一概念，最早由經濟學家錢德勒提出，有關論述請參見 Alfred D. Chandler
　　Jr.（2002），《戰略與結構：美國工商企業成長的若干篇章》，雲南人民出版社。

式的基礎上，再凸顯強調大量分配這一條。他認為，西方人關於分配的概念不完整，至少重點不突出。他們所謂的分配主要是指「投入層面上的分配」，也就是透過預算方式為不同的產銷活動分配資源。王永慶卻認為，大量分配還應該包括「產出層面上的分配」：企業獲得的產出效益應按政府政策要求以及其他各利益相關者的貢獻大小進行分配。

例如：企業是個經濟組織，負有納稅義務，應該照章納稅；企業是個社會組織，應該善盡社會責任；企業是全體股東投資設立的盈利性機構，應該追求股東利益最大化；更重要的是，企業也是全體員工的企業，是其歸屬感的主要源泉，況且企業的產出效益主要是員工創造的，因此大量分配的概念應該包含員工的收入和獎勵。這裡所謂的收入不僅僅是指固定工資，也是指員工履行責任後應得的某一比例的效益分享。

如前所述，「分享」一詞最能說明王永慶激勵思想的本質。他從大量生產和大量銷售的角度出發，提出自己的新觀點：企業在較長時間內維持高回報的決定性因素，是能否也在較長時間內做到大量分配。在台塑集團留存不多的一些歷史資料中，曾有一份演講稿清楚記錄了王永慶在那一時期對員工收入問題的思考，其中他非常讚賞日本人的觀點：高效益、高工資和低成本，並希望將此當作台塑集團經營理念的重要組成部分。

又一個十年之後的 1983 年，王永慶應邀在美國哥倫比亞大學發表演講。正是在這場演講活動中，他比較清楚地闡述了如何實施大量分配的基本思路。他對前來聽講的美國師生和企業家說：

「如果將每一間生產工廠都成立為一個成本中心，讓現在的廠長擔當起經營者的職責，讓現在的生產課長成為經理人，以下的各級幹部以此類推，就可由他們切實負起經營責任並充分享受經營績效提升後的成果。如果賺錢了，彼此各拿一半，或者他拿六成，我拿四成，或者三七開，相信採用這種措施，將能激發全體人員的切身感，彼此密切合作，共同為追求更良好的績效而努力。這樣不但對

員工及公司有利，更重要的是透過這種方式，可以使員工和企業的潛力均發揮得淋漓盡致。」

巧合的是，美國經濟學家魏茨曼（Martin Lawrence Weitzman）於 1984 年出版了《分享經濟：用分享制代替工資制》一書，立即得到西方產官學界的高度關注和推崇[5]。儘管該書要解決的問題主要並非針對企業的激勵機制，書中的觀點卻被認為是「自凱恩斯理論之後最卓越的經濟思想」。魏茨曼寫道：「員工的報酬制度可分為工資制度和分享制度兩種模式。與此相對應，資本主義經濟就可分為工資經濟和分享經濟。工資制度指的是『廠商對員工的報酬與某種同廠商經營甚至同廠商所做或能做的一切無關的外在的核算單位（例如貨幣或生活費用指數）相連結』」，而「分享制度則是『員工的工資與某種能夠恰當反應廠商經營的指數（例如廠商的收入或利潤）』相連結……這樣，工人與資本家在勞動市場上達成的不再是具體規定每工作小時多少工資這種合約，而是確定了工人與資本家在廠商收入中各占多少這種分享比率的協議。」

儘管西方在科學管理時代就有「史卡龍方案」（Scallion plan）[6]，但也只是停留於「把報酬建立在單位產品實際人工小時與標準人工小時之比的變化上」，並未形成一套系統性的管理理念和思想。現有的文獻再次證明，王永慶有關激勵機制的想法和觀點一點也不落後於西方理論界的創新水準。魏茨曼的觀點就可巧合性地視為對王永慶管理思想的一次西方式總結。王永慶認為，隨著台灣經濟發展，企業與員工之間的分配關係也應由「工資制」向「分享制」過渡，旨在解決

5　原書名為 *The Share Economy：Conquering Stagflation, Income, Wealth, and the Maximum Principle*，當時英國首相柴契爾夫人和美國總統雷根在其分別制定的解決「停滯性通貨膨脹問題」的經濟政策中，就採納魏威茨曼的某些觀點。

6　史卡龍計畫是指在 1930 年代中期，由美國曼斯費爾德鋼鐵廠的工會主席 Joseph F. Scanlon 提出的一項勞資協作計畫，其核心是通過鼓勵員工參與利潤分享來設計一個促進勞資合作的企業管理系統。在該計畫中，工人的獎金取決於工資總額與產品銷售額之間比率的變動。後來，該計畫幾經改進，不斷補充和完善，成為人力資源開發管理中的一種經典模式。進一步的論述，請參見 Robert S. Kaplan（1999），《高級管理會計》，東北財經大學，頁 706-707。

日益凸顯的勞資矛盾，並從根本上調動幹部員工的工作積極性。

另外，王永慶所謂的「效益分享」也多少帶有中國大陸在改革開放初期在廣大農村地區推行的「家庭聯產承包制」的味道，即：「交夠國家的，留足集體的，剩下都是自己的」。但實際上，王永慶總結的是台塑集團美國工廠的經營方式[7]：把工廠交給幾位得力幹部，並由他們以「承包」方式經營。此一做法在台塑集團內部常被稱之為「經營責任制」，目的在於解決誰來經營的問題。也就是說，美國工廠的經營責任完全由這幾位幹部擔負。為了激勵他們，王永慶決定按照一定比例與其分享產出收益或利潤。

美國工廠遠離台灣總部，且大多是購併而來，雙方從經營理念到管理方式等皆有很大差別，因此如何有效控制其經營並管理好美國員工就是個大問題。王永慶認為，美國員工和台灣的員工一樣，沒有人願意為虧損企業「勒緊腰帶」，新企業要想在美國站穩腳跟並持續經營成功，經營者就必須改變思路，潛心於企業管理，亦即「產銷的文章應該從產出分配做起」。只要員工付出等量的勞動，就應得到相應的報酬。

王永慶堅信，同工同酬是推行經營責任制的倫理基礎，即要求在同一單位，對同樣勞動職位，在同樣勞動條件下，不同性別、不同身分、不同種族或不同用工形式的勞動者之間，只要提供的勞動數量和勞動品質相同，就應給予同等的勞動報酬，如此才能有效防止工資或獎金分配中的歧視行為。儘管台灣工廠的做法有所不同（不強調分享產出效益或利潤），但也僅限於美國工廠的經營者身上多了一個「承包者」身分而已。若論及思想實質，兩者之間並無大的差別。

在王永慶看來，美國工廠的經營者能夠分享「承包獎勵金」是因為他們擔當了經營者的責任；同樣，美國員工能夠分享「業績獎勵金」也是因為他們履行了自己的職責。但在國內的大部分連續生產企業內，王永慶並沒有推行承包制，而是採用責任經營制。此一概念雖說並未被部分接受訪談的台塑高管認可，但本書還是堅持用這個概念概括王永慶在台灣各公司中所宣導的激勵思想和方法。

　　仔細比較經營責任制與責任經營制這兩個概念，可以發現，「責任」一詞的位置在責任經營制中前移，並凸顯了王永慶將責任邏輯用於企業管理中的獨特匠心。台塑集團推行責任經營制的最終目的就是要和員工一起分享「任何目標業績基礎上的效益成長」。換句話說，王永慶希望與幹部員工分享的，並不是事後的產出效益或利潤，而是事中的「由履行責任所創造出的經營績效」。以魏茨曼的視角看，王永慶強調的重點雖說也是把員工的努力程度與企業的經營指數連結起來，差別在於王永慶所謂的經營指數，不是指利潤等產出指標，而是專指在目標管理制度和預算管理制度下，能夠充分反映廠商經營管理水準的績效指標。

　　只要經營者能夠釐清管理者和員工的責任，就是對管理者和員工最大的尊重。大量生產和大量銷售並不難，難就難在大量分配，沒有人敢說大量分配之後不會在管理層和員工之間出現大量矛盾和大量衝突，此一問題在西方集團企業中早已屢見不鮮。王永慶卻認為，雖然台塑集團在當下這個年代無法完全做到實施大量分配的精確計量工作，但並不妨礙企業朝這個方向持續發展。另外，即便是到了 21 世紀，「全部準確計算」仍可能只是一個夢想，但隨著企業會計制度創新以及資訊化程度的提高，台塑集團要做到「相對準確」也不是沒有可能的。

　　既然「責任」一詞成了王永慶管理思想的核心，幕僚接下來設計的管理方法自然也是責任邏輯的產物。王永慶認為，人事制度改革是做好大量分配的突破口，而且此一改革只許成功不許失敗。自總管理處成立之後，台塑集團的組織結構發生根本性變化——逐步呈現出直線生產和直線幕僚並列的一種特殊形態。這在企業內一方面意味著，更大範圍內的專業分工將沿兩條直線得以全面深化，並為企業帶來巨大的規模效益；另一方面也意味著，台塑集團將要應對因為設置了更多管理層級而有可能導致的，比其他企業更為嚴重的官僚化問題，此一問題很

7　台塑集團的部分中國大陸工廠也採取類似做法。但總體來看，愈往下游，「承包制」應用得愈多；對中上游企業，尤其是對那些連續性的大量產銷工廠，承包制則很少使用，代之以責任經營制。

有可能使企業在幾年之後陷入僵化和無效率。在經營決策委員會連續舉行的幾次
會議上，王永慶已多次提到「職位分類制」這一概念，很明顯，他注意到了這一
問題，並且希望能再次借助「美國經驗：職位分類制」來解決台塑集團面臨的日
益嚴重的官僚化問題。

第 **9** 章
低成本成長之路

專案改善小組的作用與影響

如前所述，1968 年 5 月 12 日，王永慶在總管理處之下成立經營管理部，這是台塑集團有史以來成立的第一個專業管理幕僚單位，也是今日台塑集團總管理處總經理室的前身。成立當日，該部共下設有計畫科、會計科、稽核室和專案改善小組等專業管理幕僚部門。儘管經營管理部的部門數量只有四個，卻擁有一般管理系統所應具備的核心職能，從而標誌著台塑集團由此建立了正式管理系統，並依靠該系統引領企業步入管理密集形態。

從歷史演變過程看，經營管理部既是台塑集團專業化管理系統發展的起點，也是王永慶推行「嚴密組織」和「分層負責」策略思考的必然結果。對當時台塑集團的管理系統來說，經營管理部的成立的確是個新生事物，大家對這群聚集在總部的年輕幕僚無不另眼相看。他們之中有人剛從基層提拔到總部任職，也有人才走出大學校門，甚至還有人擁有顯赫一時的海外留學與參謀工作經歷。

這批幕僚的工作不可謂不辛苦，每天皆身陷各種會議和文件中。由於部分幕僚缺乏實際工作經驗，尤其是某些「海歸」幕僚，自視喝過洋墨水，卻因為不了解實際情況，以致在深入基層解決問題時總是漏洞百出，不是方法生硬並與生產現場主管發生爭執，就是書生氣十足且觀點和方法難以被生產現場員工所接受。用王永慶的話說，經營管理部的致命之處就在於在沒有結合企業實際的情況下，全盤照搬西方企業的經驗和做法。

不久，問題便接踵而至，而且有些問題一經暴露，隨即引致整個管理系統出現混亂，例如：計畫科忽視策略規劃功能，熱中於「替代」生產部門制定產銷計畫；會計科輕視成本核算，偏重於「替人做決策並樂於財務稽核」；稽核室只注重事後稽查，而忽視對重要經營活動的事前審核，使得經營層難以對潛在的困難和風險進行預測和防範；專案改善小組的工作倒是開展得有聲有色，卻仍局限於

「現場發生什麼問題就解決什麼問題」的初級水準，並沒有深化如何透過專案改善以進一步理順管理流程這項工作，也沒有專注於尋求制度優化，依靠制度的力量有效杜絕各種隱患。

18 個月之後，也就是 1969 年 10 月，王永慶下令撤銷經營管理部，另行成立總管理處總經理室，並徹底改組和調整原經營管理部設立的四個部門。在新的機構中，計畫科和稽核室的職能完全分解──計畫科所制定的經營計畫，因內容主要是產銷計畫，故除保留了策略規劃的功能，大部分制定產銷計畫的權力逐步下移給各事業部，以便使後者能成為真正意義上獨立運作的經營單位。與計畫科不同的是，稽核室雖然也撤銷了，但對直線生產部門實施監督和稽查的權力不僅沒有隨之消失，反而更加集中。

按照王永慶當時的設計方案，總管理處總經理室計畫設立十幾個「機能小組」，分別承擔四項管理任務：制度建設、電腦化、稽核以及人才訓練。以稽核作業為例：稽核室雖然撤銷，但在總經理室的每個機能小組中，稽核作業均分散並融入其中，從而針對全企業各業務單元形成全面稽核的局面。也就是說，每一機能小組均可根據其「機能」，按工作執掌不同分別行使相應的監督和稽查權力。比如產銷管理組，其機能不僅包括設修訂產銷制度和產銷部門工作規範，也包括制度和規範的執行過程與結果，以及產銷異常案件的處理、監督與稽查。

至於專案改善小組，則是唯一連名稱帶功能全部保留下來的一個管理團隊。在所有的幕僚團隊中，最能體現幕僚體系管理特色的就是專案改善小組的分析與改善功能。該小組的工作範圍並不僅限於成本問題，而是針對任何一種不合理事項的分析與改善。另外，其工作重心並非僅停留於分析與改善層面，而是要注重尋找制度缺陷和漏洞。1970 年之後，隨標準成本、作業整理、目標管理、作業分析與改善等管理制度和方法的大範圍施行，專案改善小組的制度改善和優化作用就更加突出了。

如圖 9-1 所示，在 2008 年的台塑集團總管理處總經理室的組織架構中，除

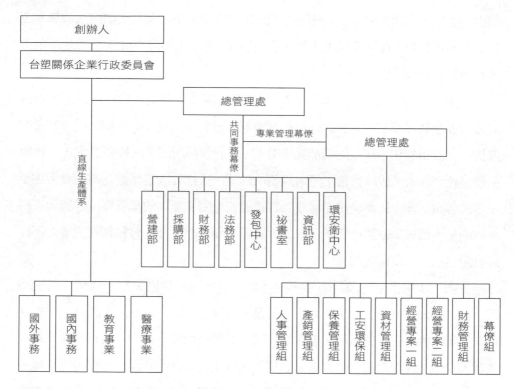

圖 9-1 台塑集團的專案改善幕僚：2008

赫然設立有兩個經營專案組以外，產銷管理組也承擔著有關產銷業務單元的專案分析與改善任務。不僅如此，實際上所有的機能小組，包括人事管理組、財務管理組、產銷管理組或資材管理組等幕僚單位，亦均擔負有制定與異常管理相關的各項規章制度和異常管制基準的職責。也就是說，各機能小組都承擔著與其執掌內容相對應的專案分析與改善工作。

　　進一步觀察各公司、事業部及工廠層級的幕僚單位——公司總經理室、事業部經理室和廠務室，如圖 9-2 所示，則仍然保留有多層級的經營專案分析機構，主要分別負責本層級範圍內的經營績效檢討與專案改善，例如在各公司總經理室設經營分析組、在事業部經理室設管理組等等，所涉及的具體分析與改善作業包

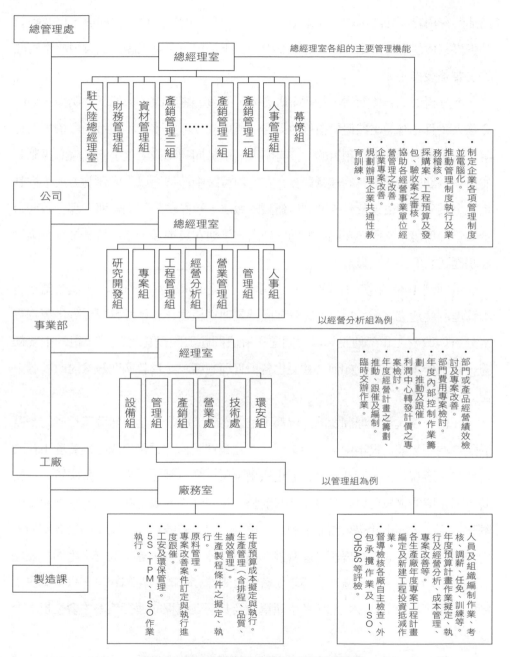

圖 9-2 多層級的專案分析與改善體系

括部門費用專案檢討、內控作業檢討、預算編製、轉撥計價專案檢討，以及經營計畫專案檢討等等。應該說，專案改善小組正是日後台塑集團全面實現異常管理的主要幕後推手。

就分析與改善機能看，行政層級愈高，擔負的專案改善機能就愈明顯，功能愈強大，且相應的組織保障措施愈得力。所以成立專案改善小組這一舉措再次證明，王永慶的管理重心和目的並沒有明顯瞄準短期利潤最大化，而是處處謀劃著如何在長期內增強企業的經營體質。在管理實踐中，這種以「成建制方式」推動企業專案分析與改善及其相關制度建設的做法，恰好驗證了王永慶在那一時期對企業管理環境及其所存在問題的精準判斷，是他在後續幾十年中持續推動企業管理基礎建設的主要組織形式。

再回到 1968 年初的管理大變革時期：按照王永慶當時的想法，他希望在各項管理制度建立之後，另行在總管理處總經理室組建一支精幹幕僚團隊，專責專案分析與改善工作。他說，發現問題和解決問題雖說是專案改善小組的主要任務，其工作重點卻在於如何持續優化各項管理制度，並為整個四級檢討改善體系樹立一個作業標竿。

任何一項異常管理問題的出現都不是偶然的，背後一定還隱藏著相應的制度缺陷或漏洞。前此幾年中，台塑集團一直強調透過檢討改善達成各項管理事務的合理化。但實際上，管理事務合理化只是現象，唯有制度合理化才是本質。在當時，王永慶的構思可以說是既及時又前瞻：及時性主要表現在企業的管理制度剛剛建立不久，藉由此舉可將制度的基本精神落實；前瞻性則表現在如果制度的基礎夯實了，企業未來實現穩健經營就自然有保障。所以，專案改善小組的主要職責就是透過異常事件的處理，尋求現有制度規章存在的問題和缺陷。只有解決了制度問題，消除了制度缺陷，各生產單位及其管理流程的運行效率才會從根本上提升。

自從經營檢討（委員）會成立之後，整個企業的管理重心開始步入問題導向

型的運行軌道。基於此，專案改善小組對其在四級檢討改善體系中的責任與分工進行嚴格區分和界定。如表 9-1 所示，集團層面上的專案改善小組所承擔的任務共計五項，其中前兩項是負責制定全企業的檢討改善制度及其各項操作規範，並針對各事業部產銷業務、各利潤中心經營損益等事項設定管制基準；第三項是負責全集團共同性作業中的合理化改善專案；最後兩項雖不屬於「硬性任務」，內容卻也同樣重要，表明王永慶寄望專案改善小組不只要「低頭拉企業之車」，更要「抬頭看市場之路」。

表 9-1 總管理處總經理室專案改善小組的主要任務

1. 及時修訂全企業的檢討改善制度，並負責在全企業推行；依據制度設修訂全企業的檢討改善工作操作規範；依據不同產品之產銷及各利潤中心之損益設定異常管制基準。
2. 及時掌握全集團各利潤中心的經營狀況，主要依據事先設定的管制基準，據此發掘連續虧損或業績出現衰退的利潤中心，適時成立專案改善小組並負責提供改善協助。
3. 除掌握各利潤中心的經營狀況以外，專案改善小組還須負責全集團共同性作業中的合理化改善項目，如水電蒸氣等能源節省改善、包裝與搬運作業自動化改善、包裝材質對抗品開發等。
4. 注意蒐集相關經濟和產業政策資訊，評估其影響程度並適時作出反應，為各企業單位提供行動參考。
5. 積極掌握產業動態及市場新產品研發資訊，詳細分析投資可行性，供管理層決策時參考。

隨著世界石化市場競爭加劇，專案改善小組務必隨時注意發掘企業在追求規模化成長過程中，管理系統暴露出的種種問題，同時要利用其專業優勢協助經營層應對市場風險，化解供需矛盾。毫無疑問，專案改善小組在台塑集團是一個在當時擁有較高權威性的管理機構。這一點可通過「管制基準」一詞的重要性來解釋：所謂管制基準是基本管理控制標準的簡稱。王永慶將專案改善小組的這一管理機能，比喻為統一安裝在各種生產管線上的計量裝置——看起來體積很小，安置在某個不起眼的角落，作用卻至為關鍵。

表面上，流過管線的是各種液態、氣態或粉狀原、副材料，實際上同時流過的還有一些基礎性資訊和數據。如果能及時採集和分析這些數據，管理人員對各

種原、副材料的消耗及其使用效率就會時刻做到心中有數，尤其是可及時掌握由各種重大差異引致的重大異常。類似這樣的做法堅持久了，做得科學合理了，才意味著整個產銷過程初步實現了標準化，因為標準化標誌著台塑集團由此建立起專責用於管控管理改善過程的正式作業流程。

所以，專案改善小組的任務就是要對各種管理異常進行分析、提報，進而制定解決方案，並最終督促現場單位完成檢討和改善。專案改善小組規定，凡問題超過基準者一般皆定性為異常或重大異常。這意味著該小組的工作業績決定了整個管理系統演變的路徑和方向。當然相形之下，並不是說各公司、各事業部及各工廠就無事可做；恰恰相反，各生產單位正是檢討與改善工作的主體性力量，只不過專案改善小組與各生產單位獲取異常問題的資料和數據源不盡相同：前者主要源自各生產單位的會計報表和重大 IE 改善提案，因而更關注的是事關全局性的異常問題；後者則主要源自於本單位的資料和數據，尤其是一般性的 IE 改善提案，因而更多關注的是事關局部性的異常問題。

專案改善小組在當時要做到這一點是完全有可能的，因為各公司此時已廣泛推行目標管理制度，許多重大經營管理異常在一些新編製的比較性財務會計報表中已能清楚顯示。按照專案改善小組的工作執掌來理解，凡是超過管制基準的重大改善專案，都應在專案改善小組的主導下，與異常發生的事業單位一起共同實施改善；超過管制基準的一般性改善專案，則應參照專案改善小組制定的作業步驟，由異常發生的事業單位自行全權負責處理。

成本分析：檢討改善活動的核心

為使檢討改善活動生根，王永慶對專案改善小組的工作不僅給予思想性指導，同時要求其制定詳細的工作步驟（參見表 9-2），供各生產單位配合時參考之用——專案改善作業務必根據營業、生管、資材、財務、人事等各種管理數

據，對各項政策性和事務性管理及其流程，如銷售政策及營業目標設定、排程式控制制及製程績效管理、存量管制及倉儲管理、各項費用控制及分攤合理性、人員配置及運用效率等，加以綜合分析，藉以發掘各類異常，探尋異常發生的根本性原因，研擬合理的改善對策，目的在於提高管理績效和降低成本。

　　檢討改善工作在 1968 和 1969 這兩年間的推動工作雖然一直進展快速，王永慶對檢討改善工作的效率仍不滿意。他發現問題主要集中於技術、經營和管理

表 9-2 專案改善小組的作業步驟

1. 確定作業目的：專案改善在開始前，必須先確定作業主題。
2. 訂定作業範圍及目標：鑑於作業人力、物力及時間有限，因此在主題確定之後，務必以與工作目的關係較密切的事項為主來訂定作業範圍。
3. 釐定工作計畫：由專案改善人員訂定工作進行程序，包括作業方式、參與人員、工作內容、工作分配、進度安排等，並填寫專案工作計畫表。
4. 情況調查：首先要蒐集有關資料，與其他單位或外部同業進行比較，評估可能發生異常之處，進而實地觀察現場作業，分析匯總報表內容等，目的在於全面掌握異常發生的來龍去脈。
5. 繪製結構圖：將所獲得的數據和資料，根據其相互關係及組成比率繪製結構圖，供初步分析之用。
6. 要因分析：通過實地觀察、理論推演或其他方式發覺異常點，並優先選擇影響損益較大者進行要因分析。
7. 發掘異常點：採用要因分析法發掘所有異常點。例如：原料耗用量偏高問題可沿循生產經濟批量、收率、產品品質、餘廢料項目等進行發掘。
8. 求證：找出異常點後，務必確定異常點的可靠性。例如：若發現耗用量過高是原料本身不合格造成的，即應抽取該批樣品實地加工製造，比較其品質狀況，再確定異常點是不是原料不合格造成的。
9. 擬定改善方案並檢討：異常點確定後，應及時提出改善方案並檢討該方案是否最佳。若異常點涉及制度漏洞、制度缺失或制度不健全，應先行整理、檢討並訂定相關制度，觀察其執行過程。若制度執行不佳，則還必須研討改善阻礙因素。
10. 改善效益預測：改善方案經擬定並評估其可行性時，應著手預測該方案可能取得的效益。具體方法是，根據改善方案可解決異常點的範圍、數量及複雜度來預測該方案對經營績效的貢獻度。
11. 提交分析和審批報告：每項改善方案擬妥後，即提出分析資料和建議，並報各級主管核定後執行。
12. 改善案執行與跟催：經核定執行的方案，應根據所定作業方法、程序、時間貫徹執行。改善案在執行過程中，應定期檢討執行效果；若執行發生困難，應再尋求其他可行的解決方案。

領域。他常感覺到異常問題太多了，有時甚至是愈改愈多。在這兩年多時間裡，僅僅通過午餐匯報會解決的問題就不下幾十項甚至上百項。更讓他倍感擔憂的是，午餐匯報會並不能解決所有問題，儘管利用午餐時間開會檢討已成為一項慣例或制度，並在很大程度上起到「企業教練」的作用，但王永慶認為，午餐匯報會的功能仍然十分有限。

相較於大量有待分析及改善的異常案件，午餐匯報會僅是一項示範性工程，它所傳達出的追求管理合理化的精神雖然是整個異常管理活動及其流程的靈魂，但不能替代正式的成本管理制度和程序本身。也就是說，異常管理活動及其流程的基本功能，是依賴正式管理制度和程序自動進行糾偏或糾錯。其中，專案改善小組的使命就是協助他建立起這樣一個基於系統性和標準化的正式作業流程，並使之正常發揮作用。

王永慶的思路是對的：午餐匯報會解決的只是日常浮現的重大問題，匯報事項事先也都經過總經理室幕僚的精心挑選和安排，一旦選中，不但會在午餐匯報會上深入剖析，甚至連處理結果和技巧也會被幕僚人員逐一記錄在案，供各級產銷主管參閱，以便在企業內形成統一的作業規範和辦事流程（或稱企業慣例），為各單位的其他專案分析與改善工作起到舉一反三的示範效應。

但午餐匯報會未選中的問題怎麼解決，特別是對更多潛在的問題又該怎麼預防？石化產品的生產過程雖然具有連續性、同質性和穩定性，並不意味著就沒有潛在的隱患和問題。恰恰相反，隨時間推移，機器壽命會衰減，零部件會老化，更重要的是人的責任心會下降，所以一旦出現問題，通常就很嚴重。過去台塑集團更關注的是「事後」的問題，也就是發生了什麼問題就解決什麼；現在不行了，尤其自從推行目標管理制度之後，「事中」和「事前」的改善壓力明顯愈來愈大。

在過去，事前和事中這兩方面隱藏的問題根本看不到，其中的一個重要原因就是會計系統編製的正式報表沒有反映出這些問題。有幕僚詢問，會計報表通常

是事後編製的，怎能揭示事前和事中這兩個階段隱藏的問題？儘管報表是事後編製的，王永慶回答，但如果分析工作足夠細緻，我們完全可從事後的結果發現某些蛛絲馬跡。在任何一項已發生的異常案件中，不可能只有異常的結果而沒有異常的原因，當然問題能否事先發現，端看我們的分析工作是否能夠一步到位。

為此，經營管理部設立了責任會計職位，引進標準成本制度，並在多個領域推行作業整理或作業改善，這實際上等於是把成本管理導入策略管理，亦即凸顯成本管理的決策支援功能。王永慶下定決心要改革企業會計制度，使會計人員的職能不再局限於「從數字到數字」，而是在會計人員的配合下，透過專案改善小組的努力，揭示出數字背後的「管理背景」。這一方面意味著他把成本分析與改善作業當成專案改善工作的起點和重點，另一方面也把成本因素與企業內外部環境的變化密切連結起來，以便為企業找到一條在長期內可持續降低成本的最佳路徑。

今天看來，王永慶強調的正是成本導向策略。事實也正是如此，在往後四十多年的歷程中，他把成本分析與成本改善思想貫穿於企業的整個策略管理循環中的每個環節。在他的每一項策略決策中，精確且及時的成本資訊始終起到關鍵性的支援作用。儘管他後來多次提到說自己不喜歡「策略」這個字眼[1]，認為其英文涵義包含有「用計謀打倒競爭對手」等意味，並由此改用「計畫」或「規劃」取而代之，但絲毫沒有影響到他對企業發展前景的預測和把握。

實際上，專案改善小組的主要任務，從狹義上講，就是要做好成本分析和成本改善工作。王永慶認為，企業的業務活動愈頻繁，內外部交易的數量愈多，影響成本的因素就愈多，成本變化與企業活動或交易之間的關係也就愈複雜。在外界環境不變的前提下，如果決定台塑集團經營成敗的關鍵因素是如何搞好內部管

1　在一次訪談中，王永慶曾直接告訴我，大企業間應平等競爭，萬不可使用「計謀」算計對方，因為大集團企業間的相互支援的必要性總是多於相互算計。他常規勸年輕一代企業家，算計別人根本不是大集團企業的財富之道，到頭來只是既害人又害己。

理，那麼內部管理是否能夠搞好的一個重要標誌（甚至是唯一的標誌），則是成本能否得到有效控制和降低。

王永慶對成本問題的看法大致集中在兩方面：一是成本與利潤以及其他許多經營指數之間存在密切連結，只要能改善影響成本發生的基礎條件，企業的經營體質就會增強，成本結構自然能夠改善；二是成本管理是石化原料生產行業的管理重心，只要成本降下來，企業的生產能力乃至整個企業的核心競爭能力也會逐步增強。

王永慶的目的是要把成本當作支點，用來撬動整個管理系統。他說，成本降不下來，一切都是空話！再看看技術、經營和管理領域暴露出來的種種問題吧，絕大多數都和成本之間有連動關係，其中幾個或幾十個、甚至成百上千個因素之間互為因果，互相影響。也就是說，生產系統暴露出的技術、經營和管理問題本身並沒有「標籤」，其嚴重程度並不會自動反映在成本報表上，企業非得尋找正式程序深入挖掘和應對不可。

而台塑集團目前所做的充其量也只能叫做「一般性改善」罷了，不僅系統性差，層次也比較低，因而距離實現真正的「全面改善」局面還有一大段距離。現在看來，台塑集團不能為經營而經營，為管理而管理。經營者必須把專案改善小組的工作重心徹底集中到成本分析與改善工作上。這項工作做好了，就可以起到牽一髮而動全身的關鍵性作用。王永慶打比方說：「你們看到過奔跑的獵豹嗎？牠的尾巴雖然短小，但要想追趕到獵物，僅僅跑得快沒有用，尾巴的平衡作用至關重要。」

對王永慶來說，1969 年是令他身心疲憊的一年：台塑公司、南亞公司和台化公司的股票雖已全部公開上市，但整個集團的管理系統卻仍未完全建立。他在1971 年 11 月 1 日以「工業與民生」為題，在給明志工專即將畢業的學生發表演講時，曾表露此一時期的一些感受：「各位同學也許都聽說過，以前台化公司的管理系統十分鬆懈，先不說它的管理有什麼問題，僅以目前的標準來衡量過去的

損失，少說也有好幾億，原因就是各種不合理情形給企業造成了巨額損失。以前和主管談事情，他們總是敷衍應付，盡在表面上做功夫，要深入談的話就談不下去了，彼此都很不愉快。

「現在企業管理漸上軌道，各方面都朝合理化邁進，各級主管也都承認過去一段時間內的做法是錯誤的。他們強調，過去的錯誤都是單位主管沒有明確的指示所致，應該由他們負責。現在台化公司已經做好明年度的經營計畫、工作目標和執行方案，甚至連朝哪方面改善等等，都已經逐項分析並訂立了腹案。台化明年的純益目標是 4 億元，這是相關單位認真計算後的數字。台化對實現此一目標很有把握，我也相信台化的目標一定可以達成，因為他們知道今年的缺點所在，所以能夠把握住今年經改善以後明年可以達到純益 4 億元的目標要求。」

王永慶的話表明，1969 年前後管理系統暴露出的問題，的確已經影響到企業獲利能力的提升。因為管理不善導致的損失，儘管不會直接反映在帳面上，累計的數量卻相當驚人。按照王永慶的思路，測試企業是否身處成本困境的方法很簡單：直接和某位公司主管交談，只看他是否能夠深入剖析企業當下存在的問題就足夠了，根本無需再要求他寫報告或開會匯報。如果他的分析很膚淺，表明他一定沒有認真做事，或者說不具備管理能力；如果他能夠剖析出問題，尤其是能主動地解決問題，顯示他一定是認真做事，這樣的主管完全是可信賴的主管。

實現管理重心向成本改善環節轉移是王永慶的一貫想法。但如前所述，他尋求的不僅僅是改善環節本身，因為台塑集團的檢討改善工作已經進行多年，他思考的核心問題，除了建立內部管理制度，實際上更多的是指一套「方法」：如何改進專案改善小組的工作方法，使之成為處理成本異常問題的一套技巧，進而發展成為可供台塑集團各部門普遍使用的一套標準化做法。

作為大集團企業，沒有這樣一套做法，管理制度和系統就不可能是完整的，即便是你對外宣稱自己可以做到成本改善，但改善的結果肯定也是片面的、局部的和間歇性的，不可能做到由點及線，由線及面，進而做到全面改善。再深究其

中原因你會發現,這些企業基本都缺少類似「點線面結合」的一整套行之有效的成本管理方法。

建立標準成本制:一場管理運動

標準成本制度[2]中的「標準」二字引起王永慶的高度興趣和密切注意。他回憶說,從道理上講,分析和改善兩類成本的關鍵都是要解決標準問題。就生產成本而言,可依照標準成本制度分解為直接人工、直接材料和製造費用。專案改善小組可圍繞這三項成本,使用已有的公式分別並直接計算出原料的用量標準和價格標準、人工標準工時和工資率,以及製造費用的相關分配標準。那什麼叫標準成本?王永慶認為,它是指在台塑集團當前管理水準和技術水準下,產品成本目標應該是多少。

王永慶說,我們可以把現有的成本報表攤開來,其中所列各項成本都是已經實際發生的成本。如果按照這樣的成本報表做生產決策,那是要出問題的,因為它只是「實際成本」,並不是「標準成本」。這個標準成本就是我們應該實現的目標;沒有這個目標,就沒有辦法編製出一個精確的預算,沒有辦法公平比較各單位的生產績效,更沒有辦法釐清引致成本上升的責任到底出在哪個單位、哪個人、哪項產品、哪部機器或哪個成本單項等等。

關鍵在於如何理解標準二字:如果「你制定的標準成本不是標準的」,所引入的標準成本制度就是「偽標準成本制度」,如此編製的預算還有什麼準確性可言?所以問題的全部根源都在於你能否確定「你的標準成本是不是標準的」。台塑集團各生產單位已經劃分了責任中心並實施了目標管理制度。如果具體到一個成本中心,那麼該中心的工作任務就是對成本負責。但這並不是說,該成本中心應該對名下的所有成本負責,因為各自的責權利範圍、結構和內容均不相同。

為更便於釐清各單位的績效責任,各成本中心的所有成本項目應該有可控與

不可控之分。如果該中心能對可控部分負責，意味著可控部分的成本項目就是其制定月度、季度或年度工作目標的主要依據，上級部門將根據該中心的目標計畫逐一匯總並透過編製和分配預算來實現事中控制。另外，既然該中心只對可控成本項目負責，後續對於該中心成本改善績效的評估工作就會變得相對簡單。上級部門只要定期把其實際成本拿來比對標準成本，該中心的成本管理績效必定一目了然。至於「定期」設為多長時間最合適，要根據各中心成本控制的難易程度靈活掌握。就台塑集團目前的產銷實況看，初步定為每月一次比較合適。

顯然，王永慶在標準成本制度初興後不久就完全抓住了其精神實質，清楚地為專案改善小組描繪出如何做成本控制與改善的技術路線圖。此一管理思考為他下一步提出單元成本分析法奠定了基礎。也就是說，王永慶所謂的成本管理大致包含三組關鍵字：標準成本、預算管理、績效評核。其中，標準成本是整個成本管理流程的關鍵環節——使用同一個標準既可控制成本，又可據此編製預算，還可用於績效評估。這樣做是一舉三得，且因為其公正性與公平性而較易為基層幹部和員工接受。

王永慶在那一時期反覆強調，成本管理工作中最重要的是「標準」，標準不合理，事前制定的目標就不合理，事中的預算編制及執行就不準確，事後的績效評核當然也就難以做到公平合理。目標、預算和績效三位一體，相輔相成，構成台塑集團標準成本控制流程的主要內容：只要標準成本設定好，幹部和員工即可依此生成各自的預算目標和績效目標。工業企業管理就是這樣，一開始做對了，接下來的各個環節就可一步一步進入良性循環；如果一開始不嚴謹，成本就會一層比一層扭曲，到最後必定是一筆糊塗帳，而且再想改善都很難。

2　1919 年，美國全國成本會計師協會成立，對推廣標準成本法曾發揮很大的作用。1920 至 1930 年間，美國會計學界經過長期爭論後，把標準成本納入會計系統，從此出現了現代意義上的標準成本會計制度。為了提高工人的勞動生產率，美國的會計師首先改革工資制度和成本計算方法，以預先設定的科學標準為基礎，發展獎勵計件工資制度，採用標準人工成本的概念。在此之後，他們又把標準人工成本概念引申到標準材料成本和標準製造費用等領域。應該說，最初的標準成本是獨立於會計系統之外的一種計算工作。

　　1970 至 1971 年間，專案改善小組的工作基本上是圍繞著指導各單位建立標準成本展開的，其廣泛和深入程度簡直可用一場「管理運動」形容。尤其令王永慶高興的是，制定標準成本使台塑集團初步建立起有效的成本控制和管理流程，因為它直接涉及企業的每個部門，關乎每個人的切身利益，且對其勞動積極性有根本性影響或激勵作用。

　　台塑集團是台灣最早引進標準成本法的集團企業之一，王永慶本人也是最早認識到標準成本法的重要性且不遺餘力推行的企業家之一。在他的著作中，多次以較長篇幅討論過標準成本制度的基本概念，以及引入該制度用以提升企業成本管理水準的必要性。幾乎也是在同一時間，《台塑企業通信》雜誌也刊載了幾十篇由專業管理幕僚撰寫的，有關討論標準成本制度的文章。作者不僅借此提出諸多不同見解和觀點，同時結合企業實務指出各單位的應注意事項和對策。

　　在王永慶看來，標準成本制度注重把成本的計畫、控制、計算和分析相結合，故特別適合石化工業企業控制成本。他發現，標準成本制度似乎就是為台塑集團專門設計的，因此他要求幕僚人員在使用時，首先要注重制定各自產品應該發生的成本：標準成本，並將之作為員工努力工作的基本目標，以及用作衡量實際成本節約或超支的尺度，從而起到成本的事前控制作用；其次要在生產過程中比較成本的實際消耗與標準消耗，及時揭示和分析實際成本與標準成本之間的差異，並迅速採取改進措施，以加強成本的事中控制；最後是在揭示各成本差異的基礎上分析差異原因，查明責任歸屬，採取有效改善措施，以實現事後控制，避免不合理支出和損失的重新發生，從而為未來新一輪的成本管理循環指明方向。

　　引入標準成本制度給台塑集團帶來的變化主要體現在這幾方面：首先是制定標準成本反過來促使企業進一步完善了責任中心的劃分工作，從而使全企業成本管理的流程和組織體系更加順暢和嚴密。其次是管理部門得到的成本資料從「絕對不準確」向「相對準確」邁進，幕僚人員使用標準成本資料可消除由於實際成本波動而造成價格跟隨波動的後果，十分有利於經營者及時進行價格決策。再次

是王永慶感覺到，企業的績效評核與他宣揚的切身感之間完全呈正相關關係，企業愈是能夠精確評價員工的貢獻度並適時給予適當獎勵，員工就愈認為自己受到尊重和關懷，切身感也就愈強烈。王永慶的意思是說，企業能夠精確評價員工的貢獻度，就是對員工最大的尊重。

到 1971 年上半年，王永慶的管理思考又向前推進一步：從單純強調制定標準成本向探究使用標準成本的實質背景轉變。他的用意是，直接材料、直接人工和製造費用是構成生產成本的主要內容，過去幾年中，幕僚雖然針對上述三項內容初步制定了標準成本，但是在實際運作過程中，有些標準成本實現了，有些卻相差甚遠。相應地，凡是達成標準成本要求的單位，因為拿到獎金自然興高采烈，沒有達到要求的則沮喪不已。顯然，達到要求的單位主管被認為管理有方，沒有達到要求的則是管理無方；換句話說，兩類單位制定的標準成本都沒有有效達成成本控制的初衷。

出現此一問題的原因在於，由幕僚帶頭制定的標準成本，實際使用過程中居然出現一般企業常遭遇到的，關於標準成本「應該始終能夠達到，還是有時可以達到，抑或是永遠達不到」的爭論。儘管不同幕僚有不同觀點，但深究下去，王永慶感覺到，幕僚爭論的焦點基本集中在「我們需要什麼樣的標準成本」此一核心問題。就達成標準成本要求最好的單位而言，他們幾乎不允許機器出現任何故障，並且要求員工的業務要最嫻熟，務必用盡一切時間和精力，既便是員工暫時達不到，主管也要不斷提醒並催促他們努力達到。此等情形，如果結合當前企業的管理制度和環境來看，標準成本制度在這些單位將難以持續下去，而且終究會出現嚴重問題。

而在那些沒有達到標準成本要求的單位，員工普遍感覺是標準成本制定得過高所致。如果把標準再調低一些，亦即更有利於員工在期末能夠達成，情況可能就不一樣。王永慶評價說，相較於西方企業，台塑集團的生產設施和管理水準差距甚大，我們不可能不允許機器出現故障，也不可能不允許員工有喘息的時間。

　　儘管現在出現的成本差異是缺乏管理或管理不到位的明確信號，但也只是說明「我們與正常情況之間到底偏離了多遠」。如果把達到要求的單位所使用的標準成本定位為「理想版」的標準成本，沒有達到要求的單位所使用的就是「現實版」的標準成本。

　　這一點在當時曾給幕僚的分析工作造成不小的困惑。他們抱怨，如果說「現實版」的標準成本有問題，那尚有情可原，因為各生產單位制定的標準成本較低且造成產能浪費；但如果就此說「理想版」的標準成本同樣有問題，就令人匪夷所思了，因為沒有任何一位主管不願意帶領自己的生產團隊達成理想版的標準成本。對此王永慶耐心地解釋，「正常版」的標準成本可能較為符合台塑集團的實際情況。它不僅可指明各單位的成本控制水準與正常情況之間的差距，還可指導這些單位對未來成本變動趨勢做出較為切合實際的預測。

　　不久，王永慶更啟用了「兼具合理性與挑戰性」這一概念，來統一定位他所謂「正常版」的標準成本。從字面意思來看，所謂合理性是指標準成本的制定要符合本單位的實際情況，並使各方面盡可能感覺合理；而所謂挑戰性是指對合理性的一種補充，它要求管理者在制定標準成本時，應把當前難以解決或避免的損耗及低效率等情況計算在內，並估算出一個合理的提升空間和高度。王永慶的真正用意實際上是說，正常版的標準成本對台塑集團不僅十分重要，而且達成標準成本的要求也是一個漸進過程，訂得過高，員工顯然達不到，時間久了必定會產生挫折感；訂得過低，員工很容易就達到，時間久了必定沒有進步，只是在重複過去。

　　王永慶所謂「正常版」的標準成本，實際上正是指一般管理學教科書中宣導的正常標準成本。儘管正常版的標準成本的概念和定義十分簡單，但是在實際操作過程中，幕僚還是花了不少心思，他們深入各產銷單位廣泛宣傳，並耐心細緻地做好各項準備工作，尤其注重如何引導各產銷單位主管及其所屬團隊的注意力逐步集中到設定直接材料、直接人工和製造費用的標準成本上。

就直接材料而言，幕僚將其標準成本定義為原材料的標準消耗（單耗）與標準單價之間的乘積。他們聯合生產、工程技術、會計、採購和銷售等部門主管，圍繞「單耗」和「單價」展開深入檢討和分析。幕僚赫然發現，僅僅影響直接材料數量差異的因素就來自多方面，內容涉及配方、製程、廢品、損失、跑冒滴漏、大材小用、優材劣用等項目。其中，標準消耗是指用量標準，它明確了生產一個產品或提供一項服務所需的標準投入量；標準單價則是指價格標準，它明確了所投入的材料每個單位應該值多少錢。

由於新的標準消耗既包含標準用量，也考慮到無法避免的低效率和浪費，亦即考慮到台塑集團在當下的生產實際情況，因而受到各單位的廣泛好評，一度有些混亂的產銷秩序逐步恢復正常。新標準啟用後，幕僚更是要求各單位應定期上報原材料的實際用量與標準用量之間的差異計算方式及其結果。

■ 直接材料差異的計算公式

直接材料的價格差異＝實際用量（實際價格－標準價格）
直接材料的用量差異＝標準價格（實際用量－標準用量）

直接材料的價格差異等於實際用量乘以實際價格與標準價格之間的差額，用量差異則等於標準單價乘以實際用量與標準用量之間的差額，按照此一公式，幕僚可直接將造成直接材料差異中的用量差異或價格差異的責任追溯至生產部門或採購部門。採購部門的採購行為因此得到有效約束：該部門過去常常為生產單位購進品質較差的材料，不僅導致材料耗用量增加，還把責任推諉給生產部門。顯然，採購部門之所以能夠推諉責任，原因就在於在計算用量差異時使用的是實際價格而不是標準價格，從而迫使生產單位要為採購部門採購來的高價材料負責。

直接材料的標準成本問題解決後，幕僚隨即把注意力轉向制定直接人工的標準成本。不久，各事業部和各工廠就可針對各自的用人情況進行制度化檢討和分

析，從而為下一步控制用人數奠定基礎。這當然要歸功於各單位設定的直接人工的標準成本。就直接人工而言，幕僚人員將其標準成本定義為單位產品消耗的標準工時與標準工資率之間的乘積。與設定直接材料的標準成本一樣，幕僚聯合人資、生產、工程技術等部門主管，圍繞「標準工時」[3]和「標準工資率」展開又一輪的深入檢討和分析。幕僚發現，其中最難確定的一項標準是完成一個單位產品究竟需要多少標準直接人工工時。

計算標準工時和標準工資率的目的，是為了給具有不同熟練技能的員工確定一個合適的工資水準，亦即主要用以評估生產現場員工的生產力。這一點對1960 至 1970 年代的台塑集團非常重要，因為那時期大多數工廠和製造課均雇用大批「農民工」，生產過程多屬高度勞動密集形態，所以提高直接人工的生產力是降低成本的主要途徑和手段。當時面臨的問題是，工資率差異經常劇烈波動，使得員工不論是收入高低都有怨言。通過觀察幕僚發現，工資率差異主要是使用人工的方式不同而產生。例如：某些製造課在一些不需要較高技能且工資率較低的工作職位上，反而安排了具有較高熟練技能的工人且支付較高的工資率。

顯而易見，當實際工資率超過標準工資率時，按產品類別編製的單位成本比較表上就會顯示出直接人工的不利差異。問題是對企業而言，這些不利差異不僅不能帶來增值效應，還影響生產過程和員工士氣。導致不利人工差異的原因不僅涉及用人方式，同時涉及其他方面，例如：員工由於缺乏訓練所導致的勞動積極性不高，採購部門經常會採購到不怎麼合格的原物料使得製造課花費更長的人工作業時間，機器因為維護不及時使得故障頻發導致製造課延期交貨等等。通常情況下，各生產主管應該對不利人工差異擔負全責，但就不合格原物料來說，儘管原則上應該由採購部門負責，實際上在計算採購部門究竟應該承擔多少具體損失時，幕僚也的確花費了不少心思。

確定標準工時和標準工資率非常重要，因為這不僅涉及員工的工資、津貼和福利，也涉及下一步如何分攤變動製造費用。於是在王永慶的指導下，幕僚不辭

辛苦，一方面先把員工的工作任務分解為不同的作業，再分解為不同的身體動作，並依據西方企業已公布的完成類似動作所需的單位時間，經匯總後再統計出完成類似任務的總時間；另一方面為驗證總時間的統計有無誤差，個別幕僚人員甚至親自充當普通員工，按照工作要領將員工的所有動作模仿一遍，包括機器操作、清理現場和工間休息等等，再詳細記錄並對照完成的總時間。就這樣經過多日的辛苦研究和努力，總算掌握了多項生產任務的標準人工工時，從而為下一步設定製造費用的標準成本奠定基礎。

相較於直接材料和直接人工，製造費用標準成本的制定耗費幕僚更多心力。在那一時期，標準成本制度剛引入不久，許多人對此理解並不深，也因此走了不少冤枉路。例如：對如何確定製造費用的標準成本，有的產銷單位居然將其等同於直接材料和直接人工來處理，並沒有認真分析製造費用的成本性態。這樣做的後果不堪設想，王永慶說，如果沒有弄清變動成本和固定成本的概念及其差別，增加或減少產量對成本的影響將遠低於或高於管理者的心理預期。

在石化原料產品的生產過程中，材料成本所占比重較大，是早期成本控制的重中之重。製造費用雖占比不大，但並非不重要，問題在於它比直接材料和直接人工更難以管理。在推行標準成本制度後不久，即有單位主管說，他們的生產活動和製造費用之間的關係很清晰，而有的單位卻說製造費用上升與他們沒有關係。為了解決此一困境，幕僚人員花費了大量時間和精力用以分析製造費用的性質、結構及其變動規律，他們發現，製造費用中的變動部分與企業的經營目標和產品結構，包括產品的數量和類型之間密切相關。這部分的變動成本儘管所占比重較小，對製造過程、產量和銷售量變化的敏感度卻比較高。

3　後來還使用了機器工時，在此僅描述人工工時的估算過程。

向製造費用要效益：成本性態分析

如圖 9-4 所示，幕僚一開始時採用的是完全成本法，亦即按用途將企業成本劃分為生產成本與非生產成本兩大類。其中，生產成本包括直接材料、直接人工和製造費用，非生產成本包括銷售費用、財務費用和管理費用等期間費用。相較於直接材料和直接人工，處理製造費用問題簡直讓幕僚傷透腦筋。所謂製造費用，是指生產成本中除直接材料和直接人工以外，且主要包括各工廠和製造課為組織和管理生產過程發生的一切費用的總和，比如各個生產單位管理人員的工資、職工福利費、房屋建築費、勞動保護費、季節性生產和修理期間的停工損失等。在那個時期，幕僚因為無法直接判定所發生的製造費用究竟該如何科學合理地歸屬到產品，於是僅簡單地按費用發生的地點先行歸集，再等到月終時採用一定的分攤方法間接計入產品成本。

在完全成本法下，產量對單位產品成本有直接影響：產量愈大，單位產品成

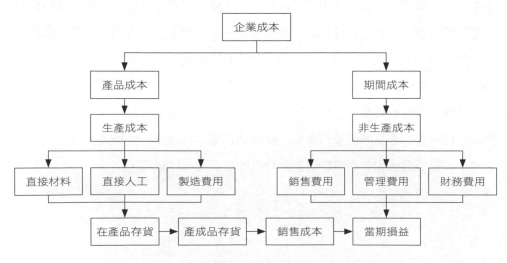

圖 9-4 早期實施標準成本制度時的企業成本結構

本愈低，相應的各單位的獎金率就愈高，如此即可刺激各單位提高產品生產的積極性。但是採用完全成本法計算出來的單位產品成本，不僅不能反映生產部門的真實業績，反而會掩蓋或誇大他們的生產實績；在產銷量不平衡的情況下，採用完全成本法計算並確定的當期稅前利潤，往往不能真實反映企業當期實際發生的費用，從而促使企業片面追求高產量，進行盲目擴大生產；另外採用這種方法也不利於管理者進行分析預測、參與決策以及編製彈性預算等等。

於是在王永慶的支持下，幕僚針對製造費用的概念、內容、結構和性態進行深入探索和分析。如圖 9-5 所示，幕僚的作業主要集中於如何使用已有的辦法把製造費用拆開來，他們發現可以使用高低點法[4]、散布圖法[5]和迴歸直線法[6]等

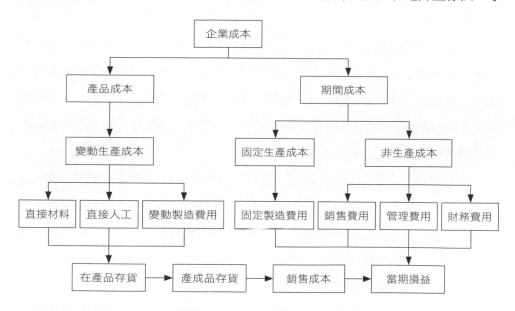

圖 9-5 標準成本制度實施後的企業成本結構

---

4 按照幕僚的理解，高低點法是指在一定時期的相關範圍內，通過一條連接業務量最高點和最低點的直線來求解固定成本和變動成本（分析混合成本）的一種成本性態分析方法。
5 是指根據既往歷史資料，將業務量和成本數據逐一標注在座標圖上，先形成若干個散布點，再通過目測方法畫出一條接近所有座標點的直線，據以求解固定成本和變動成本（分析混合成本）的一種成本性態分析方法。
6 是指通過迴歸分析歷史資料中的所有數據，並據以求解固定成本和變動成本（分析混合成本）的一種成本性態分析方法。

技術，分析成本和業務量之間的關係，並在一定的範圍內將所有成本劃分為變動成本、固定成本和混合成本三大類。其中，變動成本是指成本總額隨業務量變動而變動的成本項目，固定成本是指不隨產品產量或銷售量變動而變動的那部分成本，混合成本是介於固定成本和變動成本之間的一種成本，其成本總額雖然受業務量變動的影響，但變動幅度與不同業務量的變動保持嚴格連動關係。

很快地，幕僚便依據標準成本法的基本原理分析上述三類製造費用的習性。在當時的情況下，無論是從提高產品成本計算的正確性，還是從提高產品成本控制的有效性上來看，幕僚認為他們都必須把成本計算的重點放在製造費用上，主要做法如下：

● 在拆分製造費用時，幕僚非常重視把製造費用放在「一定的範圍內」分析，從而保證了成本性態分析的合理性和科學性，因為鑑於製造費用的複雜性，成本性態分析只有在一定時期或一個有限產量範圍內，結果才是正確的，而如果超過一定時期或一定產量範圍，其特點就有可能發生相應變化，或者說幕僚對成本性態的相關分析就不一定正確。

● 幕僚按照「相關範圍」原則，把製造費用拆分為變動成本和固定成本兩大類。其中，製造費用中的變動部分（包括直接材料和直接人工）以及混合成本中的變動部分直接劃歸為變動製造費用，除變動製造費用以外的其他生產成本（包括混合成本中的固定部分）劃歸為固定製造費用，並準備分別採用標準成本法和作業整理法控制和管理上述兩類成本。

● 製造費用，尤其是固定製造費用，具有較強的間接性，或者說製造費用乾脆就認為是一種間接成本。既然如此，幕僚在把製造費用分配到產品時，格外注意選擇一個合理的分配基準。該基準實際上不僅是指導致製造費用發生變化的原因，同時也是指可用以度量「企業生產單位產品的能力」的一項重要指標。基於此，幕僚當時主要選擇直接人工工時充當分配基準，並輔之以機器小時或單位

產量等數據。其後很長的一段時間內，台塑集團主要依靠以上分配基準把製造費用分配到產品，從而有力地支援了經營層的短期決策。

　　● 既然認為直接人工工時是製造費用的分配基準，幕僚人員可把標準工資率當作分析變動製造費用差異的一個重要因數，並據此列出計算變動製造費用差異的兩道公式。

■ **變動製造費用差異的計算**

　　變動製造費用數量差異＝實際人工工時（實際人工工資率－標準人工工資率）

　　變動製造費用效率差異＝標準人工工資率（實際產量下的實際工時－實際產量下的標準工時）

　　至於固定製造費用，幕僚在一開始並沒有過多地把單位產量當作計算該費用差異的基準，轉而採用預算來處理，亦即通過比對實際費用與預算費用來發現差異。但是不久之後，王永慶下令針對固定製造費用實行作業整理（作業分析），亦即尋找作業動因，進而建立作業標準，並通過比對標準作業費用與實際作業費用來發現固定製造費用差異。

　　● 幕僚成功拆分製造費用，使得台塑集團各工廠在早期就可據此及時編製損益表。此一拆分對企業管理決策，尤其是短期決策至為關鍵。變動製造費用與固定製造費用之間的連結或差別，主要通過編製損益表體現出來。該表的獨特之處在於，它能夠幫助幕僚人員深入了解各工廠產品的銷售價格、銷售組合、產銷量、變動成本、固定成本等因素對企業利潤的影響程度，或者說對企業管理決策的影響程度。

　　並不是所有的差異都值得逐一解決，因此幕僚必須努力尋找到某種具體方

法，以便有助於排除某些隨機因素的影響，且注重通過統計報表顯示重大差異。在1960年代初新東公司推動的品質改進活動中，幕僚曾使用統計管制手段控制產品品質，他們發現，新東的生產活動大多採取連續性和批量方式進行。如果沒有系統性因素的影響，產品品質在很大程度上是均勻分布的。基於此一理論，幕僚決定啟用統計控制圖針對差異的產生特點設定管制範圍：由隨機因素引起的成本差異通常被認為是正常的，只有當一個差異超出正常的隨機波動水準之外時，才有必要進行分析和研究。使用這一方法既可以及時發現差異，還可提高針對差異所進行分析活動的可靠性。

以A產品的損益計算情況為例可以看出，如產能達到「Full」（滿負荷）時，該產品的月產量即可達到1萬碼。在剔除不合理費用專案後，A產品的成本結構及損益分析如表9-2和表9-3所示。幕僚據此計算出該產品的邊際貢獻為494,000元，邊際貢獻率為58.8%。也就是說，當銷售額達到673,469元時（保本額等於固定成本除以邊際貢獻率），亦即銷售量為80,174碼時，如圖9-7所示，該銷售量可完全吸收固定成本396,000元，從而使A產品損益平衡。如果銷售量超過80,174碼，每增加銷售1碼，A產品的利潤可增加4.94元。這一實例在當時的台塑集團並非極端案例，而是各事業部幕僚的日常計算工作的一部分。同時正由於各工廠扎實的損益計算工作，使得各事業部主管能夠迅速利用此一槓桿計算出銷售水準變動對利潤的影響程度，從而做出相應決策。

幕僚對製造費用的分析活動暫告一段落之後，王永慶欣喜地發現，財務會計部門也初步建立起一套成本會計系統，依靠該系統，他可以較以往更準確地評估任何一條生產線對生產能力的利用情況。更有意思的是，幕僚如今也可借助此一系統，先是把產銷責任公平合理地分配給各位工廠主管，然後利用此一系統甄別出每一位工廠主管是否都善盡責任：在實現生產能力最大化方面是否付出努力，或者說還面臨著什麼樣的困難和限制，例如廠長是否關注某部機器的製造能力和運行時間，是否計算過機器在另外一些諸如安裝、修理、維護和整備期間的閒置

表 9-2 A 產品成本結構計算

規格 0.35m/m×58"	收率 96%	單位：元 /y
原料成本	2.58	34.8%
變動製造費用	0.83	11.2%
變動推銷費用	0.05	0.7%
變動成本小計	3.46	46.7%
固定製造費用	3.23	43.5%
固定推銷費用	0.07	0.9%
管理費用	0.31	4.2%
財務費用	0.35	4.7%
固定成本小計	3.96	53.3%
產品成本合計	7.42	100%

表 9-3 A 產品損益分析

單位：元

銷貨收入 100000y×8.40 元 /y	840000.00	100%
變動成本	346000.00	41.2%
邊際成本	494000.00	58.8%
固定成本	396000.00	47.1%
利益	98000.00	11.7%

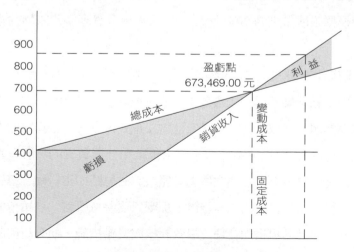

圖 9-7 A 產品邊際貢獻：銷售量式保本圖

狀況和時間等等。「要求工廠主管對生產能力持續給予關注」這一點，顯然標誌著台塑集團的成本會計系統已具備其應該具備的決策支援功能。

追求最低化的成本結構

到 1973 年，台塑集團已有近 20 年的發展歷史，特點主要表現為規模擴張和低成本並行兩方面。現在看來，「解散新東公司並由此創造和維持一個數量不斷上升的下游加工企業群」，是台塑集團實現規模經營的市場基礎，這充分體現了王永慶的經營才能；而為了健全企業經營體質，使企業不致因為擴張得太快而散了架，王永慶一直致力於尋求某種「正式程序」來為企業構建出一個完整的成本管理體系。

他認為，在很長一段時間內，低成本對台塑集團可能比規模擴張更重要。就管理系統而言，規模擴張帶來的是一種系統性壓力，如果此時管理系統不足以支撐規模經濟，無異於是在沙灘上蓋房子。台塑集團致力於成立專案改善小組的目的也正在於此：從企業管理需求出發，盡可能通過正式程序而不是「零散性的活動」應對規模擴張所帶來的系統性壓力──透過夯實管理基礎來增強企業的獲利能力。

在那段時期，王永慶對成本問題的認識集中於兩點：一是相較於日本企業，台塑集團的成本結構顯然是「未最低化的成本結構」，現有的成本改善方法也不足以解決實際問題，所以當務之急必然是建立正式程序，並依靠它的力量提升工作效率。這一點顯然和他 1966 年提出嚴密組織和分層負責的發展策略，以及依靠組織的力量強化幕僚體系並建立健全管理系統的思路如出一轍。二是既然台塑集團的成本結構為未最低化的成本結構，那麼只要堅持改善，各單位的經營績效必能迅速提升，此時若再搭配合理的績效評核與獎勵措施，使分析與改善工作帶來的好處能夠被公司和員工分享，整個產品的成本結構必然產生深刻的變化。

　　儘管王永慶很佩服日本企業的做法，但他同時也多次強調，日本人能做到的台灣人也一定做得到，甚至可以做得更好。這一點可能和他出生並成長於日據時代密切相關：他的思想深處總是鋪墊著一層厚厚的民族情結。他渴望有朝一日，台塑集團的成本結構也能驕傲地邁入「最低化階段」，能和美日等國或地區的同類大企業平起平坐。他認為，一家沒有實現最低化成本結構的企業，不能稱之為行業龍頭企業。

　　王永慶在台灣經濟高速成長背景下，對成本變動規律的超前意識和準確把握是台塑集團成本管理系統獲得成功的關鍵。如前所述，對生產成本管理（也就是產品成本），台塑集團已於兩、三年前就劃分了責任中心並制定了標準成本，並且為徹底領會標準成本制度的基本精神，王永慶不僅讓總管理處的幕僚整理有關資料，購置大批圖書，同時還邀請多名專家撰寫大量文章，其中部分陸續發表於企業的內部刊物《台塑關係企業通訊》上。而他自己，則是不斷利用各種場合，尤其是午餐匯報會，不厭其煩地向全體幹部員工闡述他對成本問題的所思所想。顯然，他的目的是要通過建立正式組織和制度，使各事業部的經理人擔負起各自的成本控制責任。

　　回想起 1968 年前後的那段歲月，台塑和南亞兩公司才剛剛開始推行事業部制度和目標管理制度，並依照目標的執行方案編製預算。應該說，這些措施的推行使得台塑集團初步擁有一個「簡化版」的、卻是逐步趨向正式化的成本控制系統。目標管理制度和標準成本制度推行後，台塑集團的管理系統由此取得一個明顯變化：可把實際成本與預算執行情況進行比較，從而使得王永慶可對管理系統的運行效率有一個大致準確的判斷。

　　例如，在推行目標管理的過程中，如何編製預算並發揮預算的管理功能就是個大問題。王永慶認為，雖然預算制度具有控制功能，卻不像他預期的那樣強，因為預算提供的只是「企業的資源投入資訊」。在當時，預算編製的基礎是目標及其執行方案，如果不能首先確定如何達成目標的標準，常會導致管理過程出現

扭曲和困難：一是目標的合理性決定了預算的合理性，因為各基層單位經常為了獲得充足的預算而在目標制定過程中做手腳；二是預算的硬約束性經常影響到目標的執行過程，因為基層單位常把預算不足當作目標無法達成的藉口。所以，要想把預算的硬約束改為軟約束，或者說把靜態預算改為彈性預算，台塑集團還必須從建立單位標準成本開始：徹底搞清楚預算中每一項目的單位產出所要求投入的單位目標變動成本究竟是多少。

確定生產體系的單位標準成本涉及兩個關鍵變數：一個是用量標準，另一個是價格標準。在其他條件不變的前提下，單位標準成本就等於標準用量和標準價格的乘積。比如某單位接到一張 1 百噸的 PVC 粉訂單，如果採取懸浮聚合的方法生產，投入的原、副料主要包括氯乙烯（VCM）、水、分散劑和觸媒。在開始正式生產之前，管理人員就可根據用量標準和價格標準，逐項計算出每一項原、副料的標準成本。此一標準成本不僅可再用來計算每一項原物料隨產量變化之後的成本，也可計算出生產 1 百噸 PVC 粉的總成本。

採用這樣一種標準成本系統的好處顯而易見：有利於提高企業的計畫和控制水準、簡化產品成本的計算過程，以及改善業績的測定過程。從管理會計的高度看，王永慶考慮成本問題的角度是由「成本的規劃與控制」切入的；換句話說，他不像部分歐美日企業從一般性的成本歸集和計算切入。他認為，歐美日企業的管理基礎比較扎實，管理規劃與控制制度相當健全，當然可以從實務性工作著手成本改善工作。但是台塑集團卻不能這麼做，更不能亦步亦趨，而必須經由規劃與控制切入：首先注重建立管理制度、流程和操作規範；其次是向業務層面逐步推進，目的在於追求產品標準化、製程標準化和流程標準化。此一做法不僅使他一下子站上整個成本管理的制高點，同時使幕僚的規劃與控制工作為他的後續各項經營決策奠定基礎。

在推行標準成本制度的過程中，財務會計部門開始按可追溯性把生產成本劃分為直接成本和間接成本兩大類。此一劃分使產品成本對象化，亦即主要把產品

作為成本計量和分配的對象。王永慶要求幕僚按照標準成本法的基本要求，編製各產品的單位成本明細表和單位成本比較表，並把這兩項報表當作成本控制流程的關鍵性指標。他說，從「直接追溯」到「要因（動因）追溯」的轉變，實際上是成本管理領域的一場重要變革。直接追溯追求的是「分攤在產品上的直接成本資訊」，要因追溯追求的卻是「產品成本資訊的相關性和準確性」：首先是成本的發生和誰有關係，其次是各項成本變化的真實情況是什麼。

從當時的成本會計理論的發展情況看，直接成本與間接成本各有兩種涵義：從成本與生產技術的關係來講，它們是指直接生產成本與間接生產成本；就費用計入產品成本的方式而言，它們是指直接計入成本與間接計入成本。直接計入成本與間接計入成本是生產費用按計入產品成本方式所進行的一種分類方法。直接計入成本是指生產費用發生時，能直接計入某一成本計算對象的費用，某項費用是否屬於直接計入成本，應取決於該項費用能否確認與某一成本計算對象具有直接相關性，以及是否便於直接計入該成本計算對象。企業在生產經營過程中消耗的原物料、水電費、外購半成品、生產工人計件工資等，通常都屬於直接成本。間接計入成本則是指生產費用發生時，不能或不便於直接計入某一成本計算對象，而需先按發生地點或用途加以歸集，待月終或期終時再選擇一定的分配方法進行分配後才計入有關成本計算對象。

各製造課管理人員的工資、廠房、建築物和機器設備的折舊、租賃費、修理費、機物料消耗、備品配件、辦公費等通常屬於間接計入成本，停工損失一般也屬於間接計入成本。王永慶強調，將成本分為直接計入成本和間接計入成本，並選擇合理的分配標準對間接計入成本進行分配這一點，對幕僚正確計算產品成本具有重要的指導性意義。凡是能夠直接計入產品成本的費用，都應盡量直接計入產品成本。間接計入成本的分配標準應與被分配費用的發生具有密切關係，如果分配標準設立不當，顯然會影響到間接計入成本分配的合理性，以及產品成本計算的正確性。

　　以上是幕僚人員對西方企業普遍使用的關於直接生產成本與間接生產成本計入方式的有關思考和做法。如果再從成本與生產技術之間關係的角度觀察其會計分類，在上述兩類成本中，直接生產成本與產品生產技術之間的連結最緊密，最直接，如原料、主要材料、外購半成品、生產工人工資、機器設備折舊等。相形之下，間接生產成本卻與產品生產技術之間沒有完全的直接連結，如機物料消耗、輔助工人和廠房管理人員工資、廠房折舊等等。在此，幕僚堅持將成本區分為直接生產成本與間接生產成本，這樣做比較便於採取不同的方法降低產品成本，亦即截然區分改善兩類成本的方法，而不應一概而論。

　　針對直接生產成本，幕僚的建議方案是，生產單位一般應通過作業整理以改進生產技術、降低消耗定額等方面著手降低產品成本；針對間接生產成本，則一般應從如何加強費用的預算管理、降低各生產單位的費用總額等方面著手。直接生產成本不一定都是直接計入成本，例如生產「聯產品」的製造課，所有成本都是間接計入成本。但間接生產成本不一定都是間接計入成本，例如：只生產一種產品的製造課，所有成本都是直接計入成本。

　　實際上，王永慶強調的重點是成本流轉中包含固定製造費用在內的非生產成本的改善及其管理問題。1970 年之後，他打定主意要針對非生產成本進一步推行作業分析與整理，以便把改善的範圍覆蓋到全部成本項目。他如此思考的原因主要有以下幾點：首先是確定與非生產成本有關的基本作業內容，即根據作業內容確定標準成本制度和作業整理法的適用範圍。如前所述，如此劃分的難點在於如何分解製造費用。其次是隨成本流轉環境發生變化，可直接歸屬的成本項目在總成本中所占的比重開始逐步降低，而間接成本的比重則在上升，或者說原有的部分直接成本的可歸屬性在發生改變——一些在傳統流轉環境下具有間接屬性的成本項目，如原物料的處理費用、設備折舊、維護與修理費等，開始具有直接屬性，即可直接歸集並分攤至產品。

技術進步與成本管理：
產品獲利能力改變的根本原因分析

　　早在 1960 年代中，特別是在台塑集團各公司陸續採用標準成本制度之初，產品成本的計算結果比較準確，原因是直接人工在製造費用中所占比例較高，達到 30% 左右。這意味著直接人工與製造費用之間的連動關係比較密切：機器開動的時數與直接人工時數非常接近，兩者在統計意義上具有很高的關聯性。當時生產的幾種石化原料，比如 PVC 粉生產，不論總量、批次或製程的複雜程度均相差無幾。在這種情況下，使用直接人工作為製造費用的分配基礎所計算出的產品成本，自然比較接近實際情況。

　　從產業發展的角度看，1960 年代的台塑集團顯然處於勞動密集形態，產品種類較少，且僅需有限種類的資源就可開展生產活動，因此使用直接人工工時數或機器工時數作為分配基準比較有效，將製造費用歸集於不同產品也幾乎沒什麼區別。如圖 9-8 所示，那一時期，與產量連動較為密切的變動成本是影響產品獲

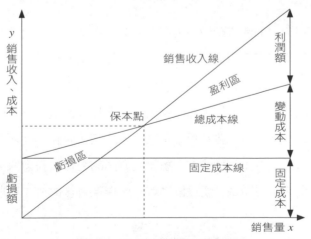

圖 9-8 1960 年代的成本變化

利能力的主要原因；換句話說，各事業部只要認真貫徹標準成本法的基本精神，就可對這部分成本（指直接材料、直接人工和變動製造費用）實施有效管控，從而確保該產品的獲利能力。

但這種情況大致僅持續五、六年時間就發生了明顯改變，並且這一改變令專案改善小組的幕僚困惑不已。經深入調查和分析，幕僚逐漸弄清楚導致產品獲利能力改變的根本原因。這是一場成本管理領域內的巨大思想變革，王永慶回憶，因為各製造課愈來愈注重設備更新、製程改善或技術革新，幾種主要產品，尤其是 PVC 粉的成本結構開始發生明顯變化，主要表現為變動成本對產量上升不再像以往那麼敏感，倒是固定製造費用等非生產成本在企業成本中所占的比重愈來愈大。

從幕僚進一步提供的分析報告、圖表和結論看，固定製造費用及其他相關費用，如管銷財研費用的上升，與王永慶在過去十多年做出的資本支出決策密切相關。這些資料表明，王永慶在整個 1970 年代就注重採購歐美日企業的先進設備和製造技術，用以提高產品品質和數量。他認為，石化原料的生產過程應格外注重固定資產投資，各事業部應熟練掌握標準化和連續性生產方式，努力實現大量生產和大量銷售。

此一決策導致企業的成本結構出現四方面的明顯變化：一是新設備和新技術的取得成本占各事業部總投資額的一半以上，二是引進新設備和新技術提高了各製造課的生產自動化水準，三是這些新設備和新技術增加了各工廠加強控制銷管財研等費用的實施成本，四是使用這些新設備和新技術改進了各製造課的產品品質和技術水準。這一系列變化雖為企業帶來巨大的間接收益，如產品信譽等等，另一方面企業也為此支付了巨額成本。鑑於這方面的直接收益愈來愈大，王永慶不得不要求幕僚重新審視隱藏於新設備與新技術作業背後的成本與收益之間的因果關係。

各製造課愈來愈注重設備更新、製程改善或技術革新，意味著生產自動化的

水準在提高;而自動化水準提高則必然意味著製造費用及其他相關費用在上升。由於自動化設備降低了對普通機器操作工的需求,代之以能對新設備進行看護和維護的技術工人(例如當時從各大專院校引進大批畢業生充實一線工程師隊伍,這批人的人工成本就和直接人工工時數或機器工時數之間沒有連動關係),且每名技術工人所能看護和維護的機器部數也較以往增加,使得單部設備的產出大幅提升,導致某些直接人工成本項目與產量之間的連動關係不再像以前那麼敏感,並使直接人工的性質變得愈來愈像是固定成本。直接人工如此,直接材料和變動製造費用也出現類似變化,三者在企業總成本中的比重都較過去在相應降低。

　　生產自動化意味著台塑集團所處的產業形態發生根本性變化:從勞動密集型向資本密集型和技術密集型轉型升級。如圖9-9所示,隨上述生產條件的改變,總成本中變動成本所占比例下降或上升速度減緩,而非生產成本所占比例上升或上升速度加快,從而推高了產品的盈虧平衡點。比如在那一時期,各事業部不斷設定更高的產量目標、推出新產品和服務項目、增加產品多樣性,加上批量數和製造複雜程度不斷提升,故要求公司不斷增加對管理資源的投入,進而導致管理

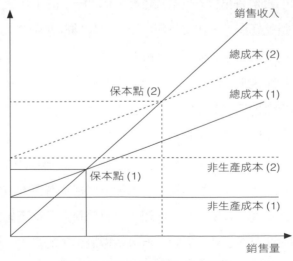

圖 9-9 1970 年代的成本變化

費用迅速攀升。在這種情況下，非生產成本上升就成了影響產品獲利能力的主要原因。此外，如果繼續使用基於人工工時或機器小時的分配基準，肯定也會導致單位產品成本報告中的數據扭曲，並進而導致決策失誤。

本書在此贅述王永慶關於成本問題再思考的原因是想清楚地表明，他的確精準把握了企業成本變動規律的脈動。台塑集團在1970年代廣泛開展的成本分析與改善活動，也從另一個角度證明王永慶的這一歷史功績：為了應對非生產成本上升，他下令放棄單純注重標準成本法這一做法，代之以標準成本法與作業整理法並重來控制企業的成本結構。以今天的眼光看，台塑集團在1960年代中引進電腦化作業，很大程度上保證了作業整理法這一複雜成本系統投入實際運行的可行性。該方法不僅可協助幕僚開展多樣化生產管理和持續性成本分析與改善，同時可協助各事業部能利用更多成本庫及獨特的作業計量基礎來選擇和確定分配基準，從而確保企業成本的真實性和及時性。

從成立新東公司到管理大變革結束，王永慶堅持推行作業整理法已有十年多，其中的多半精力都花在各單位的作業整理上。作業整理帶來的好處是多方面的，其中最重要的是使各單位——尤其是幕僚部門——的工作更加規範化和程序化。王永慶說，這就好辦了，作業整理法為進一步控制非生產成本奠定一定的基礎。比如銷售部門，其工作流程可以分解為幾種甚至幾十種作業項目，如果每一種作業都能依照操作規範完成，本身就說明企業的銷售管理系統的效率提高了。

過去經常有主管抱怨很難控制所有銷售人員的作業過程，他們幾乎天天在外面跑客戶，有的人能以較低費用超額完成銷售目標，有的則不僅沒有完成工作任務，反而花了一大筆錢。這些現象恰恰說明了制定作業標準的重要性——銷售主管雖然無法精確控制銷售人員的作業過程，卻可以從他花費的成本或者說消耗的企業資源方面找到某些具有規律性的東西：只要銷售人員從事銷售活動，就一定會產生費用；即便沒有從事銷售活動，但只要還是企業的員工，他也會產生相關費用。如果企業能夠合理有效地管控其所消耗的資源，也就能夠合理有效地管控

其作業活動及過程。

　　例如幕僚只要把他過去幾年的費用簡單平均一下，就可視之為一種評量標準，並迅速看出他今年的費用是高是低，或者說從某個費用單項忽高忽低也可看出可能發生的問題之所在；另外，如果把他的消耗水準進一步和其他從事類似作業的同事比較，更可以看出他的實際費用是不是合理。過去這些工作做起來很麻煩，現在卻可以把繁雜的記錄和統計工作都交給電腦。總之一句話，非生產成本也可以參照標準成本制度的要求和精神來實施有效管控。

成本會計系統損益計算實例

　　至 1970 年前後，台塑、南亞和台化三公司已陸續推行事業部制度，並將各工廠劃分為一個或多個利潤中心。比如台化於 1967 年 11 月開工生產，到 1970 年上半年就整合完成了紡織和染整等全部生產環節。1970 年下半年，王永慶下令將台化劃分為 4 個事業部、24 個利潤中心，平均每個事業部擁有 6 個利潤中心。王永慶評價說，台化要想進一步實施分層負責的策略思考，自身就必須更趨向於推動完全意義上的事業部制度。

　　如圖 9-10 所示，台化公司首先從確立利潤中心的界限開始，除規定了七個推動步驟外，還要求建立銷管財費用分攤基準和績效評核標準。在七個推動步驟中，所謂「確立標準成本」，是指針對生產成本項目制定標準成本；所謂「內部會計處理」，是指標準成本與實際成本的差異對比、差異顯示和後端的成本分配等帳務處理作業。另就「銷管財費用之分攤」來看，台化在這一時期已建立了一套內部轉撥計價制度，用以規範各事業部、各工廠及各利潤中心之間的日常交往與交易行為。

　　尤其是內部轉撥計價制度建設，更凸顯出財務會計人員的中立地位和超然作用。王永慶評價道：「企業各部門間撥供產品之作價簡稱為內部計價亦稱轉撥價

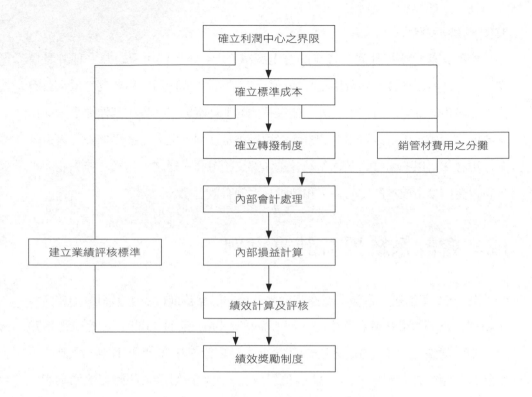

圖 9-10 台化中心利潤中心制度運行示意圖：1970

格，其意為企業內之一部門為供給另外一個部門，用以加工製造、包裝或出售之
產品而予以計價，目的在於衡量每個部門對全企業之貢獻度。因此轉撥價格之高
低直接影響到有關部門利潤之大小，而常導致部門間對轉撥計價之爭議，此時會
計人員就需以超然之立場，確立一計價基礎。」

　　表 9-4 羅列了台化公司各工廠之間，也可以說是各利潤中心之間轉撥計價的
基本方法、定義及其注意事項。在這種情況下，各工廠（或利潤中心）之間的轉
撥計價方法共計三種，並由各工廠靈活選擇，亦即既可以選擇單一方法，也可以
選擇複合方法。從使用的實際效果看，各事業部或各工廠由此可尋求到各自公平
合理的計價或分攤標準，一方面可使各工廠不致因為轉撥問題而影響到機台設備

表 9-4 台化公司內部轉撥計價方法及注意事項：1970

轉撥計價方法及定義		轉撥定價注意事項
成本法	即對於內部相互間產品或勞務之轉撥，以實際成本計價。	1. 部門間計價原則應力求公平正確，因如所定價格錯誤時，某一部門收益勢將虛增而另一部門之收益也將因之減少，結果就無法真實表現各部門績效而導致錯誤決策，危害公司全體利益。 2. 正常轉撥價格應能使供應部門對某所需投資賺取適當收益，同時此價格應與其對外界顧客供應時所獲利潤程度接近。 3. 所設定之價格應每六個月或一年檢討一次或於市場價格急劇變動時提出檢討。 4. 轉入部門對所定價格無法接受時，應向總經理提出充分理由呈請裁決。
售價法	即以中間產品直接對外出售之售價扣除運費、稅捐、呆帳、利息及包裝等費用，並考慮直接銷售所承擔之風險而擬定合理價格。	
協議法	即由轉入部門及轉出部門雙方主管洽定標準單價，如果雙方意見有出入，則應再由高級主管做最後之決定。	

的有效運行，另一方面也可使各利潤中心的利潤計算臻於真實合理。

但表 9-4 中所列計價方法，僅系廠際間產品或勞務轉撥計價，至於生產部門與銷售部門之間的轉撥計價，則按照廠價進行設定，目的在於衡量兩個部門各自的收益情況。實務表明，經此劃分之後，企業更容易分清生產部門和銷售部門的「功過是非」。通常情況下，廠價的設定按照標準成本＋合理利潤完成，至於理利潤的額度如何設定，則由兩個部門依據各自承擔的財務費用及管理費用協商確定（即生產部門須負擔原物料、在製品、固定資產利息及管理費，售部門僅負擔成品應收款及委外加工品所占用資金的利息及管理費）。

另據表 9-4 所列要求，並為充分發揮財務會計部門的管控作用，台化公司總經理室幕僚還繪製出成本與損益計算的流程圖（如圖 9-11 所示），並依據該流程，且針對生產成本及非生產成本分別展開計算和分配（或分攤）作業。當時採用的主要計算和分配步驟如下：

一、製造成本攤配及銷貨成本計算
　　（一）原料成本計算

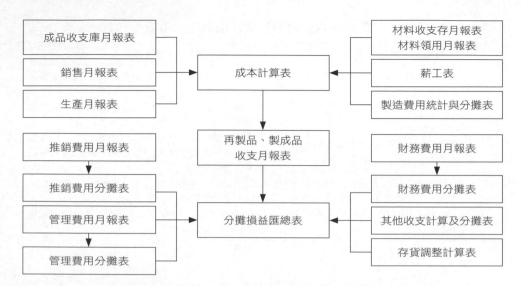

圖 9-11 台化公司成本計算及損益計算流程：1970

1. 資料來源

（1）領用材料明細表

（2）生產月報表

2. 資料審核

（1）核對領入材料單價；上月與本月比較是否合理。

3. 計算

（1）將上月結存數量全額填列於備用材料月結表，以便計算本月耗用金額及本月結存。

（2）本月耗用單價＝（上月結存金額＋本月領入金額）／（上月結存數量＋本月領入數量）

（3）本月耗用金額＝本月耗用單價 × 本月耗用數量

（4）攤算各規格別耗用原料數量及成本

A. 依生產日報表將本月份各規格別折合前及折合後產量填

入成本計算表。

B. 規格別耗用原料數量＝原料總耗用量×（規格別折合前
產量／規格別折合前總產量）

（二）人工成本計算

人工成本依部門別區分為直接人工（製造課人工）、間接人工
（含廠務、保養、電機）。間接人工及包裝組人工另於製造費用中
說明，此處所指人工系指製造課之直接人工。

1. 資料來源

（1）電腦薪資匯總表

（2）電腦人工分析表

2. 資料審核

（1）薪資包括本薪、加班費、效率獎金、其他津貼等。

（2）薪工包括薪資、年終獎金、退休金、勞保費等。

（3）轉列直接人工及間接人工之薪工貸方總數應與薪工借方總
數相等。

3. 直接人工成本分攤

（1）由於各規格別產品之重合反應時間不同，因此固定費用採
按折合後產量分攤成本。

（2）規格別直接人工＝直接人工總額×（規格別折合產量／規
格別折合總產量）

（三）製造費用分配

製造費用依是否隨產量增減而增減區分為變動費用及固定製造費
用，凡隨產量增減而變動者為變動費用，不隨產量增減而變動者
為固定費用，變動費用按折合前產量比例分攤，固定費用按折合
後產量比例分攤。

1. 資料來源

（1）材料領用單及領用材料明細表及傳票

（2）各項費用請款憑證及傳票

（3）折舊攤提及預付費用攤銷傳票

（4）他廠轉撥費用傳票

（5）人工分析表

（6）材料耗用月報表及水電耗用明細表

（7）生產月報表

2. 製造費用總匯

（1）備用物料轉入

    A. 將各項費用物料，依實際領入數量及耗用數量填入備用材料月結表，並與上月結存加權平均，算出本月耗用單價及耗用金額（計算方法與原料成本），將本月耗用數量及金額轉入製造費用。

    B. 會計分錄

      借：（製）主要輔料

        （製）消耗品

      貸：備用物料

    C. 部門別及科目別填入製造費用單。

（2）工務部撥入費用

    A. 項目：電力費、淨水費、蒸汽費、原水費、廢水處理費、消防泵費、空壓機費。

    B. 分攤：將各項費用按水費耗用明細表之各部門耗用數量以水電分攤表攤入各部門。

（3）其他費用：根據製造費用有關傳票，將製造費用按科目及

部門別填入製造費用單，再依製造費用單匯總各部門總數
填入製造費用分配表本部門費用欄目。

（4）依製造費用分配表，按固定分攤率將服務部門費用分攤予
生產部門。

3. 製造費用分配

（1）變動費用

A. 主要輔料：按各材料別折合前產量分攤或依生產單位提
供之材料耗用比例分攤。

B. 電力費：依生產單位提供之各規格別產品耗用電力資料
分攤。

C. 蒸汽費：同上。

D. 淨水費：依折合前產量比例分攤。

（2）固定費用：按折合後產量比例分攤。

（四）製造成本計算

依成本計算表按規格別加總直接原料、直接人工及製造費用得出
各規格別製造成本，並以之除以各規格別折合前產量，得出各規
格別單位製造成本。

計算公式：加工成本（工廠）＝直接人工＋製造費用

製造成本＝直接原料＋直接人工＋製造費用

單位製造成本＝製造成本／產量

單位用量＝投入原料量／生產量

（五）銷貨成本計算

製成品成本＝上期結存在製品成本＋本期製造成本－本期在製品
結存成本

銷貨成本＝上期結存製成品成本＋本期製成品成本－本期製成品

結存成本

二、推銷費用、管理費用、服務費用分攤及計算

（一）推銷費用應先區分為變動與固定兩大類

    1. 變動推銷費用：分內外銷及產品別計算歸列，無法歸屬者，按收入或數量分攤之。

    2. 固定推銷費用：除部分薪資可直接歸屬外，其餘按銷售額比率分攤之。

（二）管理費用：除負擔事業部本身管理費用外，尚須分攤公司服務部門及總管理處之管理費用，分攤之管理費用非為利潤中心所能控制，故以年度計畫之預算固定額分配之，其實際數與預算數之差額由公司負擔，一般視管理費用為固定費用。

（三）財務費用：計分 ABC 三項，A 項為原料、物料及在製品，B 項為成品、應收款項、委外加工成品，C 項為固定資產。

    A 項：1. 原料，依各利潤中心原料帳上結存金額扣除應付期票（免息部分）後之淨額，按一般銀行放款利率計算利息。

          2. 物料，依物料帳上結存數，扣除專用器材或專用物料按各利益中心半年來領用物料量比例攤列應負擔庫存後，再依銀行放款利率計算物料利息。計算物料時，對專用性質且劃分容易者應分開計算之。

          3. 在製品，以各利潤中心之在製品及委外加工料帳之結餘數，扣除委外加工保管原料後之淨額計算利息。對內部委託加工之在製品原料亦應扣除轉列委託單位負擔。

    B 項：1. 成品，根據成品帳結餘數計算利息。

          2. 應收款項，包括應收帳款及應收票據，外銷部分視實際情況計息。

3. 委外加工成品，依各利潤中心帳上之結餘數計算利息。

C 項：1. 依各利潤中心之資產淨額扣除分期付款及資本分攤數額後計算。

2. 自有資本分配方式按各利潤中心所占固定資產比例分配之。

財務費用計算公式＝（A 項＋ B 項＋ C 項）－設定資本額－當年度截止上月份之利益（或＋當年度截止上月份之虧損）

專案改善小組分析與改善功能再強化

非生產成本問題，如人事部門、採購部門、財務部門等幕僚單位的費用究竟該如何控制，當時除了在各部門宣導費用節約和強制性規範約束，幾乎沒有人知道還有什麼其他更好的辦法。甚至有人誤以為，人事、財務、採購、營業等部門的費用根本就無法「控制」，如果企業硬要控制，大家就不用做事，隨便你「控制」好了。

當然人事部門還好說，因為人數少，且主要以事務性管理工作為主，故可以等條件成熟以後再說；相形之下，採購部門的情況可就複雜多了，它不僅僅是人數多，關鍵是業務繁雜。該部門與供應商、用料部門、物流運輸等多個單位間皆時刻保持密切聯繫，過去是由各公司、各事業部自行採購，後來這些權力集中到總管理處，且採購的金額愈來愈大，件數愈來愈多，動輒高達幾百件，上千件，幾十億、上百億元。採購集中之後的綜效雖然十分龐大，風險也隨之產生，尤其是在管理基礎和條件都不甚健全的情況下更是如此[7]。任何一個環節出現問題都會造成損失和浪費，而且時間久了，這些損失和浪費累積起來可能就是個天文數字。

7　本書將在後續章節中詳加討論採購部門及其基本職能。

　　另隨各公司不斷引進新技術、新設備並加強製程改善，只要產能不擴張或產量不增加，生產成本中的直接原料、直接人工和變動製造費用似乎有趨於穩定的跡象，或者說上升速度不再像以前那麼快，倒是管銷財研和固定成本部分增加了不少。這到底是為什麼？生產成本的問題還沒有完全解決，非生產成本問題又冒了出來，而且由非生產成本導致的問題可能更為嚴重。

　　這種將外部知識、內部實踐和自身感悟融為一體，通過組織的力量又內化為企業管理機制的一部分，並使之在實際工作中開花結果的管理思考，正是王永慶所強調的「管理合理化」的基本運行原理。他的目的是要借此夯實企業的管理基礎，使台塑集團在每一點、每一項和每一個角落都具備邁向管理精細化的條件。此一時期的經驗證明，王永慶準確把握了製造業企業成本管理的基本規律。尤其是從那一時期的演講內容看，他對成本問題的判斷以及對成本習性的評估，是了解他在此一時期之所以全力推行成本管理制度變革的關鍵。

　　經過對前一段工作經驗的總結，王永慶認為專案改善小組的研究成果已經提供了一個相對真實的成本資訊，並至少可以說明他和他的經營團隊能在大範圍內準確區分出哪些資源可以提前投入，哪些可以即時投入。這一點很重要，因為確定眾多資源在時間序列條件下的性質，可以給他和他的經營團隊做出擴大生產還是壓縮生產的決策提供指引。

　　所謂「提前投入」和「即時投入」，按照現代管理會計學的定義，實際上是指企業資源的約束性與非約束性。其中，約束性資源是指投入像廠房一類的固定成本，不論這些廠房未來能否充分利用，企業都必須確實投入；非約束性資源是指投入像原料和動力一類的變動成本，企業完全可以在需要的時候通過協定在市場上即時購買。

　　了解王永慶如何看待資源的性質非常重要，因為這是他成本管理思想的理論出發點。儘管表面看他的觀點多少顯得有些樸素和簡潔，但正是從這一觀點出發，他帶領他的專案改善小組先是一步一步地深入分析成本性態及其可追溯性，

然後迅速建立起分別歸集、計算、控制和改善與兩類資源相關聯的兩種不同形態的成本項目。

資源不論是提前投入還是即時投入，對製造業企業而言，重要性皆在於如何充分利用，既不能供給過剩，更不能供給不足，亦即如何在過剩與不足之間保持平衡。面對此一問題，王永慶選擇的辦法是改變成本控制的時間點。在過去，他判斷過剩與不足的依據是實際成本，亦即事後成本，但這顯然不利於管理層制定生產決策。他現在要做的是在事後分析的基礎上，把成本控制的時間點盡可能向事中和事前推移。

他說，某項產品的成本高不高，雖然他憑藉經驗基本可一眼辨認出來，但這並不能解決根本性問題，因為凡是你能看到的，都是已經發生的，況且之所以能夠發生，必定還有它發生的「藉口」和「理由」，不管是合理的還是不合理的。如果全部等到發生之後再處理，企業為此付出的代價可能比事前就做好大得多，效果還不見得一定好。

王永慶對提前投入成本與即時投入成本及兩者之間關係的分析，實際上為台塑集團後續的成本控制和改善指明了方向。他認為，沿著這條道路向前邁進，台塑集團的管理系統必將發生根本性變化。這正是他對企業成本管理的貢獻：專案改善小組的幕僚很快便沿著他所指的方向，系統性地設計並發展出針對兩種不同成本的控制和改善方法。

首先是針對即時投入類變動成本，幕僚的基本做法是，在一些成本項目上，比如原、副料和零部件等等，要盡可能地在安全時間內及時採購並供應給各生產單位。台塑集團各公司、各事業部或各工廠均是上下游關係，工序一道接一道，管理部門務必確保上一道工序的供給（產出）恰好等於下一道工序的需求（投入），既不能多也不能少。如果上一道工序的供給比下一道的需求大，也就是說，下一道工序的需求消化不了上一道的供給，這意味著什麼？這或者意味著上一道工序的生產能力過剩，不得不暫時「保管」一部分供給；或者意味著相較於

上一道工序，下一道的生產能力明顯不足。如果說生產能力過剩是一種資源浪費，那麼生產能力不足就是一種機會損失。

台塑集團自從推行事業部制度之後，成本中心已經劃分至各生產課，有些公司甚至還劃分某些重要設備上。各成本中心逐年制定成本改善目標，並把目標分解到人。這意味著成本控制的責任在逐步下移，台塑集團全面建立責任經營制的時代已然來臨。換句話說，王永慶現在可以自上而下將某個成本項目的責任直接追溯到發生者本人，並依據其改善績效直接評核與獎勵。特別是對成本中心主管，他所代表的成本中心不僅是成本歸集、計算的最小責任單位，也是成本分析與改善的最低責任主體。

按照王永慶的要求，專案改善小組基本上可以釐清各成本中心的可控成本範圍和數量，讓其主管確實負起成本責任，通過定期比對實際成本與標準成本，即可對其業績進行有效的財務測評。反過來說，各成本中心也因為責任能精確劃分，績效能精確度量並因此得到收入，自然願意擔負起各自的成本責任。既然成本目標能夠自上而下層層分解，成本業績也可由下而上逐級遞增。作為一種基本道理，各成本中心業績相加必然等於全企業業績，如果各成本中心的業績都提升了，全企業的業績也必然得到提升。

不論是提前投入成本還是即時投入成本，王永慶希望最終得到的只有一樣東西：成本要因。所謂「要因」是指「動因」，亦即隱藏在兩類成本背後的主要驅動因素。在西方管理會計學中，動因是在討論成本問題時涉及到的一個關鍵概念，但王永慶並沒有直接照搬，而是用「要因」二字取代，並且一直使用至今。在我的直接訪談中，台塑人更常說的也是如何探尋成本發生的要因而不是動因。他們認為，要因是指導致成本變動的主要原因，雖然和動因意思差不多，卻多少表明台塑集團對本企業的成本問題有著不同於日美企業的觀點和看法。

王永慶認為，日美企業的成本結構經過多年改進已實現了「最低化」，他們已經建立了完善的管理制度，如果產量不變，生產成本就沒有多大變化；只有在

產量明顯增加的情況下，生產成本才會顯著增加。此時管理階層的工作重點必定會轉移到追溯顯著增加的另一部分成本（指非生產成本）上，而且使用已有工具能夠發現一個解決一個，一切照規矩做；相形之下，台塑集團的成本結構還遠沒有實現最低化，且不說產量增加後成本結構會是什麼樣子，即便是產量不增加，各種成本問題也是遍地叢生。所以，我們的工作重點首先是建立並完善成本管理制度、流程和改善工具，因為目前僅僅依靠人力是無法從根本上解決成本問題的。所以從這個角度講，要因不僅是指導致成本變動的主要原因，而且是指「對我們來說是重要的那部分原因」。

　　專案改善小組的幕僚此刻感覺到，他們的老闆已經把台塑集團的成本管理推向一個更深的層次：王永慶需要的不僅是與產量有關的成本動因[8]，非產量動因也成了他此刻思考的重點。應該說，對成本動因鍥而不捨的探究，尤其是把探究重點從產量動因轉向非產量動因，是台塑集團實現成本管理精細化的一個顯著標誌。王永慶在那段時期經常舉採購部門的例子：生產過程和原材料採購有關，但和採購成本無關。採購部門派出哪個採購人員負責採購過程、採用哪種採購方式、原料的運輸過程如何完成、從倉庫又是如何調運到生產單位的，等等，這些作業步驟和過程因為具有同一個目的，因而可視為一個工作流程。

　　從流程的頂端出發，就像分解流水線式生產線的各道工序一樣，如果能夠一項作業接一項作業持續分析下去，由此得到的成本或費用資訊就可能更為準確。既然產量和採購成本無關，就不能按產量動因去追溯，而應該把精力集中到每一項採購作業上。現在看來，只有通過細緻而系統的作業分析，幕僚人員才能完成採購成本動因的追溯過程，或者說才談得上完成所謂的「追溯動作」。更進一步地，唯有通過採購作業分析與改善，台塑集團的採購成本管理才可能在整體上達到由點及線、由線及面的高級境界。

8　為敘述方便，本書仍堅持使用動因這一概念。

如前所述，台塑集團建立正式成本管理體系的契機是從新東公司時期的品質管制作業活動開始的。在當時，王永慶發現提高產品品質有兩條道路可走：一是注重技術改善，二是實施作業整理，其中最重要的是作業整理，因為技術改善本身也是一項作業。王永慶耐心地解釋，企業作業其實就是人工作業與機器作業的集合。其中，機器是死的，人是活的，所謂成本分析和控制主要是指如何管理人的行為，因為所有成本都是「由人的作業活動引致的」。所以，作業整理的目的就是要通過作業改善達到人機之間的完美結合。

那什麼樣的人機結合才是完美的？圍繞此一問題，王永慶和專案改善小組的幕僚又展開新一輪的討論和研究。王永慶說，目前台塑集團大多數工廠的生產流程都是連續的，產品是同質的，工人的作業順序基本也按照機器在流程中的位置排列。王永慶關心的重點不完全在成本是如何形成的，而是機器的運轉是不是正常，有沒有空轉或者疲勞運轉；工人的動作是不是符合標準，有沒有多餘動作或者動作不到位。

按照科學管理的基本精神，只有工人的每一項動作都是有效作業，這樣的管理才是最好的管理。王永慶的話無疑表明，他早期提出的作業整理的根本涵義，並不是指一味地降低成本，而是指如何杜絕人機作業浪費，並盡可能充分利用各項資源。專案改善小組全體幕僚在王永慶的指導下夜以繼日地工作著，在工廠的各個角落都可以看到他們忙碌的身影。

難能可貴的是，專案改善小組的工作不僅提升了各工廠的管理水準，也因為成本改善為企業帶來可觀的財務收益。在高度分權的直線生產體系中，各工廠皆以利潤中心方式運行，專案改善小組這種使各工廠直接受益的工作方式，逐漸得到生產一線幹部和員工的認可與讚揚，從而在根本上改變了直線幕僚體系與直線生產體系之間的對立情緒。反過來說，當專案改善小組擁有各工廠的密切配合與支持之後，他們的分析與改善工作就更顯如魚得水了。

第 *10* 章
單元成本分析法的
來龍去脈

把握產品成本結構的微妙變化

　　1970 年，台灣修訂〈獎勵投資條例〉，一方面減少對高度勞動密集型產業的優惠待遇，另一方面重點支援重化工業，鼓勵企業向資本密集、技術密集，以及出口和內需並重的方向發展 [1]。作為重化工業的組成部分，台灣的石化工業自然面臨一次轉型升級的重要契機。當時，儘管政策的支持重點落在以中油為核心的煉油及其輕油裂解計畫 [2] 上，但仍給居於中游的以台塑集團為代表的民營系列企業帶來發展機遇。以今天的眼光看，王永慶把握此次歷史機遇的基礎，正是之前已堅持長達近十年，且經由內部管理精細化建設所取得的一系列經營成果。

　　到 1973 年，台塑集團的營業規模已達 121 億元新台幣。過去幾年中，王永慶持續對企業的管理流程實施再造，使得為期十年的「管理大變革」幾近大功告成。相較於其他石化企業，包括公營的中油系列企業，台塑集團因為倍加重視管理基礎建設，故發展速度和品質均遠遠超過前者。如表 10-1 所示，再造之後的管理系統強有力地支撐著台塑、南亞和台化三公司在 1970 至 1973 年間的連續增資擴廠行為。甚至在此期間，台塑公司還率先遠赴波多黎各投資建廠，設計月產 6 千噸 PVC 粉。在台灣民營集團企業赴海外投資的眾多案例中，台塑公司的確算是先行者，而且投資規模最大。

　　更令業界驚訝的是，王永慶在此期間首次向政府提出自建輕油裂解廠的投資計畫。該計畫當時設計年產乙烯 30 萬噸，相當於中油部屬的第一輕油裂解廠和第二輕油裂解廠的總和。儘管該計畫很快被當局否決，但王永慶並沒有因此放棄，他為此又苦苦等待了 13 年，直至 1986 年政治解禁和解嚴後方才獲得批准。此一投資計畫在當時就已經是台灣民營集團企業有史以來最大的一樁投資案，它一方面表明了台塑集團三大子公司的擴張野心，另一方面也反映出其在經營管理領域中所累積的優秀品質和強大實力。

表 10-1 台塑集團三大公司的擴張情形：1970~1973

	1970	1971	1972	1973
台塑公司	高雄前鎮鹼廠增設整流器一座，使液鹼產能提高為 1 百噸 / 日。	高雄前鎮台麗朗場擴建 25 噸 / 日設備一套；通過技術革新使原生產系列產能提高為 30 噸 / 日；前鎮廠總產能由此擴充為 55 噸 / 日。	高雄仁武廠新建月產 2 千 4 百噸 PVC 專案投資；公司公務課擴大為公務部。	在波多黎各投資設立月產 6 千噸 PVC 廠一座；高雄仁武分別興建日產 525 噸液鹼和 24 萬噸 VCM 工廠各一座；仁武可塑劑產能提高至月產 2 千 5 百噸。 提出自建輕油裂解廠的投資計畫。
南亞公司		明志纖維廠第二套製棉設備及加工絲設備投產。	台化仁武塑膠廠正式生產；同年開始籌備林口塑膠廠。	聚酯棉設備擴充至 2 千噸；聚酯絲專案投產 (1 千 2 百噸)。
台化公司	新建人造絲、二硫化碳和清潔劑三座工廠；螺縈棉廠擴充至日產 67.5 噸；增加絲織機 60 部、棉織機 1 百部、毛織機 30 部；辦理盈餘增資 7,650 萬元。	紡紗三廠完成擴建，紡錠增加至 12 萬錠；盈餘增資 8,108 萬元；年底時完成紡四廠和棉織廠擴建任務。	盈餘增資 1.7 億元新台幣；木漿廠擴充產能至日產 150 噸；螺縈棉廠擴充至日產 1 百噸。	盈餘增資 2.6 億元新台幣；木漿廠擴充產能至日產 170 噸；螺縈棉產品由四系列擴充至六系列；宜蘭廠紗錠擴充至 29,736 錠；同年開始籌建日產 60 噸尼龍原絲廠和日產 30 噸尼龍加工絲廠。

　　如表 10-2 所示，至 2000 年，台塑集團在國內自行開發並建設的麥寮石化工業園區台灣第六輕油裂解廠（六輕），經過多年努力終於建成投產。其中，僅乙烯的年產量在投產當年就遠超中油，達到 135 萬噸。又七年之後，中油的乙烯產量幾乎沒有成長，而台塑集團則接近 3 百萬噸 / 年的水準。本書無意比較兩者的經營體制孰優孰劣，但從表 10-2 可看出一家民營集團企業的擴張能力，畢竟台塑集團與中油雖位處同一個島嶼，面對同一片市場，成長的結果卻大不相同。

　　再回到世界石油危機籠罩下的 1973 年：當時的台灣經濟仍延續著兩位數的

1　谷浦孝雄（2003），《台灣的工業化：國際加工基地的形成》，人間，頁 110。
2　王振寰（1995），〈國家機器與台灣石化業的發展〉，《台灣社會研究季刊》，第 18 期，頁 19。

表 10-2 台塑集團和中油乙烯和煉油產量比較：2000~2007

單位：萬噸；日／萬桶

項目	公司	2000	2001	2002	2003	2004	2007
乙烯產量	中油	101.5	111.5	111.5	111.5	111.5	108.0
	台塑	135	135	160	160	160	293.5
每日煉油	中油	－	－	－	－	－	72.0
	台塑	45	－	－	－	－	54

資料來源：中油的資料取自《臺灣石化工業年鑑：2008》。

成長速度，出口順差擴大，外匯上升，尤其是貨幣供給大幅增加，使得穩定十年之久的一般物價水準開始呈漲勢[3]。當年 2 月，新台幣兌美元猛然升值 5%，一時間給許多「外向型」企業的日常生產經營帶來巨大影響。到了 10 月，第四次中東戰爭爆發，國際石油價格從每桶 2.48 美元一路上漲至 11.65 美元。石油價格暴漲使歐美日等國或地區的市場需求突然萎縮，迫使全世界經濟進入一場因生產過剩而導致的經濟危機。次年，台灣經濟便出現戰後第一次零成長情形[4]。

王永慶清醒地認識到這場突如其來的危機將會給台塑集團的未來發展及其經營管理帶來什麼影響。在自建輕油裂解廠的投資計畫被當局拒絕之後，王永慶遂潛心於企業管理。他發現，這場危機重創了台灣經濟：石化原料的價格隨通貨膨脹一起快速上漲，國內人工工資低廉的優勢正悄然發生改變。更可怕的是，歐美日等國經濟一片蕭條，並在一定程度上遏制了台灣的出口加工業。為實地了解此次危機的嚴重程度，王永慶曾幾次遠赴海外考察，並利用各種機會發表演講。他表示，作為中游原料供應商，台塑集團絕不會也不能將價格上漲的成本轉嫁給下游加工業。他大聲呼籲台灣社會各界要恪守勤勞樸實的核心價值觀，全力依靠管理方面的精耕細耘度過這場經濟危機。

1973 年底，王永慶訪問日本，期間的所見所聞更進一步堅定他繼續推進企業管理改革的決心。有一天，王永慶到東京帝國大飯店赴宴，席間看到飯店裡的

侍者雖然一大群，卻並沒有在忙什麼事，只是三三兩兩地圍站在飯桌旁，於是他轉身問東道主：「最近貴國勞工是否過剩呢？」日本人並不知道王永慶的真實意圖，只是順嘴回答：「這話怎麼說呢？勞工是令我們工業界十分頭痛的一大問題！」王永慶進一步問道：「如果是這樣，為什麼這裡的侍者有一大群，又都沒有什麼事做，豈不是把勞工浪費了嗎？」日本人這才明白王永慶的意思，不無感慨地回答：「現在日本的風氣慢慢變壞了，豪華娛樂場所容易賺錢，所以大家都不願到工廠做工，養成了懶惰的不良習慣，這一狀況真是糟糕之極。」

更讓王永慶困惑的是，他回憶，那天日本人請他吃的是法國料理，價錢很貴卻不怎麼好吃。在飯局快結束時，侍者端上一盤水蜜桃，這種水果在日本非常有名，他本想伸手拿，不料侍者卻拿起水蜜桃，斯文地在原本薄嫩的皮上用刀子削去厚厚的一層，然後圍繞核心部分各切下一片，接著把剩餘部分全部丟棄。王永慶回台灣後逢人便氣憤地評論：「日本人的這種吃法實在是太浪費，雖然只是水果，但從中也多少可以看出日本人好逸惡勞和浪費成性的一面！」

儘管他一邊逢人便講日本的所見所聞，不久卻發現台灣也有類似的例子：有人吃西瓜要慢條斯理地把籽一粒粒剔出來，吃葡萄也要細細剝皮和剔籽，其實這又何必？統統吃下去是不會出毛病的，王永慶說，這樣吃東西豈不是太浪費時間？台灣要發展工業，台灣人首先要養成不浪費的習慣，節約時間，節省物料，刻苦耐勞，即便是一分錢的東西也要撿起來加以利用，這不是小氣，而是一種精神，一種警覺，一種良好的習慣。

王永慶說完此話後不久，一場更為深刻的管理變革便在台塑集團各單位陸續展開。此次變革不論形式、內容還是結果，均超出那個時代同類企業的普遍做法。僅僅五年時間，台塑集團旗下三大公司的營業額便分別突破百億元大關，把

3　孫震（2003），《台灣經濟自由化的歷程》，三民書局，頁88。
4　谷浦孝雄（2003），《台灣的工業化：國際加工基地的形成》，人間，頁110。

其他集團企業遠遠拋在腦後，此一格局甚至一直延續到今天仍無多大改變。1978年，當第二次石油危機來臨之際，王永慶不慌不忙地遠涉重洋，憑藉其累積的強大財務和管理實力，大肆收購美國工廠，並在幾年後就在美國成功投資了百萬噸級的乙烯專案。又兩年之後，台塑集團立足於自行開發的電腦系統及其管理水準更是日臻成熟，旗下各公司由此紛紛建立並實現了各自的ERP。

如果說第二次石油危機全面檢驗了台塑集團管理系統的可靠程度，第一次石油危機則為王永慶全面深化成本改善和成本管理奠定了基礎。1973年，石油危機在很大程度上壓縮了台塑集團的獲利空間。在向上游整合和向下游轉嫁成本皆不可能的情況下，王永慶唯有固守於內部管理，試圖透過更精細化的成本管理來賺取更多的經營利潤。當時除了使用標準成本制度控制生產成本，他第一次把注意力集中在非生產成本上。用他的話說，技術可以用錢買得到，管理卻是買不到的。台塑集團還必須繼續拓展成本分析和改善的範圍，並透過單元成本分析法徹底應對生產中的浪費和作業中的無效率。

王永慶再次把成本結構圖平鋪在專案改善小組成員的面前。他說，就非生產成本而言，情況可能就複雜多了，目前還沒有一套有效辦法來加以控制。使我倍感焦慮的是，我們又不能不做好這部分管理工作。現在有一種趨勢，不知大家是否已經注意到了：自新東公司解散後，台塑集團完全轉型至原料生產已有幾年時間，期間引進不少新設備和新技術。巨額的資本支出使製程效率大幅提升，此時如果不增資擴廠，員工人數也就不會猛然增加，甚至還會穩定在某個水準上；如果不漲工資，人工費用大致也會保持在一個相對穩定的區間。但令人奇怪的是，整個企業的總成本，尤其是管銷財研等費用（期間費用）卻一直在攀升，請問各位這是為什麼？

我想這不是壞事，王永慶進一步解釋，這意味著台塑集團的生產自動化程度在提高：我們已經購買更多的先進技術和設備。如今技術和設備先進了，自然產量就會大增，產量增大自然也要求銷售要跟上。另為開拓新市場，我們還要投入

更多的資金用於開發新產品和新技術。最近各單位配備的電腦數量已經飽和且已連續升級換代。說實話，電腦化很好，但投入也很大，比如我們要聘用更多的高級技工來操作電腦，自然管理費用也會上升。我要說的問題是，非生產成本將來肯定還要上升，這是現代製造業企業發展的基本趨勢，更是製造業企業要妥善解決的根本問題，但究竟該如何控制這部分成本？王永慶十分關切地詢問身邊的幕僚：我們所花的每一分錢到底是不是都合理？

成本管理的效益：點線面的巧妙結合

傳統意義上的標準成本制度主要強調標準成本制定、標準成本與實際成本比較，以及成本差異的揭示和帳務處理，但王永慶在實踐中卻更強調成本差異的分析與改善環節。他認為，不注重分析和改善環節的標準成本制度是沒有意義的，而且改善的目的不僅是為了短時間內降低成本，更重要的是通過分析和改善不斷優化成本標準。再倒過來看，只要成本標準日趨合理，整個成本管理的流程和制度也會日趨合理。

在早期，王永慶所謂管理合理化的核心是指成本標準的合理化，只是到後來推行作業整理和作業分析之後，管理合理化的內容更豐富，更多的是指成本管理流程和制度的合理化。王永慶認為，成本標準不只是指生產成本標準本身，而是指企業的所有成本和費用標準。成本標準實際上還應該包括作業費用標準（或叫做作業成本標準，以下簡稱作業標準）。既然管理合理化的核心內容之一是成本合理化，那麼成本標準的外延和內涵就改變了，自然合理化的概念和內涵也要跟著改變。這一點可視為管理合理化此一重要概念開始逐漸浮出枱面並引起員工關注的主要原因。

總體上看，台塑集團的成本合理化包括兩部分：成本標準合理化與作業費用標準合理化。有趣的是，在王永慶關於管理合理化的假設前提中，他認為人的認

知水準有限，再加上管理技術進步常慢於管理實踐過程，因此台塑集團現有的管理系統必定存在諸多不合理之處，管理者的管理行為與標準之間必定存在偏差，並且隨企業發展與進步，不合理之處或偏差發生的機率、性質及頻率都會發生相應變化。因此在台塑集團今後的管理活動中，發現和糾正這些偏差將成為一個永久性主題，並且與時俱進也應成為管理者的必備素質和信念。

在台灣經濟起飛初期，台塑集團也和其他台灣企業一樣，謀求的並不是在成本標準化的軌道上大展宏圖，而是如何經由實現成本標準化以便使自己能夠成功地生存下去。在 1960 年代，台塑集團追求低成本的目的首先就是為了活下去。一開始，追求低成本可通過引進先進技術和設備完成，但後來的情況就完全不同了，台塑集團追求低成本是為了追求更多的利潤以及更大的競爭優勢。在後一種情況下，企業唯有更多注重成本分析與改善，不斷發掘異常並改善異常，才是實現成本管理合理化唯一可行且有效的選擇。

經過多年思考和實踐，王永慶提出「單元成本分析法」這一概念，作為幕僚人員的基本分析和改善工具。從時間上看，單元成本分析法是王永慶推動十年管理大變革所取得的重大成果之一，至今已有四十多年的歷史。從具體應用過程看，單元成本分析法是指一種成本或費用分析與改善方法，此一方法把西方企業，尤其是日本企業的相關管理經驗向前推進一大步。另從石化工業企業成本管理理論與實踐的高度看，單元成本分析法在理論和方法方面皆具有創新性，是台塑集團增強企業體質，維持並提升市場競爭優勢的主要管理手段。

單元成本分析法屬於管理會計學範疇，包含三層累進性涵義，分別是指單元、單元成本和單元成本分析法。所謂單元，用王永慶的話說，是指企業日常管理過程中所發生的各種「獨立的異常事件（簡稱獨立事件）」，如 A 級品率下降或者能耗偏高等等。因為所發生的異常事件均是指產銷過程中暴露出的各種人事財物等方面的不合理之處或偏差，且常以獨立事件的方式呈報給管理層，所以稱之為一個單元。

　　所謂單元成本，是指該獨立事件的發生對企業造成的損失或費用，並在會計處理上單獨歸集於該獨立事件項下，亦即該「獨立事件」的發生給企業造成的資源損失總額；而所謂單元成本分析法，則是指圍繞單元及單元成本變動展開的一系列管理活動的總稱。這些管理活動主要由專業管理幕僚帶頭完成，核心工作就是針對獨立事件展開的一系列分析與改善活動，並努力把該分析與改善活動規範化、流程化。

　　王永慶認為，由此編製而成的成本報表屬於管理會計報表，它所顯示的不僅是一些會計帳目或成本資料，更是用於揭示導致該事件發生的背景性因素，亦即揭示出「該事件的發生與企業成本結構不合理之間所存在的某種因果關係」。顯然，獨立事件如果能夠解決，企業的成本結構就可以改善，它是影響企業獲利能力的關鍵點。在那個時期，一般企業的成本管理工作大致以產品別單位成本報表為界限，成本異常也不會直接從該報表中獲取，致使成本分析與改善工作缺少計畫性和系統性。豈不知，所有的成本異常都深深地「隱藏在該報表的背後」，管理階層如果不及時組建專門團隊深入剖析這一因果關係並及時克服或解決，企業的經營根基就難以穩固。

　　換句話說，產銷成本發生了，結果只會被會計人員一五一十地記錄於單位成本報表中。如果單純閱讀單位成本報表[5]，管理階層只能了解到某項產品的實際產銷數量、實際成本，但並不知道為什麼成本會發生變化，或究竟是什麼原因導致某個成本單項出現異常。王永慶的思考卻在此基礎上向前邁出一大步：他從改進單位成本報表著手，把單元和單元成本，以及針對二者所進行的後續人工分析與改善作業都串聯起來，構成他所謂的單元成本分析法的基本內容。

　　表面上看，單元成本是指獨立事件給企業造成的損失、費用或成本，實際上

---

[5]　報表系統是台塑集團管理系統的一大特點，僅成本管理方面的報表就多達幾十種。為敘述方便，本書僅以單位成本報表為主進行討論。

這些損失、費用或成本卻是由構成單元成本的一個或一組細微因素（或項目）導致的。也就是說，單元成本在企業的績效報告系統中具有「獨立性」，它與企業產品的整個成本結構變化之間具有「因果關聯性」，並且在自身的結構上又具有「層次性」。上述這些成本特性是由石化工業的產業特性及其產品特性共同決定的，其中，獨立性是指企業有必要建立一個獨立系統來實施有效管控——雇請專業管理幕僚並透過其專門設計的成本管理系統對各項成本的異常變動實施監控和管理；因果關聯性是指企業應針對獨立事件的前因後果實施系統性追蹤和分析——在上述專業幕僚的主導下，實施跨部門協同作業；而所謂層次性則是指單元成本的結構具有多個因果性層次——一個層次的單元成本變動可能是由更深層次的單元成本變動引發的。

尤其是因果關聯性和層次性，數量相當多，結構也很複雜，似乎總是預示著幕僚的後續分析和改善過程是一項無窮無盡的工作。幕僚不僅要在縱向上逐層展開作業，還要在橫向上逐個剖析各因素間的因果關係。而要完成此一任務，企業如果不下狠心組建專業管理幕僚團隊，並經由該團隊開發出一套專門系統來應對，或者說該團隊在盡責過程中若缺乏止於至善的精神和毅力，企業是不可能逐個或逐層深入，並最終找尋到影響成本變動的最根本原因的。

一般企業認為單位成本報表是成本分析和改善工作的終點，王永慶卻把此一終點當成起點。儘管單位成本是指生產單位產品平均耗費的成本，並且從企業按月編製的產品單位成本報表中可看出企業成本管理水準的高低，但由於單位成本報表仍舊停留於面的分析上，加上只是一張普通的財務會計報表，因而無法充分發揮管理會計的分析功能。也就是說，產品別單位成本報表僅僅為幕僚指出成本管理應該努力改進的方向，但不一定能顯示成本發生異常的根本原因，也就難以做到點的分析和改善。其間的邏輯關係很明顯：沒有點的分析，企業管理何來面的改善。

在王永慶看來，單位成本是專業管理幕僚追蹤單元成本異動的出發點。他敏

銳地發現，台塑集團現有的單位成本報表具有一些致命之處：它只能提供面的資訊，根本無法明確指出成本的差異點究竟在哪裡。他認為，台塑集團當下的單位成本報表必須再輔之以單元成本分析，才能充分發揮其管理機能。換句話說，單元成本強調的正是點的分析，「冀就差異所在逐項檢討，發掘異常並尋求改善方案，作為改善交辦的依據」。專業管理幕僚唯有把單元成本和單位成本連結起來，「才能使整個成本分析工作脈絡相承，前後連貫，發揮出單元成本分析法應有的分析與改善效果。」

如圖 10-1 所示，王永慶沿此思路開始要求專業管理幕僚充分使用魚骨圖等手段分解各產品的單位成本結構，從而邁出以單位成本報表為出發點來實現全面成本管控的第一步。例如：如果認為製銷總成本是一個獨立事件（例如製銷總成本明顯上升，並影響到獲利能力），幕僚就可直接從單位成本報表中提取資料並繪製魚骨圖深入分析；如果是製銷總成本中的原料一項出了問題，幕僚也可把原料當作一件獨立事件，並以同樣方式進行立項分析；當然，如果是生產現場同時發生多個獨立件事，幕僚就要先分析這些事件之間的相關性，並把相關性較強的事件合併，再挑選重要的項目進行立項分析。

再回到單元成本的基本概念和定義：本節開頭提到的所謂「細微因素」，其實是一個很容易引起誤解的概念，因為幕僚究竟將單位成本細分到什麼程度才可找到影響成本結構變動的細微因素？王永慶舉例說，細微因素不單指一個數字，而是指導致成本單位變動的深層次背景原因（或項目）。如果把產品的單位成本結構比作母體（例如作為較大單位成本項目的製銷總成本），那麼其中的任何一個子項目（例如作為更小單位成本項目的原料成本等）均可按照會計邏輯進行分解。故為了與「母體區分開，並依據關聯性和層次性追蹤分析，幕僚這才使用了細微因素這一說法」。

以產品 A 級率下降為例：A 級率下降是母體（可視為一個單元），並且圍繞該母體可歸集出一個異常成本結構。幕僚人員先是把影響 A 級率的因素劃分為

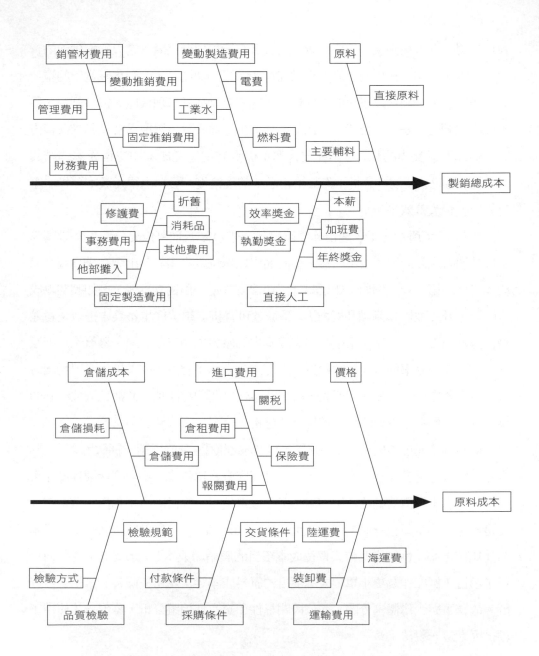

圖 10-1 製銷總成本和原料成本的分解

加工條件、人員操作熟練度、原料品質、機械設備性能等項目；如果發現是因為原料品質不良影響到 A 級率，就再以原料品質不良為出發點，進一步細分為進料日期、倉儲保管記錄或收料檢驗報告等；如果原料檢驗合格並且沒有超過保存期限，就要再檢查保存方法、倉儲條件等因素，如此一層一層追究下去，直至查出究竟是哪一個或哪一些細微因素導致原料品質出現問題，並造成多少具體損失或費用等等。

按照王永慶的定義，獨立事件本身是結果，不是原因。幕僚要想查清原因，非得深入剖析不可，他們最後追查出的由某個細微因素造成的損失或成本就是單元成本。當然，因為實際情況不同，加上各成本單項之間互為因果，所以單元成本不一定是指一個細微因素，也可能是指一組相互具有關聯性的細微因素群。所謂因素，又稱因數，既是指構成事物本質的成分，又是指決定事物成敗的原因或條件。至於幕僚究竟應該追究到哪個層次才算是終極目標，短期看，只要分析工作能結合企業實際做到合理分解就好，亦即在某一層次上能夠找到合理的解決方案即可；而長期看，企業的成本分析工作永無止境。

幕僚找到的解決方案務必實事求是，與企業當前分析問題與解決問題的能力、手段和財力相匹配，亦即：解決方案既不能好高騖遠，也不能吹毛求疵。王永慶的言下之意無疑是說，企業的成本管理工作不可能一蹴而幾，只要幕僚能腳踏實地，持之以恆，注重點線面相結合，相信台塑集團的產品成本結構總有一天會達到最低化水準。至此，王永慶推動企業成本分析與改善管理改革的思路愈來愈清晰了：一個或多個細微因素可以組成一個單元成本，一個或多個單元成本可以組合成一個單位成本，一個或多個單位成本可以組合成一個產品成本，而一個或多個產品成本可以組合成一個企業成本。

當單元成本與單位成本之間的關係問題解決之後，王永慶隨即把目光轉向產品別單位成本比較表。他認為，這是通過單元成本分析法來實現成本分析與改善目標的第二步。他說，任何包含差異的資訊對台塑集團來說均至關重要。如果把

成本分析工作的第一步和第二步結合起來看，台塑集團的成本管控流程業已初步成型。換句話說，王永慶把單元成本與單位成本連結起來，初步構築了企業的成本管理流程。此一流程的核心內容是發動會計人員編寫單位成本比較表，並把發現成本差異當作編製該報表的最終目的。應該說，單元成本分析法之所以能在成本分析與改善作業中發揮巨大的管理機能，就是從如何編製此一報表開始的。

在管理大變革初期，標準成本制度已在台塑集團開始用於控制製造環節中的各項變動成本。幕僚透過此活動發現，基層單位暴露出的各種成本問題簡直遍地叢生。當時因為在使用標準成本制度方面尚未累積多少實際經驗，故而幕僚人員控制變動成本的做法也差不多是頭痛醫頭，腳痛醫腳，幾乎毫無章法可言。例如：原料問題解決了，能源消耗量卻上升了；能源消耗量降下來之後，人工費用卻增加了；生產成本下降了，管理費用卻提高了，兩相抵消，幕僚人員基本上算是白忙一場。不久，王永慶下令幕僚人員終止原有單打獨鬥的做法，並盡力說服他們在原產品別單位成本報表的基礎上，另行按月編製產品別單位成本比較表。

從當時的實施情況看，產品別單位成本比較表的編製工作是從引入標準成本制度開始的。單位成本報表本身已包含全部生產成本，這意味著幕僚可系統性地分析所有生產成本項目的性態或變動規律，並為制定標準成本奠定了會計基礎。但就建立成本管理系統來說，編製產品別單位成本比較表是至為關鍵的一步。主要原因在於，過去的單位成本報表是按照實際成本計算並編製的，現在則要進一步添加比較功能，按照標準成本計算單位成本，以方便幕僚人員定期比對實際成本與標準成本，並由此發現成本差異。

事實也正是如此，通過進一步編製單位成本比較表，幕僚即可在生產過程完成後迅速、全面且系統地發現任何一個成本項目是否存在異常。此一做法無疑表明，只要建立標準，就可實現控制；只要標準能夠系統化，整個控制過程也一定能夠系統化。

從標準成本法、作業成本法到目標成本法

　　到十年管理大變革末期的 1975 年前後，台塑集團的成本管理系統已經有了較大發展，由幕僚人員編製的產品別單位成本比較表[6]可涵蓋人事財物等諸多方面，不僅能有效揭示成本差異，為後續改善活動找到著力點，同時此一方法所產生的管理效果也是鉅細靡遺，點滴俱納。總結來說，單元成本分析法與單位成本比較表相輔相成，互為表裡，成為台塑集團幕僚人員做好成本分析及改善工作的一把利器。

　　另隨企業的電腦系統日漸成熟，特別是台塑集團各公司於 1982 年各自實現 ERP 之後，原有成本管理系統的數據獲取範圍和數據源也大大拓展了。總管理處總經理室不僅可借此更進一步強化原有的單元成本分析作業流程，以獲取更大的實際業績，同時還增僱了幾十位專精幕僚專門從事此項工作。

　　按照王永慶分層負責策略思考的基本要求，各公司總經理室、各事業部經理室以及各工廠廠務室也都設立了類似的分析部門和職位[7]，使得單元成本分析工作既可在產銷現場得到貫徹和落實，同時這些產銷管理部門和人員還可借助直線幕僚體系的支援，並與產銷現場一起共用成本知識和資訊。

　　除單位成本比較表以外，幕僚在當時還編製有一般性的成本資料報表，如固定工繳比較表、產品使用原料表、製造費用統計表、人工分析表、領用材料明細表和財產目錄表等等。為確保數據的及時性和真實性，王永慶要求幕僚「不能等到需要數據時，才臨時想起來向生產部門索要」，而「應該透過管理制度的基礎性建設，可隨時隨地從電腦作業系統中實時實地擷取」。

6　有關幕僚人員編製的產品別單位成本比較表的標準範本，請參見下一節中的相關內容。
7　更多的論述請參見〈第九章：專案改善小組的作用與影響〉的相關內容。

　　如圖 10-2 所示，幕僚根據目標管理的基本精神繪製出「成本目標管理作業流程圖」，交給各部門嚴格遵照執行。在該圖中，成本目標管理在縱向上包含四個層面的「作業任務」。也就是說，完成了這四項任務，一個目標期內的成本目標管理活動才算是告一段落。另為清楚釐定各級單位在成本目標管理流程中的責任，幕僚又把各公司範圍內的四個層面上的作業任務沿水平方向分別分解給生產部門、事業部經理室、公司會計處和公司總經理室。

　　另如圖 10-3 所示，標準成本法和作業整理法全部推行之後，單元成本分析法的效果開始逐步顯現。作為一種成本分析和改善工具，單元成本分析法納入正式管理系統，並與標準成本法和作業整理法一起構成該系統的核心內容。王永慶的基本想法和做法是：在標準成本法和作業整理法下，他要求財務會計部門每月依據標準成本和作業標準編製各成本（費用）項目中心的產品單位成本報表，並在報表中添加了可與實際成本（費用）進行比較的科目。

　　一開始時的對比及差異揭示範圍主要集中在直接材料、直接人工和變動製造費用。等到重新啟用新東公司推廣的作業整理法之後，對比及差異揭示的範圍就涵蓋了企業成本的各個方面。於是，新編製的單位成本比較表每月可自動顯示該中心所有成本（費用）項目的差異，並按統計管制標準將重大差異用特別符號逐一標示出來。從內容看，新的報表除包括一般意義上的單位成本報表的全部項目外，還包括固定費用比較等內容。總之一句話，凡是企業產銷管理活動涉及的成本或費用項目，均可納入該報表並同步實施對比分析。

　　既然成本中心的責任是成本控制，這些差異正是各成本中心今後要努力改善的具體目標。但這只是完成了單元成本分析的第一步，王永慶評價說，在接下來的步驟中，幕僚人員應該重點關心偏離管制標準較遠或較大的那些差異：實際成本（費用）太高、太低或者連續數月保持不變，都不是正常現象。此一改革措施果然奏效：台塑集團過去的分析與改善活動一直是「零敲碎打」，哪裡的成本有問題就派人去那裡解決，現在情況完全改觀了，幕僚依靠正式報表系統就可正常

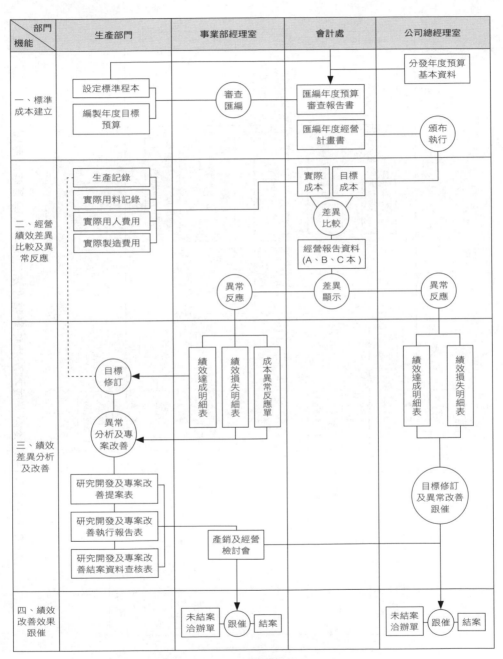

圖 10-2 成本目標管理作業流程

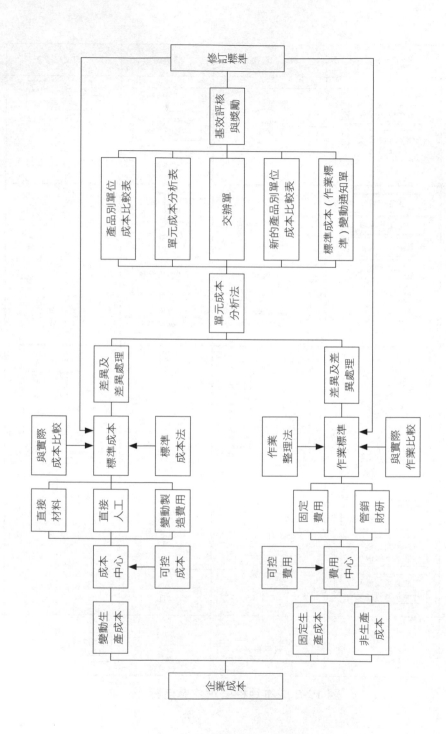

圖 10-3 台塑集團基於標準成本法和作業整理法的成本管理循環示意圖

發現成本（費用）差異，而且整個發現過程和當初的構想一致，具有高度的計畫性和系統性。

王永慶鼓勵幕僚，現在才是各位真正要動腦筋的時候了。每一種產品的成本都是由成百上千種人事財物等因素，在生產過程中集合後，再經由會計人員辛苦計算並歸集出來的，如果幕僚人員能逐項分析其中的差異，將牽涉到成本差異的各個要因一直追究到最根本的單元，台塑集團就可求出整個成本組成的合理性。我們不是為了賺錢而分析，我們是因為只有分析才能賺到錢。在他的強力支持下，幕僚人員這才逐步設計出上述單元成本分析法的基本步驟。至此，王永慶一直強調的所謂成本分析與改善系統的「正式程序」，總算開始派上大用場。

至 1970 年代末，如表 10-3 所示，並以總管理處財務部和採購部為例，幕僚已經可以按照作業整理法的基本精神，首先分析兩個部門的作業過程，並把財務部的作業初步劃分為資金、出納和股務等作業項目；其次是建立作業基準，並把

表 10-3 作業基準既是成本分配基準，也是作業成本動因

成本部門		作業基準	分配對象
財務部	資金組	資金調度筆數	部門或產品
	出納組	收付款筆數	
	股務組	股東戶數	
	經理室	財務部各機能組分攤	
	大陸資金組（含越南）	前三個月長短期借款餘額	
採購部	機械設備組	委託採購件數與採購金額各占 50%	
	電儀設備組		
	化學材料組	委託採購件數	
	一般材料組		
	醫療器材組		
	鋼材管件採購組		
	經理室	按以上各組分配基準綜合確定	
	催交組		
	大陸專案組		

資金調度筆數、收付款筆數和股東戶數等指標當作是控制資金、出納和股務等作業項目對企業資源消耗情況的基本標準;再次是把這些基本標準視為分配固定製造費用或期間費用的主要依據。

上述指標或基準,實質上是指現代西方企業管理會計學意義上的「作業動因」。這些作業動因可經由作業整理活動得出,一方面能清楚顯示「產品消耗作業」[8]的具體情況,另一方面也可清楚顯示「作業消耗資源」[9]的具體原因,其數量和形式很多,且不同作業領域內的作業動因也不相同(主要是指導致非生產成本變動的根本原因),因而在原理上與美國企業廣泛使用的ABC法完全一致。

幕僚主要依據這些成本動因設定作業基準,用以控制各項作業消耗。和標準成本一樣,這些作業基準也全部引入單位成本比較表中,並通過與實際作業進行對比,以便發現作業差異。理論上,如果針對每一項作業都設定一個動因或作業標準,幕僚即可迅速估算出每一項作業對完成生產任務的貢獻度,或者說是員工完成每一項作業需要消耗企業多少資源更為準確。

當然,上述做法的好處不只這樣,幕僚如此設定管制標準顯然是企業提升自身管理效率的關鍵步驟,因為它們不僅是成本或費用的分配基準,更是成本分析、改善、控制乃至後端績效評核的主要依據。值得注意的是,整個成本管制標準的制定是和人事作業整理工作同步進行的。這麼做的原因,王永慶說,是因為不經過相應的人事作業整理,企業就不可能對員工致力於成本分析與改善工作所做出的貢獻適時給予獎勵。顯然,他的意思是,缺少激勵作用的成本管理制度是無法長久持續下去的。

按照王永慶的指示,在實際工作中,幕僚對所有涉及成本分析與改善的職位或職務都進行了科學評鑑[10],用王永慶的話叫做「成本管控作業是在經過人事作業整理」之後,才由幕僚開始著手制定管制標準的。不久,台塑集團就建立了單元成本分析法的正式應用程序及其表單系統,並在完成對直接材料、直接人工和變動製造費用進行控制的同時,也完成了對固定製造費用和管銷財研等期間費

用的控制。

首先是從產品單位成本比較表出發，將逐級呈報並認定後的一個或一組獨立事件（亦即重大差異，包括圍繞該差異歸集出的異常成本結構）從該報表中「轉記」到另一張新設計出的「單元成本分析表」中，內容涉及成本的標準值、實際值、認定後的差異值、檢討項目，以及責任人和時間地點等資訊。

所謂「轉記」，是指把決定進行深入分析和改善的「異常成本項目（異常事件）及其財務會計資料轉抄到新建立的管理會計報表中」。這意味著，轉記這一做法是王永慶在成本控制領域實施方法性創新的一個顯著標誌──成本差異及其資料不僅從一般財務會計系統進入管理會計系統，而且成本的「計量單位」也從單位成本換成單元成本，如表 10-4 所示。

如前所述，王永慶實際上是把一個或一組經認定後的重大差異稱之為一個單元，把導致成本差異的一個或一組細微因素及其成本會計數據稱之為單元成本。在表 10-4 中，由成本項目一欄中轉記而來的內容，顯然是指一個單元，亦即「一個即將被分析和改善的獨立事件」；單位成本一欄，顯然是指因為該成本項目發生異常所導致的單元成本，並採用細目方式逐一列示。如果是某項材料的成本出現差異，假如它與其他材料或成本項目間無顯著相關性，就可以獨立構成一個單元成本；假如是收率出現異常，而收率又可能與材料、人工、計量或機械等有顯著相關性，那麼在收率項下就可歸集一組成本項目並由此構成另一個成本單元。相較於單位成本，單元成本的項目顯然數量上更多，結構上更小。

其次是經由「交辦單」中記載的「檢討項目」開始進入分析和改善過程。如表 10-5 所示，這一步驟完全是從轉記的異常事件出發，並由一張交辦單控制，其中列有交辦項目、現狀說明、要求重點、擬處理方式、處理結果、改善費用、

8　進一步的資料請參見：Robert S. Kaplan, Anthony B. Atkinson（1999），《高級管理會計》，東北財經大學。
9　同上。
10　有關職位或職務評價，本書將在後續章節中詳加討論。

表 10-4 早期由單位成本比較表轉記而來的單元成本分析表

產品	名稱						
	規格						
	銷售別			年　月　日			編號：

成本項目		單位成本	現狀		檢討項目		
			目標				

細目	單位	差　異			現狀檢討
		單位用量	單價	合計金額	
小計					

交辦事項	改善對策	經辦部門
		交辦單編號
		No.
主管批示	年　月　日	填表　　年　月　日

預期效益、完成期限，以及責任主管和時間地點等資訊。如果是重大或較複雜的
改善案，一般還要附上專項改善報告。需要特別關注的是，改善過程前的「檢
討」工作也是指成本分析過程，既複雜又簡單。

　　說它簡單，是因為具體的分析工具無非幾張統計表、曲線圖和魚骨圖而已；
說它複雜，是因為尋找到解決方案本身是一項高智力活動，它要求參與人員切實
做到「透過現象看本質」，深入挖掘出成本變動背後的背景性因果連結。在這一
點上，直線幕僚和直線生產這兩條知識體系的「重疊」起到關鍵作用。前者可充

表 10-5 交辦單模板（不含副表）

交辦部門：　　　　　經辦部門：　　　年　月　日　　　　　　編號：

交辦項目		擬處理方式			
現狀說明		經辦主管		經辦	
		交辦主管批示			年　月　日
要求重點		處理結果	實際完成日期	年　月　日	改善費用
完成期限	年　月　日　經辦		經辦主管		經辦
交辦主管批示	如擬交辦。　　　　年　月　日	主管交辦批示	已有改善，效果顯著，請繼續加強。　　　年　月　日		

405

分利用自己的管理專長，帶頭組建專案改善小組，並結合現場人員的技術專長（亦即技術分析能力），從而真正落實王永慶策略思考中的分層負責基本精神，包括他關於成本分析與改善工作的思路和想法。

再次是依據改善結果生成單元成本變動單和單元成本改善記錄表（如表10-6和表10-7分別所示）。這兩張表單都是交辦單的延伸表單，既記載了單元成本在改善前後的變動情況和成本改善活動取得的所有成果，同時也在比較科目中將改善前後單元成本的變動情況逐一顯示出來。除少部分描述性文字外，改善成果大多用具體數據記錄下來，不僅載明了整個分析和改善活動的投入產出情況（如改善項目和改善費用），同時也為後續改善活動的績效評核環節奠定基礎。

任何一個改善目標的達成，都離不開兩方面的作業：企業投入與員工努力。如何準確判斷專業管理幕僚及生產一線人員的努力程度，更是單元成本分析法能夠長期推動成功的關鍵。王永慶認為，企業為了改善活動雖投入新設備和新技術等資源，但如果不能精確衡量員工個人的貢獻度，或者說，企業如果不能與員工合理分享由改善活動帶來的經濟效益，下一輪的改善工作必將會失去動力。

為此，王永慶特別要求幕僚應根據上述兩份表單更新一開始時使用的單位成本比較表。在他看來，如何發揮更新後的單位成本比較表的管理機能非常重要，因為更新的內容主要指「標準更新」，亦即把原目標與原目標的變動結果進行對比分析，並顯示兩組不同數據分別對產品單位成本的影響程度。王永慶認為，更新後的單位成本比較表不僅是企業後續開展績效評核的依據，更重要的是，企業的管理重心由此可從「事後改善」向「事前控制」轉移。對石化工業企業的成本管理工作來講，如何穩妥地走出這一步極其重要。

第四步是編製目標（標準）成本變動通知單，如表10-8所示。此一表單主要填寫了每一單元成本變動後的基本數據，並交由生產單位據此執行。依照王永慶的邏輯，當一次改善活動完成後，如果企業的生產條件得到提升，意味著企業先前制定的標準成本也具備隨之調整的必要性。

表 10-6　單元成本變動表

產品名稱：
規格：
銷售別：

年　月　日

項目：
單位：

項次	項目	單位	現狀（改善前）		目標（改善前）			變動記事						改善結果	差異			增減					
			單價用量	單位成本	單價用量	單價	單位成本	日期	項次	交辦單號碼	內容	單位用量	單價	單位成本	效率	價格	小計	效率		價格		小計	
																		金額	%	金額	%	金額	%
合計																							

表 10-7 單元成本改善結果記錄表

產品																		
規格																		
銷售別																		

成本		改善事項		日期		改善結果		單位用量			單價			單位成本			
項目	細目	編號	內容	交辦	完成	內容	改善費用	改善前	改善後	價差	改善前	改善後	價差	改善前	改善後	價差	累計增減

紀錄者	
起迄日期	

表 10-8 目標成本變動通知單

產品									
	名稱								
	規格								
	銷售別		年 月 日				發文字號：		

項目							原目標成本		
							變動後目標成本		

細目	單位	原目標			變動後目標			交辦單號碼	
		單位用量	單價	單位成本	單位用量	單價	單位成本		
合計									

主管：　　　　　　　經辦

　　　隨著標準成本變動通知單的發出和執行，整個改善工作便完成了一循環，並將隨著新標準的制定，進入下一輪更富有挑戰性的改善週期。此時，企業各部門以及管理系統各環節會發生連鎖反應，例如會計部門會更新各單位的目標管理數據，資材部門會調整存量管制及物料檢驗基準，技術部門會調整操作標準或品質規範，生產部門會調整用料標準、保養規範等一系列數據。應該說，單元成本分析法的威力由此顯露無疑，它協助幕僚人員逐步抬高全企業成本管理的底線。

　　　最後一個步驟是整合單元成本分析法的應用流程，亦即把上述各個表單再整合到以單元成本分析法為核心的子系統中，並繪製出電腦運行控制圖，交由各單位遵照執行。

　　　總體而言，單元成本分析法就是由上述幾個關鍵步驟組成，它不僅是一個獨立的系統，並且整個系統是依靠幾張簡單的表單進行控制的。如圖 10-4 所示，

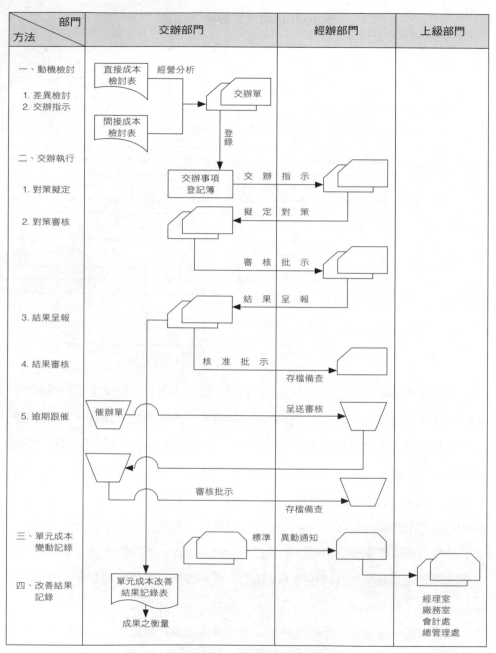

圖 10-4 單元成本分析法作業流程示意圖

電腦化之後的應用和管理流程簡便易行，後又經多次修訂和改進，非常適合基層管理者照章辦事。該圖在縱向上不僅列明瞭單元成本分析法的電腦作業步驟和方法，橫向上也劃分了各部門的責任範圍以及應完成的各項作業內容。

另外，單元成本分析法給整個管理系統以及成本分析和改善活動帶來的規範化和推動性作用是顯而易見的。為確保此一方法的順利實施，幕僚人員在填寫和發出標準成本變動通知單的同時，應充分考慮到如何保護員工的利益，以避免員工產生「水漲船高」的感覺。事實正是如此，在一開始修訂標準成本時，不少員工的確心有顧慮：大家擔心標準提高之後因為達不到要求而影響到獎金，或者標準年年提高，總有一天達不到怎麼辦？

對此問題的解決辦法是，有幕僚人員解釋，在績效評核中應差別對待各成本中心和個人績效評核的基準。也就是說，個人績效的衡量項目雖然與成本中心績效的衡量項目相同，但各自的評核基準應該不同。改善工作完成後，原本個人績效的評核標準應隨成本中心的評核標準提高而提高，但成本中心績效的提高主要源自於員工的努力，因此個人績效的評核標準不一定會隨之提高。成本中心的設備和製程不論多麼先進完備，目標的實現卻都需要員工努力配合才能完成，因此只要員工達成各自的目標要求，企業就應該發給獎金，否則員工會認為勞動成果被企業侵吞了。

如果成本中心因為生產條件改善提高了標準，個人績效評核標準才會隨之提高，但通常不會提高到與成本中心績效評核項目相同的高度，因為即便是生產條件改善了，機器本身並不會自動創造價值，也還需要員工的精心操作和密切配合才可以完成產銷目標，所以企業不能說只有等到成本中心的績效目標達成率達到100％時，才決定發給員工相應的獎金。

從台塑集團對單元成本分析法的使用情況看，其實不完全集中在處理經由標準成本法和作業整理法所產生的成本（費用）差異。按照王永慶的說法，單元成本分析法可靈活使用，不論是哪個環節出現問題，只要值得分析，甚至小到一雙

手套、一片墊片，完全可作為「一件事」納入分析和改善過程。只不過經由標準成本法和作業整理法，將單元成本分析法納入正式管理系統，此時其改善的威力更大，使得管理系統發揮的管理作用更加系統化和精細化。

這大大簡化了幕僚的工作流程，降低了管理會計人員的工作負荷。如王永慶所料，十多年後，台塑集團主要產品的成本結構便呈現出最低化特徵。換句話說，台塑集團在日常生產管理活動中，已經沒有必要再花費巨額代價制定標準成本，包括許多作業標準在內，除非企業跨足新的領域或投資新的產業。在以後的發展歷程中，台塑集團開始統一使用目標成本一詞取而代之，標準成本法和作業整理法遂逐漸淡出幕僚的視野。

如圖 10-5 所示，在當今台塑集團的成本管理流程中，人們已經看不到標準成本法或作業整理法的蹤影，取而代之的是目標成本法。它涵蓋了企業成本的所有領域：針對變動生產成本設定目標成本，並通過與實際成本進行對比實施控制；針對固定成本和非生產成本設定目標費用，並通過與實際費用進行對比實施控制。另從圖 10-5 還可以看出，目標成本法更加簡單有效，它凸顯出單元成本分析法在成本改善環節的關鍵作用，並使單元成本分析法始終占據著全企業成本管控流程的咽喉地位。

需要特別說明的是，台塑集團所謂的目標成本法與日本企業的做法有所不同。日本企業認為，目標成本是指企業在產品設計期間就應根據所生產產品應發生的成本費用項目制訂成本控制要達到的目標，並將成本管理的責任逐步落實到各個成本中心。它要求企業要綜合考慮市場環境、生產能力、技術流程等諸多因素，一方面準確核定原料、輔料、配件、燃料、動力、人工等消耗標準；另一方面準確核定上述各項目的目標價格標準。

而台塑集團所謂的目標成本顯然不同，它是指在企業實現了最低化成本結構以後，原有的制定標準成本和作業基準的基本方法亦應隨之改變——可把過去成熟的經驗和數據（如既往 3 個月的平均數）當作未來相同產品成本控制的依據，

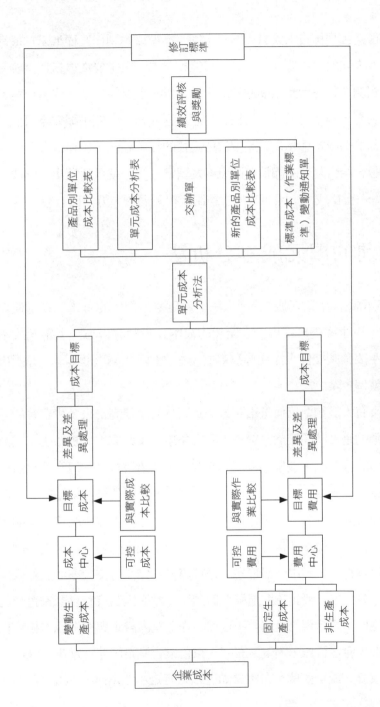

圖 10-5 台塑集團基於目標成本法的成本管理循環示意圖

而不需要再像過去那樣投入大量人財物力制定標準成本和作業標準。一般教科書中提及的日本人關於目標成本的定義，可能和日本企業主要從事日用消費品生產和銷售密切相關。然而台塑集團的產品仍舊是以石化原料為主，儘管市場環境相較於過去更動盪，競爭更激烈，但僅就生產過程而言，台塑集團完全可憑藉既往因為扎實推動標準成本法和作業整理法所累積的相關經驗，依靠既往三年（或數月）的平均數，結合幕僚的謹慎判斷原則及豐富經驗，就可估算出新的成本標準和作業標準——目標成本，因而其成本控制流程更簡約，方法更有效。

匠心獨運的單元成本分析法

　　1971 年可說是台塑集團在管理方法上實現重大創新的一年。經過連續幾年的摸索之後，王永慶終於提出一套全新的成本分析與改善方法：單元成本分析法。該方法主要強調如何「探究導致單位成本變動的實質背景」，一經提出，就迅速推廣至整個企業。

　　今天已沒有人能夠準確估量出該方法到底為台塑集團帶來多少實質的經濟效益。而且有趣的是，時間雖然已過去了四十多年，單元成本分析法也已成為台塑集團管理特色的代名詞，還是很少有人能夠系統地講清楚這一概念的來龍去脈。

　　如前所述，王永慶先是要求專案改善小組協助各單位制定標準成本。此一政策貫徹了一段時間，等各方面工作均出現明顯變化之後，該小組接著又開始著重探究「標準為什麼是標準」這一管理學難題。標準成本僅是一種尺度，用以衡量實際成本的可控程度。其中，最理想的是實際成本完全可控，亦即實際成本與標準成本恰好相等，但一般企業顯然難以做到這一點，因為沒有哪一家企業能夠擁有最佳生產條件；最糟糕的是完全不可控，亦即實際成本與標準成本相差巨大，但一般企業很少會這樣做，因為沒有哪一家企業會滿足於非正常生產條件，人們總是會設法改變。既是如此，台塑集團也就只能走中間道路：「如何在正常生產

條件下，使目標成本既具有合理性，又具有挑戰性，並經由以幕僚人員為主導的持續分析改善來縮小實際成本與標準成本之間的差距。」

　　在王永慶眼中，儘管他認為台塑集團一時無法擁有最佳生產條件，並不妨礙企業朝這方面努力。如圖 10-6 所示，幕僚根據他的意圖繪製出一幅有關標準成本制定目的示意圖，並圍繞該圖展開激烈討論。其中在制定標準成本的四個要件中，「尋找最佳生產條件」刻意排在第一位，由此足見此一願望在王永慶心目中的位置和重要性。為了尋找最佳生產條件，王永慶一生不僅花費巨大心力，同時也採取許多具體措施，諸如建立幕僚團隊、成立專案改善小組等等。

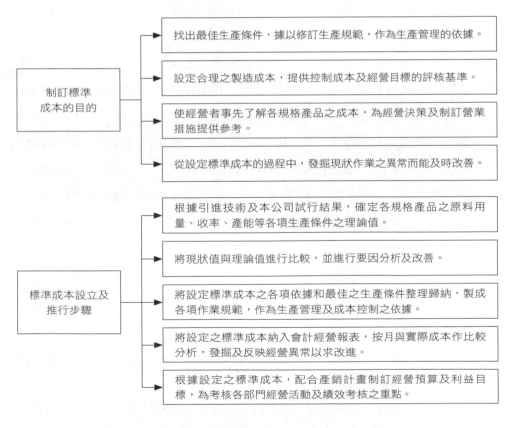

圖 10-6 王永慶推動成本管理的基本構想示意圖

　　再回到目標成本的話題上。與日本人關於目標成本的定義不同的是，西方管理學界普遍認為，目標成本是目標管理與標準成本制度結合的產物；意思是，在成本管理中，企業制定的經營目標中的成本目標先是分解到各個成本項目，再依據各成本項目降低的程度判定目標實現的程度，其中計畫降低的成本項目一般視為企業在成本管理上要達到的目標，因而計畫降低的項目及其降低數值被認為是目標成本，圍繞目標成本展開的這一系列管理活動則稱為目標管理。

　　在西方企業的管理實踐中，目標成本就等於標準成本。此一觀點使王永慶更加堅信，只要制定好成本標準，就等於是做好了目標管理。這實際上是把目標管理與標準成本制度相結合的精神簡化成另一段話：「成本目標能否實現，關鍵看目標成本是否能成功設定；成本目標是不是具有合理性和挑戰性，完全看目標成本是不是也具有合理性和挑戰性」。照此推理，在王永慶所謂新的成本控制流程中，有兩個關鍵詞十分突出：一是成本目標，即某單位在一個目標期內要達成的成本控制目標；二是目標成本，即某單位據以制定成本控制目標的基本依據。

　　實行標準成本制度之後，台塑集團的實際成本雖然暫時置於「受控狀態」（保持在某種水準上），但不等於成本就會自動降低。除了在降低成本上還要流血流汗，更重要的是，王永慶要求專案改善小組及各生產單位既不能蠻幹也不能盲幹，而是要積極開動腦筋，用智慧解決問題。他說，任何一家企業要想降低成本，都絕不是一朝一夕的事。

　　追求成本標準的合理性和挑戰性固然是個原則性問題，但由目標成本、預算管理和績效評估這三者串聯為一體的成本管理制度流程，目前還「只是一條直線」，並沒有形成一個管理循環，仍然缺少成本改善這一環節，西方國家的成本改善也是獨立一塊，王永慶說，我們應該將西方國家的做法再向前推進一步，使整個流程形成一個循環系統。

　　王永慶的話實際上隱含著這個基本構思：首先是在制定目標的過程中，各單位要根據自身的具體生產條件（如設備規格及理論值）、優秀同業經營實績（如

美日美等國大公司的基本數據），以及本企業自身過去的最佳實績等，來計算原料的需求量、產出量和標準成本等數據；其次是依據眾多的新目標項目，包括產量、效益、品質及生產成本等，再結合產品售價、原料價格變動編製出次年度的預算並據以實施管理控制；再次是目標執行完畢之後，必須再拿來與實績進行對比，以便發現差異，因為不知道目標執行差異就無法完成下一步的績效評核。

當然，只有成本分析與改善流程能夠支持企業制定出更具合理性和挑戰性的經營目標的決策時，此時的單元成本分析法才能說是真正納入正式程序中。為此，王永慶要求各單位在發現差異之後，還應針對每一差異項目追根究柢，進一步探求差異發生最原始的根源，尋求如何改善的方案，列明負責人員、各項效益分析數據、執行進度，再據以實施改善。當然最後，改善後的數據首先應用於更新上一目標期中制定的標準成本；其次是如果標準成本變動了，制定下一目標期中要達成的新目標的數據和資料也應隨之調整。

這一點至關重要，因為理論上，改善後得到的成本數據一定更合理，應該用於更新標準成本資料庫。王永慶表示，一旦標準成本發生變化，據以制定的新目標當然也就具備我們期望得到的合理性與挑戰性，這就是我所想像出的管理循環的基本原理！如果台塑集團能夠做到以上幾點，我們才能下結論說幕僚制定的成本目標既具有合理性，又具有挑戰性。

到了 1971 年下半年，在一次有關成本改善的午餐匯報會上，王永慶被一位主管手上不斷晃動的單位成本比較報表深深吸引住。他發現，不只這位主管把該報表當作分析成本異動的依據，在座的好幾位主管幾乎都如此。他知道，總管理處總經理室財務組早就能夠編製產品別單位成本明細表，但編製產品別單位成本比較表則還是最近一段時間才開始的事。

此一發現令他心頭為之一動，它表明企業的成本控制制度已經向前邁出一大步，因為編製產品別單位成本比較表的內容和目的，就是要比對每一種產品的實際成本與標準成本，旨在系統性地揭示出成本差異。在此之前，他每天都要閱讀

大量類似的會計報表，儘管從中得到許多重要資訊，但每當他想弄清楚究竟是什麼原因導致某些成本項目出現異動時，卻總是無法理出頭緒。他想，單位成本比較表是最重要的管理會計報表之一，確實是個好東西，但怎樣才能讓它發揮出更大的管理作用呢？

在引入標準成本制度之前，原始的單位成本明細表通常報告的是生產單位產品實際平均耗費的成本，它可以反映出企業在一定時期內的生產水準、技術裝備和管理水準的好壞，一般只要將總成本去除以總產量就能得到。為了編製好單位成本明細表，王永慶下令會計科和電腦科，要求他們按部門並遵循由大到小、由粗到細的原則，先是編寫每一部門的產品及其編號，其次是按照產品編號分類編寫每一成本單項的編號，最後再根據成本單項的編號匯總出下一步工作亟需的產品單位成本清單。

如表 10-9 所示，該清單實際上相當於各部門、各種產品及其成本項目的詳細「索引」。只要幕僚輸入相關指令，電腦即可依據該索引自動生成某部門產品別單位成本數據的來源列表。

表 10-9 單位成本資料來源清單（產品別）

資料周期： 年 月 日

公司： 　　　　歸屬部門： 　　　　產品規格：

----------------------------- 產品編號 --- 成本項目 --------------------									
生產中心	產品編號	訂單號碼	單位	成本順序	成本項目	成本摘要	數量	金額	調整註記

　　當然，有了單位成本清單，電腦就可根據需要再生成某項產品的單位成本明細表，如表 10-10 所示，以便幕僚及時了解某項產品的實際總成本，以及各成本單項的單價、數量、單位成本（按標準成本計算）和實際成本的變化。為幫助幕僚進行成本分析，揭示成本差異，會計人員根據要求在單位成本明細表的基礎上，編製出產品別單位成本比較表，其基本做法無非是在報表中添加一些比較科目，即把實際成本與標準成本（或目標成本）進行對比，從而使得單位成本報表具備管理功能——即由一張單純的財務會計報表升格為一張管理會計報表。

　　該部門的產品別單位成本比較表，在一開始時所列出的成本項目全部是該部門的可控成本項目，並將其可控成本項目再細分為變動成本和固定成本兩大類，

表 10-10 產品別單位成本明細表

部門	歸屬部門 A
繳庫量	
單位	KG

公司：　　　　　　產品規格：　　　　　　印表日期：

成本順序	單位	歸屬部門 A					歸屬部門 B				
		單位用量	單價	單位成本	%	實際成本	單位用量	單價	單位成本	%	實際成本

不僅把單位產出中各成本項目的實際數與標準數一一列出，同時分別列出實際總成本與標準總成本的變化情況。當然，僅僅列示實際成本與目標成本是不夠的，關鍵還是要通過比對揭示出兩者之間的差異。

如表 10-11 所示，會計人員在產品別單位成本比較表中逐一揭示出單位成本差異和總成本差異。其中，單位成本差異包括效率差（量差）和價差，總成本差異包括效率差、價差和產量差。任何一項效率差發生明顯變化，表明是技術、設備或管理層面出現異常；任何一項價格差發生明顯波動，表明是原料、副料、運費或人工等層面出現異常；如果上述任何一項差異超出管制基準，會計人員會用異常註記方式予以標明，供幕僚人員甄別和判斷，從而為下一步實施管理改善指明努力方向。

表 10-11 產品別單位成本差異比較表

公司：　　　　　　部門：　　　　　產品規格：

成本項目	單位	單位成本差異				總成本差異				異常註記
		效率差（量）	效率差（金額）	價差	合計	效率差	價差	產量差	合計	
變動成本										
變動成本合計										
固定成本										
固定成本合計										
其他										
製造費用合計										

　　同樣的，會計人員還可再根據實際需要另行分別編製本月與上月，或本期與上期的單位成本比較表（如表 10-12 所示）等多種表單。此一做法不僅擴展了單位成本比較表的用途，也為幕僚逐月或逐期分別從不同角度觀察成本變化提供了可能。

　　在實際操作過程中，雖然上述表單或單獨使用或合併使用，但所起到的管理作用大致相同──明確顯示出實際成本與標準成本之間的差異，並對重大異常採取「註記」等帳務處理方式，從而使相關主管對成本異常情況一目了然，不必再通過閱讀報表、深入基層訪談、調查或聽取基層匯報等方式取得。後來在電腦的協助之下，這些措施大大減輕了會計人員和幕僚的工作負擔，提高了其工作的準

表 10-12 產品別月度單位成本比較表

產量	單位	本月	上月	達成率
繳庫量				

公司：　　　　　　　部門：　　　　　　　　產品規格：

成本項序	單位	本月（或本期）成本					上月（或上期）成本					單位成本差異				總成本差異				異常註記
		單位用量	單價	單位成本	%	總成本	單位用量	單價	單位成本	%	總成本	效率差（量）	效率差（金額）	價差	合計	效率差	價差	產量差	合計	

確性和有效性。當然從管理的角度看，這正是王永慶致力於建立正式程序並透過正式程序提升成本管理能力和水準的主要目的。

　　會後，王永慶把專案改善小組的成員和會計部門的主管全部召集到自己的辦公室，並圍繞攤開在辦公桌上的幾張單位成本比較報表展開激烈討論。他說，把異常情況註記在比較表中能解決什麼問題？我看成本管理進行到此也只是才做了一半的工作，甚至可能連一半還不到，因為成本管理重在改善，唯有改善才能帶來實實在在的經濟效益。也就是說，我們只是做了註記，而沒有以註記為出發點再進一步推動成本改善工作。我們為什麼不能先把所有註記的異常數據從單位成本比較表中剝離出來，建立一個子系統專門管控針對獨立事件的改善過程，再配備專人專責進行分析，直至找尋出異常發生的真正原因，並徹底改善之？

　　王永慶說，大家都知道，標準成本制度的意義在於實現成本控制，但我們不能為控制而控制，重點還是要做好改善工作。但是怎麼做才能推動改善工作呢？要完成單個案件的改善相對容易，但通過建立一個完整而正式的子系統來完成卻非常困難。就改善工作而言，幕僚不僅要設計一套流程，採用一種具體分析方法，建立一個專職部門，還要透過各單位之間的密切配合，才能最後完成成本改善工作。他甚至還把他的想法與日本企業現有的做法進行一番對比。

　　他評論說，日本人的成本改善聞名於世，其突出特點是圍繞品質管制廣泛發動員工提出合理化建議並做 IE 改善（包括 PDCA 在內），且已形成一個完整體系。在日本企業的影響下，新東公司從一開始也是這麼做的，並且由此累積不少改善經驗。但新東解散後，台塑集團開始集中生產石化中游原料，主要產品並不是消費品，所以管理改善的方向也做了適當調整。以目前的設備和技術水準看，整個生產過程中暴露出的問題主要並不在品質層面，而是因為流程和管理跟不上規模擴張的步伐導致的高成本。問題在於，此一高成本此刻正阻礙著台塑集團的成長與發展。

　　王永慶認為，主管了解到的資訊僅限於成本差異，遺憾的是許多人到此就止

步不前了，沒有再進一步徹底追蹤下去。然而這筆帳卻也不能完全記在各主管頭上，根本問題還在於到現在為止，台塑集團上上下下雖然成立有不同層級的經營檢討會，至今卻沒有一套切合自己實際需要的工作方法或檢討工具。在處理異常問題上，各級幕僚依舊是頭痛醫頭，腳痛醫腳，絲毫沒有章法可言，要麼是找不到問題，要麼是找到問題卻不知該如何處理。

所謂「建立一個專責成本改善的子系統」，主要是指如何以編製產品別單位成本比較表為出發點，來延續整個分析工作。王永慶這樣思考恰好為催生單元成本分析法深深地埋下伏筆，其中，單位成本比較表側重面的分析，子系統（單元成本分析法及其表單化過程）則側重點的分析，兩者既一脈相承又互為表裡。王永慶的初衷就是要依靠台塑集團現有的組織架構及其管理力量建立一套具有長效作用的成本改善流程，他認為，注重點線面結合及其各個環節之間的有機連結，正是台塑集團眼下亟需的成本管理流程的基本特點。

進一步地，僅僅有管理流程還不夠，還必須把該流程再「鑲嵌」在台塑集團業已建立的組織架構內，並透過此一做法確保新的改善流程被賦予了某種「原動力」，以便長期內能以一種漸進的、穩定的和有效的方式運行，如此才能逐步奠定台塑集團的管理基礎。他十分堅定地對檢討委員會的委員表明態度：可以把單位成本比較報表中，凡是被註記為異常的項目及數據，按照一定的原則原封不動地再轉記到另一張管理會計報表中，並試圖用一個獨立的名稱來命名整個過程。

如果註記的異常是獨立出現的，例如某個工廠僅僅是蒸汽耗用量大幅上升，就以點處理的方式進行：把蒸汽消耗異常視為一個獨立事件，且單獨立案並實施改善；如果異常是以群體（幾個異常同時出現）方式出現的，例如多家工廠均出現蒸汽耗用量上升情況，或者說單一工廠中不僅蒸汽消耗量上升，還伴隨其他相關問題出現，就透過子系統分門別類加以匯總，並以「批次處理」的方式完成分析與改善工作。

從性質上看，此一「新發明的用於轉記的報表」已不再是一張普通的財務會

計報表，而是一張管理會計報表。從概念上區分，王永慶把新的管理報表命名為「單元成本分析表」，並把編製此一報表以及圍繞此一報表開展的相關分析和改善活動統一命名為「單元成本分析法」。應該說，王永慶所謂的「子系統」就是指以單元成本分析法為核心形成的一個獨立的成本控制系統。至此，由王永慶親自構思和設計的一種有別於歐日美企業的成本分析和改善方法，差不多呼之欲出了。更重要的是，此一方法將從根本上把台塑集團推向一條低成本成長之路。

一個經典的成本分析與改善案例

之後的幾十年中，單元成本分析法在台塑集團得到廣泛應用和持續優化。今天，作為內部管理合理化的基本工具，台塑集團內部上自王永慶，下至每一名普通員工，皆對單元成本分析法耳熟能詳，運用自如。單元成本分析法在後續幾十年中為台塑集團創造的直接和間接經濟效益難以計量。

如表 10-13 所示，進入新世紀以後，台塑集團各公司的專案改善工作仍舊如火如荼地進行著，這些成績的取得，絕大部分可視為廣泛使用單元成本分析法帶來的。1998 至 2006 年間，「台塑四寶」完成的總改善件數已高達 16,427 件，平均每年完成 1,825 件，由此取得的直接改善效益超過 305 億元。「如果再加上間接改善效益，單元成本分析法的作用就更大了。」一位高級幕僚驕傲地評價說。

另以 OA（辦公室自動化）表單為例，隨單元成本分析法在各個成本管理領域的深入推行，幕僚一邊改進管理流程，一邊將大量表單全部電腦化，以替代紙表單。截止 2008 年 3 月，台塑集團在台灣、中國大陸以及越南等地投入使用的 OA 表單數量已達 1,909 種，在效率提升和成本節約等方面給企業均帶來巨大利益。如表 10-14 所示，僅僅紙張一項，全企業在 2002 至 2008 六年間就節省了 1 億多元，效果不可謂不明顯。在談到此一方法的重要性時，王永慶無限感慨地回

表 10-13 台塑集團四大公司改善件數及效益統計：1998~2006

公司 \ 年度		1998	1999	2000	2001	2002	2003	2004	2005	2006
台塑公司	改善件數	367	199	227	218	243	284	296	360	406
	改善效益	762,372	1,111,740	840,312	484,440	790,776	789,696	452,568	756,036	739,275
南亞公司	改善件數	2,500	2,282	2,211	645	616	774	963	702	552
	改善效益	2,245,608	2,720,544	3,201,780	1,400,928	1,040,196	1,094,808	1,391,412	1,553,388	1,230,840
台化公司	改善件數	162	218	226	193	225	148	289	293	257
	改善效益	154,644	261,180	237,756	276,624	405,132	221,868	819,720	838,956	1,136,016
台塑化公司	改善件數		3	5	19	27	61	129	172	155
	改善效益		89,196	2,812	60,672	207,024	372,036	847,529	1,556,240	418,657
合計	改善件數	3,029	2,702	2,669	1,075	1,111	1,267	1,677	1,527	1,370
	改善效益	3,162,624	4,182,660	4,282,660	2,222,664	2,443,128	2,478,408	3,511,229	4,704,620	3,524,788

表 10-14 使用表單所節省的紙張費用統計：2002~2008

年度	文件數量	換算紙張數量	成本樽節
2008	4,814,403	9,628,806	5,372,874
2007	29,567,432	59,134,864	32,997,254
2006	27,175,638	54,351,276	30,328,012
2005	16,552,066	33,104,132	18,472,106
2004	10,457,198	20,914,396	11,670,233
2003	1,067,148	2,134,296	1,190,937
2002	81,940	163,880	91,445
合計	89,715,825	179,431,650	100,122,861

＊以平均每張 OA 表單原須使用 2 張 A4 紙計算，共減少 A4 紙張使用 179,431,650 張，另以平均列印成本（企業統購 A4 紙張 0.138 元 / 張）計算，合計節省 100,122,861 元。

憶：「台塑企業百分之九十五的利潤都是內部管理合理化的結果。若非各級幕僚人員點點滴滴追求各種事務的合理化，那麼今天台塑企業十個事業部中會有九個出現虧損！」

在實際操作過程中，王永慶也進一步闡述單元成本的基本概念，以及推行單元成本分析法的基本構想。他具象地比喻：「成本分析之於管理，猶如劈材生火，樹木鋸為木頭，木頭劈為薪材，薪材之大小皆以能產生最大熱量為準，成本分析之細度亦如此，當以達成管理上之需要為限度。」

由此可以看出，單元成本分析法完全是根據實際管理需要由單位成本出發所開發出來的一個基本分析方法，它集中記錄、整理並匯總了由單位成本報表顯示的各種異常點或異常點群。每一張單元成本分析報表的主題也都是由單位成本比較報表中所發生異常的某一項或某一組成本項目名稱轉記而來，目的就在使管理層能夠準確無誤地把握住管理重點，並將其注意力有效吸引至企業需要控制和改善的地方。

王永慶認為，從單位成本到單元成本只是意味著成本管理工作剛剛有了一個起點，下一步的分析與改善環節更重要：他要求專案改善小組的成員，要像剝竹筍一樣，一層層地向成本結構的縱深探索，直至找尋到導致成本發生異動的某個或某幾個具有「高度真實性的成本單項」為止。每個單元均攸關企業的總成本及其結構，所以單元成本分析法重在做到無所不包，鉅細靡遺，點滴俱納。

今後在使用單元成本分析流程時，幕僚人員務必把一個或一組異常作為一個改善單元。成本分析的主旨在於，要在計算成本的過程中把很多細微的單元成本組合成一個單位成本，再由多個單位成本組合成一個完整的產品成本。專案改善小組的基本任務，王永慶總結說，一是要找出各種人事財物等方面的成本和費用支出的不合理情形；二是要動腦筋思考，尋求到合理的成本和費用改善方案。簡單一句話，就是將牽涉到成本或費用的各項要因都追究到最根本的單元成本項目，以求整個成本結構的合理性。

以加工絲改善作業為例：通過單位成本報表，如表 10-15 所示 [11]，專案改善小組的幕僚先將某工廠上一個目標期內的正常品產量（3,012 噸）當作標準，然後與本目標期的正常品產量（2,846 噸）比較後發現，正常品產量下降了 166 噸。雖然總成本沒有發生大的變化，但是因為正常品產量下降導致加工絲的單位成本每公斤增加了 1.88 元，並造成 312,080 元的損失。幕僚通過聯合企業內各方面專家檢討後認定，此一損失屬於重大異常，可列為一個獨立事件，並且認為此一問題「是由多個原因造成的一個簡單結果」，遂將該事件單獨呈報層峰核准立案並實施改善。

整個分析與改善作業由三部分構成：一是將表 10-15 中的資料連同主題一起

表 10-15 加工絲產品單位成本比較簡表

項目	前期	本期
總成本	100,233 千元	100,087 千元
正常品產量	3,012 噸	2,846 噸
單位成本	33.28 元／公斤	35.17 元／公斤

轉記到單元成本分析表，並逐一列明產品名稱、差異數量、檢討項目、交辦事項、改善對策、經辦部門、領導批示、時間地點和責任人員等內容後呈報核准；二是由幕僚人員聯合生產現場組成專案改善小組深入生產一線「找問題，查原因」，以尋求最佳改善方案；三是依據改善方案完成改善作業，並在改善過程結束後另行調整產量目標，推動生產過程進入下一目標循環週期。為簡便起見，本書集中描述專案改善小組的分析過程，用於彰顯王永慶致力於「求取成本結構合理性」的作用及貢獻。

如圖 10-7 所示，以單位成本比較簡表為起點，幕僚繪製出的第一張魚骨圖

---

11 本書稿僅摘錄其中的部分數據，並以簡表方式呈現。

主要分析了本期總產量的基本構成，將其分為正常品和瑕疵品兩部分，其中瑕疵品數量高達 138 噸，約占本期總產量的 5%，由此造成的單元成本為 4,853,460 元（138 噸 ×35.17 元／公斤）。毫無疑問，瑕疵品增加是造成本期正常品產量下降的主要原因。假若此刻能找到解決瑕疵品問題的方案，分析工作可立即告一段落，但顯然還不能，幕僚還需要再把瑕疵品當作一個單元，進一步檢討其背後隱藏的更深層次的背景和原因。

幕僚繪製出的第二張魚骨圖，主要分析了造成瑕疵品發生的六大類要因，並

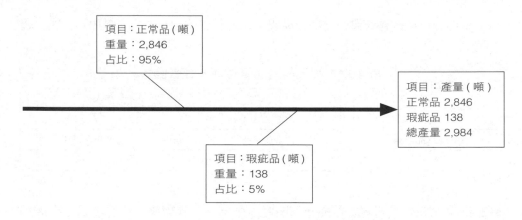

圖 10-7 加工絲產量單元成本分析

分別測算出每一類要因的具體重量和占比，如圖 10-8 所示。其中，起毛是造成瑕疵品發生的主要原因，占比約 46.8%，僅此一項帶來的單元成本就高達 2,275,147.3 元。換句話說，解決了起毛因素，瑕疵品發生比率的下降程度會接近一半。

為獲取這些數據，幕僚使用了諸多測算方法，包括現場勘查、工業工程、類比演算、經驗判斷等內容在內，整個過程既繁瑣又複雜，集中體現了專業管理幕僚的分析與改善功能。然而分析到此，幕僚仍舊無法找尋出一套較為合理的解決

方案，亦即無法找到導致起毛因素的根本原因，所以必須暫時擱置其他因素，再次集中精力以起毛因素為單元，繼續深入分析。

如圖 10-9 所示，導致起毛的要因有六大類，其中由人為因素導致的瑕疵品重量為 19,407kg，占比約 30%，且帶來 682,544.19 元的單元成本。仍舊和上一層次的分析一樣，幕僚根據一個簡單的「人為因素」尚無法得出結論，因為在生

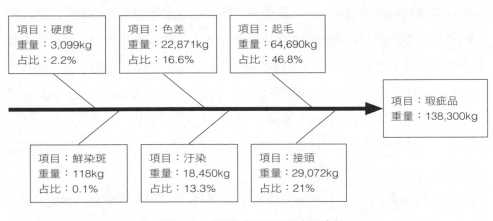

圖 10-8 瑕疵品單元成本分析

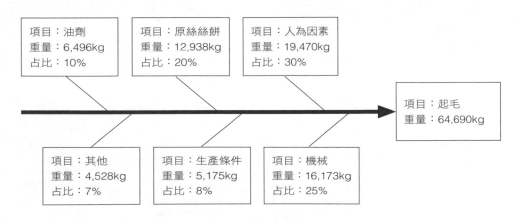

圖 10-9 起毛因素單元成本分析

產過程中，員工與加工絲接觸的點很多，面很廣，他們必須再次暫時擱置其他要因，繼續以人為因素為起點向下推進一層。在電腦技術不甚發達的年代，許多計算工作都要依靠手工完成。僅此一條來看，幕僚的日常檢討工作不可謂不辛苦。

在占比為 30% 的人為因素中，幕僚經分析後發現，如圖 10-10 所示，手觸擦和指甲勾傷這兩項相加後的單元成本為 311,360.01 元，約占人為因素的 45.6%。看樣子，如果解決好員工的雙手與加工絲的接觸問題，人為因素中有近半的困難可以有效克服。另外，如果再考慮到起毛要因在瑕疵品中所占的比例（46.8%），手觸擦和指甲勾傷這兩項要因對整個瑕疵品的影響程度就可以準確估算出來。以此類推，圖 10-8 中所顯示的所有要因的影響程度也可逐一估算出來。此時幕僚要做的是，依據影響程度大小不同排序後，優先解決人為因素；其次是制定新的改善方案，針對其他因素再逐一採取類似措施加以處理。

令人意想不到的是，幕僚針對手觸擦和指甲勾傷提出的解決方案非常簡單：在操作規範中規定一律戴手套。

至此，困擾王永慶多日的加工絲品質改善問題總算得到較圓滿的解決。但聽

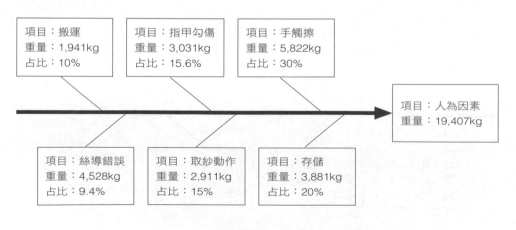

圖 10-10 人為因素單元成本分析

完幕僚的匯報之後，王永慶依舊面露不悅。他說，從表面上看，戴手套只是個簡單的解決辦法，但實際上我更看重的是改善環節結束後，你們如何針對操作規範做進一步的修訂和優化。從分析結果看，在造成瑕疵品發生的諸多要因中，大部分是操作不善或動作不符合標準引起的，所以幕僚人員的分析作業還應以「人機配合」為重心，根據每一次改善活動所取得的經驗逐步優化現場操作方法及其相關規範。

　　更令人意想不到的是，一段時間之後，王永慶又來到工作現場。經過仔細觀察員工的動作及手套的使用情況他發現，加工絲起毛的現象已經沒有了，瑕疵品產量下降了，手套及其管理成本卻上升了，原因是手套的正面磨損之後，不少員工便逕直丟掉並申請換發新手套。於是經過又一番分析檢討之後，王永慶斷然指示：「所有員工應把磨損之後的手套再反過來繼續使用！」

　　手套的成本後來也下降了，可王永慶似乎仍不滿意，他不斷詢問幕僚：「再分析看看，還有沒有其他更好的解決辦法？」

第*11*章
自我開發的電腦化歷程

王永慶與電腦化

1966 年 12 月，王永慶榮獲台灣「第一屆十大傑出企業家」。同年 8 月，美國《生活》（*Life*）雜誌又刊登專文，讚譽王永慶為「自由中國塑膠大王」。王永慶的經營管理才能開始受到世界矚目。在當時的獲獎理由中，除了台塑集團的產業整合、多元成長、總管理處的計畫控制機能、員工福利和人才培養以外，「積極準備將電腦引入企業管理」也是其中之一。

台塑集團在企業管理中正式使用電腦的日期是 1968 年 6 月 12 日。當時僅有的兩部 IBM 360-20 型電腦是一年多以前向美國 IBM 台灣分公司租用的，引進的設備內容包括：打孔機四部、驗孔機三部、分類機一部、多性能卡片機一部，以及中央處理機和印表機各一。這批機器設備率先在南亞公司投入使用，早期主要從事銷售分析和材料管制，並協助管理階層定期編製產品存量日報表、產品異動日報表、客戶別銷售日報表、材料異動旬報表、材料領用出帳科目分類明細表等 19 種管理報表。

如圖 11-1 及如前所述，為使用好這批機器設備，王永慶先是在 1966 年初下令由總管理處企劃室負責籌畫電腦化管理作業，又於次年中在總管理處專門成立電腦中心，分設電腦操作和電腦計畫兩個科室，並雇請十幾位專精幕僚負責軟體設計、操作和推廣工作。自此，台塑集團的電腦化歷程正式拉開序幕。在此期間，王永慶以過人的智慧和毅力，戰勝各種艱難困苦，使台塑集團不僅在十幾年後成功開發出自己的 ERP，更經由電腦化順利邁上許多大型集團企業可望而不可即的「精細化管理」之路。

據記載，企劃室電腦幕僚首先針對南亞公司行銷業務的處理程序，包括從接受訂單到通知生產管制部門，從成品繳庫到送達客戶以及其後的統計工作等等，均詳細調查，又認真分析和整理各種憑單報表、事務處理方式、傳遞流程等，甚

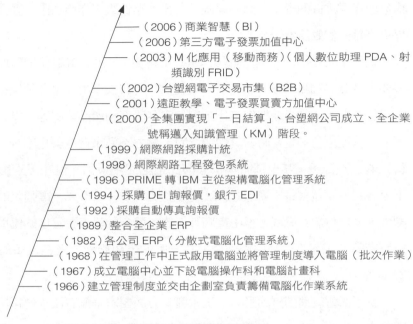

（2006）商業智慧（BI）
（2006）第三方電子發票加值中心
（2003）M 化應用（移動商務）（個人數位助理 PDA、射頻識別 FRID）
（2002）台塑網電子交易市集（B2B）
（2001）遠距教學、電子發票買賣方加值中心
（2000）全集團實現「一日結算」、台塑網公司成立、全企業號稱邁入知識管理（KM）階段。
（1999）網際網路採購計統
（1998）網際網路工程發包系統
（1996）PRIME 轉 IBM 主從架構電腦化管理系統
（1994）採購 DEI 詢報價，銀行 EDI
（1992）採購自動傳真詢報價
（1989）整合全企業 ERP
（1982）各公司 ERP（分散式電腦化管理系統）
（1968）在管理工作中正式啟用電腦並將管理制度導入電腦（批次作業）
（1967）成立電腦中心並下設電腦操作科和電腦計畫科
（1966）建立管理制度並交由企劃室負責籌備電腦化作業系統

圖 11-1 台塑集團的電腦化歷程

至還在許多領域著手重新設計各種表單並建立事務處理的新規則和新制度；最後是深入基層單位與各級產銷主管反覆檢討修改，逐步使新的表單、制度和流程全部納入並適合電腦作業過程。

1968 年 11 月，新東公司經過半年多籌備也開始將各項管理制度導入電腦，十幾種新設計的電腦表單預計可自當年 12 月 1 日起投入使用。例如就材料管理作業而言，除了全部借用南亞公司剛剛使用半年多的表單和制度，幕僚圍繞客戶訂單、用料預估、請購、訂購、驗收、入庫、領用、料帳記錄、用料分析等作業環節，著手補充編製各種表單填列說明，設計電腦作業程序及寫作程式。

電腦幕僚的早期設計作業重點主要集中在事務處理、傳遞流程以及電腦化表單層面，但很快的便按照王永慶的要求逐步向生產管理中的程序控制和成本計算等領域拓展。此一時期電腦幕僚的作業內容和目的，主要是為加強部門與部門、

作業與作業之間的聯繫，減少或避免各種重複性人工作業活動，並及時向經營者提供產銷整體動態資訊。

如圖 11-2 所示（台塑集團於 1966 年繪製），由於電腦作業對原始憑單的內容要求甚為詳細和嚴謹，加上工作人員要在所有表單中填寫各種編號，故而促使各單位要做大量的事前準備工作，例如庫存清理和產品編碼等，遂給各單位帶來巨大的管理壓力。就當時的具體情況看，壓力不僅來自電腦化本身，更來自幹部員工的心理障礙，甚至還有不少人因此拒絕使用電腦，但在王永慶的強力推動下，各業務單位與電腦幕僚之間「尚能通力合作」。不久，電腦化的威力便開始顯現。各單位欣然發現，經由電腦製作的各種會計報表對管理的協助作用遠遠超過原有的人工報表，其中僅南亞公司一家的表單數量，就在短短的三個月內從 77 種減少至 28 種。

為了減輕管理階層的壓力，王永慶一方面要求幕僚廣泛宣傳電腦化對提升管理效率的作用和好處，另一方面又再次悄然調整電腦化作業的區域和重心。他認為，電腦化不宜一開始就瞄準如何代替人的工作，而應該考慮如何把工作區域和重心放在「人力在時效和深度上做不到的那些作業上」。換句話說，電腦化的目的不是為了減人，而是提升工作效率。就目前已取得的成績看，電腦可提供人力無法提供的資訊或數據，電腦用於管理可發揮出人力所不能及的時效和深度。例如材料管制工作，電腦作業的重心就應該放在如何做好存量管制和防止呆料上，而不是一味地增加記帳和盤點工作人員的數量或負擔。

王永慶在當時推動電腦化的思路顯然是正確的。如果把電腦定位為取代人工，必定會給剛剛開始不久的電腦化進程帶來更大阻力。當然以今天的眼光看，王永慶回憶，究竟在哪些領域使用電腦，以及以多快速度推動電腦化，還要與使用人工的成本進行比較後才能確定。倘若純粹從節省人工的角度推動，即便是在當時人工價格昂貴的美國，機器處理的成本也不比人工便宜多少。

在 21 世紀的今天，電腦早已是普通消費品，並廣泛應用於企業管理。但在

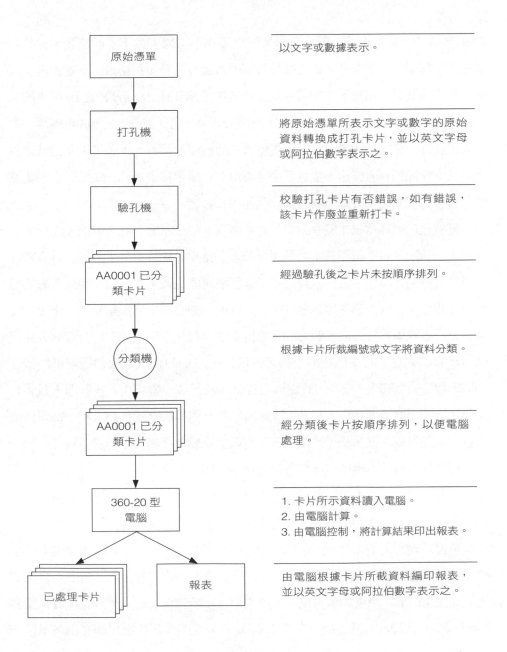

圖 11-2 台塑集團最早繪製的電腦資料處理程序

1960 年代中後期的台灣，電腦仍是個新生事物，一般人並不了解電腦，當然更談不上如何用於企業管理。加上此一時期的電腦性能差、價格貴，一般企業並沒有注意到它的強大用途。美國管理學家雅各比（Neil H. Jacoby）的 1969 年的文章顯示，1950 年全美國只有幾部電腦應用於企業管理，到 1968 年底也僅增加到了兩萬多部。從這個角度看，王永慶儘管當時已年過半百，但仍能在早期就敏銳地意識到電腦的巨大作用，並且不遺餘力地在企業中推廣，此一決策對台塑集團強化自身管理基礎建設顯然具有決定性作用和影響。

電腦化從哪裡做起才能收到事倍功半之效，是王永慶一直考慮的重點所在。在引入電腦前，台塑集團基本上是用人工方式蒐集、統計並分析各類會計資料，不僅費時費力，時效上也根本滿足不了管理階層的決策需要。當初租用電腦的目的只是想借用電腦快速處理數據的能力，以便為經營者提供準確數據，王永慶這應該是今後要繼續努力的一個方向。但他很快發現，處理數據儘管是電腦要完成的一項最基礎性任務，但實際上仍等同於此一時期的企業電腦化管理仍停留在「有電無腦」的階段。況且由於電腦在當時普及很快，難免在一些管理人員和普通員工之間引發陣陣恐慌。許多人竟錯誤地認為電腦將全面代替人腦，進而造成大批人員閒置或失業。員工恐慌乃至從心理上演變為抵制使用電腦，居然使得一些管理幹部一時找不到如何推行電腦化管理的切入口。

在那一時期，王永慶推動電腦化管理的整體思路可從以下幾方面觀察：一是由幕僚協助各公司使用電腦並逐步推行「制度化作業整理方案」，目的在於把一些繁重而單調的人工作業交由電腦完成，以便提高作業效率；二是各事業部的生產安排均應強調引入電腦作業，重點是建立表單化生產管理流程，目的在於節省人力、追求時效、降低成本且使各項生產安排富於彈性；三是下令電腦幕僚繪製「資料處理程序操作路線圖」，並配以簡要文字說明作為作業規範交由各單位統一執行。

在此可用一句話概括王永慶的基本思路：「電腦化管理要做到有電有腦。」

他認為，所謂「有電有腦」正是指「制度電腦化」，沒有導入制度的電腦化無異於「無電無腦」。新成立的電腦中心中的幾十名專精幕僚的確也是按照王永慶的這一思路開展工作的。雖然此項工作是在南亞公司率先推動，但是真正取得王永慶所期望的管理效果則是在台塑公司。台塑的主打產品是 PVC 粉，新東公司解散之後，台塑一直專注於整合 PVC 粉生產流程，使得產量和品質都大幅提高。1979 年王永慶在美國大肆收購化工廠也是從 PVC 粉生產開始的，幾年之後台塑就成了全球最大的 PVC 粉生產商。台塑的 PVC 事業後來之所以能做到全球最大，應該與王永慶堅持通過電腦化管理改善產銷流程密切相關。

1970 年，台塑公司僅一個塑膠事業部就設有 6 間工廠，分別涉及從氯乙烯到 PVC 粉生產的各個環節。塑膠事業部的最佳生產安排取決於各工廠之間的產銷平衡，任何一個環節發生異常，都有可能成為影響整個公司績效提升的瓶頸。如果用人工安排生產，需要考慮的生產性因素多達 612 種，其中有 254 種屬例行設定值，有 246 種需要通過計算才能獲得，剩餘的則是變動因素，數量計有105 種。通常情況下，例行設定值的變化相對穩定，管理人員只需隨季節或年度調整即可，但 246 種計算值和 105 種變動值卻極易受市場價格和供需關係的影響，有些影響甚至發生在海外市場，如果幕僚的計算或預測失誤，對企業經營造成的後果將難以預料。

當時的實際情況是，每當一項因素發生變動時，塑膠事業部經理室的各個幕僚單位就會迅速組成一個專案小組，夜以繼日地計算出全事業部各工廠的最佳生產條件等基本資料。該小組首先依據 PVC 廠的產銷計畫擬定生產配方，再估算出各種原料的需求量，最後是核算出各工廠的產量和成本，如此反覆多次才能求證出一組符合最佳經濟規模的生產組合條件。有時候，如果海外石化原料市場價格發生波動，該小組還要迅速分析變動原因，尋找新的最佳組合條件並結合實際生產能力來判定新的生產安排是否最為合理。

後來為了工作方便，塑膠事業部在原有組成人員的基礎上乾脆又成立一個擁

有固定編制的核算小組。儘管該小組可隨時投入工作，但仍疲於奔命。雖然每次都投入大量人力物力，並按多年摸索出的經驗制訂人工作業程序來開展工作，時效上卻仍舊不能滿足實際生產需要。每次計算所花費的時間大約一週，既延誤生產進度又影響生產績效。為此，塑膠事業部決定引入電腦，並由電腦完成整個計算過程。

早期的人工作業程序十分複雜，按照 PVC 生產流程可劃分為如下多個人工計算工序（步驟）：

一、關注上游乙烯供應量及價格變動、進口 EDC（二氯乙烷）和 VCM（氯乙烯）供應量及價格變動、其他原、副料供應量及價格變動。

二、事業部經理根據上游原料供應量及價格變動情況，決定是否進行分析。

三、若需分析，則由事業部經理室各幕僚單位，如 PVC 組、VCM 組、鹼氯組、經營分析組、管理組等，各抽調一名幕僚組成專案小組。

四、該小組首先按照配方計算出各種原、副料的需求量、各工廠開機率等；若需進口，還要再計算出進口量和價格。

五、其次是擬定要生產的各類 PVC 粉的數量和價格。如果產品出口，則還要擬定出口量和外銷價格。

六、最後是根據產量再計算出生產成本。

引入電腦作業安排的關鍵是：是否適合生產課的具體要求、編訂的程序是否能夠根據實際情況調整。也就是說，如此建立的電腦化生產管理制度是否符合實際的生產需要。什麼叫符合生產需要，王永慶將之定義為「制度表單化和表單電腦化」，即用最簡單明瞭、具有固定格式、內容完整的表格將各項生產制度穩定下來，並明訂為正式的電腦化生產管理表單。

可萬事起頭難，電腦化管理工作也一樣。早期的電腦化過程是在人工與電腦

交替使用中一路走過來的。有時候一項人工作業電腦化之後，幕僚卻突然發現無以為繼，於是又恢復為手工作業，幾天之後又再次嘗試推動電腦化。仍以上述 PVC 生產管理過程中的人工計算作業為例，專案小組的幕僚經過多次摸索、反覆和研討，終於把前述人工作業的相關程序「硬是一點一滴地轉換成相關電腦作業程序」，其間究竟流了多少汗水，付出多大代價，恐怕只有王永慶本人和他的電腦幕僚心中最清楚：

　　一、由總管理處總經理室電腦組與台塑公司塑膠事業部經理室聯合組成專案工作小組共同研擬電腦化作業管理制度。

　　二、蒐集現有人工作業資料並加以研究。

　　三、設定各種因素之編號（612 種）。編號原則上由三位數構成：第一位是成本大類別，第二位元是產品別名稱，第三位是成本流水號。

　　四、設定各種人工計算公式（264 種），並以所設定之編號列示。

　　五、設定電腦視窗輸入（PVC 成本分析條件表）105 種可變因素。

　　六、提供季節性變動或半年變動或全年變動之固定設定值以供電腦建檔（254 種）。

　　七、設定電腦視窗輸出共有 4 種（事業利益分析、PVC 粉利益分析、仁武鹼廠利益分析、前鎮鹼廠利益分析）。

　　八、電腦技術人員根據上列所提供之數據，開始進行電腦制度之設定。

　　九、納入電腦作業後，原由人工計算報表配合修改為電腦報表。

　　十、電腦程式製作與系統之測定。

　　十一、制定電腦使用制度化的具體辦法並試行。

　　十二、試行後應與實際數據進行核對，並配合電腦化管理制度，針對所暴露出的異常問題逐項加以修改。

　　十三、正式試行。

上述電腦程式中新開發出的管理表單簡單有效，易於執行，對推動塑膠事業部生產管理電腦化發揮了巨大作用，並使王永慶漸漸感覺到，制度、表單和電腦已成為台塑集團管理系統不可或缺的三大關鍵因素。當然，電腦化為塑膠事業部的生產管理和改善工作帶來的巨大效益，顯然已成為說服全體幹部和員工積極使用電腦的最佳理由。

現在，該事業部開展的生產排程、成本預估、預算編製、效益分析等管理作業，都可統統交由電腦完成。原來 6 人 8 天才能完成的複雜計算任務，現在電腦不到 1 小時即可完成，而且不會出現任何差錯。對實施產銷一元化經營制度的塑膠事業部來說，電腦化不僅提升其迅速應對市場變化的能力，還節省了大量的人力和物力成本，其中僅人工一項，每次計算過程可節省 383 個工時，約合 23,500 元。

1980 年初，上述專案工作小組在克服重重困難之後，硬是在前述人工作業電腦化的基礎上完成了一套「PVC 生產安排最佳決策分析電腦作業系統」。該系統可將塑膠原料的生產任務、原料價格、標準成本、產銷數據等資訊輸入電腦，並在 30 秒內自動生成對超過 600 種相關物料，包括生產總成本在內的一系列統計分析報告。面對此一成果，台塑集團的生產管理過程總算由此實現從「先幹後算」到「先算後幹」的模式轉變。

制度表單化與表單電腦化

在肯定成績的同時，王永慶緊接著又下令由上述專案改善小組繼續在集團各事業單位逐一推行更高層級和更廣範圍的電腦化工作。這就是王永慶的作風和魄力，他總是善於使用最專精的人力完成意義最為普遍的事情。如此推行的結果是，他的策略思考始終能占領企業管理的制高點，既能在短期內收到一舉多得之效，又能在長期內奠定企業經營管理的制度化基礎。

　　王永慶深深感受到電腦化的重要性。如前所述,幾乎是在推動組織變革的同時,王永慶發覺電腦用於企業管理非常重要,遂不遺餘力推動企業的電腦化建設。所謂「建設」,並非簡單地購買電腦硬體供內部使用,而是堅持獨立開發軟體系統用於企業管理。他說:「電腦軟體和管理密切相關,硬體可以用錢買,管理軟體卻一定要自己做。」

　　他多次對改善小組的幕僚說,電腦已廣泛應用於企業管理,並對制度改善工作的品質提出更嚴格的控制性要求。他舉例,日本雖已是工業開發國家,不少企業都已採用電腦管理,但據日本一位管理專家稱,日本企業使用電腦的多,但不能真正將電腦應用於管理的企業為數也不少。這些企業不得已只好維持兩套作業方法,即人工做,電腦也做,不僅開支龐大,比過去更浪費,效率也不高。如今台塑企業已開始引入電腦管理,我們決不能再走日本企業的路,一定要有追根究柢的精神,先準確地將各種管理資訊和事實用數據表示出來,再輸入表單,供各有關單位共同使用,如會計、採購、生產等部門,如此方能達到質與量的要求和目的。

　　王永慶的這一做法在世界大型集團企業,尤其是製造業企業中比較罕見──它由此徹底改變了台塑集團的生產管理及商務發展模式。相較於西方老牌集團企業,台塑集團電腦化的特色不僅是堅持自我開發和自我完善,而且因為更加迎合企業自身實際發展需要,從而給企業帶來低成本、扁平化、精細化與執行力等持續競爭優勢。在此,「持續」二字是指其競爭優勢不可模仿,如果可以模仿,就不是持續競爭優勢了。

　　研究表明,王永慶不僅覺察到電腦用於企業管理的重要性,同時親力親為,指導總管理處幕僚成功搭建起電腦作業系統的基本架構。甚至在最忙碌的歲月裡,他從確定管制項目和範圍,再到設定各項管制基準等等,所有重大設計活動都要親自參加。例如資材作業就是台塑集團最先納入電腦化控制的管理項目:西方企業針對庫存材料及成品管理均有規定好的盤點辦法,而台塑目前的做法卻很

落後——先將盤點後的各種貨品項目、數量和金額造表，再由經辦人員呈報主管、廠長或經理逐級逐層蓋章確認。經辦人可能認為，既然有主管蓋章，就意味著報表審查通過，自己也就沒有責任了。經辦人花費心血將倉庫裡的所有東西一一記在表上呈報給主管審查，但主管只蓋個章了事，這根本就是走過場，不是科學管理意義上的材料處理與控制，當然更談不到如何進一步使用電腦進行管理，原因顯而易見：將這張表格置之不理無異於是將倉庫裡的東西棄置不管。

隨利潤中心和成本中心制度在整個集團全面推行，總管理處及各公司幕僚可通過電腦平台匯總產銷一線的數據和資料，再回饋經過會計處理後的報表和資訊，包括利潤和成本資料在內，並由此在企業內形成多條及時而便捷的信號傳遞管道。應該說，電腦化對台塑集團生產管理和商務模式的改變是全方位的、基礎性的，不僅可據此減少冗員，簡化工作流程，同時可提升工作品質和決策效率。

以會計工作為例：早期的台塑集團曾大量聘用會計人員，然而電腦化後，企業的營業額雖成長了四倍，會計人員卻不僅沒有增加，反而減少了三分之一。其中的原因，並不是純粹因為電腦可簡單取代人工，而是因為大部分會計職能隨電腦化一起分散到各個職能部門，甚至連非會計人員也承擔起部分會計職能[1]。

在此，可以這樣簡單形容電腦化對台塑集團管理系統的提升作用：整個企業的管理事務和流程可縮減為以幾十張報表為核心的一個電子系統。特別是成本管理，過去基本上由財務會計部門主導，現在卻差不多完全分散了。旗下各責任中心主管因為需要大量會計資訊用以支持決策和績效評核，經常會撇開會計人員，自己主動去蒐集成本資料。不僅管理階層如此，甚至連一線生產員工在這方面的需求也很大。員工自我需求的成長無疑給整個成本管理流程注入一股巨大活力，企業由此自發形成了人人主動參與成本管理的局面。

反過來說，管理階層和員工的這一變化又給幕僚人員帶來管理壓力，促使後者既要具備更加廣博的知識和嫻熟的資訊駕馭能力，又要花費更多的時間思考、設計和開發新的成本管理系統和流程，並著力解決與之相關的各項實施細則和組

織行為方式等問題。

　　為確保資訊暢通，除了強調從源頭上確保數據的準確性和及時性（就源一次輸入）以外，王永慶把那一時期電腦化的重點放在表單的整理和設計。在變革最激烈的歲月裡，王永慶帶領他的幕僚團隊夜以繼日，逐一精簡和優化全集團的所有表單，每一套作業程序的開發都要在每天由王永慶親自主持的午餐會上提出討論。他說：「除了原則指示外，每一張報表、每一個欄位、每一個字都要有效，有沒有機能？是不是最精簡？多一個小數點都不行！」

　　其中較令人矚目的是，台塑集團的幕僚人員還自創了一批管理會計表單。這批表單數量雖不多，卻大多具備比較功能，對提升台塑集團異常管理的水準功不可沒。用王永慶的話說，設計這批表單的主要目的就是為了反映問題，因為在責任經營體制下，各基層單位的責任目標已十分明確，此時如果通過電腦並以制度化和例行化方式不斷揭示問題，採取糾偏措施，管理系統為基層員工完成利潤目標所提供的支援才可說是最有效的。

　　表單是管理複雜化和分權化的產物。隨企業規模擴大，經營者有多種方法去了解業務進度和員工狀態，比如非正式溝通、定期財務稽核、特別調查與分析等等，但時效性以及廣度和深度卻遠不如正式管理報表，尤其是一些添加了簡要圖形和文字的統計表單，對大型集團企業克服大企業病，進而提升管理效率益發顯得重要。然而令人意想不到的是，王永慶最早決定啟動「制度表單化作業」，竟是在改變公家機關所使用表單的基礎上完成的。

　　1967 年，王永慶因不堪忍受冬山電石廠呈送的會計報表，決定對該廠使用的所有表單進行整改。冬山電石廠最早是一家獨立公司，成立於 1961 年，以產銷電石（PVC 的上游原料）為主要業務，不僅管理人員大多來自公營的台灣肥

1　例如在台塑集團的電腦化特色中，就要求一線員工必須具備「就源一次輸入」的本領。如果不了解會計工作的基本原理，許多員工將因為看不懂內部會計報表而給自己的日常工作帶來諸多不便。

料公司，連許多管理制度和表單也全盤照搬自台肥。台塑集團 1967 年接管冬山電石廠後王永慶發現，台肥的表單完全是公家機關的表單樣式，與台塑集團已有的表單差別很大。經進一步調查，王永慶還發現，冬山電石廠使用表單中的很多欄位，要麼幹部員工從未填寫過，要麼需要填註許多廢話，不僅浪費時間，也頗消耗紙張。

王永慶為此專門聘請一位能幹的廠長，主要從簡化各項業務手續著手，先是舉辦一系列在職人員培訓班，接著在生產技術改善、品管制度建立、預防保養措施推動以及表格設計與改善等領域做了大量準備工作，最後由王永慶親自下令在該廠成立一個表單審定小組。該小組設審定委員近十名，另設幹事一名，由廠長任召集人，各生產課課長、股長擔任審定委員。審定小組的主要任務是要建立一套表單及其管理制度，並且規定冬山電石廠各部門所使用的表單必須經過該小組檢討與改善後才能付印使用。

就在審定小組即將投入工作前，王永慶再次說明他對改革表單制度的想法。他認為，一個企業的報表制度應能滿足所有層級的管理需要，而且層級越高，表單提供的資訊應該越簡縮。也就是說，除了簡單實用，表單制度的結構和效果應該具有一致性。目前台塑、南亞和台化三家公司雖基本採用同樣的管理制度，同樣的一套記錄報表，同樣的蒐集及傳達資料的程序，但是報表的管理效果卻截然不同。

審定小組首先從設定表單編製及管理的基本要件著手準備，尤其表單制度在設計時就要從客觀角度為閱讀者、填寫者以及用戶著想，通過改善表單的設計與運轉環節，使上述三者的工作更便捷、更高效。當然，這也是成立審定小組的目的：新建立的報表系統如何才能運轉良好，以便使企業內部的閱讀者、填寫者以及使用者的使用過程更便捷和更有效率。

於是幕僚分別從企業的組織結構、管理機能、管理許可權、管理時效性、資料真實性，以及報表編製規律和要求等角度，提出推動報表制度改革並改善表單

編製及管理流程的基本要件。若全企業都能像冬山電石廠這樣做到點滴俱納,累積起來的節約效果將十分巨大。王永慶表示,最近各單位都使用電腦管理,如果這些表單能再納入電腦體系,相形之下效果更是不可估量,主要有以下幾點:

● 配合公司的組織結構及管理機能。報表必須交付負責相關統計內容的某級主管並符合其管理需求,因為只有該主管有能力和許可權控制該項工作並適時採取行動。

● 表單編製的時效性設計。管理表單的編製務必具有時效性。如果報表僅提供事後和歷史資訊,將影響其控制功能。要及時編製報表,就需要相關單位做好平時記錄並系統化處理,否則就會影響到主管及時做出決策。

● 表單編製的真實性設計。如果報表內容不真實甚至弄虛作假,主管將難以做出正確決策,有時甚至會導致其做出錯誤決定。

● 表單要側重反映重要事項。報表要注意顯示少數包含有重大差異資訊的會計項目,以便主管無須閱讀全部內容或花費大量時間即可迅速注意到重要問題之所在。

● 表單編製的規律性設計。報表應定時定期編製,如此不僅可協助主管人員順利推展分析、改善與控制工作,同時有利於其編訂工作計畫。

● 表單設計應力求簡單、清楚、易解。報表欄位的排列應符合閱讀邏輯和習慣,且內容要有系統性、條理性,方能有效引導主管閱讀,並完全了解事情全貌。

● 表單設計應具有預測功能。報表不僅須提供過去資料,還應包含預測資訊。對管理者來說,「趨勢顯示」可能比確定短期利潤資料更為有用。

● 表單的比較分析功能。在益趨複雜的現代企業管理中,僅僅列出數字的報表是不合格的,還應該考慮添加多層次的比較功能,既可考慮把實際數字與預算或其他標準加以比較,也可考慮與上期、上年度同期或同業最佳實績等進行比

較，以便發現差異，求其原因並採取行動。

● 表單的回饋機制設計。報表數據送出後，應該有所回饋，才能及時掌控工作進度或目標實現程度，以便發現問題並及時做出調整。

● 作為考核工具的表單設計。分析和比較報表數據後，可得其差異數和原因所在。成績良好者可據此嘉獎，成績不好者可據此責其改進。對集團企業而言，賞罰分明是提高效率的重要手段。

幕僚編寫的基本要件猶如一部管理學教材。審定小組先在冬山電石廠試行並按計畫逐步推動。審定小組致力於表單改革的具體工作主要包括以下四個步驟：

一、在審定小組之下設立表單管制中心，工作重點是建立冬山電石廠表單管理制度，包括表單目的、表單設計、表單運轉與表單管制等等。

二、各部門應將目前使用的所有表單樣本，連同說明書等檔案一起送管制中心審查檢討，統一編號，未經該中心同意，任何單位均不得付印使用。

三、各部門若需要啟用新表單，應將設計底樣連同申請書送交管制中心審查編號，經批准後始得付印使用。

四、各部門除在員工中廣泛講解表單的重要性和意義以外，還應採取獎金及物質獎勵等手段，鼓勵各單位及員工使用新表單。

在那段時間，審定小組幾乎成了全廠最忙碌的部門。人們突然發現，表單編製並非想像中的那麼簡單，而是一項大工程，不僅耗時耗力，還要動腦筋想辦法。為符合各使用者的要求，全體委員差不多每週都要召開二至三次會議，需要審查的表單種類既多且廣，內容涉及會計、人事、生產、銷售、採購、工程等多個業務領域，具體的審定內容包括表單主題、欄目、呈送路線、複寫份數刪減、不必要項目剔除，以及核章、線條、格局、紙質至排列等事項。經過審定小組及

其表單管制中心的共同努力，表單管理工作逐漸步入正軌，未審定前存在的一些雜亂無章和目標不明確等無序現象大為減少。

王永慶大加讚賞審定小組的工作，他要求總管理處總經理室幕僚應把冬山電石廠的表單改善經驗加以整理並在全企業推廣。他說，一個企業的經營結果，不外乎賺錢和賠錢兩種情形。不少企業因為缺乏表單管理而無法開展經營分析和問題診斷，對會不會賺錢或會不會虧錢等關鍵問題往往只能猜測，無法做出準確判斷。他一邊說一邊拿出自己的筆記本，把他在冬山電石廠觀察到的表單化成果逐一講給大家聽：

- 作業員請假單經改善後取得的成效主要體現在以下三個方面：
  - 節省的時間。本表改善後每次可節省作業時間 5 分鐘，若以每日 5 人請假，則一年可節省 152 小時。
  - 節省的人件費。本表改善後每次可節省人件費 3 元，每日以 5 件計，每年可節省人件費 5,475 元。
  - 節省的材料費。本表改善後每年每人僅須本表 1 張，但改善前每請假 1 次就需 1 張，照此計算，本表改善後每年約可節省材料費 395 元。
- 電石繳庫運送日報表經重新設計後，取消了電石生產日報表、電石庫存日報表、電石運送單和成品繳庫單 4 種報表，所節省的時間、人件費及材料費，各位可想而知。
- 職工福利社所用之轉帳憑單及進貨通知單，在改善前須要經過 6 次核單蓋章，但經審定小組開會檢討後，認為只須 3 個核章即可，結果這兩份表單因為流程和手續簡化而節省不少時間。
- 作業員離職申請通知單的檢討改善工作也頗有成績。本來離職申請與通知是分開辦理的，作業員離職必須先提出離職申請，經獲准後方可通知離職。經審定小組改善後，決定將兩個手續合併辦理，不僅減少紙張及印刷費用，更重要

的是因此減少了作業準備、閱讀和約談、通知和傳達，以及建檔和歸檔等工作。

● 冬山電石廠的表單制度經改善後，各部門及課室間的聯絡、運轉較過去更方便、更敏捷。當然，一張表單經改善後，還不能算是做到十全十美，以後還應該再研究，再改善。

開源節流：從電腦化到管理合理化

在整個 1970 年代，一如眾多大型石化企業，台塑集團也經歷了兩次石油危機。在王永慶眼中，企業在 1960 年代中後期奠定的管理基礎，是台塑集團能安然度過兩次危機的根本保證。換句話說，兩次危機見證了王永慶於 1960 年代中開始推動管理變革所取得的積極成果，這使他更加堅信管理基礎建設對大集團企業成長的必要性和重要性。他發現，在兩次危機中，直線生產與直線幕僚兩條體系表現出較強的合作性，使得整個管理系統可依託日漸成熟的電腦化作業發揮出其應有的整體性力量。

如圖 11-3 所示，至 1980 年，台塑集團的電腦管理處已演變為總管理處的一個獨立部門，下轄企劃科、程式設計一科、程式設計二科、資料科和操作科五個科室。另如表 11-1 所示，當年度台塑集團投入電腦化的專職人員已達 262 人。此時的電腦系統龐大而複雜，不僅包含營業管理、資材管理、工程管理、生產管理、人事管理、會計帳務處理、財務管理和經營分析八大系統，每一系統又包含有 3 到 7 個子系統，甚至僅程式設計一項雇請的人員數量就足以抵得上一家大型軟體公司。電腦管理處租用和購買的 19 部主機每天 24 小時運轉，處理著排山倒海般的數據和資料。以台北主機房為例：該機房每天要使用一千多卷磁帶，每月輸入並處理的數據量高達 80 萬筆（已經比上線前的 160 萬筆降低了一半，原因是大部分數據已經由主機自動處理了）。

王永慶的信心和決心顯然是台塑集團推動電腦化成功的關鍵。在當時的台

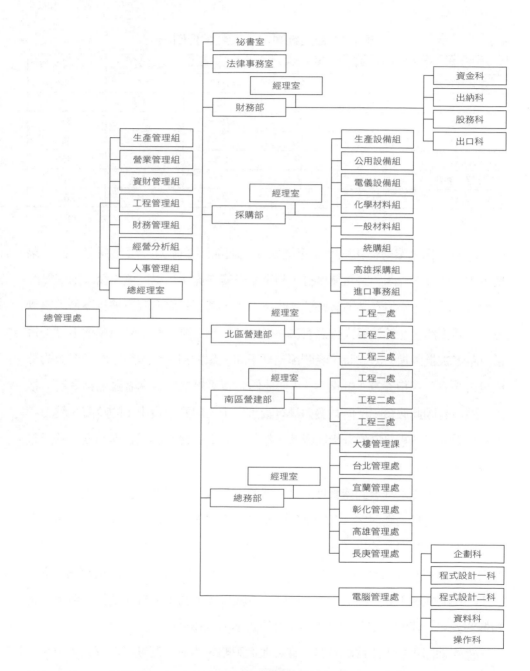

圖 11-3 台塑集團總管理處組織結構圖：1980

表 11-1 台塑集團電腦人員配置明細

	企劃人員	程式設計	操作人員	資料製作	合計
電腦管理處	9	25	21	47	102
南亞公司	－	25	12	1	38
台化公司	－	24	8	1	33
台塑公司	－	18	6	7	31
長庚醫院	－	17	23	6	46
新茂、朝陽	－	7	1	4	12
合計	9	116	71	66	262

灣，許多關係企業紛紛仿效台塑集團成立電腦部門並強力推行電腦化，但結果是，不少企業在一開始時雷厲風行，到半途時變得虎頭蛇尾，再到後來則悄無聲息地折回原點，不但管理階層被認為改革不力，甚至就連老闆也被認為是領導無方。究其根源，在於領導人雖然有決心但堅持不夠，雖然有策略但授權不足；每當改革者被批評權力太大時，老闆卻充耳不聞。想當初，台塑集團總管理處的幕僚也曾被各公司指責為「紅衛兵」，把他們的做事風格比做拿著雞毛當令箭，但王永慶沒有因此放棄，反而益發力排眾議，用十幾年乃至幾十年的時間、精力和耐心全力支持各級幕僚的分析與改善工作，親身參與修訂各項管理制度，甚至包括每一張表單。

有一天，王永慶看到總管理處財務部的一張表單的表頭中寫有「預計沖銷日期」和「年月日」幾個字，當即把財務主管找來，讓他解釋為什麼預計沖銷日期要六個字，而相對應的日期只有年月日三個字。兩者放在一起顯然是前長後短，既浪費表格空間又使版面不對稱。看著財務主管一臉困惑，王永慶接著說道：「把『預計沖銷日期』壓縮為『預沖日』不就可以了嗎！」自此之後，他下令把類似的表單一律改為按預沖日和年月日的對稱方式排列。

重視細節正是王永慶的致勝法寶。他從策略、組織、制度、流程到表單幾乎樣樣過問，全力推動，簡直到了鉅細靡遺的地步。他的基本想法是：電腦化管理

作業不僅是一種管理工具，更是台塑集團追求管理創新的廣闊平台。只要現行人工作業流程能被電腦「替代」，就意味著台塑集團的管理工作仍有改善的空間。以財務會計工作為例，王永慶認為，財務會計人員是經營者的眼睛，除了要「替老闆看住錢包」以外，最主要的還是如何透過會計方法整理、匯總、比較整個經營數據和資料，編製成各項財務及經營管理報表，目的在於檢討經營得失，為制訂經營規劃、計畫及拓展市場業務提供參考。

隨企業電腦化管理水準提升，王永慶回憶，他益發感覺到會計人員在企業管理中扮演的角色日漸重要，於是下令在原成本會計和責任會計的基礎上，設立管理會計職位，並凸顯管理會計人員的管理職責。他認為，會計人員不能只會開票、記帳、計算及編製報表，而必須向經營者提供有益於企業決策及管理的數據和資料。在過去，企業的大部分會計工作必須依靠人工才能完成，因而無法開展真正意義上的管理會計活動，但現在看來條件已然成熟，許多例行的會計工作可依靠電腦完成。在台塑集團現有的管理制度體系中，與會計活動有關的章節內容十分重要，因此要朝「管理會計」方向發展，並仰賴管理會計人員據以完成知識含量更高的審核、稽核與分析等工作。

會計作業全面電腦化是實施管理會計制度的關鍵。至 1976 年，台塑、南亞和台化三公司的局部帳務電腦化工作已經基本成型，但此時的電腦化內容仍以替代人工作業為主，尚無法充分發揮管理機能。然而到了 1980 年前後，台塑集團為提升電腦化的整體管理效率，又相繼投入數億元資金，不僅把營業、生產、人事、資材、工程和財務六大管理作業機能納入電腦處理，同時完成了台灣各廠區的電腦連線作業。其中，會計作業全面電腦化是最重要的環節之一，企業可將會計帳務、成本管理及預算管理（經營計畫）等納入電腦作業，並透過電腦進行計算、匯總、比較、分析、列印各項財務及經營管理報表。

從點的角度看，以「提供給經營者資料的時效性」和「會計人員的數量變化」為例，經由會計作業全面電腦化給各個管理領域均帶來巨大變化。當問及電

腦化在財務會計領域的最大功效時，王永慶解釋，當時看來主要是促使一般性財務會計作業轉向管理會計作業，或者說促使一般性會計人員具備管理會計的基本功能。但現在看來，這批新型會計人員主要擔負了「設計、制定和推動執行管理會計制度的重責大任」，他們在實務上可透過電腦列印各種經營管理報表及異常反應數據，提供給經營者作為決策及改善的依據和參考。此一措施的直接或間接管理變化是多方面的、多層次的且效果實實在在，例如：

● 人工結帳作業實現自動化。南亞公司在實施會計作業電腦化之前，主要採取的是批次電腦作業方式，不僅作業量巨大，而且通常需要 2 個月左右才能完成上月的結帳作業。其中的主要問題是須經人工開立傳票後再打卡輸入電腦，現在則改為線上作業（on-line），帳務員可將傳票直接輸入終端機，並且全公司的人工結帳作業可在 10 天內完成。

● 付款作業實現自動化。出納人員主要以兩種方式完成線上付款作業：一是「信匯付款」，另一種是「櫃檯付款」。其中，信匯付款是指將接受信匯的廠商的付款資料登錄電腦後，由電腦自動列印付款傳票及匯款通知單，經會計主管核決後，出納人員即可列印付款支票到銀行辦理匯款；櫃檯付款是為無法接受信匯的廠商設計的一種便利措施。如果某廠商分別與台塑集團多家子公司均有帳務往來，不必再像過去要跑多個櫃檯分別領款，只要出納人員將該廠商的統一發票號碼輸入電腦後，電腦即可透過線上作業一次性列印出所有付款支票。另外，當付款過程完成後，電腦還會將付款資料自動傳輸至帳務終端，減少一次性付款傳票輸入的動作。

● 電腦化節省了大量會計人力。仍以南亞公司為例：1979 年，南亞的營業額是 178 億元，當時因為只是實現了局部會計帳務和成本核算作業，所以雇請會計人員的數量高達 159 人。到 1985 年，南亞全面電腦化作業，營業額雖增加至 4 百億元，會計人員的數量不僅沒有增加，反而減少至 90 人，1986 年甚至還

計畫再減少至 75 人。

　　從面的角度看，電腦化對全企業邁向管理合理化，乃至在所有業務單元實現開源節流也奠定了堅實基礎。1979 年爆發的第二次石油危機對石化企業的影響在 1980 至 1981 年間表現得最為明顯。台灣許多企業因此蒙受巨額損失，台塑集團也未能倖免。

　　如表 11-2 所示，1980 年 10 月的第一次價格變動，使得台塑集團的月耗用能源成本的比例增加 19.6%。到了 1981 年 2 月的第二次價格變動時，全企業月耗用能源成本的比例又增加了 10.1%，年耗用能源成本的絕對數大約增加了 17.1 億元。

表 11-2 1980~1981 年間世界能源價格變動對台塑集團成本的影響

耗用能 原別	單位	月用量	1980 年 9 月以前		1980 年 10 月第一次價格變動			1981 年 2 月第二次價格變動		
			單價(元)	金額	單價(元)	漲幅 (%)	金額	單價(元)	漲幅 (%)	金額
重油	公升	28,928	6,200	179,354	6,800	9.7	196,710	7,600	11.8	219,853
柴油	公升	1,205	10,500	12,653	12,000	14.3	14,460	13,500	12.5	16,268
用電	千度	158,892	1,445	229,650	1,877	29.9	298,332	2,034	8.4	323,299
煤炭	噸	11,127	2,445	27,206	2,445		27,206	2,846	16.4	31,667
合計	千元			448,863		19.6	536,780		10.1	591,087
每月增 加成本 金額	千元						87,845			54,379
說明		一、本企業 1980 年 9 月份耗用能源 448,863 千元，1,980 年 10 月能源第一次價格變動後，月耗用能源 　　成本提高 87,854 千元，增加 19.6%，年增加成本 1,054,140 千元。 二、1981 年 2 月第二次能源價格變動，每月再增加成本負擔 54,379 千元，提高 10.1%，使本企業月耗 　　用能源成本提高 591,087 千元，全年耗用能源成本 7,093,044 千元，比 1980 年 9 月份漲價前，年耗 　　用能源成本 5,386,356 千元，增加 1,706,688 千元。提高 31.7%。								

　　針對此一情況，王永慶下令在全企業開展一場旨在開源節流的分析與改善活動，從而盡可能把石油危機的影響降到最低。如圖 11-4 所示，這一時期的開源節流活動是以節約能源作業為主進行的，幕僚結合各子公司的實際情況分別制定針對電、油、汽、水四個領域的改善計畫，並在兩年時間內共計完成 426 件改

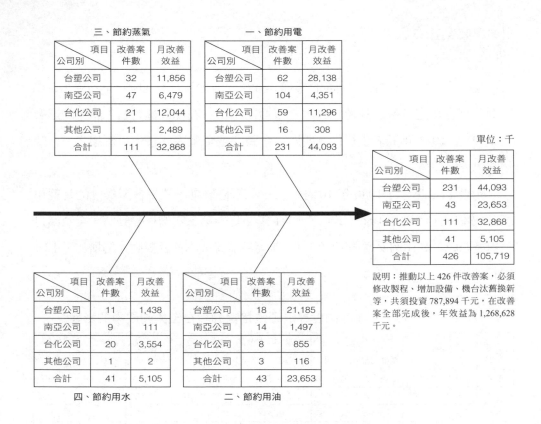

三、節約蒸氣

項目 公司別	改善案 件數	月改善 效益
台塑公司	32	11,856
南亞公司	47	6,479
台化公司	21	12,044
其他公司	11	2,489
合計	111	32,868

一、節約用電

項目 公司別	改善案 件數	月改善 效益
台塑公司	62	28,138
南亞公司	104	4,351
台化公司	59	11,296
其他公司	16	308
合計	231	44,093

單位：千

項目 公司別	改善案 件數	月改善 效益
台塑公司	231	44,093
南亞公司	43	23,653
台化公司	111	32,868
其他公司	41	5,105
合計	426	105,719

說明：推動以上 426 件改善案，必須修改製程、增加設備、機台汰舊換新等，共須投資 787,894 千元，在改善案全部完成後，年效益為 1,268,628 千元。

項目 公司別	改善案 件數	月改善 效益
台塑公司	11	1,438
南亞公司	9	111
台化公司	20	3,554
其他公司	1	2
合計	41	5,105

四、節約用水

項目 公司別	改善案 件數	月改善 效益
台塑公司	18	21,185
南亞公司	14	1,497
台化公司	8	855
其他公司	3	116
合計	43	23,653

二、節約用油

圖 11-4 台塑集團的節能改善活動：1980~1981

善案，投入資金約 7.9 億元，獲得直接改善效益約 12.7 億元。如果再加上其他方面取得的直接收益，如包裝作業改善等等，此一時期的開源節流運動幾乎可全部吸收因能源價格上漲所帶來的成本負擔。

進入 1990 年代後，開源節流活動開展得更是有聲有色。整個分析與改善工作也不再拘泥於點的改善，而是廣泛推行點線面相結合的綜合性做法：堅決貫徹執行王永慶所提出的「由點到線，由線到面」的基本原則；也就是說，管理合理化不應再是企業應對經濟危機的一項臨時政策措施，而是各子公司獲取大部分經濟利潤的一項常規性做法，例如：

● 透過電腦化持續減少用人數。儘管早期的電腦化並非以取代人工為目的，但推行電腦化的結果卻是用人數的長期持續下降。如表 11-3 所示，在 1981 至 1990 這十年間，台塑集團的人員合理化又大有進展，或者說又取得了巨大成績。

表 11-3 台塑集團三公司人員合理化匯總表：1981~1990

項目		1981	1982	1983	1984	1985	1986	1987	1988	1989	1990	合計
台塑公司	年初人數	4,951	4,628	4,425	4,500	4,355	4,177	3,992	4,803	5,313	4,877	
	精簡 人數	409	297	126	252	302	246	47	35	485	260	2,459
	精簡 %	8.3	6.4	2.8	5.6	6.9	5.9	1.2	0.7	9.1	5.3	
	擴建人數	86	94	201	107	124	61	858	545	49	99	2,224
	年底人數	4,628	4,425	4,500	4,355	4,177	3,992	4,803	5,313	4,877	4,716	
南亞公司	年初人數	9,799	9,393	9,150	9,222	10,181	9,940	10,248	11,883	13,332	12,419	
	精簡 人數	406	243	119	199	969	669	166	468	967	297	4,503
	精簡 %	4.1	2.6	1.3	2.2	9.5	6.7	1.6	3.9	7.3	2.4	
	擴建人數			191	1,158	728	977	1,801	1,917	54	1,035	7,861
	年底人數	9,393	9,150	9,222	10,181	9,940	10,248	11,883	13,332	12,419	13,157	
台化公司	年初人數	9,970	10,194	8,945	9,238	8,855	7,669	7,548	8,073	8,433	7,797	
	精簡 人數	599	1,338	47	468	1241	259	172	122	670	423	5,339
	精簡 %	6	13.1	0.5	5.1	14	3.4	2.3	1.5	7.9	5.4	
	擴建人數	823	89	340	85	55	138	697	482	34	123	2,866
	年底人數	10,194	8,495	9,238	8,855	7,669	7,548	8,073	8,433	7,797	7,497	
合計	年初人數	24,720	24,215	22,520	22,960	23,391	21,786	21,788	24,759	27,078	25,093	
	精簡 人數	1,414	1,878	292	919	2,512	1,174	385	625	2,122	980	12,301
	精簡 %	5.7	7.8	1.3	4	10.7	5.4	1.8	2.5	7.8	3.9	
	擴建人數	909	183	732	1,350	907	1,176	3,356	2,944	137	1,257	12,951
	年底人數	24,215	22,520	22,960	23,391	21,786	21,788	24,759	27,078	25,093	25,370	
三公司營業額（百萬元）		54,390	57,237	68,235	80,139	81,554	93,105	98,274	108,441	109,000	112,220	
人、年營業額（百萬元）		2.246	2.542	2.972	3.426	3.743	4.273	3.969	4.004	4.344	4.423	

1981 年，台塑、南亞和台化三公司的營業總額約為 543.9 億元，同期用人數為 24,215 人。至 1990 年，三公司的營業總額已增加至 1,122.2 億元，十年間成長了一倍有餘，用人數卻只淨增加 1,155 人。從因果視角看，雖說用人數減少不是電腦化的直接結果，但電腦化卻是用人數減少的直接原因，或者說是最重要的直接原因之一。

● 電腦化為協助經營者規劃、管理和控制企業的各種經濟活動提供真實可

靠的數據和資訊。隨電腦化水準提升，幕僚的作業重點不僅可集中於整理上述數據和資訊的客觀性與可驗證性，同時更重要的是可集中於開發其「相關性價值」[2]——用王永慶的話說叫做「深入挖掘數據與資訊間所隱藏的因果關係」。

1998 至 2006 年間，台塑集團四大公司更是共計完成 16,427 件改善案，獲得直接經濟效益超過 340 億元。幾乎可以這樣評價：在四大公司的實際經濟利益中，有相當一大部分是來自以「開發相關性價值」為核心的專案分析與改善活動。

● 不僅四大公司依靠管理合理化獲取巨大利益，就連直線幕僚體系在這一領域也有不小的作為。以總管理處總經理室為例，如表 11-4 所示，該部門雖說是全企業的「高等級制度性共用管理服務單位」，但在 2001 至 2011 年這十年間，儘管全企業的營業總額從 5,864.42 億猛增至 22,632.37 億元，十年間又幾乎增加了 4 倍，然而總經理室的用人數卻能始終保持在 200 人左右，且每年由該部門取得的直接改善效益最少時也超過 32 億元，年人均超過 1 千 8 百萬元。

表 11-4 總管理處總經理室專業管理幕僚人數變化及改善效益：
2001~2011

年份	人數	改善效益	集團營業額
2001	182	32.9	5,864.42
2002	207	47.7	7,028.24
2003	210	57.0	8,838.93
2004	225	86.1	12,021.25
2005	239	155.0	14,315.22
2006	235	198.0	16,443.11
2007	220	66.0	20,011.47
2008	209	97.3	21,772.62
2009	207	45.2	17,650.00
2010	203	46.7	21,850.00
2011	210	71.7	22,632.37

電腦化、管理會計與企業內控機制建設

王永慶高度重視電腦化與管理會計的結合，最終促使台塑集團建立起自己的內控體系。從台塑集團的實踐過程看，王永慶宣導的內控制度與美國企業普遍實行的基本一致[3]：內部控制包括財務內部控制和事務內部控制。所謂財務內部控制是指對企業財務會計工作的各方面都實現管理和控制，以便使財務會計工作既能服務於企業的長期規劃和短期目標需要，又能與企業的其他管理制度互補和協調；而所謂事務內部控制主要指管理控制，其涵蓋範圍非常廣，目的在於如何提升管理效率，內容包括營業管理、資材管理、生產管理、工程管理、人事管理、目標成本設定、預算控制等等。

但是在 1970 年代，台塑集團中的許多管理人員總是誤認為企業的財務內部控制制度重在防止舞弊和腐敗。王永慶得知後，認為此一觀念對幹部員工心理影響巨大，應該糾正和改變。而且「把內部控制建立在防弊或防腐上」意味著經營者的出發點有錯誤，因為他們假設管理人員「始終有作弊和貪腐的念頭，企業如不加強控制，必定會因此遭受損失」。他認為，台塑集團的內部控制制度決不能建立在上述假設上，那無疑是以小人之心度君子之腹，有失台塑企業氣度。以資金管理為例，一家企業在資金方面追求的目標主要是確保資金的安全性，以便在需要資金時及時足額獲取，且籌措利息愈低愈好。問題是僅僅做到資金安全是不

2　儘管對於企業而言，所使用的資訊必須是可靠的和明晰的，然而對於管理會計系統，資訊相關性的價值要遠高於資訊的客觀性和可驗證性。進一步的論述請參見 Robert S. Kaplan and Anthony A. Atkinson（1999），《高級管理會計》（第三版），東北財經大學，頁 1。

3　1936 年，美國頒布「獨立公共會計師對財務報表審查制度」，首次對內部控制做出如下定義：「內部稽核與控制制度是指為保證公司現金和其他資產的安全，檢查帳簿記錄的準確性而採取的各種措施和方法。」此後，美國審計程序委員會經多次修改，於 1973 年在美國審計程序公告 55 號中，又對內部控制制度的定義做出如下定義：「內部控制制度有兩類：內部會計控制制度和內部管理控制制度。內部管理控制制度包括且不限於組織結構的計畫，以及關於管理部門對事項核准的決策步驟上的程序與記錄。會計控制制度包括組織機構的設計以及與財產保護和財務會計記錄可靠性有直接關係的各種措施。」

夠的，關鍵還要看資金的使用效率是不是做到最好。所以企業設立內控機制的假設條件，不應建立在上述防弊和防腐之上，而只能建立在經營者的管理理念或方法有不完善之處且需要不斷改進上。

仍以上述資金管理為例：一家企業最容易發生問題的項目就是現金、票據以及其他容易變現的有價證券和存貨等等。為了避免這些風險發生，企業在設計內控機制時就必須把立足點放在如何提升管理效率上。比如資金調度問題，如果能責成資金調度部門每天編製一張以市場各種利率數據做比較的調度績效報表，資金調度部門就會做好資金調度工作。也就是說，經營者只增加了一張報表，管理者就能有效控制資金調度部門的運作情形及績效。看來，問題的關鍵就在如何透過內控機制建設提升管理效率、降低營運風險，並據以實現企業的總體目標。

按照王永慶的部署，內控機制的建設重心很快便轉移到財務內部控制與事務內部控制並重上。就石化產業來講，做好內部控制的關鍵是建立各項管理制度及稽核制度。制度是所有管理的基礎，也是每名員工據以辦事的依據。制度內容訂定得愈詳細，企業就愈能達成預期的管理效果。另外在制度設計時，為使各部門確實執行，制度本身應具備自動顯示異常的能力，以便使任何一件事，當一個部門執行不力或有問題時，另一部門能夠及時做出準確反應，亦即：建立所謂的事後稽核機制。

說到稽核，則要從管理會計的基本功能說起。台塑集團的管理會計作業經過二十多年的演進，已經具備這樣幾項機能，如圖 11-5 所示：各種會計帳務和憑證的事前審核，會計事務的事後稽核，一般性帳務處理或簿記工作、財稅作業的規劃及執行，以及經營數據和資料分析等。其中，尤以事前審核、事後稽核及經營分析最具管理機能。用幕僚的原話說，如何做好管理會計工作，端看內控制度如何發揮上述三項管理機能[4]。

就事前審核作業看，企業所有的經營活動，凡有關財務收支事項者，均憑藉各種單據及憑證與會計作業連結在一起，然而各項單據和憑證合理與否，卻攸關

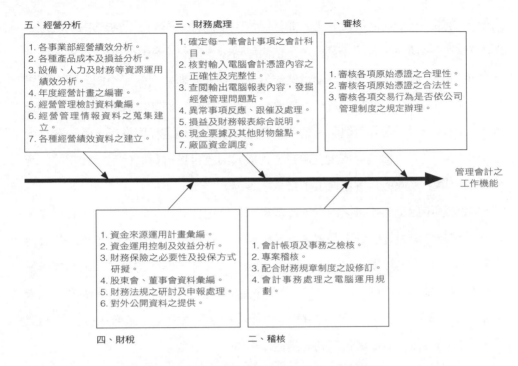

圖 11-5 台塑集團管理會計的主要機能

公司財務報表的正確性。欲達成各項財務收支的合理性及公司資源的有效運用，管理會計人員要把好的第一關就是事前審核。對此，王永慶要求會計部門針對能夠使用固定計算方式及支付標準的作業項目，如成品銷售、進口成本、外銷費用、運費支付等，全部建立審核基準，納入電腦進行管理並由電腦實施自動核對，如有異常即可自動顯示，既避免增加人工作業，又避免因人工作業可能引致的疏漏和損失。

　　會計審核作業的標準化是提升事前審核效率的關鍵，而審核標準的設計與建立還需緊密結合台塑集團的內部管理需要。如今，台塑集團已是台灣最大的集團

4　在前面以及後續章節中，本書已用大量篇幅討論了幕僚人員的分析機能。本章僅著重討論有關事前審核和事後稽核的內容。

企業，內部各子公司間高度分工，並且已依照不同分工建立了嚴密的內部規定，例如管理表單運用、各項作業程序、核決許可權、收付金額作業標準等等。這意味著審核標準的建立需要緊密配合此一分工需要，亦即如何擬定不同的審核許可權、內容和類別，以便釐清各級管理會計人員的責任，例如：表單的使用是否正確、表內各欄目是否詳實填載、各項業務是否按公司規定程序進行、各項業務或款項支付核決許可權是否依規定辦理、各種款項收付是否與原核定金額相符、應檢附收料單及驗收報告等單據是否齊全，等等。

通過逐步確定上述審核內容，台塑集團各公司會計單位根據審核作業需要，如作業別及作業量等，分別設置專職審核幕僚負責各項原始憑證的審核。各公司除訂定有各自的審核辦事細則外，最重要的是依據審核標準建立標準化審核作業執行程序（如圖 11-6 所示），針對所有發生的會計交易事項的原始憑證，凡未經審核者一律不得登帳。至於審核辦事細則，內容不僅完整系統，而且鉅細靡遺，對推動審核作業標準化起到關鍵性作用：

● 審核人員在接到各種原始憑證後，應立即與有關資料進行核對，就其合理性、必要性等加以審核，並簽章確認，再交由帳務處理人員輸入電腦編製傳票入帳。

● 對要件不全或未依公司規定或有損公司權益的原始憑證，審核人員應填寫「會計意見單」，詳述異常情形並填寫待覆日期、加蓋審核章及退件章，再退還經辦部門簽收，請其說明原因或擬具對策。

● 會計主管在核簽傳票時，務必對傳票內容再做一次審核。

● 經由原經辦部門送回附有會計意見單的憑證，審核人員應了解經辦部門所填寫的「說明及對策」是否符合公司規定或有關法令的要求。

當然僅有事前的審核是不夠的，一個完整的內控機制還應包括事後的財務稽

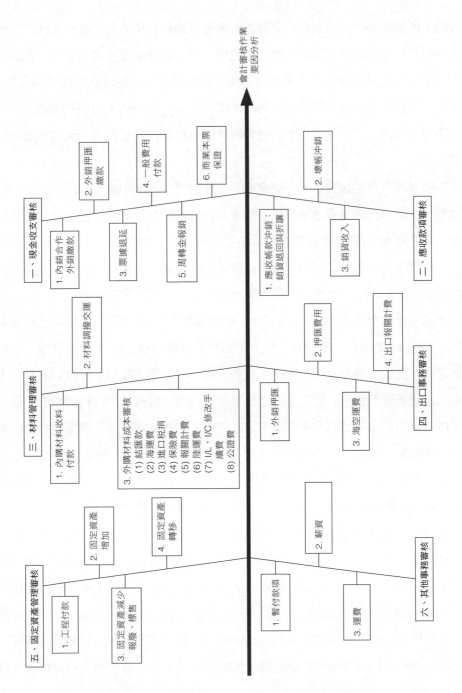

圖 11-6 會計審核作業規範

核在內。所謂稽核，是指對前述會計作業重加稽查和複核，目的在於確保會計作業達到企業內控機制要求的合理程度並適用企業的管理制度及政府法令。在前面的章節中本書曾多次提及，王永慶的管理思想始終有著一個嚴格的倫理學假設：企業經營不好，不是員工不努力，而是老闆管理不善造成的。台塑集團的內部稽核作業也是如此，主要是看企業的管理制度建設和執行是否符合企業的實際管理需要。

鑑於管理工作的複雜性，一個企業的管理制度及規範不論在一開始訂定得如何完整和系統，仍需通過事後稽核來檢查其各項作業執行的合理性。例如：台塑集團早在多年前就依據分層負責的策略思考擬定各級經營管理人員的核決許可權。各部門主管是否照此辦理，就需要依靠稽核作業予以糾正，針對制度適用性予以評估，使各項管理制度能合乎作業現狀要求，並更具管理功效。

經過多年的努力，至 1980 年代中，台塑集團的內部財務稽核體系已經完全成熟。如圖 11-7 所示，從橫向上看，主要有「電腦稽核」和「營運稽核」兩種不同形式，並根據業務及職責不同，分別承擔不同的稽核任務；從縱向上看，主要由三級稽核部門構成：首先是在總管理處總經理室設有專門的稽核幕僚單位，每年按計畫對各公司財務作業實施不定期檢查，協助各基層單位發掘經營管理領域中的問題點；其次是各公司總經理室可隨時派人對所屬部門的相關作業進行查核；再次是在各公司會計處處務室設置專職稽核專員，並按工作計畫要求及受會計處長指派，對各會計課、成本課等單位的帳務處理結果進行查核。

從性質上看，總管理處總經理室屬於獨立稽核幕僚部門，辦事立場客觀中立，且作業過程一般不受各公司影響或左右。各公司會計處除了是本公司的會計作業中心，也是各公司的經營管理數據中心，經營者想了解該公司各部門的運營情況，必須以這些會計數據為基礎。換句話說，各公司會計處本身既是查核部門，也是被查核部門。公司範圍內的一切財務收支、經營管理活動的帳務數據，均需經由會計部門審核後再予以記錄、匯總和分析。此一設計思路可使會計人員

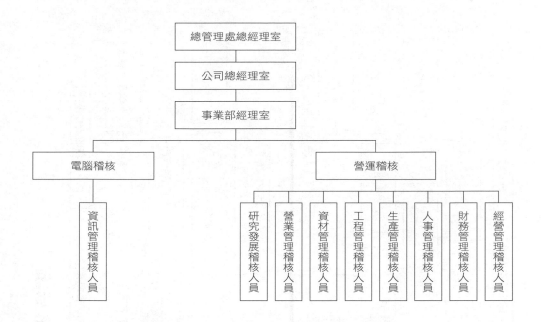

圖 11-7 台塑集團內部稽核組織示意圖

在業務處理過程中準確發現問題點，及時分析問題發生的原因，並向有關部門和主管提出處理及改善建議。

　　與事前審核作業一樣，台塑集團的事後稽核作業也建立有完整而詳細的管理制度、作業程序和作業細則（如圖 11-8 和表 11-5 所示），包括稽核作業範圍、項目、目的、程序、重點、表單，以及與稽核作業相關的政策規章或法令等。所有這些制度和規範，均集中傳達出一項重要資訊並告訴全體稽核人員，他們應根據哪些規定核對哪些表單，以及表單上的各項資料或作業方法是否合乎重點稽核內容中所列的「標準」。當然，依照所建立的稽核規範，即便是新到職的稽核人員，也不必全部仰仗資深稽核人員的指引，即可逕直進行稽核作業。

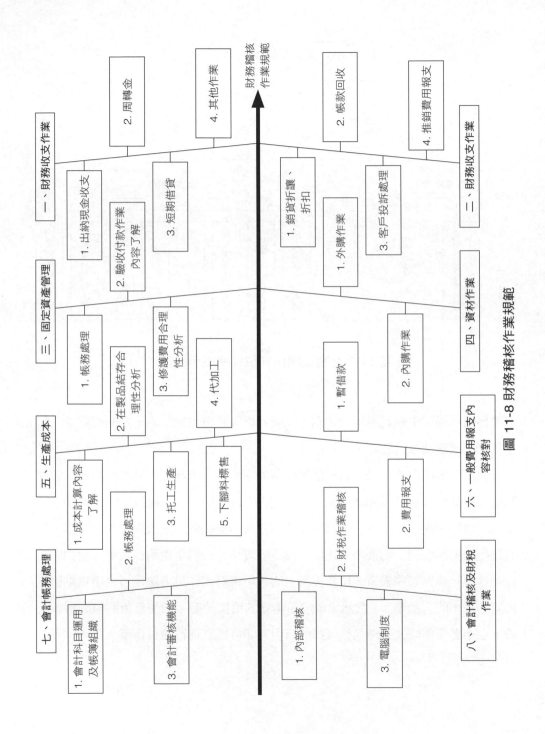

圖11-8 財務稽核作業規範

一、財務收支作業
1. 出納現金收支
2. 周轉金
3. 短期借貸
4. 其他作業

二、財務收支作業
1. 銷貨折讓、折扣
2. 帳款回收
3. 客戶投訴處理
4. 推銷費用報支

三、固定資產管理
1. 帳務處理
2. 在製品結存合理性分析
3. 修護費用合理性分析

四、資材作業
1. 外購作業
2. 內購作業

五、生產成本
1. 成本計算內容了解
2. 帳務處理
3. 托工生產
4. 代加工
5. 下腳料標售

六、一般費用報支內容核對
1. 暫借款
2. 費用報支

七、會計帳務處理
1. 會計科目運用及帳簿組織
2. 帳務處理
3. 會計審核機能

八、會計稽核及財稅作業
1. 內部稽核
2. 財稅作業稽核
3. 電腦制度

財務稽核作業規範

表 11-5 稽核人員辦事細則：以出納現金收支作業稽核為例

作業項目及目的	作業週期	作業細目及作業方法 (程序)	依據規章或法令及使用表單情形
財務收支作業檢核 一、出納現金收支作業檢核目的：確認現金、有價證券收支登記、結存、保管作業的合理性。	不定期	(一) 現金、有價證券盤點 1. 作業程序 (1) 請出納出示全部現金，由會計盤點，檢核人員會點。 (2) 核對薪資清冊、未領金額。 (3) 當天收支項目、金額核對。 (4) 支票開立情形了解。 (5) 銀行送金簿內容核對。 (6) 暫借旅費內容了解。 (7) 核對郵票、印花稅票領用登記簿。 (8) 核對有價證券保管條。 2. 檢核重點 (1) 現金結存數是否相符。 (2) 未領薪資的保管方式是否合理。 (3) 已付款尚未入帳之單據，是否有先經會計審核。 (4) 是否預開支票，以待廠商領款之情形。 (5) 確定存入銀行的票據來源合理性。 (6) 暫借旅費的額度是否合理，有否逾期未報銷之情形。 (7) 郵票、印花稅票結存數額是否相符，領用之用途是否合理。 (8) 提供抵押之有價證券，是否逾期未收回。 (9) 有價證券結存餘額與明細帳是否相符。 (10) 有價證券本息到期，有否如期領款並繳入公司。	1. 檢核依據及現金收支規則。 2. 資料來源 (1) 現金、銀行存款收支結存日報表。 (2) 支票簿存根。 (3) 銀行送金簿存根。 (4) 薪資清冊。 (5) 暫借旅費單 (出差申請單)。 (6) 郵票、印花稅票領用登記簿。 (7) 有價證券保管條。 (8) 明細帳。 (9) 傳票。 3. 使用表單 (1) 現金盤點表。 (2) 有價證券盤點明細表。

廢料標售稽核：異常管理制度個案

　　事前審核與事後稽核作業，對台塑集團內控機制的形成具有強烈的雙重「考核」和「驗收」功能。也就是說，企業的內控機制是否嚴密且具有管理功效，主要看審核與稽核幕僚能否透過會計數據反映出異常問題所在，即了解各項管理制度，包括會計制度在內，是否都能得到及時、準確和有效執行。

　　為更進一步提升審核與稽核作業效率，王永慶很早就建議幕僚應累積相關經驗和做法，積極開發稽核表單及相關工作流程。以表 11-6 所示並以稽核作業為例，全體稽核人員在每次展開專案稽核作業之前，必須先擬定「專案工作計畫書」，詳細說明當次作業的工作重點和方向，並呈報上級主管核准，然後填寫

「工作聯絡單」，通知被核查部門配合作業，並按照以下流程展開「挖掘式」稽核作業，如圖 11-9 所示：

● 作業方式應以面的了解、點的深入進行，以防重大問題點遺漏而在小問題點上鑽牛角尖。

● 詢問經辦人，從其對現狀工作方法的說明中，了解其作業是否有與規定不符之事項。

● 比較相關資料之差異情形，或是否存在同一件事兩個人以上的說法不一致等事實。

表 11-6 台塑關係企業總管理處總經理室專案工作計畫表

主題	XX 公司會計事務處理及管理機能檢核	期限	
工作目的及目標	1. 協助發掘經營管理上的問題點，並研擬解決或改善對策。 2. 了解內部管理制度的適用情形。	作業人員	
工作重點及作業方法	1. 影響公司權益項目檢核。 2. 規章、制度執行情形檢核。 3. 會計帳務處理全面了解。 　(1) 組織機能及人員配置。 　(2) 會計制度及帳務檢核。 　(3) 事務流程及核決權限。 　(4) 各項會計報表之運用。 　(5) 會計科目運用狀況了解。 　(6) 會計審核機能之執行狀況。		
需配合事項	請各有關部門提供會計帳簿、會計報表及有關之會計憑證。		
中間檢討	1. 問題點檢討預定　月　日。 2. 改善方案檢討預定　月　日。 3. 報告內容檢討預定　月　日。		

●　所查閱資料中認定有疑問者，稽核人員應先予以統計一段期間內全部作業資料透露出的類似情形，再逐項深入查證、分析。

●　認定有異常事項，應將原始憑證複印留存，並以數字佐證。

●　異常點之歸納應包括：問題點、發生部門、經辦人、發生時間，以及具體事實等。

●　改善建議要具體可行。

●　檢核報告提報前，原則上應先與被檢核部門主管檢討。

在此，本書通過一則例行性稽核作業案例，來詳細討論稽核幕僚的作業過程

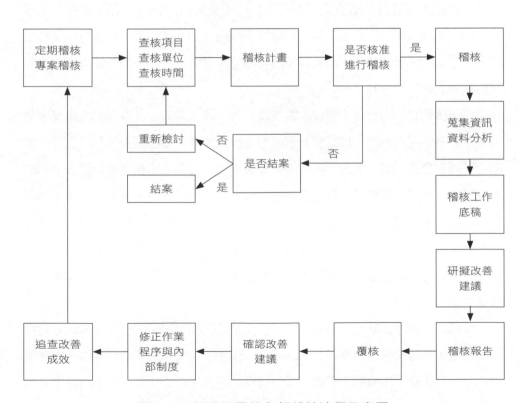

圖 11-9 台塑集團的內部稽核流程示意圖

及其工作對企業管理制度建設的重要性和意義。1984 年 9 月 7 日，總管理處總經理室稽核幕僚決定組建一支常規性稽核小組，對某工廠會計部門的事務處理和管理機能進行一次例行檢核，範圍包括：影響公司權益項目檢核、規章制度執行情形檢核、會計帳務處理全面了解。稽核小組出發前曾依公司稽核作業規定填寫一份「專案工作計畫表」，向上級主管呈報本次檢核作業的方法和重點，並以「工作聯絡單」方式通知該工廠提供資料並配合作業。

根據專案工作計畫表，此次例行稽核的具體作業目的和任務是：核對該工廠當年 9 月份的總帳與明細帳是否相符；了解各科目月報表內容，對認為有疑問的部分加註，以便向經辦人員查詢備註內容並了解其作業情形，針對異常找出有關憑證；從該工廠與其他廠商簽訂的托工、代工及廢料銷售合約等了解其作業經過。這本是一次例行性事後檢核，但稽核小組成員卻在該工廠的帳務資料中發現許多疑點：該工廠某部門經辦人員在廢料標售作業中「有與某外部廠商勾結，圖利該廠商之嫌疑和行為」。

在稽核過程一開始時，稽核小組成員認為，該工廠的會計事務處理流程、各項會計報表的運用情形，以及會計事前的審核機能等，從整體上看相當良好，各項管理制度也正如該工廠會計人員所言尚稱健全，且各項事務處理均依公司有關規定辦理，未見明顯異常。但是當稽核人員查核其廢料管理、標售及交運等作業環節後卻發現，某部門經辦人員在 9 月 8 日辦理報廢儲槽、車床等設備時不僅有圖利廠商行為，且廢料管理過程還存在諸多不合理之處。更為嚴重的是，經由一次簡單的報廢設備標售稽核作業，卻牽扯出一系列被掩蓋已久的腐敗案件及不合理情事。

按照規定，該工廠發生的廢料一般皆由某部門辦理標售。9 月 8 日的標售案一共有兩組報廢設備，於 9 月 5 日開標，8 日議價完成，由某廠商得標並在該工廠會計人員監標下完成標售手續，最終決標金額為 101,500 元。某部門經辦人員根據公司標售作業規定，於 9 月 8 日使用「文書簽辦單」呈請主管核准，並依

上述決標金額出售報廢設備。巧合的是，稽核小組成員次日 9 月 9 日即進駐該廠開展例行稽核作業。

稽核小組順藤摸瓜，很快電腦記錄和報表中取得確鑿數據和資料，進一步發現了這些異常點：

一是該經辦人員將不鏽鋼材質的報廢儲槽當作廢鐵標售，且實際價格僅為 4.93 元／公斤，低於 5.05 元／公斤的廢鐵市場價格。另外，當時不鏽鋼市場價格為 30.01 元／公斤，與 4.93 元／公斤的決標價格相比有 25.06 元／公斤的差額。在此次標售過程，儲槽本係甲部門所有，某部門卻委託乙部門拆卸，且其材質在「甲部門處理乙部門報廢設備匯總表」中列為 SUS（不鏽鋼），預估重量 9 千 2 百公斤，市場估價 276,092 元。儘管如此，該經辦人員仍擅自把不鏽鋼材質當廢鐵標售，還把決標價壓低到 4.93 元／公斤，彰顯其圖利廠商的不當行為。

二是標售報廢機械設備沒有以重量作為計價基礎，而是擅自以「整套」方式計價標售，遂使得決標價遠低於 126,865 元的市場估價。某部門經辦人員在標售報廢機械設備（車床）時，既沒有以整套設備作為計價基礎，也沒有把車床的組成或重量列為底價作為參考。9 月 8 日出售的車床淨重為 14,200 公斤，即便按廢鐵每公斤 5.05 元計算，也可售得 71,710 元，比原決標金額 43,500 元高出 28,210 元，差額比例高達 39%，不合理之處顯而易見。

有趣的是，某部門經辦人員在獲悉稽核小組的初步查核結果後，因害怕事情暴露，遂於 9 月 12 日重新對兩組報廢設備的底價進行評估，總金額為 407,194 元，比原決標金額整整高出 305,694 元。接著，該經辦人員為掩人耳目，先是於 13 日簽請廢標，又擅自改由總務部門二次標售。儘管該經辦人員採取種種「補救措施」，但圖利廠商的不法行為自此不攻自破。如表 11-7 所示，稽核小組成員根據兩次標售結果製作了一張比較表單，資料顯示，該經辦人員的不當行為的確給公司造成較大損失。

更令稽核小組成員吃驚的是，9 月 8 日的報廢設備標售案只是冰山一角。經

表 11-7 稽核小組製作的兩次標售結果的比較表

標售物	數量	9月8日決標金額	9月12日重新估值	差異	說　明
儲槽	3ST	58,000 元	280,329 元	-222,329 元	不鏽鋼材質 8,820kg；一般鋼材材質 2,940kg；兩項合計 11,760kg
車床	2ST	43,500 元	126,865 元	-83,365 元	淨重 14,200kg。
合計	5ST	101,500 元	407,194 元	-305,694 元	決標金額尚不及估值的 25%。

過逐一了解和剖析得標廠商與台塑集團往來的電腦作業記錄、會計憑據及其交易過程之後，稽核小組發現該得標廠商還有其他一系列不當行為。在此，本章僅列出兩項用以說明企業做好稽核作業的重要性：

● 經核對某部門近年來的全部廢料交運單，稽核小組發現，以前數年間的所有得標廠商數量共 8 家，且載運提貨人也各不相同。但經稽核小組了解，8 家得標廠商的所有人卻均系同一人（實為夫婦合謀作案）。此一發現顯示，該工廠的廢料標售有借牌投標和轉包嫌疑，與公司招投標規定及銷售合約中約定的「不得轉包」條款明顯不符，因為在正常情況下，招標單位應安排足夠數量的外部廠商公平參與投標，而在此次稽核案中，得標廠商數量名義上有 8 家，實際卻只有 1 家，據此推測，整個招標過程必定存在圍標情事。

● 該得標廠商於 1979 年 10 月 10 日在載運廢鐵時，還有過偷運廢碎不鏽鋼材質的前科，但某部門經辦人員卻以「該行所夾運之廢不鏽鋼碎料混雜在廢鐵堆中，裝貨時該行負責人亦未在場」為由，在處理簽報中只是簽署了這樣兩條處理意見後即予結案：1. 得標廠商雇工某君自此禁止出入廠區（列入黑名單）；2. 得標廠商擅自夾運廢不鏽鋼碎料，按規定應繳納罰款 3 千元。

該經辦人員的處理意見明顯屬於重罪輕判，但稽核小組成員既沒有就此停止

追查，也沒有理會該經辦人員編造的結案理由，而是從上述兩點事實出發，進一步追蹤其作業細節後，又發現下列兩個疑點：

● 某部門經辦人員呈報「該行負責人未在場」與事實不符。經電腦查詢，1979 年 10 月 10 日開立的廢料交運單曾由該行負責人簽章提貨。此一證據表明，該經辦人員簽報的內容不實。

● 某部門經辦人員還曾於「1979 年 10 月 27 日轉請各廠區守衛人員，禁止雇工某君出入廠區」，但稽核小組發現，甚至在 1984 年 1 月 13 日的料品交運單中，仍填寫有「由該雇工入廠提貨」並留有其簽章，表明該經辦人員與該廠商一直有不法往來。

在分析上述歷史陳案的過程中，稽核小組通過進一步詳查有關交運單據，不僅發現某部門經辦人員與某廠商有不當權錢交易行為，同時發現該工廠某經辦人員於 1979 年 10 月 9 日曾預開過一張第二天使用的（也就是 10 月 10 日雙十節）的車輛 / 人員出入門證，該出入證「准許某廠商四位辦事人員以入廠搬運廢舊木材為由空車入廠」。稽核人員以該「出入證」為突破口，並通過進一步挖掘，終於根據以下異常點落實雙方合謀偷竊的全部經過：

● 根據公司規定，外部廠商在節假日期間有出入工廠者，應在出入工廠時由值班主管現場開立出入門證。該工廠某經辦人員卻以放假為由，擅自預開次日出入門證顯然不符合公司門禁規定。

● 根據公司規定，節假日期間只有交貨車或提貨車才能入廠，但 10 月 10 日當天，某廠商卻以空車（非提貨車）入廠，顯然也與公司制訂的門禁規定不符。

● 經推斷，入廠事由一欄填寫的「入廠搬運廢舊木材」與事實不符，因為

10月10日當天，本公司與該廠商並無存續有廢料提貨合約，其入廠理由明顯不符合實際情況。另外，某經辦人員在明知無廢料提貨合約，且在所填接洽部門無人會同辦理的情況下，仍預先准許該廠商四名辦事人員及卡車入廠，顯然已違反公司相關規定。

● 經進一步推測和查證，在該工廠堆放廢鐵堆的旁邊，有某事業部臨時存放的一批不鏽鋼板等物料。當該廠商裝載廢鐵時，居然趁節假日無人值守之機，將整塊鋼板裁切為小塊混於廢鐵中夾運拉出廠外。後經查，該事業部存放的鋼材等物料的確自當日不翼而飛。

至此，報廢設備標售一案的真相總算大白，不僅經由該案牽扯出一系列歷史陳案，及時維護了公司權益，同時由此發現企業管理中的諸多漏洞和制度不合理之處。返回總部後，稽核小組針對所發現的問題、缺失和異常點，匯總了一份稽核作業報告，並提出如下處理意見：

一、管理作業及操作實務上的建議事項：

● 廢料標售作業中的所有失職人員，轉請其主管部門並按規定議處。但議處不是目的，關鍵是要借此尋找用人制度漏洞，杜絕此類事件再次發生。

● 得標廠商於 1979 年 10 月 10 日曾有偷竊本公司鋼材等物料之事實，且本次又與本公司職員勾結圖利，嚴重影響本公司的財產安全，故應列為禁止往來廠商，其實際負責人禁止入廠。

● 守衛課對所有「禁止入廠人員」，應利用電腦網路實施線上管制，並切實遵照執行。

● 有關單位應切實做好針對外部廠商出入廠門的管制作業，並依「出入廠管理規則」貫徹執行：

◎ 無合約或公務關係的外部廠商應禁止入廠。

　　◎ 若外部廠商在節假日期間確有必要出入工廠者，應由值班主管現場開
　　　立出入門證，並應由接洽部門派人會同入廠。

　　◎ 非交貨、提貨及從事廠區搬運的外部車輛，應一律禁止入廠。

　二、管理制度上的修訂建議：

　　● 以本案為例，財務內部稽核在保障公司財產安全方面確實發揮了巨大功
效。但更為重要的是，經由此次稽核作業發現的各種問題、缺失和制度漏洞，唯
有通過制度修訂才能彌補，以使內部控制制度更規範、更嚴密。

　　● 此次廢料標售案表明，本公司施行的「固定資產管理規則」中關於報廢
設備的標售作業，未列有「設定標售底價」等相關規定，以至於提供相關作業人
員可乘之機，故建議予以增列。

　三、案例知識入庫建議：

　　● 此次報廢設備標售案是一起典型的案中案，對企業加強審核、稽核和內
部控制體系建設意義重大。稽核小組建議，應將此次案件繪製成有關圖表，寫清
事情原委、稽核過程、處理結果和政策建議等等，並全部納入電腦儲存管理。電
腦化作業的特點之一，就是所產生的訊息量巨大，但如果這些資訊和數據不能有
效整理和挖掘，或者說在企業的後續管理活動中得不到靈活運用或共用，會計作
業電腦化亦將難以發揮應有的自動審核或稽核機能。

　　● 此次稽核作業之所以取得巨大成功，很大程度上有賴於剛剛實現不久的
電腦線上作業。沒有電腦化，稽核人員僅靠手工作業勢必將耗費巨大人力物力，
不僅會給被稽核部門造成很大困擾，也難以從堆積如山的各種會計憑證以及各項
標售作業資料中發現作案人員的蛛絲馬跡。稽核小組建議，今後應更進一步加強
會計作業電腦化建設，不給外部廠商以可乘之機。

　　圖 11-10 是稽核小組整理、繪製並建議的案例入庫魚骨圖之一。該圖實際上
既是稽核小組用於了解案情的分析圖，也是後續轉入企業資訊庫的知識示意圖。
如圖所示，整個案件以廢料標售異常情形為出發點，涵蓋了稽核小組所完成的四

三、與某廠商往來異常點及過程分析

1.某廠商運輸不鏽鋼行為及處理經過：某廠商於 1979 年 10 月 15 日在載運廢料時，被發現有偷運廢舊不鏽鋼等事實，但某工廠經辦人員確以裝貨時該廠商負責人未在廠為由，簽請「雇工某君禁止出入廠，以及罰款 3 千元」結案。但據了解，該案有以下疑點：

1) 經辦人員所稱「該廠商負責人不在場」與事實不符。經查，該廠商的名義負責人是一位女士，而實際負責人確是其丈夫，並由後者簽字提貨。

2) 1979 年 10 月 15 日入廠載運廢鐵的卡車牌照為 72-0537，與異常報告中所填的 70-1930 明顯不符，存在弄虛作假情事。

3) 經辦人員於 1979 年 10 月 27 日轉請各廠區守衛人員禁止違規廠商入廠，但 1984 年 1 月 13 日的廢鐵標售，仍由該被進廠商簽章提貨並承運。

2.其他八家廠商的不法行為：經核對料品交運單，發現八家不同廠商填寫的載運人不同，實際負責人卻是同一人，故有「借牌投標」和「集體團標」的嫌疑。經查，上述事實完全屬實。

一、報廢儲槽等設備標售及稽核經過

項次	說明
1	1983 年 9 月 8 日查核某部門帳務，針對該部門當日完成的廢料標售一案，進行例行稽核。
2	9 月 8 日，某部門完成廢料決標作業，以金額 101 千元出售。同日，該部門經辦人員得知稽核人員進廠查核，遂於 9 月 12 日重新估價為 407 千元，並於 9 月 13 日簽請原標作廢，重新招標。

廢料標售異常情形檢討

管理課經辦人員擅自預開出入門證，准許外部廠商四人以搬運廢舊木材為由入場。經查，該案有眾多異常點。

問題	說明
1.擅自預開次日(節假日)出入門證，供外部廠商入廠。	外部廠商入廠時，應由值班主管現場開立出入門證。
2.准許外部車輛空車入廠。	按公司規定，交貨車或提貨車始得入場。
3.外部廠商填寫的入廠理由與事實不符。	外部廠商在無廢料提貨核約的情況下，以搬運廢舊木材為由入場，明顯是弄虛作假。
4.外部人員在節假日期間入廠，本公司接洽單位無人會同。	外部廠商利用載運廢鐵之機，將光絲其他部門堆放的鋼板等物資切成小塊混入廢鐵，屬竊盜行為。

四、管理上的問題點及制度漏洞

標售物	數量	9 月 8 日決標金額	9 月 12 日重新估值	差異
儲槽	3ST	58,000 元	280,329 元	-222.329 元
車床	2ST	43,500 元	126,865 元	-83,365 元
合計	5ST	101,500 元	407,194 元	-305,694 元

廢料標售異常情形檢討

說明

1.把不鏽鋼材質的儲槽當廢鐵出售，以致實際售價僅有 4.93 元/kg，明顯有圖利廠商的行為，因為另一部門在實際拆卸作業完成後，已經標明為不鏽鋼材質。另外，即便是當做廢鐵處理，實際售價仍低於 5.05 元/kg 的廢鐵市場價。

2.以整套方式出售廢舊機台而未考慮以重量計價，以致實際售價低於廢鐵市場價，已嚴重違反公司規定，如：所售車床重量為 14,200kg，按每公斤 5.05 元計算，其價值為 71,710 元，應比原決標金額 43,500 元高出 28,210 元。

二、儲槽等設備標售作業異常點檢討

圖 11-10 報廢設備標售及稽核經過經驗總結

項作業，包括事實描述和處理對策等具體內容在內，從而為全企業的後續組織學習活動提供了活生生的實務性教材和案例。

知識化管理新階段：管理 e 化與一日結算

如前所述並仍以財務會計作業電腦化為例：至 1980 年代中，隨電腦化程度的逐步加強，財務會計人員的角色及職能發生了根本性變化——凸顯出管理會計人員的經營分析功能。這批幕僚人員可根據一般會計記錄進行分析整理，即時向各級經營者提供有效的財務報告及經營分析數據，作為後者制定經營決策及推動管理制度改善的依據。換句話說，台塑集團據此建立了一整套財務與經營分析方法，其核心內容是成本管控與經營績效分析。這套做法以異常管理為原則，通過追求更為理想的成本基礎來實現企業產銷績效的最大化。

在那一時期，財務會計部門在多年努力的基礎上，可依託電腦成功編製多種管理會計報表和分析報告等日常經營管理數據，從而把王永慶的策略意圖貫徹到每一項具體的作業之中。如圖 11-11 所示，當時可編製的經營管理數據主要包括：財務狀況報告（A 本系列）、分廠損益成本報告（B 本系列）、分廠利益及績效差異報告（C 本系列），以及規格別淨利比較報告（D 本系列）四個版本。上述四版本的經營管理數據，不僅涵蓋台塑集團財務會計作業的全部內容，更凸顯其「基於比較的異常管理功能」，亦即凸顯了「異常管理特色」。全企業各單位的產銷績效，可經由績效達成明細表、績效損失明細表和成本異常反應表等報表得到及時顯示：

● 財務狀況報告（A 本系列）主要顯示各公司及事業部的經營全貌，如資產負債、經營損益、存貨狀況、用人情況、銷管材費用，以及當期或往期目標與實際比較等內容。呈送對象為公司總經理及事業部經理級及以上人員。

● 分廠損益成本報告（Ｂ本系列）主要利用分廠損益表、單位成本比較表、固定製造費用比較表等報表，顯示各利潤中心、各單位的盈虧狀況，以便經營者及時了解其當期經營績效，並謀求進一步的因應措施。呈送物件為廠長級及以上經營管理人員。

● 分廠利益及績效差異報告（Ｃ本系列）主要是在Ｂ本系列揭示差異的基礎上，再利用利益差異匯總表、利益差異分析表和分廠績效評核匯總表等報表，作進一步的比較和分析。例如：如果是價格或外部不可抗力導致績效下降，應在

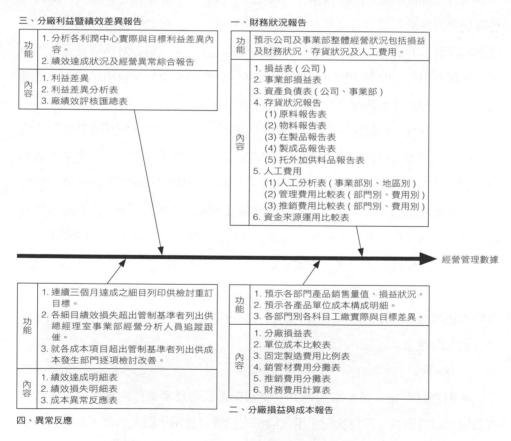

三、分廠利益暨績效差異報告

功能	1. 分析各利潤中心實際與目標利益差異內容。 2. 績效達成狀況及經營異常綜合報告
內容	1. 利益差異 2. 利益差異分析表 3. 廠績效評核匯總表

一、財務狀況報告

功能	預示公司及事業部整體經營狀況包括損益及財務狀況，存貨狀況及人工費用。
內容	1. 損益表 (公司) 2. 事業部損益表 3. 資產負債表 (公司、事業部) 4. 存貨狀況報告 　(1) 原料報告表 　(2) 物料報告表 　(3) 在製品報告表 　(4) 製成品報告表 　(5) 托外加供料品報告表 5. 人工費用 　(1) 人工分析表 (事業部別、地區別) 　(2) 管理費用比較表 (部門別、費用別) 　(3) 推銷費用比較表 (部門別、費用別) 6. 資金來源運用比較表

經營管理數據

功能	1. 連續三個月達成之細目列印供檢討重訂目標。 2. 各細目績效損失超出管制基準者列出供總經理室事業部經營分析人員追蹤跟催。 3. 就各成本項目超出管制基準者列出供成本發生部門逐項檢討改善。
內容	1. 績效達成明細表 2. 績效損失明細表 3. 成本異常反應表

四、異常反應

功能	1. 預示各部門產品銷售量值、損益狀況。 2. 預示各產品單位成本構成明細。 3. 各部門別各科目工繳實際與目標差異。
內容	1. 分廠損益表 2. 單位成本比較表 3. 固定製造費用比例表 4. 銷售材費用分攤表 5. 推銷費用分攤表 6. 財務費用計算表

二、分廠損益與成本報告

圖 11-11 台塑集團在 1980 年代中可編製的經營管理資料及其管理功能

比較分析時予以剔除；如果是自身原因，應詳盡且逐一列示所有異常項目，並據
以檢討改善。

● 規格別淨利分析報告（D 本系列）實際上也叫「產品別獲利能力分析報
告」，主要通過一系列分析行為顯示每一規格產品的當期盈虧情況。除此之外，
該項分析還可延伸至「機台別獲利能力分析」。以台化公司的棉布生產為例：假
定甲機台生產 A 規格產品的日產量是 1 千碼，每碼淨利是 1.2 元；乙機台生產
B 規格產品的日產量是 1 千 5 百碼，每碼淨利是 1 元。通過比較可知，A 規格
產品的每碼淨利雖高於 B 規格產品，但 B 規格的產量卻遠超過 A 規格產品，亦
即：乙機台的獲利能力超過甲機台。

在整個 1980 年代，王永慶不僅致力於電腦普及和推廣工作，步伐也明顯加
快。他基本上採取將各項管理作業都積極導入電腦的做法——透過電腦化努力實
現管理合理化。1980 年 10 月，王永慶通知總管理處電腦組負責人，他希望了解
台塑、南亞、台化三公司在過去一年內的各類工程中所有供應商的基本情況，包
括全部採購案件、數量和金額等。這些資料要從所存儲的 60 萬筆收料單中擷
取。電腦組的幕僚在接到通知後，僅花 5 天時間就編寫完成相關程式和統計表
格，接著只用兩個小時就整理出王永慶所需的全部數據。假如在過去，要想獲得
如此基礎性的數據基本上是不可能的，幕僚只能憑藉記憶和經驗對幾百家供應商
的交易情況做出大致推測和判斷。

沒過多久，王永慶又通知電腦組負責人，他希望了解南亞公司上個月的經營
情況。他知道，在沒有使用電腦之前，南亞會計部門當月的結算數據和報表要等
到下月 25 號才能完成。即使在 1980 年，會計結算的時間因為引入電腦作業自
動提前 15 天時間，即每月 10 號就可完成。但王永慶卻拿出一張經他親自修改
後的報表收發文登記表對電腦組的負責人說：「擰擰毛巾，看能不能再提前幾
天？」經過幕僚人員的一番努力，南亞每月會計結算的時間果然又向前推進兩

天，即每月 8 號即可完成。

幕僚人員的努力及改善過程非常簡單：原來電腦組負責人手拿著那張收發文登記表來到南亞公司。他發現南亞與集團內外多家單位的往來文件十分頻繁，負責登記的經辦人員總是應接不暇，要麼是登記的速度慢，要麼是登記錯了不得不劃掉重填。有時候來文太多，主管照顧不及沒有辦法及時追蹤，只好任由經辦人員自行辦理。經過統計，電腦組負責人大吃一驚：就連總部下發的公文或通知通常都要在辦事員手中滯留半天到一天時間，更何況公司外的！問題就出在收發文登記表上：該表既沒有一個簡明有效的格式，相關單位也沒有一個完善的拖延控制制度——收發文管理基本上流於形式。於是他得出結論：應徹底廢除手工填寫和人工遞送程序，全部改由電腦完成。

諸如此類的電腦化改善作業在那一時期幾乎天天都有。隨營業、生產、人事、財務、資材和工程六大管理機能的建立，各項電腦化作業亦趨於細化和深入。如表 11-8 所示，他發現，全企業在此一時期的電腦化作業已逐步呈現出五方面的特點，幕僚綜述如下：現場用戶可先將基礎資料錄入電腦，然後層層傳輸使用，各機能間可自由擷取數據並相互串聯，每一筆數據間的銜接均設有檢查點，並透過電腦邏輯進行判斷，自動勾稽數據及偵錯，一旦發現異常，即提示相關人員跟蹤了解原因並做出處理，最終形成可供編製各種經營分析報表的電腦資訊和數據。

特別是「就源一次輸入，多次傳輸使用」，更是幕僚對台塑集團幾十年堅持

表 11-8 台塑集團電腦化的主要特點

◎ 全盤規劃功能
◎ 就源一次輸入，多次傳輸使用。
◎ 六大管理機能相互串連，環環相扣。
◎ 經營資料相互勾稽並偵錯。
◎ 異常管理功能

推動電腦化作業的經驗總結。所謂「就源」，是指「把帳務（成本或費用）在發生的源頭輸入電腦」或「誰發生帳務誰輸入：通過電腦記錄從源頭上釐清帳務發生的責任」；所謂「一次輸入」，是指全企業的數據只有一個來源，一旦輸入之後，任何人均無權力隨意改動；而所謂「多次傳輸使用」是指數據在同一系統中傳輸並可在全企業共用。比如月底結算時，會計人員可從人事部門直接提取人事數據，人事部門也可從生產單位直接提取績效考評數據，等等，無需再像從前那樣由基層單位填寫並層層上報。

　　毫無疑問，推行此項措施的目的在於釐清各使用者的責任，並從源頭上確保數據的準確性和及時性。另外，數據共享程度也反映出一個企業的資訊化水準：資訊共用程度愈高，資訊化水準就愈高。數據共享不僅避免了不同單位和個人從不同途徑提供或獲取數據所可能帶來的混亂，消除了企業內可能存在的「資訊孤島」，也可使更多的人更充分地使用已有的數據資源，以減少數據蒐集或數據獲取等重複勞動及相應費用，大大簡化了全企業的事務性管理工作流程。

　　1989 年初，王永慶下令將各公司 ERP 再次整合為全企業 ERP，從而為 1990 年代進一步導入 CRM（客戶關係管理）、SCM（供應鏈管理，包括電子資料交換）、OA（辦公自動化）、衛星發包、KM（知識管理），乃至於 2000 年完成全集團「一日結算」和以「六大管理機能」為核心的海外 Web-based ERP（網頁化 ERP 或 ERP II）等作業系統，搭建了一個更高的電腦化運行與管理平台。

　　1990 年代中，「管理 e 化」已能涵蓋上述電腦化過程及內容。至 2000 年，管理 e 化便作為一個正式概念固定下來，用於引領全企業的電腦化進程。所謂管理 e 化，也叫 e 化管理（e-management），在當今市場經濟社會是個炙手可熱的辭彙。簡單地講，管理 e 化是指企業如何借助現代電腦技術和網路及通信技術手段實現管理系統的全面電子化和網路化。也有企業將此一過程稱之為管理資訊化，並由此自稱是 e 化企業（e-enterprise）。但回顧台塑集團的電腦化歷程，儘

管其管理 e 化還是個新概念,但其全面電子化的本質卻絕不是在管理二字的前面加一個「e」字母這麼簡單。

如圖 11-12 所示,台塑集團的管理 e 化包括三方面:企業資源規劃（ERP）、電子商務（E-commerce）和系統整合（SI）。其中,ERP 的發展歷史最悠久,功能最齊全,是台塑集團實現管理 e 化的核心基礎;後兩者的發展歷史則是近 20 年的事。在管理實踐中,後兩者並非獨立存在,它們必須仰賴完善的 ERP 系統才能獲得完整、正確和及時的資訊與數據,以作為商務決策時的參考;也就是說,後兩者必須與 ERP 充分整合才能有效發揮管理 e 化的整體性功效,以滿足

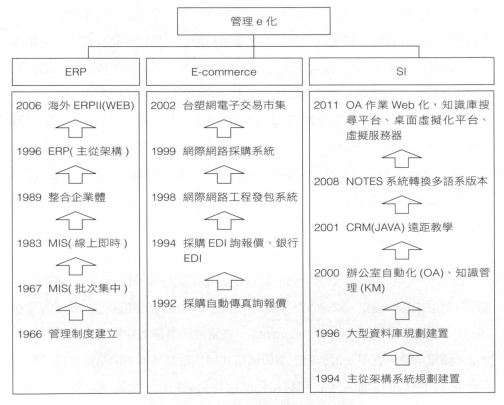

圖 11-12 台塑集團 e 化管理歷程

企業日益增強的核心管理需求。

　　如前所述，台塑集團各公司在 1980 年時可於當月 10 個工作日內完成上個月度的會計結算，1990 年時縮短至 7 個工作日，至 2000 年元月又進一步縮短至 3 個工作日，個別公司甚至還可提前一天，在 2 個工作日內完成。王永慶對全集團會計結算的時間長短十分重視。他認為，根據以往的經驗，會計結算時間長短可視為一家企業的管理制度是否上軌道，以及是否能正確且有效運作的標誌。台塑集團已是個管理制度十分健全的集團企業，每月的會計結算既然已號稱實現了電腦化，並從每月 10 個工作日提前至 3 個或 2 個工作日，相信它也應該有能力在 1 個工作日內完成。甚至還可以這樣推測：台塑集團依靠其幾十年推動電腦化的相關經驗和基礎，要想在幾個小時內完成上月的財務會計結算，看來也應該是一件水到渠成的事。

　　只要能祛除相關瓶頸，「一日結算」應該能夠順利實現，王永慶堅定不移地對總管理處總經理室的負責人說道。2000 年 2 月 15 日，總管理處總經理室按照王永慶的部署，領頭成立一個跨部門專案小組，目標是在 4 月 30 日前完成全集團的會計一日結算。為達此一目標，專案小組得到全體會計、生產、人事、營業和資材等部門的有力支持和密切配合，克服種種困難和問題，其中包括多項管理制度的優化和改善，以及一些電腦軟硬體的設計和更新專案。經過不到三個月的連續改善，專案改善小組成員準時於 4 月 30 日深夜成功設定了數據截止時間，並於 5 月 1 日早晨上班前把一系列相關財務會計報表放在王永慶的辦公桌上。四大公司（台塑、南亞、台化和台塑化）皆達到王永慶事先設定的結算目標要求，並分別於 5 月 1 日凌晨 3:30、6:00、5:00 和 4:30 完成各自的會計結算任務。

　　幾年之後，王永慶評價說，一日結算為台塑集團贏得了世界聲望。但這只是一時的風光，他強調，關鍵是一日結算真正迎合了台塑集團的核心管理需求。而所謂「核心管理需求」，又正是台塑集團管理系統的薄弱環節，對整個企業的生產和運作效率影響最大。1998 年底，由台塑集團自建的六輕正式投產運行。該

裂解廠實際上是一座煉化一體的大型石化工業園區，占地面積約 32 平方公里，涵蓋 54 座工廠。專案全部建成投產後，該廠區的乙烯產量將達 3 百萬噸／年，煉油量 2 千 5 百萬噸／年（至本書完稿時，上述目標均已實現）。然而與台塑集團既往採用的生產方式不同的是，六輕不是一般規模的石化工業園區，其各項產銷活動更加智慧化和自動化。顯然，此一生產方式也要求台塑集團的管理系統務必跟隨轉型升級，並適用各項產銷活動的智慧化和自動化，即全面實現管理 e 化。

王永慶最清楚全企業的管理瓶頸之所在。他說，台塑集團如不進一步在原有 ERP 的基礎上推動管理 e 化，僅依靠現有人力和管理系統根本無法解決執行大型專案所帶來的「由資訊過多造成的沉重管理負擔」。比如隨六輕的順利投產，四大公司間的關聯交易額猛然大增。類似情況及責任如果得不到及時釐清，一個較為直接的後果是，各公司領導將難以弄清本公司的真實盈虧情況，因為其帳目，不管是否是出於自願，都有可能掛在其他公司名下。可能更為麻煩的是，由掛帳引發的公司治理問題還會遭到股東或投資者的質疑和責難。

進入新世紀之後的台塑集團，還是要繼續遵照執行王永慶於 1960 年代中推動企業管理變革時的那個基本想法：一家企業如果只注重生產和銷售，而不注重電腦化管理跟進，這個企業的組織結構就會變大，冗員會增多，效率也會降低。一句話，這家企業一定會在發展中遇到許多無法及時處理的管理瓶頸，相信這一點正是台塑集團堅決實施管理 e 化的真正目的。

王永慶的話暗含著他堅持推動管理 e 化的兩個基本原則：融入和整合。所謂「融入」是指把電子、資訊和網路技術以成套方式融入包括每項作業到最小單元中，並設立管制標準與目標，以達到數據透明化，並可快速掌握經營績效及任何作業異常；所謂「整合」則是指以工程方式把企業管理中的電腦化體系和結構集成一套知識系統，以便各個部門間的數據可相互勾稽，各項營運數據可做到環環相扣，不但可確保企業擁有一個完善的內控機制，同時可協助各部門順利推動作

業自動化。

　　尤其是知識管理系統建設，更是代表了台塑集團管理系統的演變趨勢。製造業企業的知識特性，皆源自於幕僚人員經由海量資訊所挖掘、整理，並完成相關性分析後形成的商務資訊。全體經營者都應充分了解此一「知識特性」，並使該特性成功介入知識員工的每一項作業活動，因為唯有依靠該特性，台塑集團才能夠使用比以往更短的時間，更少的資源，生產出更多、品質更好且對人類社會更有用的石化產品。

第*12*章
職位分類制與
人事制度改革

職位分類制：大變革核心之一

　　至 1969 年，職位分類制已是許多美國大企業人事管理制度的一大特色[1]。
思慮再三，王永慶決定將此一制度引入台塑集團。所謂職位分類，又叫職務分
類，是指相對於品位分類[2]的一套人事管理制度，它強調以「事」為中心，亦即
重視職位中的作業，以及與作業相對應的責任。根據此項制度，員工在企業中擔
負的責任越重，待遇就越高。職位分類制的基本精神與王永慶早在 1960 年代初
就強調的「適才適所，適所適酬」的用人策略不謀而合，他期盼西方的職位分類
制也能在東方企業中再次發揮相同的管理機能和效益。

　　職位分類制是台塑集團推動管理大變革的核心內容之一。王永慶推動這場變
革的目的就是希望藉此緊密結合職位與責任：使台塑集團的人力資源管理制度能
順應時代要求，實現全面的「保值增值」。他說，凡美國人能做到的，台灣人也
一定能夠做到。未來台塑集團中的任何一個工作崗位都是職位、秩序與責任的完
整結合體。他渴望在自己的企業中可以經常看到這樣一幅勞動場景：每個人都有
一個與他人無任何無效交叉重疊的職位，每個職位都規定有一組經過嚴格責任限
定的作業，每項作業的產出績效都能按照一個合理標準準確評核。

　　王永慶關於如何評價員工貢獻的觀念的確影響到企業的人事管理制度和流
程，並經由人事管理制度和流程最終影響到企業的經營業績。到 1960 年代末，
也就是在他推動企業管理大變革的進程過半之後，王永慶開始準備在全集團推行
職位分類制。這在當時的台灣企業界毫無疑問是一個大膽的改革構想，對一家規
模僅十多億新台幣，且正式管理系統建立只有兩三年的集團企業來說，的確顯得
有些超前，不要說國內企業界一片譁然，就連經營決策委員會的委員對他的這一
舉措也是見仁見智。

　　在當時的台灣，為了提升公務人員的辦事效率，國民黨當局已經在政府部門

率先引入職位分類制，但相形之下，還沒有哪一家民營企業敢率先這麼做。對王永慶的構想，有人甚至公開質問他，美國人信奉個人主義，強調把個人職責劃分得清清楚楚，所以他們能夠成功；中國人則信奉「兄弟關係」，強調家族式的團體意識，所以傳統中華文化根本不支持台灣企業推行職位分類制。

對此王永慶認為，人們可以把文化區分為中國的和外國的，但就經營企業而言，首先要強調的是責任。責任並無國界，我相信中華文化對責任一詞的定義和推崇程度一點也不亞於美國文化。美國人為什麼那麼早就做出職位分類制，根本原因是過去的政府人員責任感太差而不得已為之。我們不應該就此籠統地一口斷定說傳統中華文化不適合做職位分類制。真是這樣，那無疑是我們在給自己的無能找藉口。

對自己的堅持，王永慶進一步解釋，台塑集團引入職位分類制的經驗不一定放諸四海而皆準。企業最早推行這一人事制度改革的動力，除了滿足大量生產和大量銷售的現實需要，還有其他原因：首先是總管理處成立之後，直線生產與直線幕僚這兩大體系之間的層級結構問題日益凸顯，企業變成一個多層級的官僚體系。從王永慶到普通員工，中間要經過六、七層，其中任何一個下級的行動都要服從上級的意志和計畫。

對這種多層級官僚體系的結構，王永慶一直苦苦思索驅動它順利運行的合理性基礎。也就是說，這種結構究竟該怎樣運作才是有效率的？他不止一次地盤問自己：眼下及未來要推行的職位分類制，果真能使台塑集團的職級架構具備他努力尋找的合理性基礎嗎？他有時覺得自己根本就難以擺布「這樣一個多部門、多層級的龐然大物」，甚至他自己在很多情況下還不得不「聽命於它的意志」。

1　美國是世界上最早推行職位分類制的國家。1905 年，芝加哥市政府首先確立在公務人員中推行職位分類的基本原則，並從 1909 年著手制定〈職位分類法〉。1923 年，美國國會通過人類歷史上的第一部〈職位分類法〉。1949 年，美國政府又對該法進行補充和修訂，調整了該法的原有結構，並一直執行至今。
2　「品位分類」是指以員工擁有的資格條件為主要依據，以職務或級別高低確定待遇的一種人事分類制度。其中「品」是指官階或等級，「位」是指職位，兩者都是對職位進行分類評價的基本要素。

　　從美國企業推行職位分類制獲取的巨大效益看，王永慶說，未來台塑集團的人事管理制度應該具備幾個特點：一是至少應該建立一條經細緻而明晰界定的權利與義務體系，使得每位員工既可以照章辦事，日復一日地履行自己的職責，又能使員工的能動精神在長期內不被淹沒在由官僚主義帶來的「集體無意識」[3]迷霧中；二是員工的年資、職務、經驗和責任等等，必須在形式和內容上盡可能量化，使員工的績效和收入不再取決於上司個人的好惡，而取決於建立在事實和數據上的各項管理制度；三是打破集體無意識的靈丹妙藥，無疑是培養一支意志堅定、目標明確、充滿信心且具有高度責任感的幹部隊伍。縱觀世界各國或地區集團企業的成長歷程，努力培養一批具有責任感的管理幹部將是打破集體無意識的關鍵因素。

　　其次，台塑集團在管理大變革前實施的人事管理制度完全是以「職位制」[4]為基礎的，但現在這一制度卻愈來愈難以適應「兩條直線並列」此一組織結構的功能和要求。就在總管理處成立後不久，台塑集團各公司開始推行事業部制和目標管理制度，這些具有實質性的分權化舉措更加劇了人事制度改革的必要性和急迫性。台塑集團原有的職位制是一種根據員工現有資格條件為主要依據，以職務或級別高低確定待遇的人事分類制度，最大弊病在於對職位的分類沒系統，更多強調的是「人的名份」，認為隨著名份提高，企業應該增加其相應的待遇。

　　此一弊病正是對王永慶所謂的「集體無意識」現象的集中描述。他認為企業重視資歷本沒有錯，因為企業要想引進並留住人才，學歷和工作年限應該視為績效評核的主要指標之一。但問題是，企業絕不能把績效評核完全建立在資歷之上，因為時間一長，極易導致績效差的人也可靠年資累積獲得晉升機會等現象。類似問題累積多了，不僅嚴重違背同工同酬的薪資原則，影響到員工的工作積極性，更會傷及台塑集團日漸成型的，以「兄弟關係＋責權利原則」為特點的公司治理結構。

　　王永慶對職位分類制的理解契合了海伊（Edward Hay）於 1951 年提出的職

位分類評鑑方法的基本精神。愛德華・海伊的觀點又稱為「海伊評鑑法」，性質上屬於要素計點法[5] 範疇，主張把一家企業所有職位的付酬要素分為三種：知識技能、解決問題的能力和要承擔的風險責任，並為此設計了三套評鑑量表。管理人員據此可將評鑑量表中各項指標的分值首先加以計點賦分，再予以綜合並計算出各個工作職位在企業中的相對價值。

　　海伊評鑑法是一種基於量化指標的職位評鑑方法，即把一個職位獲得產出的過程分為三個階段：投入─過程─產出。也就是說，台塑集團的每一名員工首先應該賦予一個職位，他在該職位上投入自己的知識和技能，並努力解決所有與職位相關的業務問題。當然，只要員工按要求解決問題了，就意味著他在自己的職位上完成了應負的責任。尤其是海伊評鑑法中關於責任的論述，可以說是與王永慶希望並正在企業內鼎力推行的責任經營制的想法不謀而合。

　　早在新東公司存續期間，王永慶就開始推動「作業整理制度」，這給了他很大信心，使他敢於以作業分析為基礎在國內企業中率先推動職位分類制。早期的作業整理分為兩大塊：一是在產銷一線，王永慶要求幕僚人員從售後環節中的客訴作業開始，逐步向生產過程及更上游的供應環節拓展，分析各環節作業的定義、標準、方式以及效率；二是在職能部門領域（主要指幕僚單位），他要求各部門根據各自的職能範圍及其與產銷部門之間的聯繫，也進行類似的作業分析，

3　王永慶把「集體無意識」定義為企業由官僚主義不斷累積所帶來的人浮於事，以及責任感缺失的一種「集體麻木」狀態。

4　台塑集團在管理大變革之前所實施的「職位制」與「品位制」非常接近。簡單來說，是指新招募的員工進入工廠後，公司通常會按學歷高低分別安排在不同的職位上。例如：高中畢業生通常安排副工務員職位，大專畢業生則安排助理工程師職位。一開始，這些新進人員尚能在各自崗位上按照年資和考績依序晉升，但幾年之後，情況開始變得愈來愈混亂；例如領班一職，本該由助理工程師擔任，但有的也由工務員擔任。更嚴重的是，某一職位由什麼人擔任倒在其次，問題是具有相同學歷或職稱的人卻因不同職位開始領取不同標準的薪資，再加上不同職位的繁簡和難易程度不同，於是引發了種種人事管理難題，不僅涉及人事考核和晉升，也涉及薪資認定和獎金發放等等。

5　要素計點法是指通過對特定職務特徵的分析，首先選擇和定義一組通用性職位評鑑指標，並詳細定義其等級，作為衡量一般職位的尺規；再將所評鑑職位以及每個指標打分評級後，匯總得出職位總分，以這種標準衡量所有職位的相對價值。要素計點法是一種系統化的、量化的職位評價方法，它能夠比較精確地評鑑企業中任一職位的相對價值，因而具有較強的科學性和適用性。

目的在於祛除某些不相關作業，並借此提升工作效率。

出乎意料的是，過去的那些作業分析經驗如今派上大用場。相較於職務一詞的涵義，所謂作業是指「在某一職位上要完成的規定動作」。若干個作業經歸類組合後，可形成不同的職務。這意味著過去的作業整理經驗也可應用於眼下的職位分類活動。反過來看，台塑集團眼下要完成的職務分類的主要內容，就是如何「細分並整理現有作業，通過合理歸類與合併，祛除多餘且無效的作業，進而達成提升工作效率的目的」。新東公司在當時不僅做到了作業整理，同時還把整理後的作業及其完成過程與月度績效獎金制度緊密連結起來，並取得了利潤倍增的效果。

新東公司當時推行的績效獎金制度既涵蓋了團隊績效獎金（計時工資制），也涵蓋了個人績效獎金（計件工資制），兩者合併後的獎金額度已占員工薪資總收入的 40 至 50%（個別實施計件制的單位甚至更高），由此提供的工作誘因使員工對追求高工作績效產生強烈的切身感。新東的經驗使王永慶進一步看清推動新的人事管理制度改革可能會為企業帶來的巨大潛在利益。

但王永慶沒想到的是，相較於事業部制和目標管理制度，此次推動職位分類制卻因為週期長和成本高而不得不暫時中止。其背景原因非常複雜：

一是職位分類制對企業的組織環境和管理條件要求很高，比如海伊評鑑法就要求企業起碼要具備合理的組織結構及其職位設置，才能公正科學地評鑑每一個職位的相對價值。但在那個時代，台塑集團推行職位分類制面臨著許多難以逾越的技術難題和障礙：首先是組織架構中的兩條直線體系剛建立不久，不僅部門、職位及等級劃分尚不完整，甚至各項管理制度也還處於不斷調整中。平心而論，要在這樣一個動態的結構中實施一項靜態的職位分類制度，難度可想而知。

二是與海伊評鑑法同屬一個範疇的要素計點法簡直就是一項龐大的系統工程，暫且不論開發、推行與維護這樣一個系統需要耗用多少時間、人力和物力，甚至在當下就連組建一個專業性的職位分析和評估小組都很困難，當然談不上後

續職位分類的科學性和權威性。再說，整個企業中數百個職位的分析、評估和考核等等，均需依靠強大的統計與計算平台才能完成。而在那個時代，台塑集團從美國 IBM 高價租用的兩部電腦根本就派不上用場，其作用在今天看來不過是兩部功能稍稍複雜的電子計算機而已。

直到 1986 年初，王永慶認為條件已經成熟，才決定重啟職位分類制改革。為確保此次改革順利進行，總管理處的幕僚早在 1984 年就著手準備了。即便如此，職位的量化工作仍是個龐大複雜的工程，只有在直線生產和直線幕僚這兩條體系的工作目標能夠合理分解成具體的項目或是可量化的作業任務的前提下，台塑集團才能通過專案評估或作業指標考核來科學地評定每一位員工的工作績效。

重啟人事制度改革的正式日期是 1986 年 1 月 1 日。整個改革過程在一開始時給人的感覺簡直就是如臨深淵，如履薄冰，稍不注意即有可能前功盡棄。但隨改革工作的不斷深入，所謂的「重啟改革」表面上看似對職位進行分類和評鑑，實際上是要對全企業的人事管理制度和流程進行一次全面而系統的梳理和整合。直到 1986 年底，台塑集團的人事管理制度才開始多少帶有職位分類制的名份，而在此之前的十多年時間裡，企業的人事管理制度卻一直徘徊在原有職位制的水準上。整件事一放就是十幾年，在此期間王永慶一刻也沒有忘記過尋找一個合適的時機重啟此項改革。

「經營之神」重啟職位分類制改革

1979 年，第二次石油危機爆發。王永慶在這一年抓住機會成功投資美國，藉此一舉解決了困擾台塑集團近十多年的乙烯供應瓶頸，使得全企業的銷售收入在後續的幾年中連續每年以幾十億甚至上百億元新台幣的速度遞增。至 1982 年，王永慶夢寐以求的 ERP 系統也開始在各主要分子公司實現獨立上線操作，預示著台塑集團的管理系統已日漸成熟。幾乎也是在同一時刻，年逾古稀的王永

慶被日本人讚譽為「經營之神」。此一消息在國內外不脛而走，標誌著他的事業經營和管理才能達到一個人生高點。

1986 年，台塑集團三大公司的營業總額已接近 1 千億元新台幣，雇用員工總數超過 3 萬 5 千人。如表 12-1 所示，三大公司在 1979 至 1989 年間一直保持較快的成長速度，年平均成長率 [6] 達到 9.92%。但是王永慶也注意到，企業所處的競爭環境卻愈來愈嚴峻：在好的年份裡，企業成長率可一度高達 19.5%；而在一些不好的年份裡，成長率則銳降至 0.5%。企業成長如此大起大落令他揪心不已，甚至更糟糕的是，進入 1980 年代之後，台灣的投資環境開始悄然發生變化，特別是高科技產業異軍突起，使得企業的員工離職率逐年攀升。

直線生產體系的離職率情形還不算十分嚴重，真正令王永慶苦惱的倒是直線幕僚體系中的一批專業管理幕僚，他們成了那一時期各大高科技公司及獵人頭集團挖角的主要對象。比如總管理處總經理室，在當時就發生過多起集體跳槽的重大異常事件。儘管人資部門及時採取多項預防措施，比如加大主管特別酬勞金的獎勵力度，效果卻不明顯。看來，企業有必要重啟職位分類制改革，並以此為契

表 12-1 台塑集團三大公司的成長：1979~1989

單位：百萬元

年	台塑公司	南亞公司	台化公司	三公司合計	比上年增加（%）
1979	14,052	17,833	10,417	42,302	—
1980	17,120	20,723	12,712	50,555	19.5
1981	16,296	23,007	15,087	54,390	7.6
1982	16,871	23,905	16,461	57,237	5.2
1983	19,222	30,316	18,697	68,235	19.2
1984	23,747	36,695	19,697	80,139	17.4
1985	24,832	37,101	19,621	81,554	1.8
1986	27,973	42,237	22,895	93,105	14.2
1987	30,274	45,524	22,476	98,274	5.6
1988	33,302	52,703	22,406	108,411	10.3
1989	30,426	53,380	25,194	109,000	0.5

機建立起一整套以三公機制（公開、公平、公正）為基礎的人事管理制度，不僅要讓員工感覺到憑藉自身人力資本即可獲得可觀的經濟收入，同時要使員工因為有權參與分配而感覺到人力資本是其在企業中安身立命的主要依託。

　　從後續二十多年推行的效果看，職位分類制對穩定那一時期台塑集團的幹部隊伍的確起到關鍵性作用。換句話說，推動職位分類制改革是一種有效的人力資本投資，它放開了企業內部的利益結構，調動了幹部員工的工作積極性，使得企業在長期內都可持續獲得遞增式的回報。2004 年，如表 12-2 所示，也就是在王永慶年近九旬之際，台塑集團的營業額更突破了 1 兆新台幣大關，約占當年台灣GNP 的 11%。

　　更令台灣人震撼的是：王永慶先前用了整整 51 年時間才把台塑集團的營業規模從零推到 1 兆元，但在此之後卻只用了 3 年時間，也就是在他去世的前一年 2007 年，台塑集團的營業總額再次超過 2 兆元大關，約占當年台灣 GNP 的15% 強。此一成績的取得，儘管很大程度上與六輕全面量產直接相關，但也與王永慶適時強力推動人事管理制度變革有著密切關聯。如果沒有連續多年埋頭致力於提升人事管理水準，企業也就失去穩定、快速與健康成長的勞動力基礎。

表 12-2 從這些數據中能看到什麼

年代	歷時（年）	營業額增長情況（億元）	重大管理舉措
1954~1966	13	0~10	自然成長
1967~1973	7	10~100	推動管理變革，確定企業發展方向，建立直線幕僚組織，並實現管理制度化
1974~1987	14	100~1000	制度表單化，表單電腦化，職位分類制
1988~2004	17	1000~10000	產業垂直整合，管理實現 e 化
2004~2007	3	10000~20000	邁入知識化管理階段

6　實際上指營業額成長率。

　　那些從 1950 年代起就跟隨王永慶一起打拚的老員工，此刻共同見證台塑集團所取得的歷史成就，它驗證了王永慶當初致力於企業管理基礎建設的決策前瞻力和永不服輸的精神意志：1980 年代的台灣經濟已步入黃金時期，按理說正是企業實施大舉擴張的好時機，但許多與台塑集團同步創立並成長起來的其他集團企業，或因管理不善，或因內部分裂，以致無暇分享台灣經濟高速成長帶來的巨大利益，反而不得不一個接一個地衰退、出售或倒閉；相形之下，此時的台塑集團卻一路高歌猛進，始終名列台灣地區集團企業之首。

　　如前所述，王永慶於 1975 年解散了經營決策委員會，使台塑集團演變成一個不多見的，且致力於實施「無功能性委員會體制」的集團企業，預示著新建的管理系統開始代行決策委員會的大部分權力並試圖獨立運行。外界常議論，過去的重大決策權基本都由決策委員會行使，現在該委員會卻被王永慶解散了，這是否意味著他手中的權力此刻更加集中了？

　　實際上這是一種誤解，應該說是直線幕僚體系的權力更加集中了，或者說是兩條直線之間的權力更加平衡了。說整個企業的權力集中於王永慶一人之手，是對十年管理大變革成果的嚴重曲解。假如能用一句話總結十年管理大變革所取得的主要成果，那麼「集權與分權相結合」，或者說企業權力「集中有分」與「分中有集」這兩種手段的統籌使用才是主要內容。

　　上述有關集權與分權的觀點是說，王永慶在 1966 年就提出嚴密組織、分層負責和科學管理的策略思考，並且差不多用了十年時間，才為此一策略搭建起一個以「兄弟關係＋責權利原則」為主軸的公司治理架構。在隨後的 1975 至 1985 年間，總管理處的幕僚克服數以千計的各種技術和管理難題，方才逐步落實上述策略思考。因此說，管理制度的系統性、完整性及其不斷優化，為台塑集團在 1986 年推行更高層次的人事管理制度改革奠定基礎。如果說誰的權力更大還是個問題的話，顯然是制度的權力最大。

　　比如在與績效提升和成本控制有關的領域中，下面這件事至今仍被人們津津

樂道：台化公司計畫於 1970 年代中在台灣南部接收另一家企業的紡紗廠。在接收當時，該紡紗廠的紡紗工人一個人只能看護 3 部機器，生產效率維持在 80% 左右，比起台化公司內部紡紗事業部的一個人看護 6 至 8 部機器，生產效率保持在 90% 以上相差甚遠。接收該工廠後，王永慶決定對這家紡紗廠實施改善，不料幕僚剛一提出改善方案，便立即遭到工人的激烈反對。

此時如果強制執行，工人肯定都跑光了。於是，王永慶命人拿出台化公司的績效獎金實施辦法，逐條講解給工人聽。很快的，該紡紗廠每人看護的機器部數便增加到 4 部，生產效率提高到 85%。此時王永慶又命人全面更新機器設備，重新設計生產排程，並將台化公司的工作規範和辦事細則全面導入，積極配合改善工作，讓員工全面參與管理及分配過程，結果是每人看護的機器部數再增加到 6 部，生產效率提高到 90% 以上。這一事件使王永慶益發感覺到強化企業人事管理制度改革的必要性和重要性。

幕僚從 1984 年就開始準備推動的職位分類制改革，基本是以「重新檢討組織機能」為突破口，以「工作分析」為主要內容，以「建立職務規範」為重點，並將改革的視野拓展至職務條件設定、職務評核和職務培養路線設定等主題。幕僚先從縱向上將整個企業的職務劃分為 17 大類[7]，然後針對每一類職務分別成立一個評核小組。

各小組成員皆分別由總管理處總經理室、各公司總經理室、各事業部經理室和各工廠廠務室中的一些富有實務經驗的幕僚人員和產銷專家擔任。因為是第二次推動職位分類制改革，並有第一次的經驗可資借鑑，故評核過程可按計畫有序進行。各評核小組先是廣泛徵求各層級技術主管和專家的意見，對每一類職務均進行科學評點和排序，再運用比較法對各類職務進行橫向比較和分析。

7　當時共計有生產、保養、營建工程、研究開發、檢（化）驗、品管、財務會計、人事、總務、營業、成品、經營分析、採購、資材、電腦、運輸和其他 17 個職類。

在整個改革過程中，直線幕僚體系發揮了關鍵性作用。王永慶高興地說，台塑集團在十幾年前甚至連一個專家小組都組建不起來，幸好後來連續十幾年推行作業分析和改善工作，如今一聲令下，所有職位分類、分析和評核作業皆可全部由直線幕僚體系承擔。另外值得特別留意的是，幕僚的上述作業活動不僅沒有像上次那樣給直線生產體系造成較大的負擔和衝擊，反而在一定程度上提高了辦事效率，並降低了因為推行該制度而有可能付出的相應代價。

自1986年1月1日起，台塑集團3萬多名員工開始全部適用新的職位分類制度，原已存在二十多年的職位制停止執行。如圖12-1所示，王永慶首先要求專家小組以工廠為單位，對組織機能實施系統性檢討和分析。所謂「組織機能」是指現有組織結構中各單位的作業重點及其管理能力，包括作業項目及目的、作業細目及管理流程、作業項目負荷情況、各項職務負荷情況、對規章制度的遵守

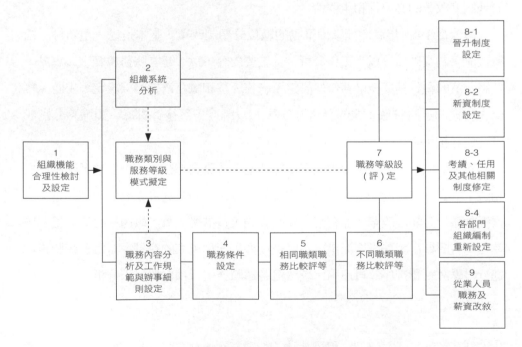

圖 12-1 台塑集團職位分類制作業流程：1986

情況，以及管理表單的設計與使用情況等等。如此檢討和分析可避免作業內容遺漏、交叉或重疊，以利於責權利劃分明確，徹底杜絕有人無事做或有事無人做等三不管現象發生。

另外，對組織機能的檢討和分析也幫助企業在制度層面上實現了從以機器為核心轉向以人為核心。比如過去針對直接生產人員訂立的操作規範是按機台設備別分別訂立的，僅強調某機台應如何操作，而忽視了誰擔負什麼責任、應該如何操作等內容。至於間接人員，「過去幾乎沒有明確劃分過個人工作職責及辦事細則，大多數情況下都是由各單位主管依據其本單位工作內容並視人員多寡，將工作僅作概括性劃分，並要求所有人都按照有關規定完成指派工作。」

這種概括性劃分給間接人員的工作帶來很多弊病，因為個人負責的事情常會因主管職務變動或新任主管用人方式不同而改變，極易造成工作勞逸不均、異常事件發生時難以區分責任歸屬等困難。可以想像，如果大家在工作環節不能實現「同工」，在分配環節又怎能做到「同酬」呢？王永慶認為，責任歸屬劃分不清是導致人浮於事、人事糾紛以及爭功諉過等管理困境的根源之一。

組織機能檢討要解決的是「一個職務由哪些作業構成」，工作分析要解決的是「完成一項作業所需要的工作量、工作時間以及依據什麼樣的標準分析等」[8]。例如工作分析，重點在於「該項作業需具備什麼樣的工作基準和工作負荷」，如果現有作業負荷不足，就必須考慮「與該作業相關聯的或相關性較強的其他作業合併」；如果現有作業負荷過重，就必須考慮拆分該項作業，增添必要的人手，或進一步檢討有無精簡的可能，如此才能一步一步走向用人合理化，消除不合理工作方法或不必要的作業。

上述兩項工作完成之後，緊接著展開的便是如何建立職務規範。訂立職務規範是推動職位分類制度的關鍵環節。台塑集團過去也是基本上沿循美國人的做

8　George T. Milkovich, Jerry M. Newman（2009），《薪酬管理》（第九版），中國人民大學出版社，頁 120-121。

法——只是訂定有工作職責及其簡單說明，並沒有分類制定職務規範。此一做法常使員工缺乏明確的工作依循，進而導致日常培訓和考核缺乏具體依據，從而抵消了激勵機制的管理功效。

對制定職務規範的責任，王永慶採取分工合作的方式處理。他要求總管理處總經理室只負責制定集團層面上的績效評核原則，至於具體條文、內容、辦法及其側重點，則由各公司、事業部及工廠自行擬定。其中的原因，他解釋，與各單位的工作目標及職務規範不同有密切關係。工作目標不同，職務規範也就不同，自然後端的績效評核也應該有所不同才更加符合實際要求。

於是，幕僚人員徹底放棄以往的做法，簡化已有的職務評核理論和方法，取消過去由少數固定成員組成的委員會負責全企業職務評核的做法，改以鼓勵直線生產體系各部門主管全面參與實際檢討過程。王永慶認為，生產部門主管具有專業技術和知識，他們才是改善現行各項工作內容和方法的中堅力量，同時也只有他們有資格和能力直接教導和考核本單位所屬人員。

隨後各專家小組將各類職務規範又相繼區分為「工作規範」和「辦事細則」兩個不同的版本，內容分別包括工作職責、操作標準、異常狀況及其處理對策等等。其中，工作規範適用於現場作業人員，辦事細則適用於課長級幹部及以下非現場作業人員。這相當於說台塑集團分別在「現場」和「非現場」兩個作業層面上實現了工作動作標準化，其真實價值體現在它是由現場及非現場主管與其員工一起共同訂定的作業標準，是台塑集團全體員工多年奉行不渝的各項工作的基礎準則。

重視訂立職務規範恰好體現了王永慶在配置、管理和善用一線操作員工等企業資源方面的智慧和思想。以他對石化工業產銷規律的認識和了解，訂立職務規範實際上是希望通過設計一組或多組制度性因素去影響員工的日常行為，進而達到影響企業績效的終極目的。但是怎樣才能影響員工的行為，王永慶認為，應和當初新東公司在以下各方面致力於品質改進的做法完全相同：

● 首先，訂立職務規範的目的是為了推進一線操作工的作業標準化。經營者只有懂得如何利用和管理一線操作工這筆寶貴資源，台塑集團各工廠才可能談得上如何減少生產故障，尤其是潛在的生產故障，進而對整個生產加工技術的可靠性實施長久改進和維持。

● 其次，訂立職務規範也為管理系統建立並運行業績資訊蒐集流程奠定更為系統而細緻的制度基礎，這反過來又可以幫助台塑集團逐步建立起一支具有多項技能，接受過更多培訓，並且在設備出現故障或管理發生異常時敢於率先做出承諾和努力的基層幹部及員工隊伍。

王永慶的解釋無疑表明，上述這些管理原則和實務雖然在員工培訓、工作輪換和更高薪資待遇等方面需要更多的投入，但由此換來的收益卻是生產運作費用的持續降低，以及各加工廠生產效率的不斷提升。

人與事的合理搭配

職務規範的建立有利於科學設定擔任該職務的任職資格與條件。過去在某項職務出缺時，主管常苦於只能憑藉主觀判斷做出用人決策，而無法根據擔任該項職務者應具備哪些條件選擇適當人選，並因此發生許多用人不當的錯誤決策。但現在這一切完全改觀了，王永慶說，設定職務條件的目的是為了確保每個人都能勝任工作，並能自覺按照任職條件自我培養具備擔任更高職務的能力。

王永慶所謂的職務條件 [9] 包括基本條件、基本技能、資歷和培訓。他認為，

9　台塑集團的任職條件主要包含四大項：基本條件、特殊條件、資歷條件和訓練條件。其中，基本條件是指人力來源、性別、年齡和學識；特殊條件是指部分職務要求具備的特別資格和能力，例如兵役、視力、專業執照、技術鑑定、中英文打字和外語能力等；資歷條件包括與職務相關的工作經驗、工作年資和工作考核；訓練條件是指新進人員職前訓練、主管人員儲備訓練，以及在職人員的在職訓練等。訓練內容中最重要的，是指圍繞工作規範和辦事細則所開展的相關培訓專案。

人事管理最重要的工作與目標在於用人能否充分合理化，也就是能否將人與事做最適當的搭配，進而做到適才適所：給他一個合適的職位，讓他充分發揮專長和潛力。王永慶說，我們經常強調人與事的合理搭配，卻很少有人知道什麼叫「合理搭配」。台塑集團制定職務條件的根本目的，就在於促使各級主管應該借用職務條件及後續考核充分了解每一名員工的人格特質和能力，並努力將這些人格特質和能力與組織賦予的機能或工作完美地搭配。

如圖 12-2 所示，從職位分類的角度看，台塑集團的職級大致保持有三個職系和五個職級。其中，三個職系是指生產、管理和技術系列。技術系列是指專門為生產技術部門從事工程系統設計、操作和管理的專業人士設立的一種職稱，與另兩個職系是並列關係，相互之間不得兼任。五個職級是指基層人員、基層主管級、課長級、廠處長級和經理級及以上人員。從勞資關係的角度看，廠處長級及以上幹部[10] 均被默認為資方，以下則為勞方。另從組織編制的角度看，經理、廠長、處長屬直線生產體系編制，組長、高級專員（簡稱高專）和專員則屬直線幕僚體系編制。

相對應的，每一職級均包含多個職務，每一職務又可劃分為多個職位。理論上，職級是指工作責任大小、工作複雜性與難度，以及對任職者的能力水準要求相近似的一組職位的總和，常常與管理層級相關或者乾脆就是指不同的管理層級。比如：「廠處長級」是指一個職級，但該職級同時還可橫跨直線生產與直線幕僚這兩大職系，並再劃分為廠長、副廠長、處長、副處長、組長、副組長、高專和專員等多個職位。

職務也是指一組職位總和，但內容強調任職者在組織中擔負的職責或工作內容的相似性，例如廠長和處長、組長和高專雖同屬一職級，卻分屬兩種不同職務和四個不同職位。也就是說，一個職級在橫向上包含生產、管理和技術三種不同職務，一個職務在縱向上的延伸又可構成一個職系。而所謂職位則是指承擔一系列工作職責的某一任職者在企業中對應的組織位置，它是組織的基本構成單位，

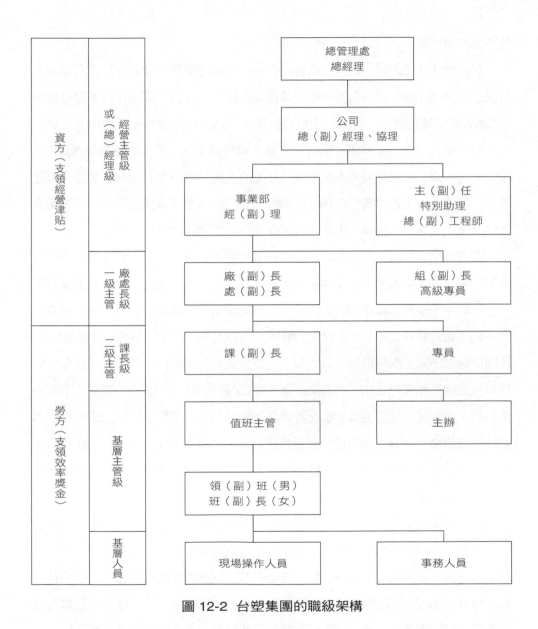

圖 12-2　台塑集團的職級架構

---

10 廠處長級也被默認為勞資分界線，以上為資方，以下為勞方。此一分界線在台塑集團並沒有明文規定，但從各廠
　　區均設立工會以及工會會員的入會資格看，事實上也存在著這樣一個勞資分界線。勞資關係雖不是本書要討論的
　　重點，但會在多個章節中有所觸及。

並且職位與任職者之間是一一對應關係。

另外值得注意的是，組長和高專兩個很有意思的職務，他們分別是台塑集團幕僚任職資格中的一階，有著明確的職務規範和作業流程。組長是指幕僚機構中（如總管理處總經理室）各機能小組的負責人，高專則隸屬幕僚單位中的某個機能小組，職責是在小組內獨立承擔某項或多項具體工作任務（如專案改善等）。舉例來說，組長是團隊負責人，是帶兵打仗的；高專則是參謀或高級參謀，雖然不帶兵打仗，但也經常獨自行動，例如從事專門的專案改善任務等。如果說某人已位至專員、高專或組長，那麼他的層級在台塑集團內部就已經很高了。

廠處長稱為一級主管，屬於經營層的最底層。整個經營層主要受股東委託行使經營權，收入來源除本薪和職務加給外，基本上以經營津貼和主管特別酬勞金為主。其中，本薪、職務加給和經營津貼相對固定（應該說，經營津貼的穩定程度不如本薪和職務加給），主管特別酬勞金則會因個人當年或當期工作績效好壞不同而高低不同；課長稱為二級主管，主要接受經營層的指令和委託，在企業中從事繁重的生產管理工作，收入來源除本薪和職務加給外，基本上以支領效率獎金為主（主管特別酬勞金後來也覆蓋到課長和專員級管理幹部，目的顯然在於抬高後兩者的地位，以加強對此一層級管理幹部的激勵力度）。其中，本薪和職務加給相對固定，效率獎金及主管特別酬勞金則和廠處長級及以上幹部一樣，因工作績效不同而不同。

一如美國企業，在接下來的改革進程中，王永慶要求幕僚把工作重點集中在職位評點，此一決策深化了職位評點在台塑集團職位評鑑中的作用。所謂職位評點，是指對「企業願意支付的勞動力價格與員工期望得到的勞動報酬之間的比值進行數量化處理」。只要能對每一職位進行合理計點賦分，就可確定「該職位在企業中的相對價值，從而也能決定該職位在薪資結構中所處的相對位置」[11]。

從評鑑的結果看，如表 12-3 和表 12-4 所示並分別以「女事務人員」和「男性基層主管以上人員」為例，台塑集團首先把評鑑工作標準化，基本使用了統一

表 12-3 台塑集團職務評核表：以女事務人員為例（1986）

職務類別：　　　　職務名稱：　　　　時間：　年　月　日

項次	評核因素		等級	標準點數	評核（√）	說明
一	知識與技能（30）		1	5		不須先有相關職務經驗（經 6 個月內之工作訓練合格者）。
			2	10		須先有相關職務經驗超過 6 個月未滿 2 年，經評核或鑑定合格者。
			3	15		須先有相關職務經驗滿 2 年，經評核或鑑定合格者。
			4	20		須先有相關職務經驗滿 3 年，經評核或鑑定合格者。
			5	25		須先有相關職務經驗滿 4 年，經評核或鑑定合格者。
			6	30		須先有相關職務經驗滿 5 年，經評核或鑑定合格者。
二	工作難易度（35）	職務規範（15）	1	5		有完整工作規範／辦事細則，只須按簡單之標準程序操作／作業。
			2	10		有完整工作規範／辦事細則，但操作／作業程序較為複雜。
			3	15		有詳細工作計畫或圖面或方法，其工作細則須自行研擬。
		影響層面或金額（10）	1	0		因失誤導致局部生產線或作業之停頓或品質或效率顯著降低，損失金額將達其效率獎金 20 倍之範圍內。
			2	5		因失誤導致局部生產線或作業之停頓或品質或效率顯著降低，損失金額將達其效率獎金 21 至 50 倍之範圍內。
			3	10		因失誤導致局部生產線或作業之停頓或品質或效率顯著降低，損失金額將超過其效率獎金 50 倍。
		預防措施（10）	1	5		設有警示裝置或具備核對功能可預防操作／作業失誤之發生。
			2	10		無警示裝置或核對功能可預防操作／作業失誤之發生。
三	體能（10）		1	0		須站立工作之時間未達工作時間之 80%。
			2	5		工作時間中 80% 以上須站立工作或 50% 以上須眼力持續注視某處或 50% 以上須負荷重物（男 20 公斤以上，女 15 公斤以上）。
			3	10		工作時，工作姿勢、耗用眼力或荷重情形有兩項（含）以上達第 2 級或耗用眼力或荷重情形中有 1 項超過第 2 級標準高達 70% 以上。
合計：15~75 點。						

11　George T. Milkovich, Jerry M. Newman（2009），《薪酬管理》（第九版），中國人民大學出版社，頁 120-121。

表 12-4 台塑集團職務評核表：以男性基層主管以上人員為例（1986）

職務類別： 　　　職務名稱： 　　　時間： 　年 　月 　日

項次	評核因素		等級	標準點數	評核（√）	說明
一	知識與技能（60）		1	5		不須先有相關職務經驗（經 6 個月內之工作訓練合格者）。
			2	10		須先有相關職務經驗超過 6 個月未滿 2 年，經評核或鑑定合格者。
			3	15		須先有相關職務經驗滿 2 年，經評核或鑑定合格者。
			4	20		須先有相關職務經驗滿 3 年，經評核或鑑定合格者。
			5	25		須先有相關職務經驗滿 4 年，經評核或鑑定合格者。
			6	30		須先有相關職務經驗滿 5 年，經評核或鑑定合格者。
			7	35		須先有相關職務經驗滿 6 年，經評核或鑑定合格者。
			8	40		須先有相關職務經驗滿 7 年，經評核或鑑定合格者。
			9	45		須先有相關職務經驗滿 8 年，經評核或鑑定合格者。
			10	50		須先有相關職務經驗滿 9 年，經評核或鑑定合格者。
			11	55		須先有相關職務經驗滿 10 年，經評核或鑑定合格者。
			12	60		須先有相關職務經驗滿 11 年，經評核或鑑定合格者。
二	工作難易度（50）	職務規範（30）	1	5		有完整工作規範／辦事細則，只須按簡單之標準程序操作／作業。
			2	10		有完整工作規範／辦事細則，但操作／作業程序較為複雜。
			3	15		有詳細工作計畫或方法，其工作細節須自行研擬。
			4	20		只有工作計畫或方法之綱要，其工作小項及細節須自行研擬。
			5	25		僅有最終目標，須自行研擬工作計畫及方法。
			6	30		須自行研究發展工作及計畫並須具備創造改善及評估能力。
		協調面（20）	1	5		依協調範圍、方式及頻率等之合計評核分數在 3~9 分者。
			2	10		依協調範圍、方式及頻率等之合計評核分數在 10~16 分者。
			3	15		依協調範圍、方式及頻率等之合計評核分數在 17~23 分者。
			4	20		依協調範圍、方式及頻率等之合計評核分數在 24~30 分者。
三	督導與領導（15）		1	5		依其領導對象之平均評核點數及其領導人數等之合計評核分數在 4~7 分者。
			2	10		依其領導對象之平均評核點數及其領導人數等之合計評核分數在 8~10 分者。
			3	15		依其領導對象之平均評核點數及其領導人數等之合計評核分數在 11~13 分者。

合計：20~125 點。

的評鑑量表;其次是按照海伊評鑑法的要求把評鑑要素劃分為「知識與技能」「工作難易度」以及「體能」三大類,並分別評鑑給分(其中,評鑑要素中的「工作難易度指標」將根據實際工作需要細分為「職務規範」、「影響層面和金額」以及「預防措施」三個小類,目的在於使評鑑工作更精細,同時更便於統計分析);再次是把每一小類進一步細分為一個個具體「指標」,並在「說明欄」中準確定義。這些指標,有些是經過商議後直接給予主觀判斷和描述,有些則需要深入產銷現場進行科學觀察和計量。

整個判斷、描述、討論和計量過程是職位評點工作中最繁雜且最單調的作業內容。為使整個評鑑工作有序進行,只要王永慶不外出,一定會抽出時間逐項審閱並提出個人意見。他認為,評鑑小組的成員根據自己的知識和資訊為每一類指標賦予不同點數,後經認真排序後即可分辨出某項指標在全部評核因素中的相對價值或重要性。

這種評鑑方式基本解決了兩個關鍵性問題:一是不同的職務反映了員工在不同職位上要履行的相應職責;二是同一職務內的不同等級反映了員工在相同職位上所能承擔的工作難易程度、所負責任的大小、完成任務的數量和品質,以及對職位的勝任程度和工作業績的累積情況。

毫無疑問,職位評點的點數範圍的管理學意義,在於它向全體受評員工傳遞出一個強烈信號:幕僚設計的評鑑要素正是經營者重視的職位特徵,或者說,經營者希望員工在不同職位上做出的績效表現正是幕僚設計評鑑要素時應該重點考慮的內容。它們是全體員工在完成工作內容時的基本努力方向,大家心中都十分清楚,唯有沿此方向完成工作內容並實現企業效益增加,企業與員工之間分享增加後的效益才會成為可能。

把表 12-3 與表 12-4 結合起來看,表 12-4 的評鑑要素顯然因為受評職位不同而有較大調整:先是「知識與技能」的權重增加到 60,評鑑等級跨度增加到 12 級,點數最高限增加到 60 點,說明企業對基層主管的基本素質有較高要求,

從而對該項因素的等級測量也就更為細緻和準確；其次是在「工作難易程度」中，除保留「工作規範」，剔除了「影響層面或金額」與「預防措施」，代之以「協調面」，且評鑑等級和點數均有不同程度的調整，表明企業對於男性基層主管的協調能力有較高要求。

特別是「說明」一欄的內容表明，基層主管的工作愈是能夠「自行研究發展工作及計畫」並「具備創造改善及評估能力」，以及在「協調範圍、方式和頻率」指標中的分值愈高，評鑑等級就愈高，點數也就愈多。再次是在第三類評鑑要素中，取消「體能」因素，代之以「督導與領導」，並相應提高了評鑑點數，表明作為基層管理者，督導與領導能力是其應盡的重要責任。

職等制：勝任能力定高下

通過評鑑各項因素，幕僚得出每一職級和職位的點數範圍[12]，並依據點數範圍進一步決定某一職位的等級——職等。台塑集團的這一套做法，大致可歸結為西方企業普遍推行的職位職等制：主要從工作說明書出發，首先依據責任大小、工作難易、專業知識，以及該職位對組織績效影響的強度等指標給予不同的點數；其次用不同的計酬因數劃分各種職位或人員在組織中的相對位置；再次是依據相對位置（或相對價值）確定給付不同薪資的基本標準。

在經由評點程序完成的每一張評鑑量表的末尾，幕僚匯總出某一職級的上限與下限點數範圍。如圖 12-3 所示，自 D 類基層人員至課長級的點數範圍是 20 至 135 點。其中，各類基層主管級（領班、主辦）與各類基層人員之間的點數範圍重疊程度很高，表明該職位承擔責任的程度有一定重疊，且相對價值比較接近或相等，以便確保兩個相鄰層級間的過渡與銜接；課長級人員的下限點數基本上與基層主管級的上限點數大致持平，表明在評鑑課長級職位的過程中，一定有某個或某些賦分因素，比如領導統御能力等，大大提高了課長級職位的相對價

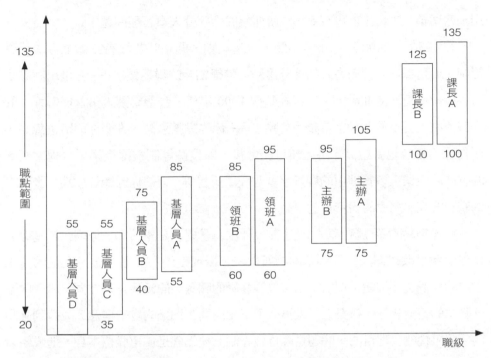

圖 12-3 課長級及以下人員職位評鑑中的職點範圍：2004

值，因而也就加強了對該層級主管的激勵效果。

　　要素評點法是台塑集團用於職位評鑑的主要方法，其具體做法符合這樣一個標準[13]：某職位承擔的責任和風險愈大，表明該職位對組織整體目標的貢獻度和影響度愈大，評鑑等級就愈高；該職位所需的知識和技能愈複雜，評鑑等級就愈高；該職位強調應履行的責任數量愈多，難度愈大，評鑑等級也就相應愈高。但是職位職等制並不是一個通用範本，企業切不可機械式照搬，而要學會靈活運

12　要素評點法通常難以給出一個職位的絕對點數。這大致有兩個原因：一是雖然職位常與任職者呈一一對應關係，但每個任職者的資格條件卻是完全不同的。所以使用一個點數範圍來描述一個職位的相對價值，要比使用一個絕對值合理得多，也容易為幹部員工所接受；二是整個評鑑過程不是由一個人，而是由一個評鑑小組集體完成的。一名小組成員得到的點數很難與另一名完全相等，再加上任何一個職位的點數都要經過與其他職位反覆對比後才能確定，所以此時如果用一個上下限範圍來評鑑某一職位的重要性可能更為合理。

13　王倩（2006），〈對職位評價與薪酬設計的分析〉，《北京市計畫勞動管理幹部學院學報》，第四期，頁25。

用，密切結合實務，才可有效解決所面臨的大部分人事管理問題。

在 1986 至 2008 這二十多年間，台塑集團一開始時並沒有立即推行職位職等制，而是採取一個漸進式的邊幹邊學、幹學結合的穩妥做法──先是用評點法對各職位進行評鑑並計酬。所以在整個 1990 年代，台塑集團人事管理過程中的一個最引人矚目的關鍵字就是「晉點」──你的點數愈高，表明你的職位愈高，所對應的薪資也就愈高。進入新世紀之後，職位職等制被提上議事日程。相應的，此時企業人事管理中的關鍵字就改成了「晉等」──你的職等愈高，表明你的職位愈高，對應的薪資也就愈高。

台塑集團的職位職等制究竟應該以什麼為基礎，是維持過去以職位為基礎的做法，還是改以個人差異為基礎的新做法，擬或是兩者並重 [14]，一直是困擾王永慶的一個主要問題。例如：以職位為基礎的職等制的涵義是指在同一職等中不同職位的薪資相等。這雖然深入貫徹了王永慶同工同酬的經營理念，並達到強調內部公平性的管理目的，問題是職位職等制的缺點就是偏重職位本身，造成組織內等級森嚴、論資排輩等一系列弊病，既不利於組織扁平化，也不利於優秀人才脫穎而出。

但是以個人差異為基礎的職位職等制的基本涵義，卻是指個人差異決定個人的職位和職等。所謂個人差異主要是指年資、考績、才能、學歷和經驗等個人評鑑因素之間的差異。此一做法在短期內可確保員工的競爭力，讓既有的人才有更多的成長空間，把活化人才當成是企業人事管理的工作重點，並且可能還會有其他好處，例如在企業劇烈改革或市場動盪期可增強員工的忠誠度，留住優秀人才等等。

在企業規模快速擴張或持續高速成長階段，一味講究「基於個人差異的職等制」這一做法並沒有太大的副作用，問題是，一旦進入平穩發展期，如果你在公司待得愈久或相關經驗愈多，企業就會給予較高的職等、薪資和頭銜。但倘若此時企業為降低運營負擔，採取扁平化措施來解決此一問題，隨之而來的就會造成

職位減少，升職不易，甚至是高薪低用或低薪高用等管理弊病。這些弊病本身並不可怕，因為人們總是能夠找到合適的辦法予以解決，比如增加、合併或減少某些職等或職位，然而可怕的是，這些弊病的存在會從根本上且在長期內損害企業的運行效率。

觀察顯示，台塑集團似乎更加偏愛以職位為基礎和以個人差異為基礎並重的「混合職等制」[15]。台塑集團強調同工同酬的觀念，是指兩名相同學歷的新進員工，如果做同樣的工作即可領取相同的薪水。但隨著時間推移，兩人會依個人差異、考績、歷練而有不同的職位或職等晉升，從而達到內部公平性的管理目的。同時，在同一個職等範圍內，當薪資增加到職等設定的本薪上限時，就不允許再加薪，而只能將調薪金額乘上 12 個月，在個人當月薪資中一次發給。當然，企業更不允許原職晉升，除非變更現有職位。

一名大學畢業生如果進入台塑集團並作為大專儲備幹部來培養，企業會依規定統一核給二等五級，享有相應的本薪、津貼及 2.6 個基數的效率獎金（計算方式是和每基數效率獎金標準相乘後得出），如表 12-5 所示。如果經過三個月的見習期且經考核通過，就可轉任為正式基層人員，統一核給三等三級，效率獎金基數調升為 2.9，未來即便職位沒有晉升，只要表現正常，依舊可以每 2 至 3 年晉級一次，效率獎金基數也會同步往上調。這一點對那些「夠老」的員工（相對於「夠好」的員工而言）具有較強的激勵作用，使他們感覺到自己在企業內，雖不如夠好者晉升得那麼快，但只要盡心盡力，仍然是合格員工，且會得到相應的尊重和收入。

顯然，大學畢業生初進公司時，企業是以該項工作所需的學歷決定你所在的

---

14 進一步的討論請參閱彭劍鋒（2004），《職位分析技術與方法》，等著，中國人民大學出版社；Jeffrey Pfeffer（2004），《人力資源方程式：以員工為本創造利潤》，清華大學出版社。

15 近十多年來，隨企業扁平化速度的加快，台塑集團也開始推行「寬等制」。此一措施的主要內容是增加職等數量，拉大薪資範圍，提高獎勵基數，表面上看是為增加員工成長空間，提升員工競爭力，實際上主要是為解決由職位分類和職等制帶來的一些深層次的人事管理問題，並設法使這一套制度的運行更有效率。

表 12-5 職位、職等、職級的劃分：以課長級及以下人員為例

點數	職位	職稱	職等	職級	效獎基數	點數	職位	職稱	職等	職級	效獎基數
上限85點　　下限20點	基層人員	男基層人員 女事務人員 女現場人員	一	1	1.6	上限105點　　下限60點	基層主管	值班主管 主辦 領班 副領班 班長 副班長	六	1	2.7
				2	1.7					2	2.8
				3	1.8					3	2.9
				4	1.9					4	3.0
				5	2.0					5	3.1
			二	1	2.2				七	1	3.2
				2	2.3					2	3.3
				3	2.4					3	3.4
				4	2.5					4	3.5
				5	2.6					5	3.7
			三	1	2.7				八	1	4.0
				2	2.8					2	4.1
				3	2.9					3	4.2
				4	3.0					4	4.3
				5	3.1					5	4.4
			四	1	3.2				九	1	4.5
				2	3.3					2	4.6
				3	3.4					3	4.7
				4	3.5					4	4.8
				5	3.7					5	4.9
			五	1	4.0	上限135點　　下限100點	二級主管	課長 副課長 專員	十	1	4.0
				2	4.1					2	4.1
				3	4.2					3	4.2
				4	4.3					4	4.3
				5	4.4					5	4.4
									十一	1	4.5
										2	4.6
										3	4.7
										4	4.8
										5	4.9
									十二	1	5.1
										2	5.2
										3	5.3
										4	5.4
										5	5.5

職等職級和本薪，日後則是由你的個人差異或者說個人表現決定職等職級，且連帶影響你的效率獎金和調薪。當然，如果你在第一年的年度考核中又被評為良等或以上，那麼既可享受到較高的年終獎金，亦可獲得來年較優越的調薪，或未來較快的職務晉升機會。

不論是以前的「晉點」，或是現在的「晉級」或「晉等」，台塑集團每年都會定期進行。再如表 12-5 所示，以課長級及以下人員為例，每名員工都可以在該表中找到自己的位置和晉升管道；員工的內心十分清楚，自己今後將只需要專

注於本職工作，至於晉級或晉等等工作，身後自然會有人及時做出相較以往更為準確和公平的記錄、計算和評鑑。如果說完整地「繪製」出此一圖表並將每名員工劃分為不同的職等和職級是一件不容易的事，那麼深入貫徹這一圖表背後所隱藏的「同工同酬」的用人理念和思想，則表明台塑集團已經具備較高的人事管理水準。

　　進入台塑集團之後，你的命運很大程度上掌握在自己手中，因為對你的個人差異或個人表現的認定，絕大部分（如二八比，亦即主觀評鑑占 20%，客觀評鑑占 80%）是基於科學計算和經驗評估得出的多個客觀指標，只有小部分基於主管的主觀判斷。即便是主管的主觀判斷部分，通常也要採取數理統計等方法再予以量化處理。對那些無法量化的部分，比如主管評語，不僅會有再上一級主管複核並把關，還要你本人簽字認可後才算完畢。

　　當計點工作結束後，接下來的任務就是按照職點範圍，把不同職位再劃分為不同等級，並進一步生成職位職等對照表。該表是全企業人事管理制度的控制性表單，至於在該表中劃分多少職等最合適，則還要結合企業的層級結構和產業特性等具體情況來確定或隨時調整。仍如表 12-5 所示（簡化後的職位職等對照表），自課長級及以下職位共計劃分為 12 個職等和 60 個職級，其中僅課長級就劃分為 3 個職等和 15 個職級。在此，所謂職等是指把不同職級中的那些職責輕重、工作繁簡以及任職資格條件充分相同或相近的職位都歸入同一職等[16]；所謂職級是指按經驗法則再把職等進一步細分為若干級，以便增加評鑑的範圍和精度。

　　相較於過去，台塑集團的職等和職級數量一直在增加，顯示通過適當增加職等和職級的數量，可進一步拉大某一職位的付酬和晉升級距或跨度，避免該職位

---

16 如此劃分的原則大致有兩項：一是參照原有的職務等級進行劃分，例如課長與主辦、專員與高級專員等，就可明顯歸入不同的等級；二是把一些點數相近或重疊的職位放在同一個等級之中，例如直線生產體系中的課長級職位與直線幕僚體系中的專員職位，因為兩者的點數接近，故可放入同一個等級中。

落入「彼得原理」[17] 或「帕金森定律」[18] 等陷阱。儘管從薪資設計的角度看，不同的職級、職等和職級，實際上是與每一名員工的收入直接相關的。每名員工在他職業生涯的大部分時間內，都不會處於一個或少數幾個薪資等級之中，而是會經歷十幾個或幾十個。這意味著員工不會把職務晉升當作唯一動力，恰恰相反，如前所述，只要員工能在原有的職位上不斷改善個人績效，就能獲得更高的薪資、晉升和獎勵。

透過此一做法，把任何兩名員工放在一起比較，就可立即區分出哪一名能力強，哪一名弱。然而能力強弱有別並不完全是員工自身的問題，而是企業管理是否到位的問題，或者說是由於相對性引致的，因為有比較才能發現差異，所以企業不能因此而草率解除弱者的雇用合約。對那些能力相對較弱的員工，即便是職位晉升得較慢，但只要他努力工作，一樣有機會不斷獲得與其能力匹配的晉等激勵和相應報酬；對能力相對較強的員工，不但職位晉升較快，同時報酬增加得更快。總之一句話，只要努力肯幹，兩類員工一定都不會覺得自己在企業內受到虧待，至少在收入方面是如此。

企業比較員工能力強弱的做法，實際上反映了企業家的人事管理理念和思想：合格的企業員工群體是由大部分「夠老者」和小部分「夠好者」構成的，業績也都是由夠老者與夠好者共同創造完成的，兩者對企業貢獻之間的差異不是絕對差異，而是相對差異。於是在同一套管理制度下，企業應該讓夠老者和夠好者都因為享受到相應等級的激勵而感覺到相同的尊重。例如一位基層領班級幹部，如果他的知識背景出眾，業績連年躍升，再加上具備較強的管理能力，就可以在幾年或十幾年時間內迅速晉升為廠處長或以上級別的幹部，從而躋身經營層，享受到固定經營津貼和金額往往超過百萬級的主管特別酬勞金（SB）。顯然，如何善用職位職等制是台塑集團善待夠老者、激勵夠好者，進而造就一大批高級管理人才的一大法寶。

在過去職點數量設定較少的年份裡，常常出現這樣的情境：許多人幾年之後

便擠在同一職位上，造成不得不齊步晉升的不良後果。此一現象導致的管理問題是，上級主管將難以精確區分部屬的能力強弱，不能做出恰當的績效評核，使得人才既不能適所也不能適酬，嚴重影響員工的工作士氣和晉升計畫。

但在推行職位職等制之後，特別是隨著職等和職級數量的增加，企業即可為員工設定多條長短不同的跑道，幫助員工合理規劃職業生涯，通過階梯培訓等手段引導員工提升自身技術及管理水準，鼓勵員工通過技能、績效的提高來實現職務或職等的晉升，從而實現自我價值。

王永慶所塑造的正是這樣一種「逆水行舟，不進則退」的工作環境，形成一套兼備現代性和先進性的企業人力資源開發和管理的制度及流程。儘管這套做法是舶來品，之所以能在台塑集團發揮重要作用的原因，卻是因為王永慶為此一舶來品奠定了堅實的組織與管理基礎：既便是再好的人事管理制度，如果脫離企業的發展策略、組織結構和制度流程的補充和支援，也難以發揮其激勵作用。如果外界注意觀察，肯定會發現，在台塑集團這樣一套順暢運作的人事管理制度下，凡績效出眾者一定是那些具有較強判斷能力，亦即那些能夠在實際工作中設定具有挑戰性目標，並且通過發現問題及時採取行動解決問題，進而實現工作目標的員工。

---

17 美國管理學家彼得（Laurence J. Peter）對層級組織有深入研究。他在《彼得原理》（*The Peter Principle*）一書中指出，在一個等級制度中，每一名員工趨向於上升到他所不能任任的地位。他同時指出，每一員工由於在原有職位上工作成績表現好，就將被提升到更高一級職位；其後，如果繼續勝任則有可能達到一個他的能力無法勝任的職位。層級組織的工作任務多半是由尚未達到不勝任階層的員工完成的，每一個職位最終都將達到彼得高地，在該處他的提升商數為零（參見 Laurence J. Peter〔2004〕，《彼得原理》，甘肅文化出版社，前言）。

18 英國著名歷史學家帕金森（Cyril Northcote Parkinson）通過長期調查研究，寫出一本名叫《帕金森定律》的書。他在書中闡述了層級機構人員膨脹的原因及後果。他說：一名不稱職的官員可能有三條出路，第一是申請退職，把位子讓給能幹的人；第二是讓一位能幹的人來協助自己工作；第三是任用兩名水準比自己更低的人當助手。顯然，他是不會走第一條路的，因為那樣會喪失權力；他也不會走第二條路，因為能幹的人會成為自己的競爭對手；他只有第三條路可以走，亦即由兩名平庸的助手分擔他的工作，他們不會對他的權力構成任何威脅，而他自己則可以高高在上並發號施令。兩名助手因為無能，必定在工作上行下效，再為自己找兩名更加無能的助手。依次類推，企業於是就變成一個機構臃腫、人浮於事、相互扯後腿以及效率低下的官僚體系。（參見 Cyril Northcote Parkinson〔1971〕，《帕金森定律：組織病態之研究》，台灣中華企業管理發展中心出版。）

獨具特色的薪資體系設計

職位職等制設計完畢之後，整個台塑集團人事管理制度的改革重點便轉移到薪資體系的系統化建設上。職位職等制只是為員工的職業生涯規劃了多條跑道，但是用什麼辦法進一步激勵員工努力跑，也就是鼓勵員工取得實實在在的工作績效，才是所有問題的關鍵所在。今天看來，台塑集團推行職位職等制的目的就是為了建立一個以能力為主、以職位為輔的現代企業薪資體系。

如今台塑集團的職級架構已呈現出「一職多等」和「一等多級」等特點。應該說，這些特點為企業更好地處理公平與效率問題，亦即內部一致性問題[19]奠定了基礎。這種制度安排體現了強化原則[20]，使人事管理工作實現從傳統的「管家式」向「開發式」轉變[21]，從而把人員錄用、培訓、考核、使用、調動、升降、獎懲和退休等環節有機地連結起來，並實施全過程管理。王永慶認為，由此形成的激勵機制打破了過去各子公司間相互獨立以及部門間分割的不利局面，代之以將全部人員視為一個整體進行統一管理，並透過「期望效應」[22]影響到每一名員工的工作行為。

人們今天看到的台塑集團薪資體系的形成過程，完全體現了王永慶早年提出的策略思考。他要求整個薪資管理制度的設計不僅要嚴密，同時要具備系統性和科學性。這意味著人事部門的幕僚在設計薪資體系時要有全局觀念，不能僅憑主觀經驗判斷，所設計的管理流程要符合企業實務。什麼叫「符合企業實務」，王永慶解釋，就是指薪資體系要能在現有條件下最大限度內激發出員工的切身感，亦即透過薪資體系「把員工的努力程度與企業的經營指數緊密結合」以發揮管理機能，並給企業帶來實實在在的經濟效益。

一個薪資體系如果不具激勵性，可能比沒有更糟糕。整體上看，台塑集團的薪資體系基本上屬於職位薪資體系範疇，同時兼顧了技能薪資體系和能力薪資體

系的一些基本精神²³。也就是說，台塑集團現有薪資制度的運行基礎是職位與
工作的評估價值，並在此基礎上凸顯員工所掌握的技能水準和勝任能力。其中特
別是勝任能力²⁴，它在王永慶的薪資策略中占據著非常重要的位置。

　　值得特別注意的是，1980 年代的台塑集團仍處於快速成長期。尤其是在
1987 年，台塑集團自建輕油裂解廠的專案計畫終於獲得台灣當局批准，遂使得
王永慶頓覺他已懷揣二十多年的向上游整合夢想即將實現。這一點從當時採購中
心繁忙的採購作業中可窺見一斑：採購人員正在大量訂購各種煉油和乙烯等生產
設備，時刻準備擴大產量，以便搶占更多的市占率。輕油裂解是一種更大規模的

19 王永慶強調在企業中推行職位分類制，以及注重薪資體系建設的一套做法，充分體現出內部一致性原則。所謂內
　　部一致性是指公平理論在薪資體系設計中的實際運用，它強調在設計薪資時要保持組織內部的平衡。組織內部薪
　　資的不合理，會造成不同部門或相同部門員工之間的產生不公平感，造成心理失衡。員工對公平的感知不
　　僅僅取決於是不是因為做了同樣的工作而得到相同的報酬，他們還關心薪資是如何體現技能水準、職責範圍、服
　　務品質及危險程度等要素的。因此，要保證組織薪資的內部一致性，就必須合理確定組織內部不同職位的相對價
　　值，做好組織內部的職位評鑑和績效考核工作。
　　有關公平理論的相關著作，請參見《工人關於工資的內心衝突同其生產率之間的關係》《工資不公平對工作品質
　　的影響》《社會交換中的不公平》等著作。這些理論著作通過社會比較探討了個人所作的貢獻與所得獎酬之間的
　　平衡關係，著重研究了工資報酬分配中的合理性、公正性及其對員工士氣的影響。
20 職等制實際上包含用強化手段來激勵人們行為的管理思想。台塑集團在最近的十幾年中，一直在調整職等和職級
　　數量的做法實際上就是強化理論的具體體現。有關文獻參見美國心理學家史金納（B. F. Skinner）、賀賽（Paul
　　Hersey）和布蘭查（Kenneth Blanchaed）等人的著作。他們以強化學習原則為基礎，提出關於理解和修正人
　　們行為的一種理論：強化理論。該理論認為，對某一種行為進行肯定與強化可以促進這種行為重複出現；對某一
　　種行為進行否定可以達到修正或阻止這種行為的重複出現。
21 傳統的人事管理屬於被動反應型的「管家式管理」，它集中表現為一種操作式的管理模式；現代人力資源管理則
　　是建立在行為科學基礎上的一門學問，它強調積極開發而不是被動反應，總目標是為了提高人的工作績效，重點
　　在於開發人的能力，其關係式為工作績效等於人的能力乘以激勵。進一步的觀點可參見 Gary Dessler（2007），
　　《人力資源管理》，中國人民大學出版社，第十版。
22 期望理論是由美著名心理學家和行為科學家弗魯姆（Victor H. Vroom）於 1964 年在《工作與激勵》（*Work
　　and Motiration*）一書中提出的。他說，期望理論的基本觀點是以三個因素來反映需要與目標之間的關係，亦即
　　要激勵員工，企業就必須讓員工明確：(1) 工作能提供給他們真正需要的東西；(2) 他們欲求的東西是和績效相關
　　的；(3) 只要努力工作就能提高績效。
23 國際通行的薪資體系有三種，即職位（職務）薪資體系、技能薪資體系和能力薪資體系。職位（職務）薪資體系
　　以員工從事工作的自身價值為評鑑基礎，技能薪資體系以員工掌握的技能水準為評鑑基礎，能力薪資體系則以員
　　工具備的能力為評鑑基礎。三種薪資體系各有優劣，其中職位薪資體系發展的歷史最長，技能薪資體系次之，能
　　力薪資體系則是近年才開始流行的，是在前兩種薪資體系的基礎上擴展而來的（周壘（2007），〈如何進行職位
　　薪酬設計〉，《經濟師》，第六期）。
24 1973 年，哈佛大學麥克雷蘭德（David McClelland）教授提出了「勝任能力」這一概念。他從品質和能力兩個
　　層面論證個體與職位工作績效之間的關係。他定義說，能力從廣義上來講包括一個人的特質和動機、價值觀、行
　　為表現以及技能；從狹義上來講，能力僅指基於個人特質、動機和價值觀的行為表現。廣義上的能力包括現實能
　　力和潛在能力兩種表現形式。現實能力是指當前所具有的並可以從工作績效中直接表現出來的能力，是由後天學
　　習和經驗積累而成的。潛在能力則是指員工未來從事某種工作的能力，其中像興趣、性格、氣質等一些因素都可
　　以為未來從事某項工作應具備的能力提供基礎性支援。

資本密集和技術密集的生產方式，自然給現有的薪資體系改革帶來巨大挑戰。當然也是在同一時期，王永慶並沒有忘記他一貫宣導的企業管理基礎建設。在他的經營策略方面，成本領先策略一直是此一基礎建設的核心內容。

進入 1980 年代之後，世界石化工業的經營環境發生很大變化。企業間的競爭很大程度上是成本之間的競爭，特別是原有的客戶開始紛紛外移至中國大陸，遂給台塑集團的日常經營，甚至生存機會，帶來巨大挑戰和壓力。如果產品價格在長時間內無法保持競爭力，台塑集團必將失去那些已經外移的下游客戶。另外，王永慶一直強調通過漸進式的、無休止的改善活動來減少各種成本和費用支出，這實際上等於是給人事部門出了一道技術難題：如何不斷提高幹部員工的勝任能力，以便應對知識性與技能性愈來愈高的職位要求？

顯而易見，答案之一便是企業選擇的薪資策略務必首先注重薪資成本的控制，以便保持與競爭對手大致持平或略高的薪資水準。隨後幾十年的實踐證明，人事管理部門的確貫徹落實了王永慶的薪資策略：企業在長期內付給員工不低於外部勞動市場的固定薪資（如本薪和各種福利津貼等）的同時，也在短時期內實行力度較大的效率獎金或經營津貼等計畫，以鼓勵幹部員工努力降低成本，提高勞動生產率。

整個薪資體系的設計工作，按照王永慶的要求，首先從薪資調查開始。他說，台塑集團應通過各種管道獲得外部相關企業各個職位的薪資水準及相關資訊，目的在於保證幕僚設計的薪資制度對外具有競爭力，對內具有公平性，如此才能以合理的成本吸引並留住人才，維護企業的知名度和外部形象。

如表 12-6 所示，在年度調薪調查作業過程中，幕僚除了嚴格參酌企業之前年度，特別是上一年度及當年第一季的經營績效，還要再認真蒐集其他產業和企業的基本情況，包括製造業、石化業、軍公教人員薪資水準，以及產業工會反映的所有改善意見等等。這些調查項目不僅是當下完成薪資設計方案的參考依據，也是以後年度制定薪資調整方案的參考資料。

表 12-6 台塑集團薪資調查主要項目一覽表

1. 台灣地區消費者物價指數上漲情況。
2. 軍公教人員調薪幅度調查。
3. 業界薪資水準、前一年及今年預計薪資調整幅度調查。
4. 各產業工會反應意見蒐集匯總。
5. 各公司營業額及利益額資料匯總。
6. 編製台灣前五年薪資、生產力及物價指數統計圖表（含製造業、石化業、本企業、軍公教人員等）。
7. 編製當年度石化業及其他業界預計調薪幅度統計圖表。
8. 編製本企業新進人員起薪標準及與業界比較統計圖表（包括新進大專人員、私立工專、高工人員、女作業員每月所得及年所得統計比較在內）。

　　整個調查作業分為好幾個層次進行，認真程度一點也不亞於大專院校的學術調研活動。例如，對較基層的一般職位的薪資水準，調查區域局限在工廠所在地進行；而對較為高級的職位，調查範圍則伸向其他國家或地區。王永慶認為，薪資調查不僅可為全企業薪資管理提供決策參考和依據，同時可通過比較分析幫助各子公司查找出某些內部工資不合理的職位。

　　王永慶做事的細緻程度影響到他身邊的每一名幹部和員工。但僅僅調查薪資結構遠遠不夠，他認為，幕僚還應把企業的薪資結構再細分為若干個小項並逐一檢討，內容包括除本薪以外的其他各項福利津貼，如加班費、交通津貼、職務津貼、地區津貼、作業用品代金等等。一般企業的做法可能是其他企業定多少本公司就定多少。如 1970 年代初，王永慶就要求各子公司發放給企業內人員的待遇力求不遜於同類企業，例如將生產獎勵金及年終獎金合計起來看，每位員工在 1971 年度就可領到 20 個月以上的薪津。

　　另外，公司為保障員工的未來生活，更在公司章程中明訂員工可享受紅利分配，至 1971 年底其紅利分配額已累積到 3 億 7 千萬元（申請購屋及特別用途已領出之數額不計在內）。預計到 1974 年底，此一額度可高達 6 億元。雖然每名員工以總人數分攤後得到的實際金額並不多，亦足見台塑集團對幹部員工的未來

生活真是做到盡心盡力。

　　某些項目的金額雖然小，時間長了對員工也是一筆不小的收入。再說薪資體系建設從長遠看並非技術問題，而是策略問題，因為它的整體以及任何一個細節因素都攸關企業的長遠發展，所以問題的關鍵不在金額大小，而在於是否合理。這一點完全可視為台塑集團整個薪資體系設計及其運行過程的個性所在。

第*13*章
管理就是激勵

台塑的一個職位值多少錢

如果說工作評鑑解決的是某一職位在整個職級架構中的相對價值,薪資設計要解決的則是某個職位在台塑集團到底值多少錢。圖 13-1 僅直觀描繪了台塑集團的薪資結構。乍看之下,此一結構和台灣其他集團企業並無不同之處,然而該圖的背後卻隱含王永慶與眾不同的,關於效益分享的理念和思想。

在前一階段的工作中,各級幕僚針對職位評鑑和薪資調查付出巨大心血,現在看來,職位評鑑工作愈細緻,方法愈科學,薪資體系的內外部公平性和可操作性就愈強,從而激勵作用也就愈大[1]。就目前情況而言,台塑集團管理基礎建設的核心工作就是激勵機制設計及其推動工作。如果再結合台塑集團管理系統的實際運行情況看,企業愈是加強激勵機制建設,幹部員工的工作積極性就愈高,企業的經營績效也就愈好。

與台灣其他集團企業類似的是,台塑集團的薪資結構也包含四部分:本薪、津貼、獎金和福利,並且全部納入企業成本。上述四部分的性質迥然不同[2]:本薪是為「工作」而支付的,具有報償性;津貼是為「苦勞」而支付的,具有補償性;獎金是為「功勞」而支付的,具有激勵性;福利則是基於「法律和理念」而支付的,具有補充性和保障性。

上述構思和設計意味著台塑集團的薪資體系包含多個層次的激勵,其中有些是指純勞動收入,有些是指勞動收入與效益分享後的混合性收入,有些則是指淨福利性收入。從實施的效果看,激勵機制的層次性可使不同項目之間互補,使企業財富的分配趨於公平,從而起到協調勞資關係的作用,並達到提高勞動生產率的終極目標。

除公平性和科學性以外,王永慶針對可操作性所採取的解決方案是強化薪資與績效之間的掛鉤與接頭。這當然也是台塑集團整個薪資體系能否被員工全面接

受且能長期有效運行的關鍵所在。在圖 13-1 中，幕僚匯整出的薪資結構大致包含固定項目和變動項目兩部分。其中，效率獎金、經營津貼和年終獎金的計算和分配最為頻繁，而且此三項的額度相加可占到一名員工年度總收入的大部分或絕

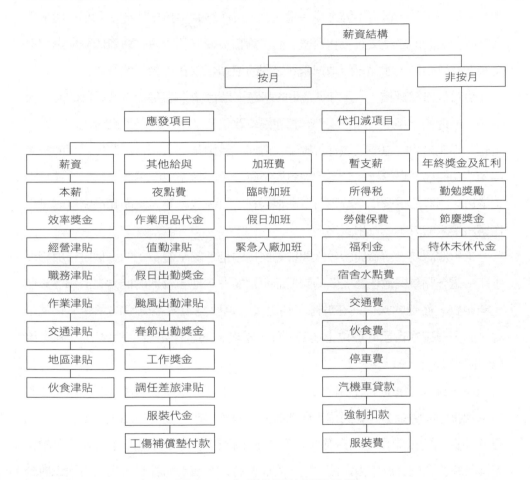

圖 13-1 台塑集團的薪資結構

1　王永慶指的是公平理論在薪資體系設計中的應用問題，亦即一套好的薪資體系必須兼備外部和內部公平性或一致性，如此才能減少矛盾和衝突，發揮其應有的激勵作用；而可操作性是指，一個薪資體系在實際運行中應滿足職位調整、績效評核和薪資調升等管理要求。

2　王倩（2006），〈對職位評價與薪酬設計的分析〉，《北京市計畫勞動管理幹部學院學報》，第 14 卷，第 4 期。

大部分,因而可視為變動項目的集中代表,同時它也最能說明台塑集團的薪資設計與其經營績效之間的緊密連結。

所謂「固定」,並不是指某個收入項目長久保持不變,而是說在一段時間內,例如在一年內保持不變,或者說固定項目與變動項目相比,變動項目與績效及其評核之間的連結更直接和緊密。而掛鉤和接頭有利於連結薪資的分配過程與企業的經營指數,並盡可能地把兩者之間的連結建立在可量化的基礎上。

也可以這樣評價,「具有可量化的基礎」是台塑集團薪資體系設計的另一大特點。最近幾十年中,此一趨勢一直在逐步改善和加強,凡是能夠量化的一定要量化,不能量化的也要設法進行數字化處理。台塑集團各項管理制度之間的嚴密與勾稽功能已經可以確保企業的薪資體系建設始終保持或凸顯此一趨勢,並且由企業自行開發的電腦化系統也可以在很大程度上吸收因為大範圍和高密度的量化作業所帶來的成本或費用支出。

王永慶認為,薪資與績效之間掛鉤與接頭是他給全體員工的一個財務與管理承諾。這一點事關他作為老闆的誠信而不是能力,他認為他的能力在於領導整個企業賺錢,而他的誠信則在於賺了錢之後一定要兌現效益分享的承諾。也就是說,只要員工在自己的職位上盡到責任,當老闆的就一定要「給錢」[3],甚至要「給很多錢」。

從我對台塑集團上百名幹部員工的訪談結果看,效率獎金和經營津貼(尤其是主管特別酬勞金)因為與個人績效和公司經營指數之間的連結更為緊密,因此對幹部員工的激勵作用也最強。相形之下,福利性收入的保障作用大於激勵作用;年終獎金則介於兩者之間,它一方面帶有人人有份的性質,另一方面也與公司每股盈餘及個人年終考績密切相關。

至 2008 年,台塑集團總計有廠處長級及以上高級管理幹部約 2 千 5 百人,其中廠處長級約 2,160 人,事業部經理級約 230 人。這批幹部被認為是企業的經營者,主要擔負經營責任,並享受經營津貼。如前所述,經營者在台塑集團是相

對於董事會的一個基本概念：受董事會委託，負責全企業的生產和資產經營與管理。儘管沒有明文規定廠處長級幹部是勞資雙方的分界線，但從薪資發放的名稱及其方式看，因為有工會的存在，一般還是把廠處長級及以上幹部視為資方，以下則為勞方。

另在王永慶眼中，他之所以把這批幹部統稱為經營者，主要原因可能還不在於這一職務的定義本身，而在於他在 1960 年代就開始在企業內推動分權化改革（管理變革），並大力推行事業部制度和利潤中心制度。從那個時代起，台塑集團開始出現一批能夠在其可控範圍內獨立承擔經營風險，並能完全對所在單位的經營指數負責的高級管理幹部，而且隨企業規模擴張，這批人的數量也愈來愈多，經營者的特徵也愈來愈明顯。

例如廠長，他們在企業內通常既是工廠主管又是利潤中心主管，既是經營者又是管理者，在企業內扮演著承上啟下的關鍵角色，所以被王永慶稱為一級主管（在今天的台塑集團，一級主管及以上幹部，由低到高，已分別稱為經營主管、資深經營主管或高階經營主管等）。作為廠長，工作內容涉及生產製造等技術活動，以及計畫、組織、指揮、協調和控制等管理活動，是整個台塑集團貫徹執行六大管理機能的交匯點。廠長往上是經理級以上主管，角色是經營重於管理，主要享受經營津貼；往下則是課長級和基層主管級幹部，角色是管理重於經營，主要享受效率獎金。

經營津貼是經營者或高級管理幹部取得報酬的主要形式之一，理論上屬於高階主管薪資範疇。「津貼」二字的「津」字是指利用獎金等手段使人在工作中「遍體生津」；「貼」字則是指「通過貼補可使員工的錢包充盈，使其工作津津有味」。兩者合為一體，是台塑集團各項管理制度背後隱含的一個基本道理：一是

3　「給錢」在此只是用於說明王永慶做為老闆信守承諾的比喻。實際操作過程中，「老闆給的錢」能否真正拿到，當然還要看你是否切實履行責任。如果你做到了，肯定能拿到屬於你的那份；如果你做得更好，肯定拿得更多。

高階主管擔負經營責任，故應具備經營視野；二是除薪資和福利外，企業還應為其具備經營視野支付一部分補償性收入。

所謂「經營視野」，是指這部分高階主管除擔負本部門日常管理工作外，「還要從本部門，甚至全企業的整體視角出發，為實現本部門或企業總目標付出更多的體力和腦力」，因為「這部分經營責任需要靠高階主管自覺而為之，故企業需要予以補償」。以廠處長級幹部為例：近幾年來，經營津貼通常按照職等不同劃分為三級：1.4、1.6和1.8萬元新台幣／月，並且不論公司經營狀況如何，此一標準在一段時間內（一般是9年內保持不變，如果受評者表現正常，那麼9年後即可升等，如從1.4萬升為1.6萬）始終保持一個固定額度不變，這意味著經營津貼在同一職等具有均等性，除不同職等之間上下有別，其發放過程與經營者的定期評核和年終考核一般沒有直接相關。只要你處於某個職等，就可以享受與該職等相對應金額的經營津貼，除非受評者的津貼標準因為年終考績突出而核准正常升等；或者因為本部門部屬的某些「行政疏失」受到牽連並因此負擔連帶責任。

這一點也許正是王永慶的特別考慮之處：為保持一支穩定的幹部隊伍，他建議把經營津貼盡可能當作廠處長級及以上幹部的一筆固定性收入。如果說管理階層的著眼點是企業產品的產銷管理過程，經營階層的著眼點則是企業經營本身。他希望這些經營者既要具備產品經營觀，也要具備企業經營觀。一位合格的經營者，尤其是一位高階經營者的日常工作，不僅應該懂得研究市場、探尋機會並學會預測風險，也要懂得縱觀全局、科學決策、改進效率並時常教練自己的部屬。王永慶希望，通過經營階層的努力可使企業的所有資源都能夠資本化（帶來資本收益），都能夠有序地並最大限度地發揮其應有的作用。因此經營津貼對經營者的激勵作用不僅非常重要，理論與實務操作上也應有別於其他員工群體。

如果說經營津貼是經營者的一筆固定性收入，並且「其鼓勵作用大於激勵作用」[4]，對經營主管真正具有凸顯激勵作用的則是另一筆變動性收入——主管特

別酬勞金（SB）[5]。在台塑集團，主管特別酬勞金已行之有年，外界常把這筆獎金比喻為「黑包」或者「另一包」。所謂「黑包」是指與「紅包」相對應的一個概念，因為紅包通常是年終公開發放的，且金額完全公開。黑包雖也是按年發放的，但因為金額不公開，多少帶點神祕色彩。當然，如果一個黑包中的金額高達幾十萬甚至幾百萬元不等，就更會成為全集團上下關注的焦點。

　　除了更高一級主管，同一層級的幹部並不知道別人拿到的黑包裡究竟有多少錢。當然你也不必知道，因為看一看別人的業績提升情況及對部屬的教練業績就什麼都清楚了。這一點正是王永慶的特別用意所在，在他看來，主管特別酬勞金代表高階主管薪資與其績效之間的一種特殊連結機制，因而應該具有特殊的激勵作用。也就是說，在石化工業這個愈來愈不穩定的行業中，以高階主管個人績效為基礎的評核與獎勵制度，對形塑台塑集團幹部隊伍及其核心競爭力，的確發揮著關鍵性的導向作用。

　　當然，台塑集團的主管特別酬勞金制度也歷經一個從「恩給」到「規範」的過程。在過去，此一制度一直飽受外界議論，加上發放方式及金額不公開，於是給企業帶來了某些負面影響。後來在王永慶的努力之下，幕僚終於在企業內部建立起一套針對經營者的績效評核指標，使得主管特別酬勞金的計算和發放邁上制度化的正軌。王永慶評價說，如果決定給經營者激勵，企業就要能夠確保這個激勵既不能成為員工發洩不滿的「反手鐧（引發內部矛盾）」，更不能成為影響企業經營的負面因素。

　　如表 13-1 所示，某工廠廠長定期工作評核指標與本書後續要討論的課長級及以下人員效率獎金評核指標的結構比較類似，差別在於前者比後者的內容更寬泛，更加凸顯廠長在經營管理層面應具備的素質和能力。這些指標被認為是一位

4　所謂「固定」是個相對概念。如果遇到類似 2008 年那樣的經濟危機，企業的經營津貼勢必受到一定的影響。當然如果企業連續盈利，津貼標準也應隨之調整，一般不會長時間保持不變。

5　英文全稱叫 Special Bonus。

表 13-1 廠長定期工作評核簡表

評核項目	評核內容	得分	自我評量
產量達成率	依主要產品目標產量達成率評分	10	工作績效重點及年度目標本階段目標達成狀況
品質	依主要產品收率達成率評分	5	
	依客訴案件發生數評分	5	
用人數	依用人數實際與目標比較評分	10	
固定工繳	依固定費用實際與目標比較評分	10	
工安環保	依異常案件發生數評分	10	
TPM	依廠內 TPM 稽核結果評分	5	
進步率	與去年同期目標比較評分	(5)	
創新及專案能力	以受評人實際所提經立案之「改善提案」,以及會議或工作中建議之創新能力綜合評定	10	
	以受評人推動專案改善之能力,以及負責之專案預估效益之高低綜合評定	15	
主管評核	1. 領導能力	4	
	2. 協調能力	4	
	3. 交辦事項之執行力	4	
	4. 規劃能力	4	
	5. 部屬之培訓	4	
主管評語			

廠長的可控職責範圍,因為該工廠已嚴格劃分為一個或多個利潤中心。然而令人驚訝的是,雖然該工廠已劃分為若干個利潤中心,但上述對廠長的績效評核指標中卻並不包含利潤指標。

王永慶認為,利潤最大化無疑是每家企業夢寐以求的經營目標,但是經營者如果只注重利潤,而忘記了利潤賴以產生的管理基礎條件,是一種目光短視的表現,因為利潤不是管理合理化的原因,而是結果。因此作為一級主管,應該更加重視一些兼具綜合性和基礎性的評鑑指標:除了產量、品質、用人和固定工繳等常見指標,王永慶更強調進步率、創新與專案能力,以及主管評核等指標的激勵作用。

按照王永慶的構想，進步率指標不是減分項目而是加分項目。如果該工廠在產量、品質、用人以及一些未列入績效評核指標但又能反映廠長管理能力的指標上比上一年度做得好，例如 IE 改善提案，企業就應給予加分。此一加分非常重要，因為它和廠長的薪資、獎金乃至晉升均密切相關。另從創新與專案能力以及主管評核這兩項指標來看，不僅分值相加達到 55 分，更是由此體現出台塑集團管理系統注重激勵機制建設的關鍵特徵。

專案改善幾乎可視為王永慶在企業管理領域的一項「專利」：自總管理處向下直至普通員工，均把專案改善當成工作中的頭等大事。大家在各自的可控職責範圍內，每天皆忙於分頭處理各種異常案件。此一時期，幹部員工在管理改善領域出現的心理變化令王永慶欣慰不已：如果確屬員工自己能處理的，他們就一定自己處理，並因此直接獲得加分；如果超出自己的責任範圍，就呈報給上一級單位主管，並由其他專業單位或個人來完成，自己則認真配合執行。交由他人做的原因很簡單：即便是某項專案交給別人做，也是在幫助自己解決問題，因為由此產生的間接效益至少還是自己的。

當然，王永慶所說的「效益」並不是口頭承諾，而是可與全體員工分享的實實在在的貨幣性收入，它與利潤無關，而是與企業的經營指數緊密相連，所以說主管特別酬勞金不是一般意義上的利潤分成，它與股權激勵也完全不同，而是一項完全基於個人業績評核的效益分享制度。

效益分享的「過程基礎」：以效率獎金為例

王永慶曾在 1973 年 2 月的一次演講中提到，台塑集團的某些工廠制定的生產獎勵制度仍沒有擺脫以往「簡單生硬」的做法。他通過調查後發現，台塑集團主要從事石化產品的連貫性生產作業。參加生產的人數有時達到成百上千人，他們同時分散在幾條或幾十條生產線上。但廠方制定的生產獎勵措施卻十分簡單：

例如規定各生產線每天要完成 1 百打的生產任務,而且只有當產量超過 1 百打時才同意發給生產獎勵金。如果達不到,廠方則要求該生產線加班生產直到完成規定任務為止,還不發給任何加班費。

王永慶對此十分不以為然。他認為,大部分操作人員因為完成任務領到獎勵金,而沒有完成任務的只好服從工廠的規定,直至完成為止。表面上看起來,工廠的規定好像很合理,沒有進一步改善的必要。但問題是,一些工人因為長期加班,已經無法忍受此一不公平待遇而紛紛離去。那麼請問原因在哪裡?原因就在於你沒有進一步檢討規章制度是否合理,你沒有對工人的動作、時間及訴求進行過深入分析和研究,你一方面「逼迫」熟練工達到你的要求,另一方面又「逼迫」非熟練工也必須達到你的要求,你的規定對領到和沒有領到獎金的人來說都是不合理的:前者無異於鞭打快牛;後者無異於不教而誅。

王永慶進一步解釋,由多人組成的生產線,必須研究工人動作的經濟性,測定標準時間,改善操作方法,釐訂每個人的最佳負荷量,也就是做到生產線平衡(Line Balance),再訂定生產獎勵金,使工人的工作既輕鬆又有效率,這就是研究與改善工作的全部內容,目的在使每個人都有他自己的切身責任和報酬,人人自動自發,不須鞭策。如果沒有對動作、時間和訴求有整套的研究,盲目獎勵反而會招致操作人員的怠惰和恥笑,再說「逼迫」工人「免費」加班更是一種不道德的做法。

在此,本書主要以效率獎金為例進一步闡述王永慶有關效益分享的理念和思想。與經營津貼類似的是,效率獎金制度也強調兩個重點:一是效率——實際工作量與標準工作量之間的比值,即在品質一定的前提下,員工在單位時間內完成多少實際工作量。二是獎金——一種兼具激勵性和強制性並根據員工績效考核結果發給的一次性獎勵金或補償性工資,其中所謂「激勵性」是指正向激勵,亦即將個人收入與個人工作實績掛鉤,從而起到「在不增加企業固定成本的前提下激勵員工創造出更多效益」;而所謂「強制性」是指負向激勵,亦即將個人承擔的

責任及其履行情況與懲罰措施掛鉤，並通過與正向激勵相結合，督促員工始終保持良好的職業道德與行為習慣。

整體上看，台塑集團的正向激勵要多過負向激勵，尤其是對「獎勵」一詞的理解，台塑集團有自己獨到的心得和體會。王永慶認為，中國古代人認為「獎」是指一種樂器，其音色高亢嘹亮，可使人心情愉悅，幹勁倍增；而「勵」既指勸勉，又指磨礪，同時更指勵精圖治。兩者合為一體，表明他致力於設計激勵機制的一種境界──把獎勵當成一種樂器，既勉勵員工努力工作，又可盡情享受工作中的快樂。

除上述好處外，台塑集團在全方位內推行效率獎金制度的做法還具有其他正面激勵效果：首先是發放對象被確定為課長級及以下人員，並通過追求「人職匹配」為貫徹落實適才適所、適所適酬的用人策略奠定基礎；效率獎金制度是一套嚴格的績效工資體系，如果能長期在企業內推行，台塑集團不僅可逐步改進員工的工作能力和方法，也可通過持續獎勵績效好的員工使其產生歸屬感。其次是當石化產業景氣波動時，企業可做到進退自如：例如當市場不景氣時，企業可通過「降低獎金發放額度，維持較低工資成本，並且做到不裁員或少裁員，從而讓基層幹部和員工不僅不會因此失去安全感，反而還可增加其忠誠度」；於是當市場景氣復甦時，企業可憑藉先前累積的充足人才儲備迅速擴大產量，積極參與市場競爭。

為使效率能與獎金緊密相連，王永慶要求幕僚人員，一方面要依據效率提升情況協助各公司合理設定評核項目並計算各生產部門及人員的獎金，具體做法是，效率獎金的計算標準一般以年度預算為原則，每月計發一次，且各月之間的工作績效不得互抵；另一方面要事先合理設定各項任務指標，具體做法如表13-2所示。課長級及以下人員主要從事生產及生產管理活動，他們在會計核算上歸屬於成本中心，因此「以生產及生產管理效率為核心設定的任務指標」是這些幹部和員工要完成的關鍵性經濟指標。

表 13-2 某部門績效評核項目及標準設定原則

評核部門	評核項目		評核內容說明	評核方式
	序號	項目		
生產部門	1	產量或其達成率	依生產部門之生產設備與產銷目標訂定目標產量或產量達成率，作為評核基準。	評核項目可視管理需要擇項納入評核，其評核項目之標準及百分比由各公司自訂。
	2	品質達成狀況	依各製程管制基準為其目標值，如品質不良率、成品 A 級率等。若品質很難擬定管制基準，可由客訴案件處理。	
	3	收率或主要原料單位用量	即產出量與投入量之比例，依機械性能、配方、操作技術等訂定目標收率，作為評核基準。收率超出標準愈大，其獎金額愈高；反之，則愈低。	
	4	工繳成本管制績效	一般以可控制之直接人工、間接人工、主要器材、消耗品及修護費用等工繳成本項目之管制績效為主。	
	5	管理作業績效評核	如自主檢查、操作標準、機台清潔、製程進度管制、5S、TQC、TPM，以及改善案提報等，一般由課長、廠長及經理室人員擔任評核人員。	
	6	規章表單執行績效及正確性評核	為能真正反應績效數字，各項表單填寫之正確性須列入評核，以防止虛報工作量或績效之行為。	
	7	其他	視實際情形增減評核項目。	

從表 13-2 還可看出，為確保效率與獎金能切實連結，王永慶要求生產部門與銷售部門的績效評核應分開進行。這意味著兩個部門間的責任由此可劃分得一清二楚，亦即：生產部門只要完成生產任務，就可獲得相應獎金，且金額多寡與銷售部門的績效無關，因為產品賣不賣得出去是老闆和銷售部門的責任，企業不能因為產品銷售不暢而將責任歸咎於生產部門，除非後者提供的產品規格、數量或品質出現問題；同樣的，銷售部門只要能夠完成銷售任務，就可獲得相應獎金，金額多少也與生產部門無關。

當然，企業經營自古以來都是一張單程票，通常情況下不可能推倒從來。然而即便退一步講，如果企業的產品在很長一段時間內都賣不出去，或者說企業陷於長期虧損，那該怎麼辦？上述兩個部門間的責任此時是否還能夠劃分清楚？顯

然在長期虧損的情況下，不僅銷售部門領不到獎金，恐怕連生產部門也難以倖免，因為沒有員工願意為任何一家長期虧損的企業勒緊腰帶的。問題是，大家動腦筋想一想，如果各方都能在責任經營制度下擔負起各自的責任，潛心於企業經營與管理，企業必將能勇於應對市場不景氣，所生產的產品又怎會賣不出去，或者說企業經營又怎會出現虧損？

當然，僅僅在口頭上劃分兩個部門之間的責任還遠遠不夠，關鍵是要透過不同的績效評核指標將效率與獎金密切結合，從而真正發揮出效率獎金制度的激勵作用。如表 13-3 所示，產銷兩個部門的績效評核指標各不相同，這顯然可促使兩個部門在各自承擔的責任之間逐步劃清界限，並分別在各自的作業領域內把各自的效率指標與獎金額度緊密連結。

表 13-3 產銷兩部門分別設定不同的績效評核指標

生產部門人員：		營業部門人員：
1. 產量　　　5. 用人效率		1. 營業額
2. 收率　　　6. 修護費		2. 應收帳款回收率
3. 品質　　　7. 其他製造費用		3. 客訴案件
4. 能源耗用　8. 章規表單執行		4. 新客戶開發獎勵新產品拓銷獎勵

如果再提高一個層次，王永慶則強調在評估管理人員的業績時，應特別注意剔除市場風險，以確保他們不受外源性環境因素的影響，從而能全身心投入各自的工作。例如在針對產量項目進行評核時，就應考慮到外部不可抗力因素和內部產品試製性等因素的影響。此兩項因素沒有納入績效評核過程（即被當作評核指標），實際上是一種「管理透明化」[6] 的做法：「經理人可清楚了解企業的組織與制度，同時對職掌和責任亦十分明確。事業單位的經理人不必臆測企業主的喜好以作為其決斷的依據，亦無需浪費精力於權力之傾軋而耽誤正常之經營管理。在

6　王瑞瑜（2002），〈延伸企業核心競爭力──以台塑網科技公司為例〉，台灣大學碩士論文，頁 20-21。

經營績效上，經理人在可控制的範圍內對其經營的事業單位，如生產、品質、用料等方面需負完全責任，市場景氣、供需情形等外在不可控因素則不需經理人負責。因此，台塑企業對經理人係以過程基礎（process-based）為其評核標準」[7]。

「過程基礎」是理解台塑集團的薪資與績效之間關係的一個核心概念。員工對企業的貢獻主要體現在工作過程中，自然對過程的正確評鑑是能否實現有效激勵的前提條件。也就是說，薪資激勵的有效性取決於對員工在工作過程中做出貢獻的程度進行評鑑的準確性。

觀察表明，王永慶的效益分享理念中存在著一個嚴格的假設前提：企業能夠依靠強有力的會計核算系統，比較準確地區分出各責任方（比如勞資雙方）的貢獻度，亦即在已完成的生產任務中，除去企業投入的廠房與機器設備等生產條件，台塑集團能根據效率的提升程度相對準確地計算出課長級及以下人員的努力程度，並據此合理發放效率獎金和各項經營津貼。

準確區分員工的貢獻度雖說是一件很難做到的事情，但王永慶認為，如果時間夠長，資料記錄足夠完整和細緻，再加上企業主願意這麼做並且方法得當，企業完全是有可能做到的，其中的主要難點是如何確定績效評核項目以及針對每一項目該設定什麼樣的評核標準。如前所述，「標準」一詞至為關鍵，它既是衡量員工績效的尺度，也是經營者認定員工貢獻度的基本依據。王永慶多次意味深長地評價：「我們必須非常重視且審慎客觀地訂定各評核項目的標準值，如此方能達到實施效率獎金評核制度的目的。」這點正是本書多次討論「標準」一詞的涵義，並且認為王永慶所謂的「管理合理化的本質正是標準合理化」這一論斷之所以正確的主要原因。

在設定標準之前，王永慶要求幕僚再做兩件事：一是針對不同生產單位，甚至包括位於上下兩道工序中的兩個不同的製造課，分別根據其生產特性及管理實際採取不同的效率獎金評核方式；二是在任何一個受評單位內，要嚴格區分績效評核的對象（區分團體評核與個人評核），並依評核對象所從事工作的內容和特

點，分別採取不同的效率獎金評核方式。如表 13-4 所示，「確定評核對象及評核方式」等欄目為幕僚人員合理設定評核項目及標準奠定了制度基礎——基層主管現在很容易就能判定怎樣結合本單位實際產銷特點，以及採取什麼方式對自身及身邊的每一名員工進行績效評核。這樣做的好處在於引導基層幹部員工把對績效評核的關注點放在前段的評核方式和項目上，而不僅僅是後段的金額分配。當然，如果針對每一項目設定的評核標準都能做到合情合理，更能使幹部員工感受到規則公平比金額公平更重要。

表 13-4 台塑集團效率獎金評核對象及方式

評核方式	個人績效評核		凡績效之評核能以個人或機台班之績效加以衡量者，以個人或機台班為單位實施評核。
	團體績效評核		凡績效評核以團體績效衡量較為適當者，以組、課或廠等團體為單位實施評核。
	混和績效評核		凡績效評核依工作種類及特性需求，可採用個人、機台班及團體績效混合評核方式，或依據生產（或營業）部門績效平均值計算方式實施評核。
評核對象	直接人員	論件計酬	凡以手工生產為主之三次加工業，如皮包、成衣、拉鍊等，由於效率高低主要決定在人，故適用論件計酬，其獎金以總所得之 40 至 50% 為原則，以加重員工之切身感。
		論件計獎	凡以機械生產為主之製造業、原料業及二次加工業，其製程可區分為個人績效者，適用論件計獎方式，由於其工作較為穩定（產量、品質、用料等），其獎金額以總所得（底薪＋效率獎金＋其他津貼）之 20 至 30% 為原則。
	基層幹部		班長、領班、值班主管等直接生產單位基層幹部實施「基層幹部人員職務績效評核辦法」，除以其負責之組、班評核其當月獎金外，並視其全組、全班之績效，來判定其等級。績效優良者予以獎勵，績效連續不佳者則考慮予以更換，以便提高基層幹部人員的素質。
	間接人員		間接人員包括生產廠值班主管以外之廠務人員、課長、課務人員，以及品管、技術課、保養課等部門之人員。間接人員除了可單獨區分績效者依其績效項目評核外，大多採其所負責部門績效獎金之平均額計算。

7　同註 6。

效益分享理念和思想的實踐

　　理論上，發放效率獎金屬於外部激勵範疇。所謂外部激勵通常是指企業以業績為基礎給予員工的激勵報酬，內容包括獎金、獎勵、獎品和表彰等。企業主要依據財務報表獲取員工完成目標的各項指標，例如利潤中心的利潤指標或成本中心的成本指標等，作為衡量和給予員工報酬的基本工具。但是以業績指標為核心的激勵機制，不論是財務性的還是非財務性的，施行思路都不應單純依靠事後補償的做法，而應該積極創新、引進或學習他人（尤其是美國人）的經驗：切實建立適合台塑集團自身實際需要的基於效益分享的激勵機制。

　　美國人的經驗表明，他們實際上是把外部激勵與內部激勵融合在一起使用。所謂內部激勵[8]，是指員工達成目標後的自我激勵：員工實現個人價值觀或信仰之後的滿足感。內部激勵更多取決於企業如何通過提供工作設計、企業文化和管理風格等等一些必備條件來滿足員工的內心體驗。鑑於員工的內心體驗是一種獨立完成的心理過程，其激勵作用的重要性甚至超過外部激勵，因此外部條件的設計和建設就顯得至關重要。經營者不能只計算投入和產出比，更重要的是要弄清楚產出和激勵之間有什麼關聯，這個關聯實際上就是指相對於員工內心體驗而獨立存在的外部條件。這意味著台塑集團未來激勵機制設計的重心，務必注重把內心體驗視為外部條件發揮作用的靈魂，以便由此激發員工的工作動機，增強其工作滿意感。

　　關於經營企業的意義，王永慶還講過這樣一段話：企業經營當然離不開追求利潤，沒有經營利潤，企業不但缺乏開拓前景，且其謀求持續發展的動能甚至也可能因此而遭致難以為繼的困境。當然另一方面，企業經營也不能只著眼於眼前的經營利潤，更不能借此引以為滿足。對社會而言，企業除了致力於提供價廉物美的產品，以求對經濟發展有所貢獻，也要具備足夠的能力照顧員工，使員工在

努力工作之餘能獲得安定的生活，不致流離失所。以此而論，企業致力於謀求永續經營，不但是經營者的基本理想與願望，也是神聖的職責所在。

　　仍以某製造課為例，看王永慶如何要求幕僚團隊協助生產一線設定績效評核標準並完成整個評核過程。如表 13-5 所示，某製造課根據自身在某一階段的管理需要設定了 10 個評核項目，分為一般項目和特定項目兩大類。這些評核項目通常也是該製造課的年度經營目標。其中所謂的「一般項目」，是指為確保完成生產任務需要實施控制的常規性項目；而所謂的「特定項目」，是指針對某個時段的管理需要進行特別設定的評價項目。這兩大類評核項目共同反映出的原則性評核思想主要有以下四方面：

　　一、必須針對本單位目前在產量、品質或用料成本等方面所存在的主要問題或瓶頸（最容易產生工作績效的評核項目）設定評核項目。

　　二、評核項目的設定既要考慮到管理的整體性，不可不做全盤規劃而過分凸顯某一項目，同時要兼顧本單位長短期管理需要，亦即注重設定某些具有明確指向性的評核項目。

　　三、隨該製造課階段性工作目標要求，可為設定後的評核項目確定不同的權重，以促使幹部員工能夠專注績效目標的達成。

表 13-5 某製造課效率獎金評核項目

評核項目	一般項目	1. 產量；2. 收率；3. 電力；4. 蒸汽；5. 品質；6. 工安及環保；7. 個人作業檢核；8. 主管評核。
	特定項目	1. 用水；2. 廢水。

8　進一步的觀點請參見 Gary Dessler、John M. Ivancevich 和 Michael Harris Orlando 等學者以 Human resource management 為主題的學術著作。分別是：Gary Dessler, *Human resource management*, 8th edition, Prentice Hall; John M. Ivancevich, *Human resource management*, McGraw-Hill, 7th edition; Michael Harris Orlando, *Human resource management*, Harcount Brace College publisher。

四、同時還要考慮到日後評核工作明確化之後的實施難易程度，亦即日後的評核工作務必簡便易行，常規化且能全部實現電腦化。

在結合該製造課的管理實際情況設定好評核項目之後，接下來就是設定評核方式及獎金核發基準。在此，本書以表 13-6 中的 10 個評核項目中的「產量」評核項目為例進一步演繹王永慶的基本做法。至於其他 9 個項目，其評核方式和獎金核發基準與產量項目大同小異。

表 13-6 一般評核項目的評核方式及其獎金核發基準——以產量項目為例

評核方式：
1. 設定產量項目每基數基本獎金為 XX 元；
2. 設定基準產量為 XXXX MT／月；
3. 從當月會計報表中擷取實際產量數據；
4. 剔除風險因素。

獎金核發方式：
5. 設定產量達標率：實際產量 ÷ 基準產量 ×100%；
6. 計算實際達標率；
7. 實計達標率每增減 1% 每基數基本獎金增減 X 元；
8. 設定實計達標率上限為 120%，超過 120% 視為 120%，減發獎金最多減至產量項目每基數基本將金為零時止；
9. 若因改善而提升產量，每次改善後給予 X 個月的成果享受期，X 個月後立即調整基準產能；若純屬設備投資而提升產量，於產銷會報告後即提升基準產能。

就評核方式和獎金核發方式而言，主要包含十方面的內容，或者說十個計算步驟更為準確，如表 13-6 所示：王永慶首先要求該製造課為某個產品設定一個標準產量和基準達成率，比如把標準產量設定為 1 千 MT／日，基準達成率設定為 100%。如果該製造課同時生產多種產品，應以該產品為參照標準並計算出一個折合率，以確保每種產品的評核標準完全一致。

每到月底，該製造課便從當月會計報表中透過電腦自動擷取實際產量數據（其他產品的實際產量按折合率折算），並與標準產量進行對比，以便計算出產

量差異和達成率差異。此時計算出的這兩項差異，除了為後續計算獎金額度提供參照，還將為進一步區分究竟是什麼原因導致產量和達成率出現差異提供分析依據。如果屬於非本廠因素之減產（如不可抗力或內部試產等等），責任就是別人的（或廠方的），應該用實際受影響的產量全數調整（即：評核時多退少補，並剔除非可控因素的影響）；如果屬於本廠因素之減產，責任就是自己的，亦即自己應該承擔因減產造成的效率損失。對該部門和員工來說，因為效率損失受到影響的只是產量這個項目的獎金被扣罰，並不會涉及其他評核項目（除非效率損失與其他項目有關）。

　　在以上 10 個計算步驟中，每基數效率獎金是一種支付標準。但在討論這一標準之前，首先應討論什麼叫「基數」，以及該基數與獎金之間的關係。應該說，「基數」或「標準」是理解王永慶關於效益分享思想的兩個關鍵詞。所謂「基數」是指依據職位評點得出的一組序列數字。如表 13-7 所示並如上一章所述，自 1986 年起，台塑集團開始全面推行職位分類制，並對所有職務進行評點。在課長級及以下職務中，最高點數為 130 點，最低為 15 點。薪資設計人員可任取某一職務當作基準職位並把基數設定為 1，如此就可推算出每一職點所對應的效率獎金基數。

　　後隨企業發展，這些基準和基數不斷調整（例如企業主動調升或勞資協商要

表 13-7 職位評點與效率獎金基數對照表：以課長級及以下人員為例

職位評點	130	125	120	115	110	105	100	95	90	85	80	75
效率獎金基數	4.8	4.7	4.6	4.5	4.3	4.1	4.0	3.7	3.5	3.4	3.3	3.2

職位評點	70	65	60	55	50	45	40	35	30	25	20	15
效率獎金基數	3.1	3.0	2.9	2.8	2.6	2.5	2.4	2.2	2.0	1.7	1.6	1.5

求調升），直至全體員工和工會接受，於是形成當今台塑集團通用的一套職位的職等職級與效率獎金基數對照表。表面上看，該對照表是一組經過計算得出的數字，實際上也是企業主動提升或勞資雙方長期討價還價後得出的結果。例子中，產量項目每基數基本獎金的標準設定為 90 元；也就是說，當實際產量達成率與基準產量達成率相等時，此時該製造課中每一名員工即可用相對應的效率獎金基數乘以 90 元獲得各自的獎金收入。

如果產量實際達成率超過基準達成率，每超過一個百分點，每基數獎金的絕對數額就會有一個相應比例的增加。當然如果低於基準達成率，每基數獎金也會相應減少，但只會減少到該項目的效率獎金數額為零為止。這樣做的理由是因為在設備和技術不變的前提下，實際產量超過或低於標準產量均與員工的努力程度緊密相關。用王永慶的話說，如果不考慮員工的努力，再先進的設備也不會自動完成生產任務；反之，如果不強調設備的貢獻度，員工不論如何努力也難以達成企業目標。

如表 13-8 所示，如果實際產量與標準產量恰好相等，超額效率獎金為零，員工僅領取每基數 90 元的效率獎金；如果實際產量超過標準產量 10 MT，該製造課可按 10% 的比率從所節省的總工繳成本中再提取 15,150 元的超額效率獎金。如果具體到個人，即超額效率獎金如何發放到個人手中，台塑集團則要求每

表 13-8 產量績效評核及獎金提撥計算簡表

基準產量：1000 MT/ 日　　實際產量：1010 MT/ 日　　　　　　標準工繳：500 元 / MT

產量提高 (MT/ 日)：	－ 30	－ 20	－ 10	－ 5	0	＋ 10	＋ 20	＋ 35	＋ 50
結餘提撥率 (%)：	－ 15	－ 10	－ 5	－ 2	0	＋ 10	＋ 18	＋ 28	＋ 40

A. 節省工繳成本：1000 MT×500 元 / MT÷1010MT ＝ 495 元 / MT

(500 元 / MT － 495 元 / MT ＝ 5 元 / MT)

5 元 / MT×1,010 MT×30 天＝ 151,500 元 / 月

B. 提撥獎金：

151,500 元 / 月 ×10% ＝ 15,150 元 / 月

一製造課應進一步按照個人職位評點所對應的效率獎金基數分配,亦即推算出單位或個人實際達成率每增減 1% 每基數效率獎金增減的具體數額。顯然在表中,「結餘提撥率」是個關鍵概念——它和效率獎金基數一樣,都是員工可與企業分享或共用超額部分經濟效益或低於標準部分經濟損失的一個分配比例。換句話說,如何確定一個合理的分配比例,就成了後續化解勞資矛盾進而提升幹部員工工作積極性的關鍵性控制指標。

為保持均衡生產,避免員工只偏重達成「最賺錢的績效指標」,而忽略其他「賺錢較少或不賺錢的績效指標」,台塑集團特別設定達成率上限以及獎金扣發的下限:如果實際產量達成率超過某一百分比,比如 125%,績效評核時仍按 120% 計算;如果低於基準達成率,那麼員工將按照「負的結餘提撥率」承擔效率損失,效率獎金將減發,但最多減發到該單一項目效率獎金為零時為止,並不涉及其他績效項目。值得注意的是,為了準確計量員工的貢獻度,台塑集團甚至把管理改善和設備更新所帶來的效益增加區分開:如果是因為企業投入新設備導致產能提升,產量標準經協商和計算後會隨之提升,但企業出於人性化考慮(為確保員工收入),在按新的產量標準實施績效評核時,原定產量項目每基數獎金標準將保持不變。

也就是說,產量標準提高了,但績效評核的標準保持不變,因為達成新的產量標準僅僅依靠機器是無法完成的,企業仍要依靠員工的努力,並使員工也能通過標準提升獲得比原來更多的收入;如果是因為管理改善導致產量提升,該製造課可在一段時間(幾個月或幾年)內與企業分享因效率提升所帶來的(部分或全部)效益。一旦期限過後,標準產量會按計畫重新提升到一個新的高度。顯然,如果員工能夠持續從標準提升中獲得更多的合理收入,將刺激企業的生產效率和管理水準都得到不斷改進。反之亦然。

當生產過程完成後,會計部門能夠迅速依據事先設定的 10 個評核指標進行匯總並計算出該製造課中每一個人的全部效率獎金。從圖 13-2 中所列計算公式

圖 13-2 個人實得效率獎金的計算公式

個人實得效率獎金＝（產量效率獎金＋收率效率獎金＋電力效率獎金
＋蒸汽效率獎金＋品質效率獎金＋工安環保效
率獎金＋主管評核效率獎金＋用水效率獎金＋
廢水效率獎金）× 個人效獎基數＋個人作業
檢核賞罰金額

可以看出，任何一名幹部或員工，只要按照評核項目的具體要求，扎實履行各自
職責，達成事先設定的生產或管理目標，就可獲得一筆數額不小的效率獎金。其
中，個人作業檢核主要是指與作業紀律要求相關的記錄與分數加減，每月由電腦
自動從日常記錄中擷取並統計完成。

為避免因實施目標管理可能帶來的弊病，如主管權威性下降或員工自掃門前
雪等問題，王永慶也下令採取措施予以克服。他說，雖然說績效評核中的大部分
指標均已量化，但並不意味著主管對員工的評核就失去權威性或流於形式。對
此，主管評核這一項也應設置相應的每基數效率獎金；也就是說，主管的評核結
果與員工所得獎金的額度高低也緊密結合，因為這麼做在很大程度上可保持主管
在員工群體中履行管理職責的權威性。當然，為保證主管評核的及時性和準確
性，企業績效評核時的基本資料和數據均實際取自每一名員工的定期工作評核和
年終績效考核成績。

整體而言，主管的評核過程及其最終結果也大多採用計分制完成。如果總分
是 100 分，那麼評核過程分為項目評核和主管評核兩部分，且兩部分在不同受
評單位所占比重皆不相同。比如在 A 單位，項目評核占 80 分，主管評核占 20
分，那麼在 B 單位，則有可能項目評核占 60 分，主管評核占 40 分。其中，各
單位可結合自身實際情況靈活制定項目評核的細則和標準。項目評核的內容大多
是客觀數據，每一項目的評核標準也用數字表示，在與實際數據進行比較後，該
單位的績效達成情況便一目了然，此時再加上全部評核項目皆由電腦全程跟蹤記

錄並匯總，故在很大程度上確保項目評核過程的及時性和準確性，杜絕主管在評核時因為自身原因有可能造成或刻意造成的人為疏失或誤判。

　　主管評核儘管以主觀判斷為主，但企業仍要求各位主管盡量做到將主觀因素數量化：把主管評核的內容再細分為若干個二級或三級指標，分別賦予不同的權重，並經由電腦再自動加總，以確保主管履行管理職能的公平性和有效性。通常情況下，經由將主觀因素數量化可在很大程度上解決主管評核可能帶來的人事爭議等不公平現象。

　　對課長級及以下人員的效率獎金獎勵實際上是以現金為主的一種獎勵形式。其中，基數和標準是決定員工是否及時以及最終能夠領取多少效率獎金（不含超額效率獎金部分）的兩個重要因數。其計算方法既不是以提取公司利潤的某一百分比，也不是以利潤超過股東權益收益率後的某一百分比為計算基礎，而是完全立基於預算控制下的對員工履行責任的程度及品質的精細評鑑，即全面實施以個人業績實現過程評鑑為基礎的效益分享制度。一句話，本單位經營指數抬高了，即可確定出一個比例，先計算出指數抬高所帶來的責任效益，再由勞資雙方分享。

　　在王永慶看來，利潤分享並不一定是個好做法，也不完全適合大量生產和大量銷售這一生產方式的基本規律。相較於效益分享，利潤分享常會導致員工看不到個人努力與個人報酬之間有多麼強的關聯性。既然關聯性不強，隨時間推移，利潤分享的實施效果將大打折扣。因此，台塑集團應著力推動效益分享制度。他認為，在效益分享制度下，員工的收入納入預算中，只要員工在目標完成過程中付出努力，盡到責任，就應得到一份收入。此制度會激發員工的自覺性，使每名員工，包括其所在的工作單位，都不會在工作中過分依賴他人或其他單位，從而既有利於發揮員工的主動性，又有利於各級主管履行其管理職責。

定期評核與年終考核

為使年終評核作業客觀公正，及時發現問題並採取糾偏措施，王永慶高度重視定期工作評核。因為定期評核是年終評核的基礎，後者實際上是前者的「年度累積」或「年終匯總」。台塑集團自 1960 年代初即在全企業內廣泛推行目標管理制度，要求幹部員工不僅要訂定個人工作目標，還要同步制定達成目標的具體方案。由於許多目標是分階段實施的，對管理者而言，重要的就不完全在於評核目標的最後達成效果，而在於評核目標的執行過程。只要部門主管每一階段都控制好了，最終結果一定不會出現較大偏差。

王永慶認為，主管不能等到員工真正出問題或犯錯誤之後才想起需要採取措施予以糾正，這樣做無異於不教而殺。於是按照王永慶的要求，幕僚又制定了定期評核和年終考核以及兩者相結合的一整套評核辦法，並納入既有的人事管理制度。他要求各單位重視以月度為基礎展開定期績效評核工作，這就打破了過去以年度為週期進行評核所帶來的一些弊端，並在最大限度內減少了主管與部屬之間因此可能發生的糾紛和衝突。

實施定期工作評核無疑給管理階層帶來巨大壓力。各部門主管對所屬人員的平時工作表現、專長及行為特質等等，均必須進行詳細記錄和考核，否則時間一長，尤其是在電腦系統尚不完善之時，主管對員工的過程貢獻程度的計算和統計有可能會是一筆糊塗帳。為避免此一情形發生，各部門主管即便對一些例行性工作的評核，也要定期定時量化打分。

以總管理處總經理室幕僚為例：幕僚人員多以機能小組為單位從事非生產性管理活動，例如財務、人事、稽核、採購，甚至文祕工作等等。一般企業很難對這些部門和人員的績效實施有效評核，但經過多年探索和歸納，台塑集團在這方面累積了一整套做法：幕僚人員可繼續沿用早期作業整理法中累積的一些經驗

（如作業分析或工作分析），先是把總經理室幕僚區分為管理幕僚和審核幕僚兩大類，並分別依據各自工作性質設計評核指標及評核時限予以評核；然後王永慶又要求要在此基礎上推行「雙向評核」：員工不僅要自我評量，同時也要為主管打分數。

　　進一步以管理類幕僚為例：按照時間劃分，管理幕僚的評核主要包含三個層面——月度評核、季度評核和年終評核。其中，月度評核和季度評核稱為定期工作評核，年終評核則稱為年終考核。評核與考核在台塑集團績效管理制度中的意思非常接近，但仍有些微差別：所謂評核，是指品評審核，亦即按照一定的專業標準對受評人所完成的案件數量、品質和時效等進行賦分評等，作為每月發放效率獎金的依據；而考核則是指考查核實，亦即按照更為廣泛的標準對受評人的整體工作績效進行檢查衡量。

　　如此衡量過程事關每一名幕僚的整體工作績效，且其年終考核的結果不僅與享有的年終獎金正相關，同時也與其職務晉升、薪資調整等職業成長中的多方面正相關。如表 13-9 所示，管理類幕僚的月度評核全部通過電腦線上完成，部門主管主要針對每一名幕僚所完成的「案件」（大多數是指專案分析與改善），分別從品質、時效、創新、困難度和貢獻度 [9] 這五個構面進行評分；年終評核則在定期工作評核所累積數據的基礎上，另再依據其他五個構面 [10] 進行評分。這一評核方式可比喻為「按件論酬」，是台塑集團通過多年強調管理改善和異常管理所累積的一套具體做法。

　　按件論酬屬於「加分項目」，並不代表一個幕僚人員的全部工作內容。也就是說，除了加分項目，他還要先完成「常規性本職工作」。兩者之間的差別在

9　主要指所完成案件直接帶來的經濟效益，如產量提高多少，成本下降多少，等等。
10　例如審核類幕僚的評核指標主要包括品質、時效、協調、主動性和領導統御，其定期評核週期是每半年進行一次，但同時也要求部門主管就一些有顯著績效和意義重大的審核案件予以關注和記錄，並於次月 5 日前就記錄內容約談受評人。

表 13-9 總管理處總經理室定期工作評核計錄表

日期	案件內容摘要	加減項目	工作品質	工作時效	工作協調	主動性	領導統帥	合計	加減分理由及溝通結果
加減分數合計							評核分數合計		
復評主管評語						初評主管評語			

於，做好常規性本職工作，該幕僚就可拿到正常的效率獎金和年終獎金；但如果同時做好加分項目，他可在常規性本職工作的基礎上拿到更多的錢，同時為未來升等奠定更為堅實的業績基礎。為了做好加分項目的績效評核工作，幕僚部門的主管將隨時透過管理資訊系統（MIS）線上即時完成評核作業，視受評人工作優良或缺失事實酌予加（減）分並說明理由。每到月底，所有評核內容將由電腦自動匯總並逐級向上呈簽，直達總管理處總經理室最高主管。

此時，幕僚部門主管還應依據評核內容向受評人說明情況並及時提出嘉勉或改進意見。如果是加分，評核結果將通過 NOTES 系統群發全體人員，以便相互交流和學習；如果是減分，通常僅通知受評者本人。也就是說，在一個機能小組內，主管評核結果的加分部分通常是公開的，減分部分則盡可能保密。王永慶強

調，絕不可小覷這些小細節的激勵作用，透過「大理論設計小細節」，不僅可使
管理過程簡便易行，亦可常用來解決大問題。

　　王永慶顯然是內部激勵和外部激勵交替使用方面的高手。這當然還要得益於
他對人性的認識、尊重和把握。自實施職位分類制以來，管理類幕僚的工作高度
分工，相互之間的業務幾乎沒有或較少重疊，他們每月經手的案件數量成百上
千，為企業創造的直接和間接效益難以計量。綜合來看，王永慶的績效評核手法
大致具備這幾個特點：

- 目標明確且附有具體執行方案。
- 目標執行過程受到嚴格控管。
- 評核項目設計完整且重點突出。
- 評核標準經雙向溝通做到科學合理。
- 電腦系統客觀記錄且即時追蹤。
- 主管評核及時認真且細緻準確。
- 評核過程在企業內部完全做到公開透明。

　　如表 13-10 所示，總經理室在劃分為一個利潤中心後開始獨立計算損益。在
此期間，台塑集團的營業總額從 2002 年的 7000 多億一路猛增至 2011 年的 2.26
兆元，短短十年間成長 3 倍以上。雖然說營業額與企業的用人數之間並沒有必然
關聯，但是由業績倍增所帶來的管理與審核等業務量的增加，多少總會引起幕僚
人數的擴充。然而事實上，總經理室的用人數不僅沒有增加，反而還經歷了一個
倒 V 字形變化：2011 年的用人數僅比 2002 年多出 3 人，人數最多時也不過 239
人，台塑集團的用人合理化水準由此可見一斑。

　　另如表 13-10 所示，從總經理室通過管理改善所取得的直接經濟效益來看，
2002 年為 47.7 億元，人均約 2 千 3 百萬元；2006 年最多時達 197.97 億元，人

表 13-10 總管理處總經理室近十年來的人數變化及其改善效益

年份	人數	改善效益（億元）	集團營業額（億元）
2001	182	32.9	5,864.42
2002	207	47.7	7,028.24
2003	210	57.0	8,838.93
2004	225	86.1	12,021.25
2005	239	155.0	14,315.22
2006	235	198.0	16,443.11
2007	220	66.0	20,011.47
2008	209	97.3	21,772.62
2009	207	45.2	17,650.00
2010	203	46.7	21,850.00
2011	210	71.7	22,632.37

均約 8 千 4 百萬元；2011 年雖有所回落，但仍高達 71.7 億元，人均約 3 千 4 百萬元。這些數據表明，台塑集團仍像過去幾十年那樣，在 2002 至 2008 年間，一直持續推進全面的管理合理化，包括人員合理化在內。

這些合理化措施的實施過程看似波瀾不驚，效果卻常常令人咋舌不已。管理類幕僚在此期間承擔了數以萬計的各類管理改善案件。現在回過頭想，如果沒有王永慶當初宣導的以「計件方式」為基礎的績效評核制度，和以效益分享為基礎的激勵機制，這一切都根本不可能實現。況且上述數據只是直接經濟效益，那麼間接經濟效益又有多少呢？

「計件方式」與「計時方式」之間有著本質區別，前者強調「你 8 小時在辦公室都做了什麼事」，後者則強調「你是不是 8 小時都在辦公室工作」。也就是說，如果企業用計時方式籠統地評核一個幕僚人員的貢獻度，通常是比較難以做到的；但是如果具體到如何處理某一個異常案件，員工努力與否卻是可觀察和可計量的。因此採用計件方式為主實施績效評核，一方面可清楚記錄事實，所發揮的管理功能及效果為整個績效評核作業做到及時、準確和公平奠定堅實的方法和

制度基礎；另一方面也可引導幕僚人員關注異常，協助基層解決實際問題，持續優化各項管理制度及流程。

　　這一點極為重要，如果沒有廣大幕僚人員日復一日地發掘制度漏洞，管理改善和制度合理化就是一句空話。為強化計件方式，台塑企業還要求幕僚人員做好員工自我評量及員工對主管年度意見調查等工作。這就是王永慶的風格：作為一名主管或員工，業績好是你份內之事，但你的人格特質和工作行為可能更重要，即你有沒有深入領會勤勞樸實的企業文化，扎扎實實地做好每一件管理改善工作。一位主管即便業績突出，但如果言行不合乎企業規範或者不尊重企業的遊戲規則，在台塑集團也是沒有出路的。

　　正是從這一角度出發，本書用「管理就是激勵」這句話評價王永慶關於薪資設計和效益分享的基本思想。事實正是如此，能夠呈送到總經理室的案件肯定不是一般性案件，必定事關各關係企業的根本利益。即便有電腦全程記錄，績效評核過程根本上還是離不開人腦；換句話說，處理這些案件本身就代表著這群專精幕僚人員的創新成果，它既是一種高智力活動，又是一種重體力勞動。王永慶之所以加強定期工作評核的動機也並不完全是為了股東利益考慮，恐怕更多是為這幾百名員工的辛苦勞動負責吧！

員工自我評量與年終考核相結合

　　如表 13-11 所示，為協助員工在自我評量時做到有所適從，有的放矢，王永慶要求人事部門在設計相關表單時，應把評量的內容劃分為五方面的指標，員工可逐一針對自己在上一考核期中的表現進行自我評鑑。此一設計簡潔明快，可引導員工反思個人表現，較為全面且客觀地認識自我價值，並為未來設定更富有挑戰性的工作目標樹立信心。王永慶很清楚，自己評核自己與被別人評核之間必定存在差異，且此一差異有可能成為影響員工積極性的主要原因。

表 13-11 員工自我評量過程中的兩個要求及主管約談內容

評量要求	評量項目				
		非常滿意	滿意	普通	需再加強
自我評分	工作品質及時效	○	○	○	○
	領導及規劃能力	○	○	○	○
	執行及協調能力	○	○	○	○
	表達能力（口頭及書面）	○	○	○	○
	整體工作表現	○	○	○	○
補充說明	請參照上述評量項目於 2 百字內扼要補充說明，並自我評述工作表現上應檢討之處、個人自我期許及「未來改善重點」。				

主管評核

※ 以下各項，主管約談處理結果及評語，請勿超過 150 字。

約談項目	結果及評語
工作品質及時效	
領導及規劃能力	
執行及協調能力	
表達能力（口頭及書面）	
整體工作表現	
未來改善重點	

因此在自我評量過程中，王永慶更希望採取正面激勵措施，幫助員工準確認識自我，進而自覺採取措施強化優勢或彌補劣勢。為使員工的自我評量能與主管評核之間的差異縮到最小，王永慶還要求主管應逐項就自我評量的內容約談每一名員工，並就約談結果認真填寫評語。雖然自我評量並不直接與薪資掛鉤，但這樣做可讓部門主管直接掌握員工內心動態，並視之為員工年終考核的重要參考。

在台塑集團發展的早期階段，由部屬評核主管多數幹部還是難以接受，但隨企業人事制度改革的深入推進，王永慶開始嘗試推行由員工直接評核上級主管的工作績效。具體做法上，台塑集團並沒有先急於建立員工對主管實施績效評核的管理制度，而是稱之為一項「意見調查」，內容包含領導統御、專業能力、訓練

培養、溝通協調和工作態度這 5 個一級指標，以及部門目標、決策與判斷力、部門間溝通等 26 個次級指標。

通過調查給分及意見回饋，管理系統可為各級主管提供與其管理能力及方式密切相關的資訊和數據，使他們能清楚地知道自己哪些方面受到員工肯定，哪些方面還需要加強。與自我評量作業一樣，調查結果與主管的薪資也不直接掛鉤，僅僅作為上級主管掌握下級主管管理水準變動情況的重要參考。

也就是說，這種績效評核方式在開發各級主管管理潛能方面的作用遠遠大於因此給各位主管造成的困惑和束縛。在台塑集團這樣一個連續生產的企業內，王永慶的確需要這樣一批幹部：他們不僅「對部屬一視同仁，不偏袒任何人，對部屬親切，沒有架子」，同時「對員工訓練與培養計畫也相當用心，並願意將專業經驗與部屬分享，不藏私」。

在每年 12 月份統一進行的年終考核中，還有一項作業與薪資調整、職務晉升及年終獎金密切相關：考績等級。年終考核對廠處長級及以上，以及課長級和以下人員，在考核項目上是各自分開進行的：不論直線生產體系還是直線幕僚體系中的普通員工，一律採用工作品質、時效、執行力、協調四項指標進行評核；如果是主管，就再加上計畫和領導力兩項內容。

而在程序上，廠處長級及以上幹部主要是按職責範圍內取得的整體績效綜合考核評定，目的在於培養這批幹部的全面經營觀念；課長級及以下幹部員工則主要分兩部分進行：一是占年終考績 80% 的工作考績，主要參考其平時工作表現（定期工作評核）予以評定；二是占年終考績 20% 的考勤成績，主要按其全年度出缺勤記錄情況並依一定標準計扣。

由於上述各項電子化計分工作系統完整且準確無誤，故後續的評等作業就顯得簡便易行。如表 13-12 所示，全體幹部員工的年終考績按照得分高低區分為優、良、甲、乙、丙等五個等次。為避免擁擠，年終考核制度規定，優等者的人數應限制在公司員工（各職級）總數的 10% 以內；優等者和良等者的人數相加

表 13-12 年終考績等級劃分

等級	優	良	甲	乙	丙
分數	90 分以上	89~85 分	84~75 分	74~60 分	60 分以下

應限制在公司員工（各職級）總數的 30% 以內。

另為避免發生評核異常，並保持績效評核作業的嚴肅性，任何人的年終考核與定期工作評核之間的差異（同職級內排序）均不得超出事先規定的標準。一旦超出即被電腦列為異常，此時部門主管必須說明具體原因，並呈核給上級主管核准後方才過關。

考績等級對任何人來講都十分關鍵。人們常評價說，王永慶的管理類型屬於壓力管理型。如果從考績等級的角度看，壓力的確存在：每年年終考核作業後，電腦將會自動列印出一張「考績異常人員檢討處理提報表」，其中規定應把考績乙等（含）以下人員統統列入，分送各部門逐一進行檢討，並按照「考績異常人員進一步處理之原則」辦理降職、降等或資遣手續。通常的處理方法是：考績乙等者降一個級別，丙等或連續兩年為乙等者降兩個級別。如果各部門未依規定進一步處理，該部門主管必須向上級說明具體原因。

由此可見，考績等級帶給人們的壓力的確有些「逆水行舟，不進則退」的味道。當然，與壓力相對應的，還有王永慶為幹部員工設計的另一套職務晉升計畫。如果某人最近兩年年度考績均為甲等（含）以上，就具備晉升資格；或者最近兩年均為優等或最近三年均為良等以上，如果確實具有發展潛力，而不僅僅是業績突出，經部門主管推薦及公司人事評議委員會審查通過，其晉升資格中的年資條件可以提前一年。

大多數公司都是年終只做一次考績了事，使得那些平時混日子的員工，一到年終考核前就表現得特別勤奮和主動積極，而主管此時只能憑藉考核前這段期間的粗略印象完成評分。相形之下，台塑集團卻十分注重定期工作評核，個人平時

每月的具體工作表現均由主管逐月記錄在資訊系統裡，到年底時再依據月度考核結果評定年終考績。這種「由點到線的接力式考核方式」，讓每名員工隨時繃緊神經，時刻注意每天、每週、每月的自我工作表現。因為他們知道，考績影響的不僅是當年度年終獎金的數量，以及次年度薪資調整的金額，同時也在長期內深刻影響到日後職務晉升的資格。

　　這種考核方法看似簡單，也沒有多少理論深度，卻恰恰是王永慶在人事管理領域獲得巨大成功的主要原因之所在。

參考文獻

1. 王永慶（2001），《王永慶談話集》（1-4 冊），台北：台灣日報社。
2. 王永慶（1984），《談經營管理》，台北：天下文化。
3. 王永慶（1993），《生根‧深耕》，台北：台塑集團。
4. 王永慶（1997），《王永慶把脈台灣》，台北：台灣日報社。
5. 王永慶（1999），《台灣願景》，台北：台灣日報社。
6. 王永慶（2001），《台灣社會改造理念》（上、下），台塑關係企業雜誌社。
7. 王永慶（1985），《王永慶談經營管理》（正篇），洪健全教育文化基金會。
8. 王永慶（1985），《王永慶談經營管理》（續篇），洪健全教育文化基金會。
9. 王瑞瑜（2002），《延伸企業核心競爭力：以台塑網科技公司為例》，台灣大學碩士論文。
10. 林美玲（1992），《社會運動與政治勢力的關係，六輕設廠的比較分析》，研究報告，中央研究院民族學研究所行為研究組。
11. 郭泰（1985），《王永慶奮鬥史》，台北：遠流。
12. 郭泰（2002），《王永慶的管理鐵鎚》，台北：遠流。
13. 郭泰（2005），《王永慶奮鬥傳奇》，台北：遠流。
14. 陳國鐘（1981），《台塑關係企業成長奧祕之一，王永慶經營管理研究資料輯》，永慶。
15. 陳國鐘（2004），《王永慶經營管理實務》（1－3 冊），永慶。
16. 陳國鐘（2005），《企業管理制度設計典範》（上、下），永慶。
17. 經濟日報編輯部（1982），《提高企業經營績效演講集：王永慶等主講》。
18. 周正賢（2000），《從大眾出發——簡明仁和王雪齡的故事》，台北：聯經。
19. 趙賢明（1994），《台灣三巨人》（第 3 版），開今。
20. 趙賢明（1999）《經營之神王永慶》，中華工商聯合。
21. 于宗先、吳惠林主編（1997），《經濟發展理論與政策之演變》，台北：財團法人中華經濟研究院。
22. 李國鼎（1999），《台灣的經濟計畫及其實施》，資訊與電腦雜誌社。
23. 財團法人台達電子文教基金會（2001），《競走財經版圖——李國鼎傳》。
24. 財團法人台達電子文教基金會（2001），《孫運璿傳》。
25. 楊正民（2001），《值得深思》，老古文化。
26. 南懷瑾（2003），《南懷瑾選集》第 6 卷，復旦大學。
27. 馬濤（2002），《經濟思想史教程》，復旦大學。
28. 行政院經濟革新委員會（1985），《行政院經濟革新委員會報告書》（第 1 冊，綜合報告）。
29. 陳定國（2003），《有效總經理——企業將帥術》，台北：聯經。
30. 徐有庠口述，王麗美執筆（1994），《走過八十歲月——徐有庠回憶錄》，台北：聯經。
31. 王作榮（1999），《壯志未酬——王作榮》，台北：天下遠見。
32. 郝雨凡（1998），《美國對華政策內幕》，台海。
33. 王力行（1994），《無愧——郝伯村政治之旅》，台北：天下文化。
34. 李達海口述，鄧潔華整理（1995），《石油一生——李達海回憶錄》，台北：天下文化。
35. 吳朗（2005），《理想的國度：吳德明醫師回憶錄》，台北：典藏藝術家庭。
36. Harrington Emerson（2005），《效率的十二項原則》，北京郵電大學。
37. Daniel A. Wren（2000），《管理思想的演變》，中國社會科學。
38. Peter M. Senge（2006），《第五項修練——學習型組織的藝術與實務》（第 6 版），台北：天下

遠見。

39. Stephen P. Robbins（2000），《組織行為學精要》，機械工業出版社。

40. Fremont E. Kast & James E. Rosenzweig（2000），《組織與管理，系統方法與權變方法》，中國社會科學。

41. 王鈺（1995），《追根究柢，王永慶與台塑式管理》，耶路國際文化。

42. 經濟日報編輯部（1985），《革心·革新，王永慶對經濟革新委員會之建言》，台北：經濟日報社。

43. 游漢明主編（2006），《向台塑學合理化》，台北：遠流。

44. 涂照彥（1995），《日本帝國主義下的台灣》，台北：人間。

45. 劉進慶（1995），《台灣戰後經濟分析》，台北：人間。

46. 段承璞（1995），《戰後台灣經濟》，台北：人間。

47. 谷蒲孝雄（1995），《國際加工基地的形成，台灣的工業化》，台北：人間。

48. 陳玉璽（1995），《台灣的依附型發展》，台北：人間。

49. 隅谷三喜男、劉進慶、涂照彥（1995），《台灣之經濟》，台北：人間。

50. 台塑關係企業總管理處營建部（2000），《六輕營建工程實錄集成》（1-9 冊），台塑關係企業總管理處營建部。

51. 新鄉重夫（1968），《工廠改善》，台塑關係企業總管理處教育訓練科編譯。

52. 瞿宛文、安士頓（2003），《超越後進發展，台灣產業的升級策略》，台北：聯經。

53. 台塑公司能源小組（1982）《節約能源 100 則》。

54. 何雍慶（1985），《現代管理制度與企業成長階段之文獻研究》，中國經濟企業研究所。

55. 新鄉重夫（1970），《新構想的產生》（修訂版），台塑關係企業總管理處教育訓練科編譯。

56. Raytheon Company（1968），《價值分析》，台塑關係企業總管理處教育訓練科編譯。

57. Richard Murch（2002），《專案管理最佳實務》，台北：藍鯨。

58. 高希均、李誠主編（1991），《台灣經驗四十年》，台北：天下文化。

59. 沈雲龍編著（1988），《尹仲容先生年譜初稿》，台北：傳記文學雜誌社。

60. 哈佛管理叢書編撰委會（1981），《目標管理個案與範例》，台北：哈佛企業管理顧問公司出版部。

61. 楊正民（2003），《黃金年華》，薇閣。

62. 台塑集團總管理處（1996），《台塑集團廠處長級幹部培訓教材》（各部門）。

63. 《台灣地區集團企業研究（各期）》，中華徵信所企業股份有限公司出版部編印。

64. 林修德（2003），《企業競爭優勢提升之因素研究：以南亞科技公司為例》，長庚大學企業管理研究所碩士論文。

65. 饒礽平（2005），《勞退新制的推行對企業與員工之影響：以台塑企業為例》，長庚大學工商管理學系學生實習報告。

66. 王炎仁（1994），《企業成長演變策略：台塑企業之探討》，台灣大學商學研究所碩士論文。

67. 陳秀足（2000），《台灣濱海工業區開發與環境管理之探討：以雲林離島式基礎工業區六輕為個案研究》，中山大學海洋環境及工程學系碩士論文。

68. 郭書婷（1999），《成本管理功能之探討：以台塑之單元成本制度為分析》，中山大學企業管理研究所碩士論文。

69. 劉邦立（1990），《組織與環境：以台塑集團企業的發展為例》，東海大學社會學研究所碩士論文。

70. 張信吉（2001），《東南亞勞工衝突事件之研究：以六輕工業區暴動為例》，淡江大學東南亞研究所碩士論文。

71. 林建龍（2004），《六輕問題與地方政府因應作為，網羅府際管理之觀點》，東海大學政治學系碩士論文。

72. 黃式毅（1990），《環境保護運動，六輕設廠政府、民眾、廠商互動關係之研究》，文化大學政治學系碩士論文。

73. 張伊易（2002），《環保事件對股價行為影響之研究：以台塑汞污泥事件為例》，東吳大學會計學系。

74. 張憲正（1994），《台塑企業經營分析作業模式之研究》，東海大學企業管理研究所碩士論文。

75. 童勇達（2003），《影響廠商形成生態化工業區之因素探討：以彰濱、六輕工業區為例》，雲林科技大學企業管理系碩士論文。

76. 吳建興（2004），《模式預測控制之應用及效益分析：以塑化第二重油煤裂工廠為例》，長庚大學企業管理研究所碩士論文。

77. 鍾志明（1990），《企業文化、員工工作價值觀及組織承諾之關聯性研究：以台灣地區主要集團企業為例》，長榮管理學院經營管理研究所碩士論文。

78. 魏翌珍、林思瑾、李宛真（2005），《台塑企業六輕聯貸案之探討：以台塑石化公司為例》，長庚大學工商管理學系實習專案報告。

79. 林清滿、黃靖雅（2003），《台塑大宗採購作業之探討：以乙烯為例》，長庚大學 2003 學年度下學期工管系實習課程期末報告。

80. 宋蕙彬、王培婷（2005），《台塑企業大陸轉投資公司海外上市之可行性探討》，長庚大學工商管理學系學生實習報告。

81. 陳麗文（2004），《台塑石化公司初次公開上市（IPO）之承銷價格評估》，長庚大學工商管理系學生實習報告。

82. 李冠儀（2004），《台塑網電子商務之 B2C 網站「FPG－Shopping」營運簡介》，長庚大學工商管理系學生實習報告。

83. 張力文（2004），《進口貨物運輸承攬作業之改善：以台塑企業為例》，長庚大學工商管理學系管理學生實習報告。

84. 黃幼林、鄭慧敏（2004），《企業長期籌資之探討：以台塑企業為例》，長庚大學工商管理系學生實習報告。

85. 李瑜珊（2004），《台塑採購效率持續改善探討》，長庚大學工商管理系學生實習報告。

86. 莊燦張（2003），《集團企業資本結構研究：台灣塑化產業之實證研究》，長庚大學企業管理研究所所碩士論文。

87. 范姜群峰（2005），《建構石化工業區為生態工業園區之研究：以麥寮六輕為例》，台北科技大學環境規劃與管理研究所碩士論文。

88. 黃銘隆（2004），《集團企業成長與股利政策關聯性之研究——以台塑企業為例》，長庚大學企業管理研究所碩士論文。

89. 林國發（1995），《企業文化，台塑集團與宏碁集團之比較》，台灣大學商學研究所碩士論文。

90. 胡勝金（1975），《台灣地區關係企業總管理處職能之研究》，淡江文理學院碩士論文。

91. 吳聰敏（1979），《台灣關係企業形成之研究》，政治大學企業管理研究所碩士論文。

92. 鍾丁茂（2005），《六輕設廠歷程中的正義問題研究》，靜宜大學生態學系碩士論文。

93. 趙俊銘（1997），《台灣地區集團企業總部組織功能之研究》，成功大學碩士論文。

94. 黃志輝（2005），《母國產業政策對跨國公司投資策略之影響，以台塑海滄計畫為例》，中興大學國際政治研究所在職專班論文。

95. 林勇斌（2002），《台灣集團企業在大陸的投資——以台塑集團為例》，東華大學大陸研究所碩士論文。

96. 林長瑤（1992），《宜蘭反六輕運動之社會學分析》，政治大學社會學研究所碩士論文。

97. 《台塑企業雜誌》，各期。

98. 《聯合報》（台灣），各期。

99. 《財訊月刊》（台灣），各期。

100. 《商業周刊》（台灣），各期。

101. 《天下》雜誌（台灣），各期。

102. 《經理人月刊》（台灣），各期。

103. 《中央日報》（台灣），各期。

104. 《經濟日報》（台灣），各期。

105. 《工商時報》（台灣），各期。

106. 《中國時報》（台灣），各期。

107. 《自由時報》（台灣），各期。

108. 《台塑公司年報》（台灣），各年。

109. 《台化公司年報》（台灣），各年。

110. 《南亞公司年報》（台灣），各年。

111. 《台塑化公司年報》（台灣），各年。

實戰智慧館 432

台灣經營之神王永慶的管理聖經

作者——黃德海

執行編輯——盧珮如
特約編輯——陳錦輝
編輯協力——陳懿文
封面設計—— Javick
版型設計——丘銳致
行銷企劃經理——金多誠
出版一部總編輯暨總監——王明雪

發行人——王榮文
出版發行——遠流出版事業股份有限公司
地址——臺北市 100 南昌路 2 段 81 號 6 樓
電話—— (02)2392-6899　傳真—— (02)2392-6658　劃撥帳號—— 0189456-1
著作權顧問——蕭雄淋律師
法律顧問——董安丹律師
2015 年 2 月 1 日　初版一刷

行政院新聞局局版臺業字第 1295 號
定價：新台幣 650 元（缺頁或破損的書，請寄回更換）
有著作權，侵害必究（Printed in Taiwan）
ISBN 978-957-32-7553-4

遠流博識網 http://www.ylib.com　E-mail: ylib@ylib.com
＊本書圖表資料除特別註明外，均由作者實地調研所得。
＊本書中文繁體字版由黃德海獨家授權。

國家圖書館出版品預行編目（CIP）資料

台灣經營之神王永慶的管理聖經 / 黃德海著 . -- 初版 .
-- 台北市：遠流 , 2015.02
　　　面；　公分 --（實戰智慧館；432）

ISBN　978-957-32-7553-4（平裝）

1. 台塑關係企業　2. 企業經營

494　　　　　　　　　　　　　　　103025500